XIAOFANG ANQUAN GUANLI SHOUCE

消防安全管理手册

第二版

戴明月 主编

U0231292

化学工业出版社
·北京·

本书共分为八章，主要介绍了消防安全管理必备知识、消防安全技术、建筑工程消防安全管理、学校及公众聚集场所消防安全管理、易燃易爆危险品管理、消防安全检查与火灾隐患整改、消防组织管理及其日常工作、消防安全责任等内容。

本书主要适合从事消防安全工作的管理人员，以及广大消防干警阅读，亦可作为单位消防安全培训的教材和广大群众的普及读物。

图书在版编目（CIP）数据

消防安全管理手册/戴明月主编. —2版. —北京：化学工业出版社，2019.10（2025.1重印）
ISBN 978-7-122-35020-6

Ⅰ. ①消…　Ⅱ. ①戴…　Ⅲ. ①消防-安全管理-手册
Ⅳ. ①TU998.1-62

中国版本图书馆CIP数据核字（2019）第168817号

责任编辑：徐　娟　　文字编辑：毕小山
责任校对：宋　夏　　装帧设计：韩　飞

出版发行：化学工业出版社（北京市东城区青年湖南街13号　邮政编码100011）
印　　装：河北延风印务有限公司
787mm×1092mm　1/16　印张16½　字数435千字　2025年1月北京第2版第12次印刷

购书咨询：010-64518888　　售后服务：010-64518899
网　　址：http://www.cip.com.cn
凡购买本书，如有缺损质量问题，本社销售中心负责调换。

定　　价：78.00元

前言

消防安全管理作为公共安全管理的重要内容，在现代社会中的功能与作用愈益凸显。随着工业化、信息化、城镇化、市场化、国际化的加速推进，各种传统的与非传统的公共安全问题彼此交织、相互影响，消防安全管理问题越来越突出。不断强化消防安全服务意识，着力提升消防安全管理水平，提供优质高效的消防安全服务，已经成为新时期公安消防部门面临的一大现实课题。本书第一版自出版以来受到了读者的好评，销售很好，我们在此基础上对内容规范进行更新与修订，编写了第二版。

本书结合最新的政策、法规、标准、规范及实践经验，具有很强的针对性和适用性。理论与实践相结合，更注重实际经验的运用；结构体系上重点突出、详略得当，还注意了知识的融贯性，突出了整合性的编写原则。

本书共八章，主要包括消防安全管理必备知识、消防安全技术、建筑工程消防安全管理、学校及公众聚集场所消防安全管理、易燃易爆危险品管理、消防安全检查与火灾隐患整改、消防组织管理及其日常工作、消防安全责任等内容。本书主要适合从事消防安全工作的管理人员，以及广大消防干警阅读，亦可作为单位消防安全培训的教材和广大群众的普及读物。

本书由戴明月主编，由刘波、杨春雷、李洵、唐晓军、于连娟、夏欣、王丽娟、孙丽娜、齐丽娜、刘艳君、王红微、董慧、张黎黎、白雅君、姚明鸽、刘美玲、王营、刘静、王帅、颜廷荣等共同协助完成。

由于编者的经验和学识有限，尽管尽心尽力编写，但内容难免有疏漏、错误之处，敬请广大专家、学者批评指正。

编者

2019 年 3 月

第一版前言

火灾是严重危害人类生命财产安全、直接影响到社会发展和稳定的一种最为常见的灾害。随着社会经济建设的快速发展，物质财富急剧增多，人们的物质文化生活水平迅速提高，但是由于新能源、新材料、新设备的广泛开发利用，火灾发生的频率越来越高，所造成的损失也就越来越无可估量，故需要越来越多的人掌握相关的安全知识。消防安全工作是一项科学性、技术性、群众性和专业性都很强的工作。根据我国的消防安全水平，为了适应消防安全管理的需要，又能为提高我国消防安全水平作出一点贡献，我们编写了本书。

在我国，随着经济建设和科学技术的飞速发展，社会主义市场经济的确立，使得在计划经济体制下形成的很多管理方式和方法不能适应变化的形式。所以，政府分管消防安全工作的领导、单位的法定代表人和单位消防安全管理人员，都应当学习和掌握一定的消防安全管理知识。各个机关、团体、企业事业单位以及每个社会成员，都应高度重视并认真做好自身的消防安全工作，把积极同火灾作斗争视为高尚的道德行为；都应学习并掌握基本的消防安全知识，共同维护公共消防安全，从根本上提高城乡、单位乃至全社会预防和抗御火灾的整体能力和文明程度。

本书以最新的标准、规范为依据，具有很强的针对性和适用性。理论与实践相结合，更注重实际经验的运用；结构体系上重点突出、详略得当，还注意了知识的融贯性、突出整合性的编写原则，可供消防管理人员以及其他相关人员参考使用。

本书由戴明月主编，由刘波、杨春雷、李洵、唐晓军、于连娟、夏欣、王丽娟、孙丽娜、齐丽娜、刘艳君、王红微、董慧、张黎黎、白雅君、姚明鸽、刘美玲、王营、曲秀明、王帅、颜廷荣等共同协助完成。

由于编者的水平和时间有限，尽管尽心尽力编写，但内容难免有疏漏之处，敬请广大专家、学者批评指正。

编者

2015 年 7 月

目 录

4 CHAPTER 学校及公众聚集场所消防安全管理 Page 095

1 消防安全管理必备知识

1.1 消防安全管理概述

1.1.1 消防安全管理的主体

消防工作的主体包括政府、部门、单位和个人这四者，它们同时也是消防安全管理工作的主体。

（1）政府　消防安全管理是政府进行社会管理和公共服务的重要内容，是社会稳定和经济发展的重要保证。

（2）部门　政府有关部门对消防工作齐抓共管，这是由消防工作的社会化属性所决定的。《中华人民共和国消防法》（以下简称《消防法》）在明确消防救援机构职责的同时，也规定了安全监管、建设、工商、质监、教育以及人力资源等部门应当依据有关法律、法规和政策规定，依法履行相应的消防安全管理职责。

（3）单位　单位既是社会的基本单元，也是社会消防安全管理的基本单元。单位对消防安全及致灾因素的管理能力反映了社会公共消防安全管理水平，同时也在很大程度上决定了一个城市、一个地区的消防安全形式。各类社会单位是本单位消防安全管理工作的具体执行者，必须全面负责和落实消防安全管理职责。

（4）个人　消防工作的基础是公民个人，同时公民个人也是各项消防安全管理工作的重要参与者和监督者。在日常的社会生活中，公民在享受消防安全权利的同时也必须履行相应的消防义务。

1.1.2 消防安全管理的对象

消防安全管理的对象，或者消防安全管理资源，主要包括人、财、物、信息、时间、事务六个方面。

（1）人　即消防安全管理系统中被管理的人员。任何管理活动及消防工作都需要人的参与和实施，在消防管理活动中也需要规范及管理人的不安全行为。

（2）财　即开展消防安全管理的经费开支。开展及维持正常的消防安全管理活动必然会需要正常的经费开支，在管理活动中也需要必要的经济奖励等。

（3）物　即开展消防安全管理需要的建筑设施、物质材料、机器设备、能源等。要注意物应该是严格控制的消防安全管理对象，也是消防技术标准所要调整和需要规范的对象。

（4）信息　即开展消防安全管理需要的文件、数据、资料、消息等。信息流是消防安全管理系统中正常运转的流动介质，应充分利用系统中的安全信息流，发挥它们在消防安全管理中的作用。

（5）时间　即消防安全管理的工作顺序、程序、时限、效率等。

（6）事务　即消防安全管理的工作任务、职责、指标等。消防安全管理应当明确工作岗位，确定岗位工作职责，建立健全逐级岗位责任制。

1.1.3　消防安全管理的方法

1.1.3.1　分级负责法

分级负责法是指某项工作任务，在单位或机关、部门之间，纵向层层负责，一级对一级负责，横向分工把关，分线负责，从而形成纵向到底，横向到边，纵横交错的严密工作网络的一种工作方法。此方法在消防安全管理的工作实践中，主要有以下两种。

（1）分级管理　消防监督管理工作中的分级管理，指的是对各个社会单位和居民的消防安全工作在公安机关内部根据行政辖区的管理范围及权限等，按照市公安局、区（县）公安（分）局和公安派出所分级进行管理。这种管理方法通常按照所辖单位的行政隶属关系和保卫关系进行划分。中央及省所属的企事业单位的消防安全工作也由其所在地的市、县应急管理部门分级进行管理。这样，市公安局、区（县）公安（分）局及公安派出所各级的管理作用能够充分发挥，使消防监督工作在各级应急管理部门内部的行政管理上，可以做到与其他治安工作同计划、同布置、同检查、同总结以及同评比，使消防监督工作在应急管理部门内部形成一种上、下、左、右层层管理，层层负责的比较严密的管理网络，使整个社会的消防安全工作，上到大的机关、厂矿、企业，下到农村和城市居民社区，都能得到有效的监督管理，从而督促各种消防安全制度和措施层层得以落实，达到有效预防火灾及保障社会消防安全的目的。为此，各级应急管理部门的领导同志，应当把消防监督工作作为一项重要任务抓紧抓好。市级消防救援机构要加强对区、县消防科股的业务领导，及时帮助解决工作中的疑难问题；在违章建筑的督察，街道居民社区、企业以及商业摊点、集贸市场的消防监督上要充分发挥分局和派出所的作用，真正使市公安局、区（县）公安（分）局和公安派出所各级都能够负起责任来。

（2）消防安全责任制　所谓消防安全责任制，就是政府部门、社会单位以及公民个人都要按自己的法定职责行事，一级对一级负责。对机关、团体以及企事业单位的消防工作而言，就是单位的法定代表人要对本单位的消防安全负责；法定代表人授权某项工作的领导人，要对自己主管内的消防安全负责。其实质即为逐级防火责任制。《消防法》第二条规定，消防工作按照政府统一领导、部门依法监管、单位全面负责、公民积极参与的原则，实行消防安全责任制。这就使消防安全责任制更具有法律依据。比如我们现在实行的各省分管领导与各市分管领导，各市分管领导与各区县分管领导，各区县分管领导与各乡镇分管领导层层签订消防安全责任状等，都是消防安全责任制的具体运用。

在消防安全管理的具体实践中，要遵循实行消防安全责任制的原则，充分调动机关、团体、企事业单位各级负责人的积极性，让他们把消防工作作为自己分内的工作抓紧抓好，并把本单位消防工作的好坏作为评价其实绩的一项主要内容。要使单位的消防安全管理部门充分认识到，自己是单位的一个职能部门，是单位行政领导人的助手及参谋，摆正本部门与单位所属分厂、公司、工段、车间及其他部门的关系，把消防工作从保卫部门直接管理转变为间接督促检查和推动指导，将具体的消防安全工作交由下属单位的法定代表人去领导、去管理，用主要精力指导本单位的下属单位及部门，制定消防规章制度和措施，加强薄弱环节，深化工作层次，解决共性及疑难问题等。

消防救援机构应正确认识消防安全管理和消防监督管理二者的关系，扭转消防监督员包单位的做法，切实抓好自身建设；强化火灾原因调查和对火灾肇事者、违章者的处理工作，强化建设工程防火审核的范围与层次，加强对易燃易爆危险品的生产、储存、运输、销售和包装的监督管理；坚决废除火灾指标承包制，并且切实提高消防监督人员的管理能力和执法水平；不要大包大揽企业单位应当干的工作，真正使消防安全管理工作形成一个政府统一领导、部门依法监管、单位全面负责和公民积极参与的健全的社会化消防工作网络。

1.1.3.2 重点管理法

重点管理法即抓主要矛盾的方法，是在处理存在两个以上矛盾的事务时，找出起着领导与决定作用的矛盾，从而抓住主要矛盾，化解其他矛盾，推动整个工作全面开展的一种工作方法。

由于消防安全管理工作是涉及各个机关、工厂、团体、矿山、学校等企事业单位和千家万户以及每个公民个人的工作，社会性很强，因此在开展消防安全管理工作时，必须学会运用抓主要矛盾的领导艺术，从思维方法和工作方法上掌握抓主要矛盾的工作方法，以推动全社会消防安全管理工作的开展。

（1）专项治理　专项治理就是针对一个大的地区性各项工作或一个单位的具体工作情况，从中找出起领导及决定作用的工作，即主要矛盾，作为一个时期或者一段时间内的中心工作去抓的工作方法。这种工作方法如果能运用得好，就可以避免不分主次、“眉毛胡子一把抓”的局面，从而收到事半功倍的效果。

如某省或某市一个时期以来，公众聚集场所存在的火灾隐患比较多，火灾事故频发，且损失大、伤亡重，那么，这个省或市就可以把公众聚集场所的消防工作作为上半年或下半年或者某一季度的中心工作去抓，进行专项治理。

又如，麦收季节是我国北方中原地区麦场火灾问题突出的季节，若这一时期的麦场防火工作落实不好，农民一年的辛勤劳动成果就会付之一炬。所以，麦收防火工作在每年的三夏期间就是这个地区消防工作的中心工作。

关于消防工作专项治理的实践，全国各地均有很多的经验，但在实践中也有一些值得注意的问题。

① 注意专项治理的时间性和地域性。消防安全管理工作的中心工作，在不同的时期、不同的地区是不同的。在执行中不能把某时期或某地区的中心工作硬套在另一时期或者另一地区。如就河北省麦收防火而言，在保定以南地区六月份是中心工作，而在张家口和承德地区就不一定是，因为这些地区气温较低，有的不种小麦，即使种植小麦，六月份也未到收割季节。所以要注意专项治理内容的时间性和地域性，并贯彻“条块结合，以块为主”的原则。

② 保证专项治理的专一性。一个地区在一定的时间内只能有一个中心工作，不能有多个中心工作。也就是说，一个地区在一定时间内仅能专项治理一个方面的工作，不能专项治理多个方面的工作，否则就不是专项治理。

③ 注意专项治理时的综合治理。所谓综合治理，就是根据抓主要矛盾的原理，围绕中

心工作协调抓好与之相关联的其他工作。由于火灾的发生是由多种因素导致的，如单位领导的重视程度、人们的消防安全意识、社会的政治情势等，哪一项工作没跟上或哪一个环节未处理好，均会成为火灾发生的原因。所以，在对某项工作进行专项治理时，要千方百计地找出问题的主要矛盾和与之相联系的其他矛盾。尤其要注意发现和克服薄弱环节，统筹安排辅以第二位、第三位的工作，使各项工作能够协调发展、全面加强。

④ 注意专项治理与综合治理的从属关系问题。如在对消防安全工作进行专项治理时存在着与之相关联的治安工作、生产安全工作等又是治安综合治理的一项重要内容；在对治安工作和生产安全工作等进行专项治理时，消防安全工作又是治安综合治理的一项重要内容。不可把二者孤立起来、割裂开来。

(2) 抓点带面　抓点带面就是领导决策机关为了推动某项工作的开展，或完成某项工作任务，根据抓主要矛盾与调查研究的工作原理，带着工作任务，深入实际，突破一点，取得经验（通常叫作抓试点），然后通过这种经验去指导其他单位，进而考验和充实决策任务的内容，并将决策任务从面上推广开来的一种工作方法。这种工作方法既可以检验上级机关的决策是否正确，又可以避免大的失误，还可以提高工作效率，以极小的代价取得最佳成绩。

消防安全管理工作是社会性非常强的工作。对防火政令、消防措施的贯彻实施，宜采取抓点带面的方法贯彻。如消防安全重点单位的管理方法、专职消防队伍的建立和措施的推广等，宜采取抓点带面的方法。

抓点带面的方法一般有决策机关人员或者领导干部深入基层，在工作实践中发现典型并着力培养，以及有目的地推广工作试点两种方法。推广典型的方法，通常有召开现场会推广、印发经验材料推广和召开经验交流会推广三种。如某省消防总队每年都召开一次全省的消防工作会议，在会上总结上一年的工作，并布置下一年的工作任务，同时将各地市总结的经验材料一起在会上交流。这样既总结了上一年的工作，又布置了新的工作，同时也交流了各地的好经验，收到了很好的效果。但是，在抓典型时应注意以下问题。

① 选择典型要准确、真实。培养典型切忌拔苗助长、急于求成，要有安排、有计划、持之以恒地抓。典型树起来之后就应一抓到底，树一个成熟一个，不能像黑熊掰玉米一样，掰一个丢一个。

② 对典型要关心、爱护、培养以及帮助。切忌“给优惠”“吃小灶”，搞锦上添花，切实使典型经验能在面上“开花、结果”。

(3) 消防安全重点管理　消防安全重点管理，是根据抓主要矛盾的工作原理，将消防工作中的火灾危险性大，火灾发生后损失大、伤亡重、影响大，也就是对火灾的发生及火灾发生后的损失、伤亡、政治影响和社会影响等起主要领导和决定作用的单位、部位、工种、人员和事项，作为消防安全管理的重点来抓，从而有效地预防火灾发生的一种管理方法。

无数火灾实例说明，一个单位发生火灾后，不仅会影响本单位的生产和经营，还会影响一个系统、一个行业以及一个企业集团，甚至影响一个地区人民群众的生活和社会的安定。如一个城市的供电系统或者燃气供气系统发生火灾，就不单是企业本身的事故，它会严重影响其他单位的生产及城市人民的生活、社会的安定。有些厂的产品是全国许多厂家的原料或配件，这个厂如果发生火灾而导致了停工停产，其影响会涉及全国的一个行业；若其产品是出口产品，还会影响国家的声誉。此外，现在有很多具有一定规模的企业集团公司，他们都经营和管理着很多跨地区的子公司，其下属的消防重点单位一旦发生火灾，那么整个集团公司的规模发展、经济效益以及整个公司的形象和职工群众的安全都会受到影响。所以，我们要把这些火灾危险性大和发生火灾后损失大、伤亡大以及影响大的单位作为消防安全工作的重点去管理。消防安全重点单位的工作抓好了，也就等于将消防工作的主动权抓住了。同时，消防安全重点单位的消防工作做好了，对其他单位的消防工作也会有一定的辐射作用。

这样，不仅能够抓住消防工作的主要矛盾，而且还可以起到抓纲带目、抓点带面以及纲举目张的作用。由于消防重点单位的消防安全管理工作，往往会直接影响到一个地区或一个城市人民的生产和生活，所以抓好了消防重点单位，也就抓住了消防工作的主要方面；同时，重点单位的消防工作做好了，对其他单位的消防安全工作会有一定的辐射作用。这样，不仅能够抓住消防安全管理工作的主要矛盾，还能够起到抓纲带目、抓点带面的作用。比如大兴安岭的森林大火、黄岛油库大火、唐山林西百货大楼大火、南昌万寿宫商城大火等，均严重影响了国民经济的发展、人类生态的平衡与人民生活的安全。因此消防重点单位的消防安全管理工作，对一个地区或者一个城市火灾发生的多少、损失和伤亡、社会影响的大小，均有着决定性的作用。实践证明，只要抓好了消防安全重点单位的消防工作，就等于抓住了消防安全管理工作的主动权。所以，我们一定要强化对消防重点单位的监督管理。

1.1.3.3 调查研究方法

调查研究既是领导者必备的基本素质之一，也是实施正确决策的基础。调查研究方法是管理者能否管理成功的最重要的工作方法。由于消防安全管理工作的社会性、专业性很强，因此在消防安全管理工作中调查研究方法的应用十分重要。加之目前随着社会主义市场经济的发展，消防工作出现了很多新问题、新情况，为了适应新形势、研究新办法、探索新路子，也必须大兴调查研究之风，这样才可以深入解决实际问题。

（1）消防安全管理中运用的调查研究方法　在消防安全管理的实际工作中，调查研究最直接的运用即为消防安全检查或者消防监督检查。归纳起来大体有以下几种方法。

① 普遍调查法。普遍调查法指的是对某一范围内所有研究对象不留遗漏地进行全面调查。比如某市消防救援机构为了全面掌握“三资”企业的消防安全管理状况，组织调查小组对全市所有“三资”企业逐个进行调查。通过调查发现该市“三资”企业存在安全体制管理不顺、过分依赖保险、主观忽视消防安全等问题，并且写出专题调查报告，上报下发，有力地促进了问题的解决。

② 典型调查法。典型调查法是指在对被调查对象有初步了解的基础上，依据调查目的不同，有计划地选择一个或者几个有代表性的单位进行详细的调查，以期取得对对象的总体认识的一种调查方法。这种方法是认识客观事物共同本质的一种科学方法，只要典型选择正确，材料收集方法得当，采取的措施就会有普遍的指导意义。比如某市消防支队依据流通领域的职能部门先后改为企业集团，企业性职能部门也迈出了政企分开的步伐这一实际情况，及时选择典型，对部分市县（区）两级商业、物资、供销以及粮食等部门进行了调查，发现其保卫机构、人员以及保卫工作职能都发生了变化。为此，他们认真分析了这些变化给消防工作可能带来的有利和不利因素，及时提出了加强消防立法、加强专职消防队伍建设、加强消防重点单位管理和加强社会化消防工作的建议和措施。

③ 个案调查法。个案调查法就是把一个社会单位（一个人、一个企业、一个乡等）作为一个整体，进行尽可能全面、完整、深入、细致的调查了解。这种调查方法属于集约性研究，探究的范围较窄，但调查得深入，得到的资料也十分丰富。实质上这种调查方法，在消防安全管理工作中的火灾原因调查及具体深入到某个企业单位进行专门的消防监督检查等方面都是最具体和最实际的运用。如在对一个企业单位进行消防监督检查时，可以最直观地发现企业单位领导对于消防安全工作的重视程度、职工的消防安全意识、消防制度的落实、消防组织建设和存在的火灾隐患、消防安全违法行为和整改落实情况等。

④ 抽样调查法。抽样调查法是指从被调查的对象中，依据一定的规则抽取部分样本进行调查，以期获得对有关问题的总体认识的一种方法。比如《消防法》第十条、第十三条分别规定，对按照国家工程建设消防技术标准需要进行消防设计的建设工程，实行建设工程消

防设计审查验收制度；一般建设工程竣工后，建设单位在验收后应当报住房和城乡建设主管部门备案，住房和城乡建设主管部门应当进行抽查，经依法抽查不合格的，应停止使用。这些都是具体运用抽样调查法的法律依据。

再如，由于不确定签订消防责任状这种工作措施的社会效果如何，某消防救援机构有重点地深入到有关乡、镇、村，以及相关主管部门的重点单位开展调查研究。通过调查发现，消防责任状仅仅是促使人们做好消防工作的一种行政手段，而不是万能的、永恒的措施，它常常受到各种条件的制约，不能发挥其应有的作用，更不能使消防工作社会化持之以恒地开展下去。该消防救援机构针对这一情况，采取相应对策，克服不利因素，使消防工作得到了健康的发展。

（2）调查研究的要求　开展一次调查研究，实际就是进行一次消防安全检查。我们不仅要注意调查方法，还要注意调查技巧，否则也会影响到调查的结果。

① 通过调查会做讨论式调查，不能仅凭一个人的经验和方法，也不能只是简单了解；要提出中心问题在会上讨论，否则很难得出正确的结论。

② 让深切明了问题的有关人员参加调查会，并且要注意年龄、知识结构和行业。

③ 调查会的人数不宜过多，但也不宜过少，至少应 3 人以上，以防囿于见闻，使调查了解的内容与真实情况不符。

④ 事先准备好调查纲目。调查人要根据纲目问题进行研讨。对不明了的和有疑问的内容要及时明确。

⑤ 亲自出马。担任指导工作的人，一定要亲自从事调查研究、亲自进行记录，不能只依赖书面报告，不能假手于人。

⑥ 深入、细致、全面。在调查工作中要能深入、细致、全面地了解问题，不可走马观花、蜻蜓点水。

以上调查研究的要求不仅在调查工作时应注意，在进行消防安全检查时也应注意。

1.1.3.4　PDCA 循环工作法

PDCA 循环工作法即领导或专门机关将群众的意见（分散的不系统的意见）集中起来（经过研究，化为集中的系统的意见），又到群众中去做宣传解释，化为群众的意见，使群众坚持下去，见之于行动，并在群众行动中考验这些意见正确与否；从群众中集中起来，到群众中坚持下去，如此无限循环，一次比一次更正确、更生动、更丰富的工作方法。

由于消防安全工作的专业性很强，所以此工作方法在消防救援机构通常称为专门机关与群众相结合。如某省消防总队，每年年终或者年初都要召开全省的消防（监督管理）工作会议，总结全省消防救援机构上一年的工作，布置下一年的工作计划。其间分期、分批、分内容和分重点地深入到基层机构检查、了解工作计划的贯彻落实情况，及时检查指导工作，发现并且纠正工作计划的不足或存在的问题。每半年还要做工作小结，使全省消防救援机构的工作能够有计划、有规律、有重点、有步骤地进行，每年都有新的内容和新的起色。通常来讲，在运用此工作方法时可按以下四个步骤进行。

（1）制订计划　制订计划，即决策机关或决策人员根据本单位、本系统或本地区的实际情况，在对所属单位、广大群众或基层单位调查研究的基础上，将分散的不系统的群众或专家意见集中起来进行分析和研究，进而确定下一步的工作计划。如在制定全省或者全市全年或者半年的消防安全管理工作计划时，也应在对基层人员或者群众调查研究的基础上，经过周密而系统的研究后，再制定出具体的符合实际情况的实施计划。

（2）贯彻实施　贯彻实施，即把制订的计划向要执行的单位和群众进行贯彻，并向下级或者“到群众中”做宣传解释，将上级的计划“化为群众的意见”，使下级及群众能够贯彻并且坚持下去，见之于行动，并在下级和群众的实践中考验上级制定的政策、办法以及措施正确与否。部署一个时期的工作任务，制定的消防安全规章制度，均应当向下级、向人民群众做宣传解释，让下级和下级的人民群众知道为什么要这样做，应如何做，把上级政府或消防监督机关制定的方针政策、防火办法以及规章制度变为群众的自觉行动。如利用广播、电视、刊物、报纸开展的各种消防安全宣传教育活动，以及举办各种消防安全培训班等均是向群众做宣传解释的具体运用。

(3) 检查督促　检查督促，即决策机关或决策人员要不断深入基层单位，检查计划、办法和措施的执行情况，查看哪些执行了，哪些执行得不够好，并找出原因；了解这些计划、办法以及措施通过实践途径的检验，正确与否，还存在哪些不足和问题。把好的做法向其他单位推广，把问题带回去，做进一步的改进和研究，对一些简单的问题可以就地解决。对实践证明是正确的计划、办法以及措施，由于认识或其他原因没有落实好的单位或个人，给予检查和督促。如经常运用的消防监督检查就是很好的实践。

(4) 总结评价　总结评价，即决策机关或决策人员对所制订的计划、办法的贯彻落实情况，进行总结分析和评价。其方法是通过深入群众、深入实际，了解下级或群众对计划、办法的意见，以及计划、办法的实施情况，并把这些情况汇总起来进行分析、评价。对实践证明是正确的计划、办法，要继续坚持，抓好落实；对不正确的地方予以纠正；对有欠缺的方面进行补充、提高；对执行好的单位及个人给予表彰和奖励；对不认真执行和落实正确计划、办法的单位及个人给予批评；对导致不良影响的单位及个人给予纪律处罚。

最后，根据总结评价情况，提出下一步工作计划，再到群众和工作实际中贯彻落实，从而进入下一个工作循环。“如此无限循环，一次比一次更正确、更生动、更丰富。”这是消防安全管理决策人员应掌握的最基本的管理艺术。

1.1.3.5　消防安全评价法

(1) 消防安全评价的意义　对具有火灾危险性的生产、储存以及使用的场所、装置、设施进行消防安全评价是预防火灾事故的一个重要措施，是消防安全管理科学化的基础，是利用现代科学技术预防火灾事故的具体体现。通过消防安全评价能够预测发生火灾事故的可能性和其后果的严重程度，并根据其制定有针对性的预防措施和应急预案，从而使火灾事故的发生频率和损失程度降低。其意义主要表现在以下几个方面。

① 系统地从计划、设计、制造、运行等过程中考虑消防安全技术和消防安全管理问题，找出易燃易爆物料在生产、储存和使用中潜在的火灾危险因素，提出相应的消防安全措施。

② 对潜在的火灾事故隐患进行定性、定量的分析及预测，使系统建立起更加安全的最优方案，制定更加科学、合理的消防安全防护措施。

③ 评价设备、设施或者系统的设计是否使收益与消防安全达到最合理的平衡。

④ 评价生产设备、设施系统或易燃易爆物料在生产、储存以及使用中是否符合消防安全法律、法规和标准的规定。

(2) 消防安全评价的分类　按照系统工程的观点，从消防安全管理的角度，消防安全评价可分为以下几种。

① 新建、扩建、改建系统，以及新工艺的预先消防安全评价。主要是在新项目建设前，预先辨识、分析系统可能存在的火灾危险性，并提出预防及减少火灾危险的措施，制定改进方案，从而在项目设计阶段消除或者控制系统的火灾危险性。如新建、改建以及扩建的基本建设项目（工程）、技术改造工程项目和引进的工程建设项目应在初步设计会审前完成预评价工作。预评价单位应采用先进、合理的定性和定量评价方法，分析建设项目中潜在的火灾危险、危害性，以及其可能的后果，并提出明确的预防措施。

② 在役设备和运行系统的消防安全评价。主要是根据生产系统运行记录，同类系统发生火灾事故的情况，以及系统的管理、操作、维护状况，对照现行消防安全法规及消防安全技术标准，确定系统火灾危险性的大小，以便于通过管理措施和技术措施提高系统的防火安全性。

③ 退役系统和有害废弃物的消防安全评价。退役系统的消防安全评价，主要是分析生产系统设备报废后带来的火灾危险性与遗留问题对生态、环境、居民安全健康等的影响，并提出妥善的消防安全对策；有害废弃物的消防安全评价，主要是火灾事故风险评价等，因为有害废弃物的堆放、填埋、焚烧三种处理方式均与热安全有关。例如，填埋处理需考虑底部渗漏、污染地下水，易爆、易燃、有害气体从排气孔逸散，也可能发生着火、爆炸等事故；焚烧处理既可能发生着火、爆炸事故，也可能发生毒气、毒液泄漏事故；堆放虽然是一种临时性处置，但有时由于很久得不到进一步处理，堆放的废弃物中易燃、易爆以及有害物质也会引发着火、爆炸、中毒等事故。

④ 易燃易爆危险物质的消防安全评价。易燃易爆危险物质的危险性主要有火灾危险性、人体健康危险性、生态环境危险性以及腐蚀危险性等。对易燃易爆危险物质的消防安全评价主要是通过试验方法测定或是通过计算物质的生成热、燃烧热、反应热、爆炸热等，预测物质着火爆炸的危险性。易燃易爆危险物质消防安全评价的内容除一般理化特性外，还主要包括自燃温度、最小点火能量、爆炸极限、爆速、燃烧速度、燃烧热、爆炸威力、起爆特性等。由于使用条件不同，对易燃易爆危险物质的消防安全评价及分类也有多种方法。

⑤ 系统消防安全管理绩效评价。消防安全管理绩效指的是单位根据消防安全管理的方针和目标在控制和消除火灾危险方面所取得的可测量的成绩及效果。这种评价主要是依据国家有关消防安全的法律、法规和标准，从生产系统或者单位的安全管理组织、安全规章制度、设备设施安全管理、作业环境管理等方面来评价生产系统或者单位的消防安全管理的绩效。一般采用以安全检查表为依据的加权平均计值法或者直接赋值法，此种方法目前在我国企业消防安全评价中应用最多。通过对系统消防安全管理绩效的评价，能够确定系统固有火灾危险性的受控程度是否达到规定的要求，从而确定系统消防安全的程度或者水平。

（3）消防安全评价的方法　目前，可以用于生产过程或设施消防安全评价的方法有安全检查表法、火灾爆炸危险指数评价法、危险性预先分析法、危险可操作性研究法、故障类型与影响分析法、故障树分析法、人的可靠性分析法、作业条件危险性评价法以及概率危险分析法等，已达到几十种。根据评价的特点，消防安全评价的方法可分为定性评价法、指数评价法、火灾概率风险评价法、重大危险源评价法等几大类。在具体运用时，可根据评价对象、评价人员素质，以及评价的目的进行选择。

① 定性评价法。定性评价法主要是根据经验及判断能力对生产系统的工艺、设备、环境、人员、管理等方面的状况进行定性的评价。此类评价方法主要包括列表检查法（安全检查表法）、预先危险性分析法、故障类型和影响分析法以及危险可操作性研究法等。这类方法的特点是简单、便于操作，评价过程与结果直观，目前在国内外企业消防安全管理工作中被广泛使用。但是这类方法含有非常高的经验成分，带有一定的局限性，对系统危险性的描述缺乏深度，不同类型评价对象的评价结果没有可比性。

② 指数评价法。指数评价法主要包括美国道（DOW）化学公司的火灾爆炸指数评价法、英国帝国化学公司蒙德工厂的蒙德评价法、日本的六阶段危险评价法，以及我国化工厂危险程度分级法等。这种评价方法操作简单，避免了火灾事故概率和其后果难以确定的困难，使系统结构复杂、用概率很难表述其火灾危险性的单元评价有了一个可行的方法，为目前应用较多的评价方法之一。这种评价方法的缺点如下。

a. 评价模型对系统消防安全保障体系的功能重视不够，特别是易燃易爆危险物质和消防安全保障体系之间的相互作用关系未予考虑。

b. 各因素之间都以乘积或相加的方式处理，忽视了各因素之间重要性的差别。

c. 评价自开始起就用指标值给出，使得评价后期对系统的安全改进工作比较困难。

d. 指标值的确定只和是否设置指标有关，而与指标因素的客观状态等无关，导致易燃易爆危险物质的种类、含量以及空间布置相似而实际消防安全水平相差较远的系统评价结果相近。

这种评价法目前在石油、化工等领域应用较多。

③ 火灾概率风险评价法。火灾概率风险评价法是根据子系统的事故发生概率，求取整个系统火灾事故发生概率的评价方法。方法系统结构简单、清晰，相同元件的基础数据互相借鉴性强。这种方法在航空、航天以及核能等领域得到了广泛应用。同时，此方法要求数据准确、充分，分析过程完整，判断及假设合理。但该方法需要取得组成系统的各子系统发生故障的概率数据，目前在民用工业系统中，这类数据的积累还不是很充分，这是使用这一方法的根本性障碍。

④ 重大危险源评价法。重大危险源评价法分为固有危险性评价与现实危险性评价，后者在前者的基础上考虑了各种控制因素，反映了人对控制事故发生及事故后果扩大的主观能动作用。固有危险性评价主要反映物质的固有特性、易燃易爆危险物质生产过程的特点及危险单元内外部环境状况，分为事故易发性评价和事故严重度评价两种。事故的易发性取决于危险物质事故易发性与工艺过程危险性的耦合。易燃、易爆以及有毒重大危险源辨识评价方法填补了我国跨行业重大危险源评价方法的空白，在事故严重度评价中建立了伤害模型库，借助了定量的计算方法，使我国工业火灾危险评价方法的研究由定性评价进入定量评价阶段。实际应用表明，使用该方法得到的评价结果科学、合理，符合我国国情。

由于消防安全评价不仅涉及技术科学，而且涉及管理学、心理学、伦理学以及法学等社会科学的相关知识，评价指标及其权值的选取与生产技术水平、管理水平、生产者和管理者的素质以及社会文化背景等因素密切相关，因此，每种评价方法都有一定的适用范围和限度。目前，国外现有的消防安全评价方法主要适用于评价具有火灾危险的生产装置或者生产单元，发生火灾事故的可能性，以及火灾事故后果的严重程度。

（4）消防安全评价的基本程序　消防安全评价的基本程序主要包括以下四个步骤。

① 资料收集。根据评价的对象及范围，收集国内外相关法规和标准，了解同类设备、设施、生产工艺和火灾事故情况，评价对象的地理、气象条件以及社会环境状况等。

② 火灾危险危害因素的辨识与分析。根据所评价的设备、设施，或气象条件、场所地理、工程建设方案、工艺流程、装置布置、主要设备和仪表、原材料、中间体以及产品的理化性质等，辨识和分析可能发生的事故类型、事故发生的原因与机理。

③ 划分评价单元，选择评价方法。在上述危险分析的基础上，划分评价单元，根据评价目的和评价对象的复杂程度选择具体的一种或多种评价方法，对发生事故的可能性和严重程度进行定性或定量评价，并在此基础上做危险分级，以确定管理的重点。

④ 提出降低或控制危险的安全对策。按照消防安全评价和分级结果，提出相应的对策措施。对高于标准的危险情况，应采取坚决的工程技术或组织管理措施，降低或者控制危险状态。对低于标准的危险情况，若是可接受或者允许的危险情况，应建立监测措施，避免由于生产条件的变更而导致危险值增加；若是不可能排除的危险情况，应采取积极的预防措施，并且根据潜在的事故隐患提出事故应急预案。

综上所述，消防安全评价的基本程序如图 1-1 所示。

（5）消防安全评价的基本要求　消防安全评价是一项非常复杂和细致的工作，为避免走不必要的弯路，在具体实施评价时，还应做好下列几项工作。

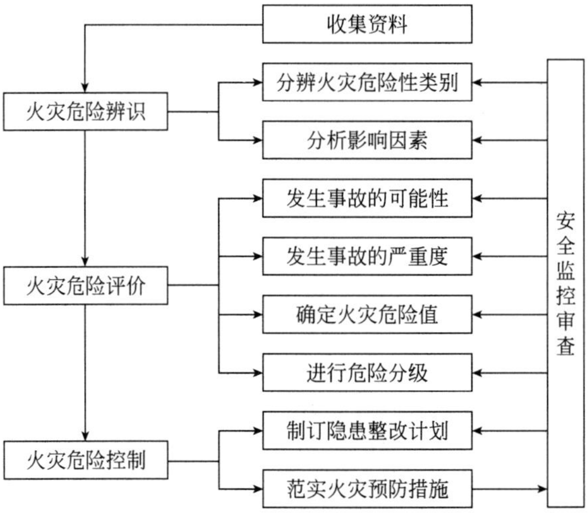

图 1-1　消防安全评价的基本程序

① 由技术管理部门具体负责，并注意听取专家意见。无论是否在评价细节上求助于顾问或专业人员，消防安全评价过程都应由单位的技术管理部门具体负责，并认真考虑具有实践经验及知识的员工代表的意见。对复杂工艺或者技术的消防安全评价，要认真听取专家的意见，并确保其对特定的作业活动有足够的了解，要保证每一位相关人员（管理人员、员工及专家）的有效参与。

② 确定危险级别应与危险实际状况相适应。评价对象的危险程度决定了消防安全评价的复杂程度，因此消防安全评价中危险级别的确定应与实际危险状况相适应。对于只产生少量或者简单危险源的小型企业单位，消防安全评价可以是一个非常直接的过程。该过程可以以资料判断和参考合适的指南（如政府管理机构、行业协会发布的指南等）为基础，不一定都要通过复杂的过程与技能来进行评价。但是对于危险性大、生产规模大的作业场所应采用复杂的消防安全评价方法，尤其是复杂工艺或新工艺，应尽可能采用定量评价方法。

因此，单位首先应当进行粗略的评价，以发现哪些地方需要进行全面的评价，哪些地方需要采用复杂的技术（如化学危险品监测）等，从而将那些不必要的评价步骤略去，增加评价的针对性。

③ 做到全面、系统、实际。消防安全评价并没有固定的规则，无论采取什么样的方法，都需要考虑生产的本质以及危险源和风险的类型等。必须通过系统科学的思想和方法，对人、机、环境三个方面进行全面系统的分析及评价，重要的是做到下列几点。

a. 全面。要保证生产活动的各个方面都得到评价，包括常规与非常规的活动等。评价过程应包括生产活动的各个部分，包括那些暂时不在监督管理范围内的作为承包方外出作业的员工、巡回人员等。

b. 系统。要确保消防安全评价活动的系统性，可通过机械类、交通类、物料类等分类方式来寻找危险源；或者按地理位置将作业现场划分为几个不同区域；或者采取一项作业接一项作业的方法来寻找危险源。

c. 实际。由于现场实际情况有时可能与作业手册中的规定有所不同，因此在具体进行评价时，要注意认真查看作业现场与作业时的实际情况，以保证消防安全评价活动的实用性。

④ 消防安全评价应当定期进行。企业的生产情况是不断变化的，因而消防安全评价也不应当是一劳永逸的，应当根据企业的生产状况定期进行。根据《安全生产法》的规定，生产、储存以及使用易燃易爆危险品的装置，一般每两年应进行一次消防安全性评价。由于剧

毒性易燃易爆危险品一旦发生事故可能导致的伤害和危害更严重，且相同剂量的危险品存在于同一环境，造成事故的危害会更大，因此，对剧毒性易燃易爆危险品应每年进行一次消防安全评价。

⑤ 消防安全评价报告应当提出火灾隐患整改方案。对消防安全评价中发现的生产及储存装置中存在的火灾隐患，在出具消防安全评价报告时，应提出整改方案。当发现存在不立即整改即会导致火灾事故的火灾危险时，应当立即停止使用，予以更换或修复，并采取相应的消防安全措施。

⑥ 消防安全评价的结果应当形成文件化的评价报告。由于消防安全评价报告所记录的是安全评价的过程及结果，并包括了对于不合格项提出的整改方案、事故预防措施及事故应急预案，因此，消防安全评价的结果应当形成文件化的评价报告，并且报所在地县级以上人民政府负责消防安全监督管理工作的部门备案。

1.1.4 消防安全管理的职责

消防安全管理指的是各级人民政府对社会的消防行政立法和宏观规划决策管理，应急管理部门对社会的消防监督、执法管理，以及机关、团体、企业、事业单位自身的消防安全管理。

（1）各级人民政府的消防安全管理职责　《消防改革与发展纲要》第三十一条规定：“发展消防事业是一项涉及诸多方面的系统工程，必须在国务院的统一领导下，以地方政府负责为主，切实加强领导。”

《消防法》第三条规定：“国务院领导全国的消防工作。地方各级人民政府负责本行政区域内的消防工作。各级人民政府应当将消防工作纳入国民经济和社会发展计划，保障消防工作与经济社会发展相适应。”

《消防法》第六条规定：“各级人民政府应当组织开展经常性的消防宣传教育，提高公民的消防安全意识。”

《消防法》第八条规定：“地方各级人民政府应当将包括消防安全布局、消防站、消防供水、消防通信、消防车通道、消防装备等内容的消防规划纳入城乡规划，并负责组织实施。”

《消防法》第三十二条规定：“乡镇人民政府、城市街道办事处应当指导、支持和帮助村民委员会、居民委员会开展群众性的消防工作。村民委员会、居民委员会应当确定消防安全管理人，组织制定防火安全公约，进行防火安全检查。”

《消防法》第三十五条规定：“各级人民政府应当加强消防组织建设，根据经济社会发展的需要，建立多种形式的消防组织，加强消防技术人才培养，增强火灾预防、扑救和应急救援的能力。”

《消防法》第三十六条规定：“县级以上地方人民政府应当按照国家规定建立国家综合性消防救援队、专职消防队，并按照国家标准配备消防装备，承担火灾扑救工作。乡镇人民政府应当根据当地经济发展和消防工作的需要，建立专职消防队、志愿消防队，承担火灾扑救工作。”

《消防法》第五十一条规定：“消防救援机构有权根据需要封闭火灾现场，负责调查火灾原因，统计火灾损失。火灾扑灭后，发生火灾的单位和相关人员应当按照消防救援机构的要求保护现场，接受事故调查，如实提供与火灾有关的情况。消防救援机构根据火灾现场勘验、调查情况和有关的检验、鉴定意见，及时制作火灾事故认定书，作为处理火灾事故的证据。”

《消防法》第六十五条规定：“违反本法规定，生产、销售不合格的消防产品或者国家明令淘汰的消防产品的，由产品质量监督部门或者工商行政管理部门依照《中华人民共和国产品质量法》的规定从重处罚。人员密集场所使用不合格的消防产品或者国家明令淘汰的消防产品的，责令限期改正；逾期不改正的，处五千元以上五万元以下罚款，并对其直接负责的主管人员和其他直接责任人员处五百元以上二千元以下罚款；情节严重的，责令停产停业。消防救援机构对于本条第二款规定的情形，除依法对使用者予以处罚外，应当将发现不合格的消防产品和国家明令淘汰的消防产品的情况通报产品质量监督部门、工商行政管理部门。产品质量监督部门、工商行政管理部门应当对生产者、销售者依法及时查处。”

城市街道办事处及乡镇人民政府，应做好管辖区内的消防安全管理工作：贯彻执行《消防法》和其他有关法律、法规；督促街道、乡镇企业和专业户、个体的商户以及经济联合体等单位做好消防安全管理工作；进行消防宣传，组织群众制定防火公约；组织防火检查，督促消除火险隐患；管理所属的专职消防队和义务消防队；组织火灾扑救，保护火灾现场，协助调查火灾原因。

各级人民政府都应以对国家和人民群众高度负责的态度，重视并且抓好消防安全管理，对消防安全工作进行统筹规划，针对存在的问题，及时采取措施加以整改，使我国的消防安全管理能够同社会进步和经济发展相适应。

（2）应急管理部门的消防安全管理职责　我国消防救援机构的消防监督管理工作实行统一领导下的分级监督管理模式，其中城市实行三级监督管理模式，农村实行两级监督管理模式。

城市的消防三级监管模式：第一级机构为市（直辖市、省级市、地级市）公安局消防局（分局、处）；第二级机构为区公安分局消防科（处）；第三级机构为公安派出所。

农村的消防两级监管模式第一级机构为县（县级市、旗）公安局消防科（股），第二级机构为公安派出所。

不同级别的公安消防机构的消防监督管理工作责任，按照管辖隶属和权利划分确定。

① 市公安局消防机构主要负责对市级消防安全重点单位实施监督管理。

② 县公安局与区公安分局的消防机构主要负责对县（区）级消防安全重点单位实施监督管理。

③ 公安派出所主要负责对管辖区内的一般单位和居民区实施监督管理。

（3）单位消防安全管理职责　《消防法》中规定机关、团体、企业、事业单位应当履行下列消防安全职责。

① 落实消防安全责任制，制定本单位的消防安全制度、消防安全操作规程，制定灭火和应急疏散预案。

② 按照国家标准、行业标准配置消防设施、器材，设置消防安全标志，并定期组织检验、维修，确保完好有效。

③ 对建筑消防设施每年至少进行一次全面检测，确保完好有效，检测记录应当完整准确，存档备查。

④ 保障疏散通道、安全出口、消防车通道畅通，保证防火防烟分区、防火间距符合消防技术标准。

⑤ 组织防火检查，及时消除火灾隐患。

⑥ 组织进行有针对性的消防演练。

⑦ 法律、法规规定的其他消防安全职责。

消防安全重点单位除应当履行以上职责外，还应当履行下列消防安全职责。

① 确定消防安全管理人，组织实施本单位的消防安全管理工作。

② 建立消防档案，确定消防安全重点部位，设置防火标志，实行严格管理。

③ 实行每日防火巡查，并建立巡查记录。

④ 对职工进行岗前消防安全培训，定期组织消防安全培训和消防演练。

单位的主要负责人是本单位的消防安全责任人。《消防法》规定的社会各单位的消防安全职责，也是国家对社会各单位法定代表人或者主要负责人所赋予的法定的消防安全职责。

《机关、团体、企业、事业单位消防安全管理规定》中规定单位的消防安全责任人应当履行下列消防安全职责。

① 贯彻执行消防法规，保障单位消防安全符合规定，掌握本单位的消防安全情况。

② 将消防工作与本单位的生产、科研、经营、管理等活动统筹安排，批准实施年度消防工作计划。

③ 为本单位的消防安全提供必要的经费和组织保障。

④ 确定逐级消防安全责任，批准实施消防安全制度，保障消防安全的操作规程。

⑤ 组织防火检查，督促落实火灾隐患整改，及时处理涉及消防安全的重大问题。

⑥ 根据消防法规的规定建立专职消防队、义务消防队。

⑦ 组织制定符合本单位实际的灭火应急疏散预案，并实施演练。

根据《机关、团体、企业、事业单位消防安全管理规定》，单位可以根据需要确定本单位的消防安全管理人。消防安全管理人对单位的消防安全责任人负责，实施和组织落实以下消防安全管理工作。

① 拟订年度消防工作计划，组织实施日常消防安全管理工作。

② 组织制定消防安全制度，保障消防安全的操作规程并检查督促其落实。

③ 拟订消防安全工作的资金投入和组织保障方案。

④ 组织实施防火检查和火灾隐患整改工作。

⑤ 组织实施对本单位消防设施、灭火器材和消防安全标志的维护保养，确保其完好有效，确保疏散通道和安全出口畅通。

⑥ 组织管理专职消防队和义务消防队。

⑦ 在员工中组织开展消防知识、技能的宣传教育和培训，组织灭火和应急疏散预案的实施和演练。

⑧ 单位消防安全责任人委托的其他消防安全管理工作。

消防安全管理人应当定期向消防安全责任人报告消防安全情况，及时报告涉及消防安全的重大问题。未确定消防安全管理人的单位，前款规定的消防安全管理工作由单位消防安全责任人负责实施。

实行承包、租赁或者委托经营、管理时，产权单位应当提供符合消防安全要求的建筑物，当事人在订立的合同中根据有关规定明确各方的消防安全责任；消防车通道、涉及公共消防安全的疏散设施和其他建筑消防设施应当由产权单位或者委托管理的单位统一管理。承包、承租或受委托经营、管理的单位，在其使用、管理范围内履行消防安全职责。对于有两个以上产权单位及使用单位的建筑物，各产权单位、使用单位对消防车通道、涉及公共消防安全的疏散设施以及其他建筑消防设施应当明确管理责任，可以委托统一进行管理。

根据《机关、团体、企业、事业单位消防安全管理规定》，居民住宅区的物业管理单位应当在管理范围内履行以下消防安全职责。

① 制定消防安全制度，落实消防安全责任，开展消防安全宣传教育。

② 开展防火检查，消除火灾隐患。

③ 保障疏散通道、安全出口、消防车通道畅通。

④ 保障公共消防设施、器材以及消防安全标志完好有效。

其他物业管理单位应当对受委托管理范围内的公共消防安全管理工作负责。

焰火晚会、集会、灯会等具有火灾危险的大型活动的主办单位、承办单位以及提供场地的单位，在订立的合同中应明确各方的消防安全责任。

建筑工程施工现场的消防安全由施工单位负责。实行施工总承包的，由总承包单位负责。分包单位向总承包单位负责，服从总承包单位对施工现场的消防安全管理。

对建筑物进行局部改建、扩建以及装修的工程，在订立的合同中，建设单位应当与施工单位明确各方对施工现场的消防安全责任。

1.1.5 消防安全管理的方针

《消防法》第二条规定，我国消防安全管理实行“预防为主，防消结合”的方针，《机关、团体、企业、事业单位消防安全管理规定》第三条规定，贯彻预防为主、防消结合的消防工作方针。“预防为主、防消结合”的消防安全管理方针准确、科学地体现了对火灾的预防与扑救之间的辩证关系，正确地反映出同火灾作斗争的客观规律，这是我国人民长期同火灾作斗争的经验总结，它正确地、全面地反映了消防工作的客观要求。

（1）“预防为主”　“预防为主”是指在消防安全管理工作的指导思想上，将预防火灾放在首位，立足于防，动员、依靠各行各业的人民群众，贯彻落实各项防火的行政措施、技术措施以及组织措施，从根本上预防火灾的发生和发展。火灾是可以预防的，只要在思想上、管理上、物质上落实，就可以从根本上取得同火灾斗争的主动权。

（2）“防消结合”　“防消结合”指的是同火灾作斗争的两个基本手段——预防和扑救，将它们有机地结合起来，做到相辅相成、互相促进。“防消结合”要求在做好防火工作的同时，还要大力加强消防队伍的建设，在思想上、组织上、技术上积极做好各项灭火准备，一旦发生火灾，能够迅速有效地予以扑灭，最大限度地减少火灾所导致的人身伤亡和物质损害。要加强国家综合性消防救援队、企业事业专职消防队和义务消防队的建设，搞好技术装备的配备，强化消防基础设施建设，使灭火能力得到提高。

（3）消防工作方针反映了同火灾作斗争的客观规律　由我国历年来所发生的火灾的直接原因及生产、生活用火的实际情况可以看出两个规律。一是绝大多数的火灾是可以预防的。在我国所发生的火灾的直接原因大体上可分为三类：第一类是因为人们思想麻痹，缺乏安全知识，不遵守必要的规章制度或违反安全操作规程而导致的，例如小孩玩火、乱丢烟蒂、电器用后不关等，这类火灾数量最多，造成的经济损失所占的比重也最大；第二类是由于设施不良，或不了解物质的特性，考虑不周、放置不当，发生雷击、静电、物质自燃等引起的；第三类是纵火，包括危害国家安全、其他刑事犯罪分子纵火，民间纠纷激化、当事人报复性纵火，以及精神病患者纵火等，这类火灾常常发生在人们缺乏警惕及防范的情况下，若对这些部位严格值班制度，加强巡逻守护，这类火灾也是有可能被制止的。总之，发生火灾的直接原因虽是多种多样的，但是绝大多数的火灾是可以预防的。二是不可否认，对一个城市、地区或单位来说，火灾又是很难完全避免的。这是因为：①用火、用电涉及各行各业和千家万户，而人们对火灾的警惕程度又千差万别，难免有人会麻痹大意、马虎从事；②客观上存在的不安全因素仍较多，不少旧建筑物不满足防火要求，许多居民住房是易燃结构，有些厂房不满足防火防爆要求，职工缺乏防火知识；③随着我国现代化建设事业的发展，生产中用油、用电、用火和使用易燃易爆物品日益增多，发生火灾的客观因素也相应增多。所以，在做好防火工作的同时，还应大力加强扑灭火灾的准备工作，以便一旦发生火灾，能够及时予以扑灭，减少火灾导致的损失。

由此可见，“防”与“消”是不可分割的整体。“防”是矛盾的主要方面，“消”是弥补“防”的不足，这是达到一个目的的两种手段，二者是相辅相成、互为补充的。在实际工作中，应当做到“防”中有“消”，“消”中有“防”，“防”与“消”必须要紧密结合，重“防”轻“消”或重“消”轻“防”都是片面的。只有正确地、全面地理解并贯彻“预防为主、防消结合”的方针，才能够有效地同火灾作斗争。

1.1.6 消防安全管理的原则

任何一项管理活动都必须遵循一定的原则。依据我国消防安全管理的性质，消防安全管理除应遵循普遍政治原则和科学管理原则外，还必须遵循下列特有原则。

（1）统一领导，分级管理　根据消防安全管理的性质与消防实践，我国的消防安全管理实行统一领导，即实行统一的法律、法规、方针、政策，以确保全国消防管理工作的协调一致。但是，我国是一个人口众多、地域广阔的国家，各地经济、文化以及科技发展不平衡，发生火灾的具体规律和特点也不同，不可能用一个统一的模式来管理各地区、各部门的消防业务。所以，必须在国家消防主管部门的统一领导下，实行纵向的分级管理，赋予各级消防管理部门一定的职责及权限，调动其积极性与主动性。

（2）专门机关管理与群众管理相结合　各级公安消防监督机构是消防管理的专门机关，担负着主要的消防管理职能，但是消防工作涉及各行各业、千家万户，消防工作与每一个社会成员息息相关，如果不发动群众参与管理，消防工作的各项措施就很难落实。只有坚持在专门机关组织指导下群众参加管理，才能够卓有成效地搞好这一工作。

（3）安全与生产相一致　安全和生产是一个对立统一的整体。安全是为了更好地生产，生产必须以安全为前提，二者不可偏废。公安消防监督机关在消防管理中，要认真坚持安全与生产相一致的原则，对机关、团体、企业以及事业单位存在的火险隐患决不姑息迁就，而应积极督促其整改，使安全与生产同步前进。若忽视这一点，则会导致很大的损失。

（4）严格管理、依法管理　由于各种客观因素的存在，一部分单位与个人往往对消防安全的重要性认识不足，存在着对消防安全不重视的现象，导致大量的火险隐患得不到发现或发现后不能及时进行整改。为了减少和消除引发火灾的各种因素，消防管理组织尤其是公安消防监督机构本着严格管理的原则，对所有监督管理范围内的单位、部门以及区域的消防安全提出严格的要求，发现火险隐患严格督促检查、整改。

依法管理，就是要依照国家司法机关和行政机关制定和颁布的法律、法规以及规章等，对消防事务进行管理。消防管理要依法进行，这是由于火灾的破坏性所决定的。火灾危害社会安宁，破坏人们正常的生产、工作以及生活秩序，这就需要有强制性的管理措施才能够有效地控制火灾的发生。而强制性的管理又必须有法律作后盾，因此消防安全管理工作必须坚持依法管理的原则。

1.2 消防设施、设备及器材

（1）灭火器　灭火器是建筑施工现场最为常用的消防设施之一，大量在现场使用（干粉灭火器）。它方便快捷，适合扑灭初级火灾，所以对灭火器的使用、维护、检查和构造要有一定的了解，并应对现场人员进行培训演练。

图 1-2　压力显示器

① 灭火器的组成。灭火器主要由瓶体、压把、压力器、喷管、使用说明、合格证以及检验证组成。

如图 1-2 所示为压力显示器，压力显示器读数的含义如下。

红区：再充装区（即压力不足）0MPa。

绿区：压力正常 1.2MPa。

黄区：超装区（压力过大）2.5MPa。

适用范围：能扑灭纸张、木材、棉麻毛类固体及各种油类可燃液体、可燃气体以及电器类等多种初期火灾。

图 1-3 所示为灭火器使用方法。

注意事项如下。

a. 灭火器要定期进行检查，发现压力表指针低于绿色区域时，应及时将其送检验单位进行修理充装。

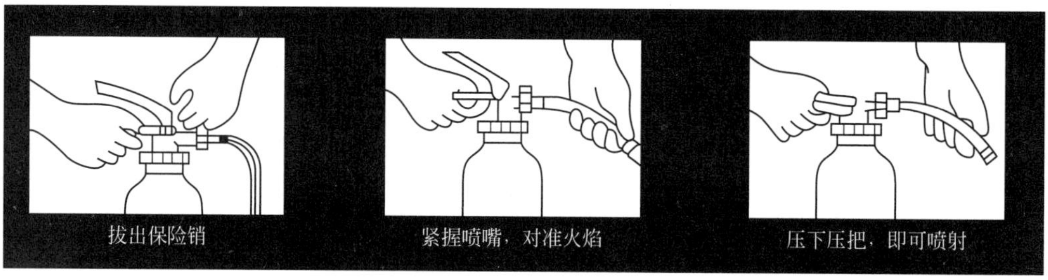

图 1-3　灭火器使用方法示意

b. 防潮、防暴晒、防碰撞。

c. 灭火器一经开启必须送检验单位进行修理充装，充装之前筒体必须经水压试验，其他如图 1-4 所示。

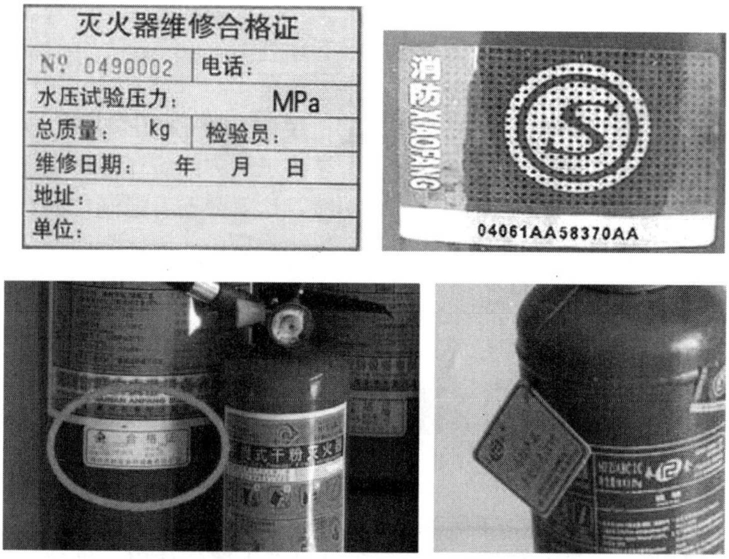

图 1-4　灭火器合格证

② 常见灭火器的分类。灭火器的种类很多，按照其移动方式可分为手提式与移动式；按驱动灭火剂的动力来源可分为储压式、储气瓶式、化学反应式；按所充装的灭火剂则又可分为泡沫、干粉、二氧化碳、卤代烷、酸碱、清水等灭火器。

干粉灭火器的适用范围和使用方法如下：碳酸氢钠干粉灭火器适用于易燃、可燃液体以及气体和带电设备的初起火灾；磷酸铵盐干粉灭火器除可用于以上几类火灾外，还可扑救固体类物质的初期火灾。但它们都不能扑救金属燃烧火灾。

灭火时，可手提或者肩扛灭火器迅速奔赴火场，在距燃烧处 5m 左右，放下灭火器。如在室外，应选择在上风方向喷射。使用的干粉灭火器若是外挂储压式的，操作者应一手紧握喷枪，另一手提起储气瓶上的开启提环。如果储气瓶的开启是手轮式的，则向逆时针方向旋开，并旋至最高位置，随即提起灭火器。当干粉喷出后，迅速对准火焰的根部扫射。使用的干粉灭火器如果是内置式储气瓶的或是储压式的，操作者应先拔下开启把上的保险销，一只手握住喷射软管前段的喷射嘴部，另一只手将开启压把压下，打开灭火器进行灭火。有喷射软管的灭火器或者储压式灭火器在使用时，一手应始终压下压把，不能将其放开，否则会中断喷射。

③ 灭火器的维护和管理

a. 使用单位必须加强对灭火器的日常管理和维护。

b. 使用单位要对灭火器的维护情况至少每季度检查一次。

c. 使用单位应当至少每 12 个月自行组织或委托维修单位对所有灭火器进行一次功能性检查。

④ 灭火器的使用选择。扑救 A 类火灾可以选用水型灭火器、泡沫灭火器、磷酸铵盐干粉灭火器、卤代烷灭火器；扑救 B 类火灾可以选择泡沫灭火器（化学泡沫灭火器只限于扑灭非极性溶剂）、卤代烷灭火器、干粉灭火器、二氧化碳灭火器；扑救 C 类火灾可选择干粉灭火器、卤代烷灭火器、二氧化碳灭火器等；扑救 D 类火灾可选择专用干粉灭火器、粉状石墨灭火器，也可用干砂或铸铁屑末代替；扑救带电火灾可选择卤代烷灭火器、干粉灭火器、二氧化碳灭火器等。带电火灾包括家用电器、电子元件、电气设备（计算机、复印机、打印机、传真机、电动机、发电机、变压器等）以及电线电缆等燃烧时仍带电的火灾，而顶挂、壁挂的日常照明灯具及起火后可自行将电源切断的设备所发生的火灾则不应列入带电火灾范围。

⑤ 灭火器的使用期限。从出厂日期算起，达到如下年限必须要报废：手提式化学泡沫灭火器，5 年；手提式酸碱灭火器，5 年；手提式清水灭火器，6 年；手提式干粉灭火器（储气瓶式），8 年；手提储压式干粉灭火器，10 年；手提式 1211 灭火器，10 年；手提式二氧化碳灭火器，12 年；推车式化学泡沫灭火器，8 年；推车式干粉灭火器（储气瓶式），10 年；推车储压式干粉灭火器，12 年；推车式 1211 灭火器，10 年；推车式二氧化碳灭火器，12 年。

另外，灭火器应每年至少进行一次维护检查。

（2）消防架（斧、锹、桶、钩等）　消防架是一种用于火灾发生时的消防工具，如图 1-5 所示。

（3）消防泵　建筑高度大于 24m 或者单体体积超过 30000m^3 的在建工程，应设置临时室内消防给水系统。

施工现场的消火栓泵应采用专用消防配电线路。专用消防配电线路应由施工现场总配电箱的总断路器上端接入，并且应保持不间断供电。消防泵应采用双泵，其中一台是备用泵，如图 1-6 所示。

（4）消防立管　临时室外消防给水干管、室内消防竖管的管径，应参照施工现场临时消防用水量和干管内水流计算速度计算确定，并且不应小于 DN100mm，如图 1-7 所示，配备水带和水枪。

（5）消火栓　消火栓分为地上消火栓与地下消火栓，又分为室内和室外，如图 1-8 所示。

图 1-5　消防架

图 1-6　备用泵

图 1-7　消防立管

图 1-8　消火栓

室外消火栓应沿在建工程、临时用房以及可燃材料堆场及其加工厂均匀布置，与在建工程、临时用房和可燃材料堆场及其加工厂外边线的距离不应小于 5m；消火栓的最大保护半径不应大于 150m；消火栓的间距不应大于 120m。

设置临时室内消防给水系统的在建工程，各结构层都应设置室内消火栓接口及消防软管接口，并应符合以下规定：消火栓接口及软管接口应设置在位置明显并且易于操作的部位；消火栓接口的前端应设置截止阀；消火栓接口或者软管接口的间距，多层建筑不应大于 50m，高层建筑不应大于 30m。

图 1-9　灭火器箱

（6）灭火器箱　灭火器箱如图 1-9 所示。

（7）消防安全标志　消防安全标志（图 1-10）分为火灾报警与手动控制装置的标志、火灾时疏散途径的标志、灭火设备的标志、具有火灾爆炸危险的地方或者物质的标志、方向辅助标志。

消防安全标志应设置在醒目、与消防安全有关的地方，并能使人们看到后有足够的时间注意它所表示的意义。消防安全标志不应设在本身移动后可能遮盖标志的物体上，同样也不应设于容易被移动的物体遮盖的地方。

（8）消防水桶　消防水桶如图 1-11 所示。

（9）水带、水枪　水带、水枪如图 1-12 所示。

（10）消防井　消防井如图 1-13 所示。

图 1-10　消防安全标志

图 1-11　消防水桶

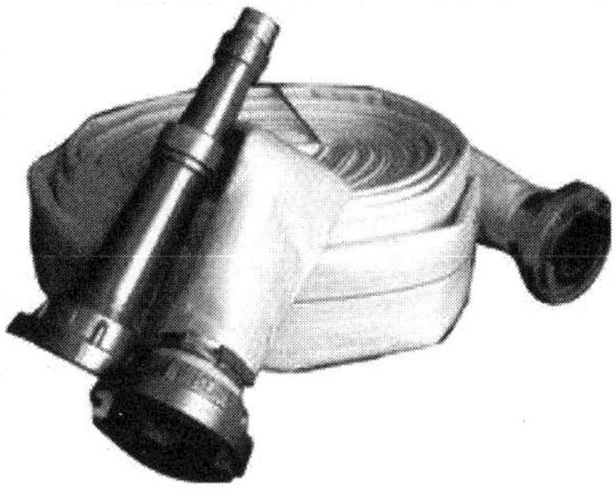

图 1-12　水带、水枪

（11）围护栏　围护栏如图 1-14 所示。

图 1-13　消防井

图 1-14　围护栏

（12）防火布、石棉布、灭火毯　如图 1-15 所示，防火布、石棉布是用于电气焊施工围护避免焊花掉落引发火灾的防火措施；灭火毯用于油类较小的火灾，比如食堂炒菜的油锅着火时使用效果较好。

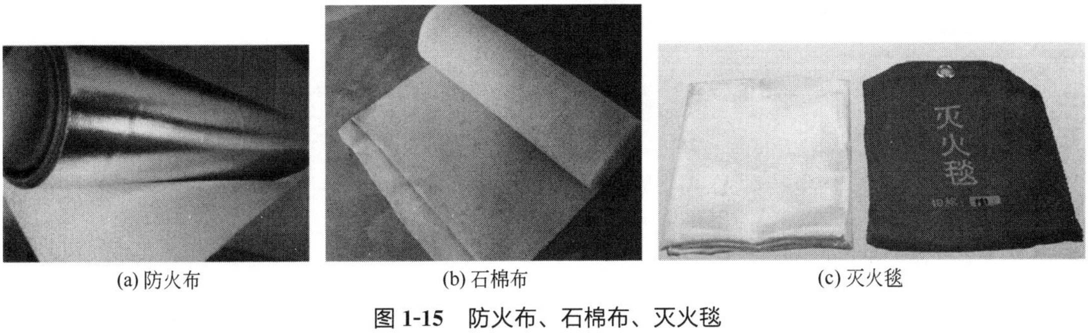

(a) 防火布　(b) 石棉布　(c) 灭火毯

图 1-15　防火布、石棉布、灭火毯

（13）消防管理人员标识（袖标、帽） 消防管理人员标识（袖标、帽）如图 1-16 所示。

(a) 袖标　　(b) 帽

图 1-16 消防管理人员标识

（14）电气焊工安全操作确认单 电气焊工安全操作确认单是消防安全管理的一个有效措施。把好动火过程管理，由相关人员（电气焊工、工长、安全监督人员、看火人）确认安全后，电气焊工才能动火，以保证动火安全。

（15）看火人袖标 电气焊施工作业必须配备专人看护，并且佩戴看火人袖标，不得做其他工作，如图 1-17 所示。

（16）标语宣传画 现场要大力开展消防安全教育，张贴宣传画及标语，营造消防安全氛围，以达到提高全员消防安全意识的目的，如图 1-18 所示。

图 1-17 看火人袖标

图 1-18 标语宣传画

（17）吸烟室 施工现场易燃物多，环境复杂，极易发生火灾事故。施工人员吸烟是引发施工现场火灾的重要因素，如何规范现场吸烟现象，防止火灾事故发生带来的损失，这就要求对现场吸烟加强管理，设置吸烟室，有措施、有制度、有专人管理，如图 1-19 所示。

（18）应急照明 消防应急照明灯如图 1-20 所示。

图 1-19 吸烟室

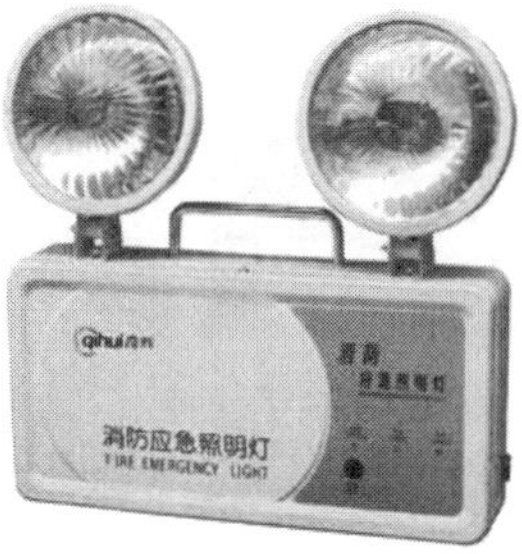

图 1-20 消防应急照明灯

（19）应急通道标识　应急通道标识如图 1-21 所示。

施工现场应设置安全通道及消防车通道。无火险时施工人员走安全通道，发生火灾时施工人员应走消防车通道。消防车通道设置有应急照明和反光的消防安全标志指示，有利于人员安全快速撤离，确保人员安全。

（20）呼吸器　发生火灾时，大部分人员并不是被火烧死的，而是被烟熏窒息死亡，所以逃生时应佩戴呼吸器，如图 1-22 所示。

图 1-21　应急通道标识

图 1-22　呼吸器

（21）应急器材　超高层建筑在施工阶段也应设置临时避险层，配备应急救援器材，一旦发生火灾可以立即启用，无火险时禁止使用。应急器材主要包括呼吸器、手电筒、救生绳、毛巾、矿泉水、水桶、对讲机、喇叭、手套、斧子、柜子等。

1.3 消防安全管理组织职能及其架构

1.3.1 消防安全管理组织机构

组长：项目经理。

副组长：项目副经理、书记、总工程师、质量总监、安全总监及各分包项目经理。

组员：总包消防部门、各部门经理，分包生产经理及消防监督负责人。

1.3.2 消防监督管理体系

消防监督管理体系如图 1-23 所示。

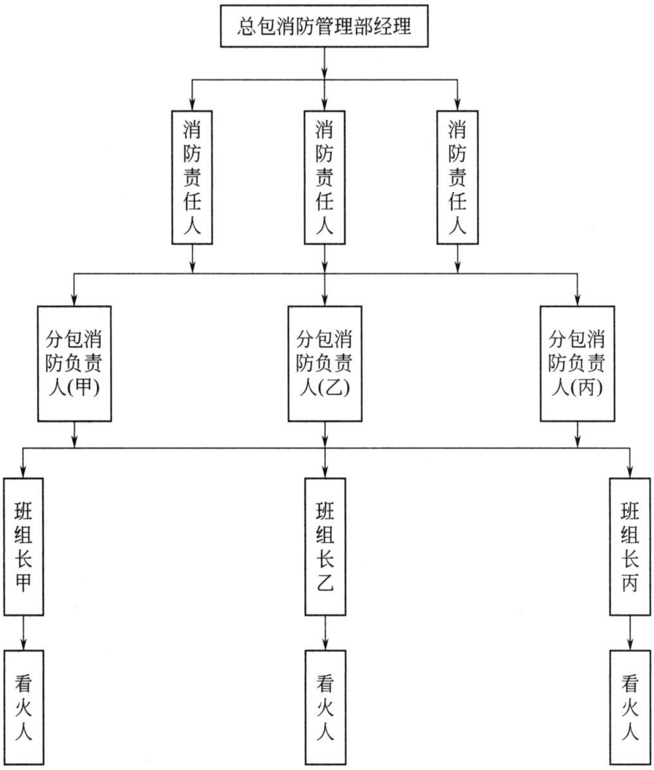

图 1-23 消防监督管理体系

1.4 消防安全管理制度建设

1.4.1 消防安全管理制度

① 消防管理制度。
② 动用明火管理制度。
③ 防水作业的防火管理制度。
④ 仓库防火制度。
⑤ 宿舍防火制度。
⑥ 食堂防火制度。
⑦ 各级灭火职责及管理制度。
⑧ 雨期施工防火制度。
⑨ 施工现场消防管理规定。
⑩ 木工车间（操作棚）防火规定。
⑪ 冬季防火规定。
⑫ 吸烟管理规定。
⑬ 防火责任制。

1.4.2 消防安全管理制度示例

（1）消防安全管理制度　为加强内部消防工作，保障施工安全，保护国家和人民的生命财产安全，根据中华人民共和国国务院令（第 421 号）、市政府××号令精神特制定本规定。

① 施工现场禁止吸烟，现场重点防火部位按规定合理配备消防设施和消防器材。

② 施工现场不得随意动用明火，凡施工用火作业必须在使用之前报消防部门批准，办理动火证手续并有看火人监视。

③ 物资仓库、木工车间、木料及易燃品堆放处、油库处、机械修理处、油漆房、配料房等部位严禁烟火。

④ 职工宿舍、办公室、仓库、木工车间、机械车间、木工工具房不得违反下列规定。

a. 严禁使用电炉取暖、做饭、烧水，禁止使用碘钨灯照明，宿舍内严禁卧床吸烟。

b. 各类仓库、木工车间、油漆配料室冬季禁止使用火炉取暖。

c. 严禁乱拉电线，如需者必须由专职电工负责架设，除工具室、木工车间（棚）、机械修理车间、办公室、临时化验室使用照明灯泡不得超过 150W 外，其他不得超过 60W。

d. 施工现场禁止搭易燃临建和防晒棚，禁止冬季用易燃材料保温。

e. 不得阻塞消防车通道，消火栓周围 3m 内不得堆放材料和其他物品，禁止动用各种消防器材，严禁损坏各种消防设施、标志牌等。

f. 现场消防竖管必须设专用高压泵、专用电源，室内消防竖管不得接生产、生活用水设施。

g. 施工现场的易燃易爆材料要分类堆放整齐，存放于安全可靠的地方，油棉纱与维修用油应妥善保管。

h. 施工和生活区冬季取暖设施的安装要求按有关冬季施工的防火规定执行。

（2）动用明火管理制度

① 项目部各部门、分包、班组及个人，凡由于施工需要在现场动用明火时，必须事先向项目部提出申请，经消防部门批准，办理用火手续之后方可用火。

② 对各种用火的要求

a. 电焊。操作者必须持有效的电焊操作证，在操作之前必须向经理部消防部门提出申请，经批准并办理用火证后，方可按用火证批准栏内的规定进行操作。操作之前，操作者必须对现场及设备进行检查，严禁使用保险装置失灵、线路有缺陷及有其他故障的焊机。

b. 气焊（割）。操作者必须持有气焊操作证，在操作前首先向项目部提出申请，通过批准并办理用火证后，方可按用火证批准栏内的规定进行操作。在操作现场，乙炔瓶、氧气瓶以及焊枪应呈三角形分开，乙炔瓶与氧气瓶之间的距离不得小于 5m，焊枪（着火点）同乙炔、氧气瓶之间的距离不得小于 10m，禁止将乙炔瓶卧倒使用。

c. 因工作需要在现场安装开水器，必须经相关部门同意方可安装使用，用电地点禁止堆放易燃物。

d. 在使用喷灯、电炉和搭烘炉时，必须通过消防部门批准，办理用火证方可按用火证上的具体要求使用。

e. 安装冬季取暖设施时，必须经消防部门检查批准之后方可进行安装，在投入使用前须经消防部门检查，合格后方可使用。

f. 施工现场内严禁吸烟，吸烟应到指定的吸烟室内，烟头必须放入指定水桶内，禁止随地抛扔。

g. 施工现场内需进行其他动用火作业时，必须经过消防部门批准，在指定的时间、地点动火。

（3）防水作业的防火管理制度

① 使用新型建筑防水材料进行施工之前，必须有书面的防火安全交底。较大面积施工时，要制定防火方案或措施，报上级消防部门审批之后方可作业。

② 施工前应对施工人员进行培训教育，了解掌握防水材料的性能、特点及灭火常识、防火措施，做到“三落实”，即人员落实、责任落实、措施落实。

③ 施工时，应划定警戒区，悬挂明显的防火标志，确定看火人员和值班人员，明确职责范围，警戒区域内严禁烟火，不准配料，不准存放使用数量以外的易燃材料。

④ 在室内作业时，要设置防爆、排风设备以及照明设备，电源线不得裸露，不得用铁器工具，并避免撞倒，防止产生火花。

⑤ 施工时应采取防静电设施，施工人员应穿防静电服装，作业后警戒区应有确保易燃气体散发的安全措施，避免静电产生火花。

（4）仓库防火制度

① 认真贯彻执行公安部颁布的《仓库防火安全管理规则》与上级有关制度，制定本部门防火措施，完善健全防火制度，做好材料物资运输和存放保管中的防火安全工作。

② 对易燃、易爆等危险及有毒物品，必须按照规定保管，发放要落实专人保管，分类存放，防止爆炸及自燃起火。

③ 对所属仓库和存放的物资要定期开展安全防火检查，及时将安全隐患清除。

④ 仓库要按规定配备消防器材，定期检修保养，保证完好有效，库区要设明显的防火标志、责任人，严禁吸烟及明火作业。

⑤ 仓库保管员是本库的兼职防火员，对防火工作负直接责任，必须严格遵守仓库有关的防火规定，下班前对本库进行仔细检查，没有问题时，锁门断电方可离开。

（5）食堂防火制度

① 食堂的搭设应采用耐火材料，炉灶应同液化石油气罐分隔，隔断应用耐火材料。炉灶与气罐的距离不小于 2m，炉灶周围严禁堆放易燃、易爆、可燃物品。

② 食堂内的煤气及液化气炉灶等各种火种的设备要有专人负责。

③ 一旦发现液化气泄漏应立即停止使用，将火源关灭，拧紧气瓶阀门，打开门窗进行通风，并立即报告有关领导，设立警戒，远离明火，立即维修或更换气瓶。

④ 炼油或油炸食品时，油温不得过高或跑油，设置看火人，不得远离岗位。

⑤ 食堂内要保持所使用的电器设备清洁，应做防湿处理，必须保持良好绝缘，开关、闸刀应安装在安全的地方，并设立专用电箱。

⑥ 炊事班长应在下班前负责安全检查，确认没有问题时，应熄火、关窗、锁门后方可下班。

（6）宿舍防火制度

① 宿舍内不得使用电炉和 60W 以上白炽灯及碘钨灯照明及取暖，不准私自拉接电源线。

② 不准卧在床上吸烟，火柴、烟头、打火机不得随便乱扔，烟头要熄灭，放进烟灰缸里。

③ 宿舍区域内严禁存放易燃、易爆物品，宿舍内禁止用易燃物支搭小房或隔墙。

④ 冬季取暖需用炉火或电暖器时，必须经消防部门批准、备案后方可使用，禁止在宿舍内做饭或生明火。

⑤ 宿舍区应配备足够的灭火器材和应急消防设施。

（7）各级负责人灭火职责

① 灭火作战总指挥的职责。接到报警后，迅速奔赴火灾现场，依据火场情况，组织指挥灭火，制定灭火措施，控制火势蔓延，并且对火场情况做出判断。

② 物资抢救负责人的职责。带领义务消防队，组成物资抢救队伍，将现场物资材料及

时运到安全地点，将损失减少到最低程度。

③ 灭火作战负责人的职责。积极组织义务消防队伍，动用现场消防器材和设施进行灭火作业。

④ 人员救护负责人的职责。率领义务人员、红十字会成员及其他人员，负责伤员的救护及运送工作。

⑤ 宣传联络负责人的职责。负责及时传达总指挥的命令和各组的信息反馈工作，依据中心任务，对广大职工进行宣传教育，鼓舞斗志；迅速拨打火警电话，并到路口迎接消防车辆，协助警卫人员维护火场秩序，疏导围困人员至安全地点。

⑥ 后勤供应负责人的职责。负责车辆、消防器材及各种必要物资的供应工作，确保灭火作战人员的茶水、食品、毛巾充足，做好后勤保障。

（8）雨期施工防火制度

① 施工现场禁止搭设易燃建筑，搭设防晒棚时，必须符合易燃建筑防火规定。

② 施工现场、库房、料厂、油库区、木工棚、机修汽修车间、喷漆车间部位，未经批准，任何人不得使用电炉和明火作业。

③ 易燃易爆、化学、剧毒物品应设专人进行管理，使用过程中，应建立领用、退回登记制度。

④ 散装生石灰不要存放在露天及可燃物附近。袋装的生石灰粉不得储存于木板房内。电石库房使用非易燃材料建筑，应同用火处保持 25m 以上距离。对零星散落的电石，必须随时随地清除。

⑤ 高层建筑、高大机械（塔吊）、卷扬机和室外电梯、油罐及电器设备等必须采取防雷、防雨、防静电措施。

⑥ 室内外的临时电线，不得随地随便乱拉，应架空，并且接头必须牢固包好；临时电闸箱上必须搭棚，防止漏雨。

⑦ 加强各种消防器材的雨期保养，要做到防雨、防潮。

⑧ 冬季施工保温不得采用易燃品。

（9）施工现场消防管理规定　本办法适用于××建设工程参加施工所有的人员，除认真遵守《消防法》《××市消防条例》以及市政府、市住建委有关施工现场消防安全管理规定，落实防火责任制外，还必须遵守项目管理规定，若擅自违反规定，导致事故或有可能造成事故，项目部将依据《××工程项目部施工现场消防管理处罚规定》进行处罚。

① 施工人员入场前，必须持合法证件到经理部保卫部门登记注册，经入场教育，办理现场出入证之后方可进入现场施工。

② 易燃易爆、有毒等危险材料进场，必须提前以书面形式报消防部门，报告要写明材料性质、数量及将要存放的地点，经保卫负责人确认安全之后方可限量进入现场。

③ 在施工现场不得随意使用明火，凡施工用火，必须经消防部门批准办理动火手续，同时自备灭火器并设专职看火人员。

④ 施工现场严禁吸烟，现场各部位按照责任区域划分，各单位自觉管理，自备足够的消防器材和消防设施，并各自做好灭火器材的维护、维修工作。

⑤ 未经项目部、消防部批准，施工单位或者个人不得在施工现场、生活区以及办公区内使用电热器具。

⑥ 施工现场所设泵房、消火栓、灭火器具、消防水管、消防道路、安全通道防火间距以及消防标志等设施，禁止埋压、挪用、圈占、阻塞、破坏。

⑦ 工程内、现场内部由于施工需要支搭简易房屋时，应报请项目工程部、消防部，经批准后按要求搭设。

⑧ 现场内临时库房或者可燃材料堆放场所按规定分类码放整齐，并悬挂明显标志，配

备相应的消防器材。

⑨ 工程内严禁搭设库房，严禁存放大量可燃材料。

⑩ 工程内不准住人，确因施工需要，必须经项目部及安全部消防负责人同意、批准后，按照要求进住。

⑪ 施工现场、宿舍、办公室、工具房、临时库房、木工棚等各类用电场所的电线，必须由电工敷设、安装，不得随意私拉乱接电线。

⑫ 冬季施工保温材料的购进，要符合××年住建委颁发的（××）号文件精神，以达到防火、环保的要求。

⑬ 各分包、外协力量要确定一名专职或者兼职安全员，负责本单位的日常防火管理工作。

⑭ 遇有国家政治活动期间，各分包必须服从项目统一指挥、统一管理，并且严格遵守项目部制定的“应急准备和响应”方案。

（10）木工车间（操作棚）防火规定

① 木工车间和工棚的建筑应耐火。

② 木工车间、木工棚内严禁吸烟及明火作业。车间内禁止使用电炉，不许安装取暖火炉。

③ 木工车间、木工棚的刨花、木屑、锯末、碎料，每天随时清理，集中堆放到指定的安全地点，做到工完场清。

④ 熬胶用的炉火，要设在安全地点，落实专人负责。使用的酒精、汽油、油漆、稀料等易燃物品，要定量领用，必须专柜存放、专人管理。油棉丝、油抹布禁止随地乱扔，用完后应放在铁桶内，定期处理。

⑤ 必须保持车间内的电机、电闸等设备干燥清洁。电机应采取封闭式，敞开式的电机应设防护罩。电闸应安装在铁皮箱内并加锁。

⑥ 车间内必须设一名专人负责，下班前进行详细检查，确认安全，断电、关窗以及锁门后方可下班。

（11）吸烟管理规定

① 施工现场禁止吸烟，禁止在施工和未交工的建筑物内吸烟。

② 吸烟者必须到允许吸烟的办公室或者指定的吸烟室吸烟，允许吸烟的办公室要设置烟灰缸，吸烟室要设置存放烟头及烟灰和火柴棍的用具。

③ 在宿舍或休息室内不准卧床吸烟，烟灰、火柴棍不得随地乱扔，禁止在木料堆放地、材料库、木工棚、电气焊车间、油漆库等部位吸烟。

（12）冬季防火规定

① 施工现场生活区、办公室取暖用具，需经主管领导及消防部门检查合格，持合格证方准安装使用，并设专人负责，制定必要的防火措施。

② 严禁用油棉纱生火，禁止在生火部位进行易燃液体、气体操作，无人居住的部位要做到人走火灭。

③ 木工车间、材料库、清洗间、喷漆（料）配料间，禁止吸烟及明火作业。

④ 在施工程内一律不准暂设用房，不准使用炉火和电炉、碘钨灯取暖。若因施工需要用火，生产技术部门应制定消防技术措施，将使用期限写入冬施方案，并且经消防部门检查同意后方可用火。

⑤ 各种取暖设施上严禁存放易燃物。

⑥ 施工中使用的易燃材料要控制使用，专人管理，不准积压，现场堆放的易燃材料必须满足防火规定，工程使用的木方、木质材料应码放在安全地方。

⑦ 保温须用岩棉被等耐火材料，禁止使用草帘、草袋、棉毡保温。

⑧ 常温后，应立即停止保温，并将生活取暖设施拆除。

（13）防火责任制

① 项目部主要负责人防火责任制。项目主要负责人为消防工作第一责任人、主要负责人，直接指导消防保卫工作。

a. 组织施工和工程项目的消防安全工作，按照领导责任指挥和组织施工，要遵守有关消防法规和内部规定，逐级落实防火责任制。

b. 把消防工作纳入施工生产全过程，认真落实保卫方案。

c. 施工现场易燃暂设支架应符合要求，支搭前应经消防部门审批同意之后方可支搭。

d. 坚持周一防火安全教育，周末防火安全检查，及时整改隐患，对于难以整改的问题，应积极采取临时安全措施，及时汇报给上级，不准强令违章作业。

e. 加强对义务消防组织的领导，组织开展群防活动，并保护现场，协助事故调查。

② 项目部副经理防火责任制

a. 对项目分管工作负直接领导责任，协助项目经理认真贯彻执行国家、市有关消防法律、法规，并落实各项责任制。

b. 组织施工工程项目各项防火安全技术措施方案。

c. 组织施工现场定期的防火安全检查，对检查出的问题要定时、定人、定措施予以解决。

d. 组织义务消防队的定期学习、演练。

e. 组织实施对职工的安全教育。

f. 协助事故的调查，发生事故时组织人员抢救，并且保护好现场。

③ 项目部消防干部责任制

a. 协助防火负责人制定施工现场防火安全方案及措施，并督促落实。

b. 纠正违反法律、规章的行为，并报告给防火负责人，提出对违章人员的处理意见。

c. 对重大火险隐患及时提出消除措施的建议，填写《火险隐患通知单》，并且报消防监督机关备案。

d. 配备、管理消防器材，建立防火档案。

e. 组织义务消防队的业务学习及训练。

f. 组织扑救火灾，保护火灾现场。

④ 项目技术部防火责任制

a. 依据有关消防安全规定，编制施工组织设计与施工平面布置图，应有消防车通道、消防水源，易燃易爆等危险材料堆放场，临建的建设要满足防火要求。

b. 施工组织设计需有防火技术措施。对施工过程中的隐蔽项目及火灾危险性大的部位，要制定专项防火措施。

c. 讨论施工组织设计及平面图时，应通知消防部门参加会审。

d. 施工现场总平面图要注明消防泵、竖管以及消防器材设施的位置及其他各种临建位置。

e. 设计消防竖管时，管径不小于100mm。

f. 施工现场道路须循环，宽度不小于3.5m。

g. 做防水工程时，要有针对性的防火措施。

⑤ 项目土建工程部防火责任制

a. 对负责组织施工的工程项目的消防安全负责，在组织施工中要遵守有关消防法规及规定。

b. 在安排工作的同时要有书面的消防安全技术交底，并采取有效的防火措施，不准强令违章作业。

c. 坚持周一进行防火安全教育，并且及时整改隐患。

d. 在施工、装修等不同阶段，要有书面的防火措施。

⑥ 项目综合办公室防火责任制

a. 负责本部门、本系统的安全工作，对食堂、生活用取暖设施及工人宿舍等要建立防火安全制度。

b. 对所属人员要经常进行防火教育，建立记录，增强安全意识。

c. 定期开展防火检查，及时将安全隐患清除掉。

d. 生产区支搭易燃建筑，应符合防火规定。

e. 仓库的设置与各类物品的管理必须符合安全防火规定，并且配备足够的器材。

⑦ 电气维修人员防火责任制

a. 电工作业必须遵守操作规范及安全规定，使用合格的电气材料，依据电气设备的电容量，正确选择同类导线，并且安装符合容量的保险丝。

b. 所拉设的电线应符合要求，导线与墙壁、顶棚以及金属架之间保持一定距离，并加绝缘套管，设备与导线、导线与导线之间的接头要牢固绝缘，铅线接头要有铜铅过渡焊接。

c. 定期检查线路、设备，对老化及残缺线路要及时更新，通常情况下不准带电作业及维修电气设备，安装设备要接零线保护。

d. 架设动力线不乱拉、乱挂，经过通道时要加套管，通过易燃场所时应设支点、加套塑料管。

e. 电工有权制止乱拉电线人员，有权制止非电工作业，有权禁止未经批准使用电炉。

⑧ 油漆工防火责任制

a. 油漆、调漆配料室内严禁吸烟，明火作业及使用电炉要经消防部门批准，并配备消防器材。

b. 调漆配料室要有排风设备，保持良好通风，稀料与油漆分库存放。

c. 调漆应在单独房间进行，油漆库和休息室分开。

d. 室内电器设备要安装防爆装置，电闸安装在室外，下班时随手拉闸断电。

e. 用过的油毡棉丝、油布以及纸等应放在金属容器内，并及时清理排风管道内外的油漆沉积物。

⑨ 分包队伍及班、组消防工作责任制

a. 对本班、组的消防工作负全面责任，自觉遵守相关消防工作法规制度，将消防工作落实到职工个人，实行分片包干。

b. 将消防工作纳入班组管理，分配任务要进行防火安全交底，并且坚持班前教育、下班检查活动，消防检查隐患做到不隔夜，杜绝违章冒险作业。

c. 支持义务消防队员和积极参加消防学习训练活动，发生火灾事故立即报告，并且组织力量扑救，保护现场，配合事故调查。

⑩ 职工个人防火安全责任制

a. 负责本岗位上的消防工作，学习消防法规和内部规章制度，提高法制观念，积极参加消防知识学习、训练活动，做到熟知本单位、本岗位消防制度，发生火灾事故会报警（火警电话 119），并且会使用灭火器材，积极参加灭火工作。

b. 工作生产中必须遵守本单位的安全操作规程及消防管理规定，随时对自己的工作生产岗位周围进行检查，保证不发生火灾事故、不留下火灾隐患。

c. 勇于制止和揭发违反消防管理的行为，遇到火灾事故要奋力扑救，并注意保护现场。

⑪ 易燃、易爆品和作业人员防火责任制

a. 焊工必须经过专业培训掌握焊接安全技术，并经过考试合格之后持证操作，非电焊工不准操作。

b. 焊割前应经本单位同意，消防负责人检查批准申请动火证，方可操作。

c. 焊割作业之前要选择安全地点，焊割前仔细检查上下左右情况及设备安全情况，必须将周围的易燃物清理掉，对不能清理的易燃物要用水浇湿或者用非燃材料遮挡，开始焊割时要配备灭火器材，有专人看火。

d. 乙炔瓶、氧气瓶不准存放在建筑工程内，在高空焊割时，不准放于焊接部位下面，并保持一定的水平距离，回火装置及胶皮管发生冻结时，只能用热水和蒸汽解冻，禁止用明火烤、用金属物敲打，检查漏气时严禁用明火试漏。

e. 气瓶要装压力表，搬运时严禁滚动、撞击，夏季不得暴晒。

f. 电焊机和电源符合用电安全负荷，严禁使用铜、铁、铝线代替保险丝。

g. 电焊机地线不准接在建筑物、机械设备及金属架上，必须设置接地线，不得借路。地线要接牢，在安装时要注意正负极不要接错。

h. 不准使用有故障的焊割工具。电焊线不要接触有气体的气瓶，也不要与气焊软管或气体导管搭接。氧气瓶管、乙炔导管不得从生产、使用、储存易燃易爆物品的场所或者部位经过。油脂或粘油的物品严禁与氧气瓶、乙炔气瓶导管等接触。氧气、乙炔管不能混用（红色气管为氧气专用管；黑色气管为乙炔专用管）。

i. 焊割点火前要遵守操作规程，焊割结束或者离开现场前，必须切断气源、电源，并仔细检查现场，消除火险隐患，在屋顶隔墙的隐蔽场所焊接操作完毕半小时内要复查，避免自燃问题发生。

j. 焊接操作不准与油漆、喷漆等易燃物进行同部位、同时间、上下交叉作业。

k. 当遇到5级以上大风时，应立即停止室外电气焊作业。

l. 施工现场动火证在一个部位焊割一次，申报一次，不得连续使用。

m. 禁止在下列场所及设备上进行电、气焊作业。

(a) 生产、使用、存放易燃易爆和化学危险品的场所及其他禁火场所。

(b) 密封容器未开盖的，盛过或者存放易燃可燃气体、液体的化学危险品的容器，以及设备未经彻底清洗干净处理的。

(c) 场地周围易燃物、可燃物太多不能清理或者未采取安全措施，无人看火监视的。

⑫ 看火人员（包括临时看火人员）防火责任制

a. 动火须通过消防部门审批，办理动火证，看火人员要了解动火部位环境。

b. 动火前要认真清理动火部位周围的易燃物，不能清理的要用水浇湿或者用非燃材料遮盖。

c. 高空焊接、夹缝焊接或者邻近脚手架上焊接时，要铺设接火用具或用石棉布接火花。

d. 准备好消防器材及工具，做好灭火准备工作。

e. 使用碎木料明火作业时，炉灶要远离木料1.5m之外。

f. 焊接和明火作业过程中，要随时检查，不得擅离职守。动火完毕应认真检查，确认没有危险后才可离去。

g. 看火人员严禁兼职，必须专人，一旦起火要立即呼救、报警并且及时扑救。

1.5 消防安全教育与培训

1.5.1 消防宣传教育

(1) 消防宣传教育的作用　消防安全教育以人为对象，研究及改进生产、生活中人的不安全因素与规律，预防火灾、爆炸事故的发生。它以一定的教育理论为指导，结合防火安全技术、法律、法规、工作制度的研究成果，以防火安全教育实践经验为基础，通过吸收其他相关学科的基本原则和方法，揭示防火安全的规律性。

消防安全教育及培训包括消防法律法规教育、劳动纪律教育、安全工作流程教育、防火经验教育、火灾教训教育、防火安全技术培训教育。通过严格的消防安全教育与培训，使广大职工群众建立起合理的消防安全知识结构，具备熟练的防火灭火专业性技能，在消防安全管理中发挥积极的作用。

① 消防宣传教育是消防安全管理的基本内容。在我国，消防安全管理的法律、法规都明确指出“必须广泛深入地开展群众性的防火宣传教育工作，提高广大群众的防火警惕性，普及消防知识”。各级应急管理部门应在各级党委和政府的领导下，将防火列为四防宣传的重要内容之一。消防管理部门要将防火宣传作为一项重要的群众工作，制订计划，广泛而经常地开展这项工作，并且主动进行宣传、教育，取得共青团、工会以及民兵等组织的支持和帮助，以便做到家喻户晓、人人皆知。

② 消防宣传教育是消防安全管理的重要措施。在一定意义上说，消防安全管理做得如何，取决于广大职工群众对消防安全管理的认识水平、事业心以及责任感。只有广大职工群众切实感到做好消防安全工作是他们的利益所在，是他们自己义不容辞的责任，才能够积极行动起来，自觉地参加消防安全管理工作，防才有基础，消才有力量。各级消防监督管理部门必须将消防宣传作为一项重要的基础工作，抓出成效来。机关、团体、企业以及事业单位，必须结合本单位消防安全管理的特点，采取针对性的宣传、教育及培训，预防火灾，减少灾害。

消防安全管理是一项社会性的工作，涉及各行各业与千家万户。消防工作的群众性和社会性，决定了必须首先搞好消防宣传工作。消防宣传工作的重点主要有以下三个方面。

a. 提高各级领导和职工群众对消防安全管理重要性的认识，增强消防安全的责任感，提高贯彻执行消防法律法规及各项消防安全规章制度的自觉性，最大限度地避免火灾的发生。做好消防宣传工作，对保障社会主义现代化建设和人民群众生命财产安全具有重要的意义。

b. 要不断地通过宣传教育唤起全体公民对火灾的防范意识，自觉地检查生产、生活中的火灾隐患，并及时将这些隐患消除，从根本上预防和减少火灾的发生。

c. 使广大职工群众掌握安全生产的科学知识，提高安全操作的技能，提高灭火的能力，减少和减轻火灾导致的损失。

在日常生产、生活中，火灾与人为因素有着密切的联系，尤其与人们缺乏防范意识、防范措施有直接的联系。一方面，要通过经常不断地宣传，向人们灌输安全意识及安全措施，使人们在生产、生活中自觉地遵守各项防火安全制度，从而减少火灾的发生；而另一方面，要通过广泛地普及消防知识和消防措施，提高广大群众自防及联防的能力，从而落实防火责任制。同时，要依法揭露及批评各种违章行为，并惩处各种违法行为，进一步使人们防火的警钟长鸣。

（2）消防宣传教育的内容　消防宣传要面向社会、面向基层、面向职工群众，通过宣传提高广大干部、群众防火的警惕性及同火灾作斗争的自觉性，增强消防法制观念，提高基层单位及人民群众的自防、联防能力。同时，借助消防宣传，使群众理解和支持消防工作。

消防宣传工作的内容主要是宣传我国有关消防工作的方针、政策、消防法规、技术规范与技术标准；宣传消防管理部门为适应改革、开放的新形势所采取的各项措施；宣传当前消防工作存在的主要问题及所要采取的基本对策，定期公布火灾情况，报道典型的火灾案例以及对有关责任者的处理结果；普及防火知识，介绍灭火的基本方法与消防器材的使用方法；表彰消防人员和基层单位，以及广大人民群众抢险救灾的先进事迹。

消防宣传的具体内容如下。

① 宣传消防安全管理的法律、法规，以及党和政府关于消防工作的政策、方针。消防安全管理法律法规和国家制定的消防工作的路线、方针是保障预防火灾、减少火灾体制顺利建立及运行的根本出路。为了确保各项消防措施的实施，惩治故意或者过失的行为，必须制定相应的法律、法规，依法进行消防安全管理。建立消防安全管理各个环节的法律法规，进行全民消防法制教育，建立消防立法的执行与监督机构，只有这样，才能够从根本上建立起全国统一的消防体制，并做到有法可依、依法行事，从而更好地推动消防安全管理的进行。

国家制定的消防工作的法律、法规、路线、方针、政策，对当代国家的消防安全管理起着调整、保障、规范以及监督的作用，体现了广大人民群众的意志，是社会长治久安，人民安居乐业的保障。所以，宣传消防工作的路线、方针、政策，使广大干部、群众了解、掌握消防安全管理的法律、法规，以及党和政府的路线、方针、政策，是贯彻落实消防工作方针，实现消防任务的前提条件及保障。

② 普及消防安全管理的科技知识。消防安全管理是一门跨学科的边缘性科学，也是一项综合性的工作，既有很强的专业性，又有很强的社会性。消防安全管理的社会性要求全体公民掌握消防的基础知识及危机应对措施。长期以来，在消防安全管理上，我们还缺乏系统、有效的教育和知识普及，公民的消防安全意识存在很大的偏颇，消防知识存在很大的缺陷。正是这些严重的问题，常常造成消防事故与灾难。人们有时会受到火灾的惩罚，这些惩罚有来自客观的，有的是因为自己无知，不懂消防知识，不会应用消防技术。消防是一门科学，是同火灾作斗争的科学。所以在宣传中，要系统地讲授消防工作的方针、政策、法律法规，灾害的致灾机理及形成要素，消防安全管理的性质和任务，风险分析和危机控制，消防安全防范措施，抗灾与赈灾的知识。重点要结合机关、团体、企事业单位的不同特点和实际，加强物质燃烧知识、电气防火知识、建筑防火知识、易燃易爆物品防火防爆知识的讲授，在充分调查研究的基础之上，针对存在的实际问题，做好宣传以解决生产、生活中的实际防火问题。火灾的遏制和减少有赖于全体公民消防安全素质的提高，广大公民掌握了防火知识，就会提高同火灾作斗争的能力。同时要宣传好火场紧急处置知识，一旦发生火灾，广大群众就能够及时进行抢救人命、保护现场、疏散财物、自救与互救，最大限度地减少火灾带来的损失。

③ 总结及公布消防安全管理的经验及教训。消防安全管理方面的经验及教训要及时总结和公布，这是消防宣传教育的重要内容和任务。消防管理部门及单位主管人员要善于从消防安全管理实际中总结经验及教训，这样才能促进消防工作的开展。所以要培养典型、总结经验、及时推广，以推动消防工作。在总结推广经验时，要通盘掌握时间性、实用性、地域性或适用范围，强调可取性、灵活性，突出创造性，并借助交流进一步动员群众积极参加同火灾的斗争，充分发挥各级消防人员的积极性，做好消防安全管理工作。同时，必须及时反思火灾事故发生的原因及教训，切勿因抢险救灾行动的表彰，而忽略教训的分析研究及事故查处。只有认真总结和公布消防安全管理的经验及教训，才能达到切实预防和减少火灾发生，保障职工群众生命财产安全的目的。

（3）消防宣传教育的基本形式　消防宣传教育的形式要坚持从实际出发，因地制宜，灵活多样地采取各种形式，深入地开展宣传。我们进行消防宣传，担负着指导和帮助人们探索消防科学，认识消防工作的任务，要教育、动员以及指导广大人民群众投入到同火灾作斗争的活动中去。因此，消防宣传活动，要有组织、有领导地进行，要从实际出发，讲究宣传形式，注重社会效益。在宣传内容上要有针对性、科学性、趣味性、准确性、广泛性，避免片面性，最大限度地获得社会效益。

① 消防宣传形式的特征。良好的宣传形式可以吸引群众、扩大教育等，使宣传工作产

生巨大力量。所以，要加强宣传工作，就必须下工夫研究宣传形式，使其向科学性、群众性、艺术性的方面发展。

a. 科学性。将粗制滥造、华而不实、违背情理的东西排除，坚持从实际出发，恰如其分地反映内容，增强教育效果。

b. 群众性。采取讨论、启发等灵活的方式方法，把广大群众吸引到消防管理方面来，激发他们关心消防工作的热情，积极参与消防管理活动，并能够自觉主动地找出生产、生活中存在的消防隐患，以减少火灾的发生。

c. 艺术性。具有艺术性的宣传教育可以使宣传更加生动、形象、活泼、直接，为广大群众所喜闻乐见，使群众在接受宣传教育的同时，了解、领会以及掌握消防知识和补救措施方法。

宣传工作的各种形式的运用要注意质、量、时间等因素；奖励与惩罚、批评与表扬要运用恰当；同时宣传教育活动还要选准对象、选择良好的时机及场合。

② 消防宣传教育的对象类型。机关、团体、企业、事业单位在组织消防安全宣传教育时应按照所在单位人员的结构特征分类施教，才能够使消防安全教育更加深入具体，收到事半功倍的效果。

a. 各级领导干部的宣传教育。各级领导的重视及支持是单位内部搞好消防安全管理的关键，所以，必须对领导层进行普遍的消防安全宣传教育。消防安全管理是关系到单位和员工切身利益的系统工程，必须要加强领导、统筹规划、精心组织、全面实施。消防安全管理有两个原动力：一是领导自上而下的规划推动力；二是员工自下而上的需求拉动力。这两个动力缺一不可，相互为用。各级领导、员工要能够从消防安全管理的作用、任务和根本价值取向上取得共识，在实际工作中的分歧和矛盾仅仅是具体方法、路径、进度，以及所涉及利益关系上的调整。否则，各级领导就不能完成消防安全意识及观念的转变，就不可能做好消防安全管理的各项工作。

(a) 要充分借助一切条件进行消防安全教育，营造一个全体员工关心消防安全、维护安全环境的氛围。

(b) 进行有针对性的消防安全教育，使每一个员工对本系统的安全要求、安全规范有全面的认识并且能够遵守执行。

(c) 组织、协调本系统内各部门在消防安全管理中的职责、权限以及任务，使消防安全管理在机构、职责，以及措施等方面都有切实的内容。

b. 专、兼职消防干部的教育。凡是从事单位消防安全管理的专职或者兼职人员都应该具有系统的、全面的消防专业知识和消防安全管理知识。借助对专、兼职消防干部的教育，使他们能够在其岗位上完成下列重点工作。

(a) 健全系统科学的消防安全管理规章制度，限制单位人员的违法、违规行为，指导单位人员的操作、管理行动。

(b) 经常性地组织开展消防安全活动，增强本单位预防、减少火灾事故的意识，提高消防安全管理的能力。

(c) 严格火灾事故管理，对已经发生的事故要分清责任、吸取教训、总结经验、加强预防。

(d) 加强危险场所火灾事故的预防和监控工作，将危险源和事故隐患消除。

(e) 建立健全消防安全管理档案，为安全教育、安全分析、安全评估，以及系统的更新改造提供必要的原始资料。

c. 工程技术人员教育。工程技术人员与消防安全管理有着密切的关系，应组织他们学习、掌握消防安全管理知识。具体内容如下。

(a) 使工程技术人员能够在产品或工程设计、研制阶段，新技术、新材料、新工艺的研究试验阶段，在组织生产、制定操作规程中，找出存在的火险隐患和因素，预先采取措施加以预防和控制，提高产品、工程，以及工艺的安全可靠性。

（b）加强新技术的开发应用，淘汰不适应安全管理的陈旧技术手段。

（c）提高系统装备水平，适时对系统的组成要素进行技术更新改造。

（d）提高系统的监视、调控技术水平，使工艺过程始终处在安全状态。

d. 对职工群众的教育。对职工群众，特别是特种作业人员以及新职工，均要进行消防安全管理的宣传教育。

（a）了解及掌握消防安全管理的性质、任务、法律、法规，消防安全规章制度和劳动纪律。

（b）熟悉本职工作的概况，生产、使用、贮存物资的火险特点，危险场所及部位，消防安全管理制度和消防安全注意事项。

（c）本岗位工作流程和工作任务，岗位安全操作规程，重点防火部位和防火措施，及紧急情况的应对措施和报警方法。

③ 消防宣传教育的形式

a. 消防法制宣传。各级消防组织要结合消防工作的法律、法规的公布实施，采取各种方法，宣传讲解有关消防法律、法规以及消防安全制度的内容，使广大职工群众知法、守法，养成遵守消防法律、法规以及消防安全制度的意识。

b. 消防技术培训。消防监督部门要经常组织机关、团体、企业、事业单位的广大职工群众进行消防技术培训，使之能够正确掌握扑灭各种火灾的基本技能，在实践中能够充分发挥每一个参战人员的作用，最大限度地将灾害造成的损失减少。

c. 火灾现场会。火灾危害国家及人民群众的生命财产。一旦发生火灾，就要及时召开火灾现场会，向基层单位、广大职工群众进行具体生动的消防安全教育，使大家认清火灾的严重危害性。若发生特大火灾，各级政府还要根据具体情况召开大规模的现场会或者召开新闻发布会，向社会发布火灾消息。电台、电视台以及报纸等新闻媒体要密切配合宣传报道，以引起广大职工群众对火灾的高度警惕性，使其消防法制观念增强，提高做好消防工作的自觉性。

d. 公开处理火灾责任者。为了严明法纪，教育广大职工群众，在查明火灾原因，分清事故责任，履行法律手续的同时，召开不同规模的火灾责任者处理大会，通过公开处理、惩办事故责任者，提高广大职工群众遵纪守法的自觉性，以促使各方面做好消防工作。

e. 利用各种新闻媒体和宣传手段进行宣传教育。各级消防组织要充分发挥各种新闻媒体深入、及时、可视性强的特点，通过各种新闻媒体，特别是电视、广播、报刊、网络等进行消防宣传教育。也可以充分运用印制宣传品、召开各种会议、举办展览等宣传手段进行消防宣传教育。

根据《消防法》《机关、团体、企业、事业单位消防安全管理规定》（以下简称《单位消防安全管理规定》），以及公安部关于加强消防宣传工作的通知，各级公安消防管理部门和内部单位都要设立专门的宣传机构，采取丰富多彩的宣传教育形式，并围绕每一时期的消防安全工作的重点与要求，做好消防宣传教育工作，争取收到良好的社会效益。

1.5.2 消防知识咨询

公安消防管理部门和机关、团体、企事业单位必须从适应社会和本单位的需要出发，为广大职工群众提供更加全面的消防安全管理知识及技能服务。不但要为广大职工群众提供消防知识、消防技术服务，还要为广大群众提供消防咨询服务。通过向广大职工群众提供消防信息、预警报告、防范建议、答复疑问，可以加强广大职工群众自身消防安全防范建设，使抵御火灾的能力提高，并使消防宣传教育工作更具针对性。

（1）消防知识咨询是一种特殊服务　咨询指的是单位或个人，就某些问题向特定社会组织或个人所进行的询问活动，其目的是获得某些信息或某一问题的解决意见和建议，以便进行决策。这种专门提供某一领域的信息，或提出某一问题的解决意见及建议的社会活动，就是咨询服务。综上所述，消防咨询就是应急管理部门或本单位消防管理人员在日常的消防安全管理活动中，运用自己拥有的知识、信息、技能，以及经验为广大职工群众或某个部门提供解决问题的建议性意见或方案的活动。

消防咨询服务是消防安全管理人员或机关，为了维护社会主义经济秩序、社会治安秩序的稳定，以及所在单位正常的工作、生活秩序，确保国家利益、集体利益和职工群众利益不受侵犯，而对社会组织和公民个人提出的有关消防器材、消防安全防范措施、安全规章制度以及其他安全防范的问题，按照国家法律和其他有关规定，所进行的解答，或者提出的建议和方案。

消防咨询的根本目的是利用消防安全管理维护社会主义经济秩序和社会治安秩序，保证国家、集体、个人财产不遭受损害，通过向社会、公民以及本单位的职工群众提供优质的消防安全咨询服务，使广大群众准确理解和把握国家政策及法律对消防工作的有关规定，维护国家合法的权益，更好地运用法律，加强各单位的安全防范工作，落实各项安全防范措施和安全规章制度，提高发现、控制、制止各种火灾事故的能力，为国家经济建设及人民群众的生活提供良好的消防安全环境。

① 消防咨询可以提供准确的消防信息服务。消防咨询的主要内容是向广大单位和公民提供有关消防安全的建议、意见、信息，以及方案。公安消防管理机关和机关团体、企业、事业单位，在开展消防宣传教育的活动中，要针对不同的单位、个人以及本系统职工提出的安全防范问题（如安全防范措施问题、消防专用器材问题、安全规定制度问题及其他安全方面的问题）提供有关信息，或提出看法、见解以及工作方案，以便单位和公民在消防安全管理和防范、处理火灾事故时，能够做出正确的决策并采取相应的行为。

② 消防咨询可以提供消防法律服务。消防咨询指的是消防管理人员向社会组织和公民提供的消防安全防范方面知识的服务活动，其服务的范围及内容主要是我国关于消防安全管理的法律、法规。在咨询过程中，消防安全管理人员必须依据国家的相关政策与法律规定，做出准确的解答，使单位和职工群众通过运用法律、法规来解决问题，维护自身的合法权益，并且指导他们运用法律找出问题的症结所在，防止用非法手段解决问题。

消防咨询过程中，要根据单位与职工群众的需要，对应急管理部门管理的消防业务内容，尤其是事关应急管理部门审批的业务进行解释，告知群众及单位办理哪些事务需要哪些条件、手续，需要经过怎样的程序，多长的时间，并且指导他们到具体的应急管理部门去办理。

③ 消防咨询可以提供消防业务技能服务。任何一门科学知识，均具有完整的体系。人们认识事物，通常是遵循由浅入深、由易而难的发展过程，逐步深入、提高。由于公众对消防业务技能的掌握大多是通过培训、讲座，有关知识消化不了，记不牢，甚至很不全面，因此，要利用消防业务技能咨询，使公众比较全面、不遗漏地掌握消防业务技能，使他们能很好地完成各项消防安全管理工作。

（2）消防咨询的特征

① 针对性。消防咨询是消防管理机关和单位消防安全管理人员向社会组织、公民以及本单位职工群众提供的消防咨询服务，其目的是当好用户决策和行动的参谋。所以，进行消防咨询时，一定要针对询问者提出的问题，并根据单位和个人的周围环境及人力、物力、财力等内在因素，经过综合分析，依照国家政策及法律的有关规定，告知社会组织及公民应当制定的安全规章制度和应该采取的安全防范措施，以及必须安装的技术防范设施。另外，只

有消防管理机关和单位消防安全管理人员针对现已制定的安全防范措施及技术防范设施提出建议和意见，才能使之形成非常有效的安全防范体系，避免或减少火灾事故的发生，发现并杜绝生产、生活中的火灾隐患和险情。

② 广泛性。消防咨询的广泛性指的是来咨询的人员中，有机关、团体、企事业单位等社会组织的成员，也有公民个人，所以其成员具有一定的广泛性。同时，询问的问题也具有广泛性，既可能涉及消防安全防范规章制度及国家的政策和法律法规，又可能涉及消防专用设备的性能、规格、使用方法等，还可能涉及火灾的一般防范知识、如何扑灭火灾，以及火灾事故的善后解决程序。

③ 复杂性。消防咨询的广泛性决定了消防咨询的复杂性。询问者问及的问题既可能涉及消防器材的性能、种类和安全防范措施，又可能涉及国家法律政策。要准确回答这些问题，就需要消防安全管理人员根据单位及公民的需要，依照现行的政策、法律以及法规的有关精神，提出建设性的意见和方案。同时又要依据国内外的有关消防安全管理情况，对单位和公民提出的询问进行解答。

④ 指导性。消防咨询是消防管理人员对询问者提供的参考意见。虽然这些参考意见是消防安全管理人员依据国家的政策、法律以及法规而做出的解释或答疑，但是大多属于对法律的解释和被咨询者的意见。所以，这种解释和意见具有一定的指导性，尤其是对消防知识、防范措施方法与技巧，多属于咨询者的理解或者经验性总结，符合客观情况的解答和意见，对询问者的决策和行动同样具有很大的影响力及权威性。机关、团体、企业、事业单位及职工群众在运用这些知识时，要结合本单位的实际情况。只有这样，才能使理论和实践相结合，收到事半功倍的效果。

(3) 消防咨询的形式　消防咨询作为消防宣传的特殊形式，无论对于提高单位及公民的消防安全防范能力，还是对于检验消防宣传工作质量，均具有重要的意义。

消防咨询是提高单位及公民消防安全防范能力的重要途径。借助消防安全管理人员针对单位和公民个人工作、生产、生活中存在的问题或者漏洞，提出综合分析意见及建设性方案，可以进一步强化单位的安全防范意识，避免和减少由于消防安全防范问题上的决策失误而导致的危害和损失。咨询服务，可以使单位及公民个人发现火灾隐患、火灾险情的能力和及时扑灭火灾，减少火灾危害，减少人身财产损失的能力得到提高，增强单位和公民个人的消防安全指数。同时，介绍消防器材，可以使用户了解消防安全器材的特点、性能、使用方法、价格及注意事项等情况，准确选择并正确使用消防器材，使消防能力得到提高。

消防咨询是提高消防宣传质量的重要环节。借助消防咨询服务，公安消防管理机关可以了解到消防安全管理工作中存在的问题及用户对消防工作的各种反映和新的要求，便于消防安全管理机关改进工作，提高管理水平。同时，因为消防咨询活动接触社会、单位和公民，涉及的问题极为复杂，客观上要求消防机关团体、企事业单位管理人员具有很高的政治、业务、法律素质，以及说理水平。只有这样才能做好机关团体、企业、事业单位的消防安全管理工作。

(4) 消防咨询的范围　依据消防咨询服务的实践，消防咨询的范围除了解答消防安全管理的法律、法规和消防行政管理的许可、程序、方法外，还主要包括以下几个方面。

① 消防器材咨询。消防器材咨询，主要指的是消防管理人员向询问者提供有关消防器材的种类、性能、价格、使用规则及注意事项等方面的信息和情况，使询问者能够准确无误地选择和正确有效地使用消防器材，将火灾损害减少，及时扑灭火灾。

a. 提供消防器材的种类、价格、性能、使用规则及注意事项。消防器材的种类不同，其性能、用途不同，使用过程中应注意的问题也会不相同。消防管理人员只有详细、准确地向询问者介绍消防器材的种类与性能，才能够使广大用户了解消防器材的基本特点、工作原则，掌握消防器材的使用方法，准确选择与实际情况相符的消防器材。

b. 详细介绍各类消防器材的适用范围。不同种类的消防器材，有不同的适用范围与工作环境，即消防器材不能随意乱用。否则，很容易导致严重后果，给国家和个人带来巨大损失。

c. 提供消防器材与其他安全防范措施配套使用的办法。通常来说，要使消防安全防范工作得以顺利进行并富有成效，消防器材必须和各种消防安全防范措施配套使用，形成系统或网络。不能单纯依靠某种消防器材或者某项消防措施来完成消防安全防范任务。要注意多种消防器材的综合使用，并把单位的保卫人员的值勤、守护、巡查等日常安全防范与各种消防器材的使用相结合。

② 消防防范措施咨询。消防防范措施咨询，指的是公安消防管理机关及消防安全管理人员为了保障单位的生产、科研的安全和居民生活的安全，维护正常的工作秩序及生活秩序，在各级各类消防管理机构、安全规章制度、防范计划、防范技术措施等方面提出建议及意见，以消除单位内部及居民生活中的不安全因素、减少潜在危险。

a. 消防管理机构包括：单位的保卫组织、义务消防队、安全检查组织、消防小组及联络组织。

b. 安全规章制度包括：安全保卫责任制，也就是安全保卫工作的登记制度、交接班制度、门卫制度、守护制度、巡查制度、要害出入管理制度、安检制度、值班制度、报警制度等；安全管理责任制，即对易爆、易燃、剧毒、放射性物质等危险物品的出入、登记和管理制度；用电、用火和用气的管理制度；重要仓库、贵重仪器以及重要物品与要害的管理制度等。

c. 防范计划包括：单位、街道内部的自然情况，也就是单位建筑措施情况、周围环境情况、生产情况及要害分布情况等；治安情况，也就是职工群众的基本情况、灾害事故隐患情况等；消防防范情况，也就是义务消防人员的分布情况、防范措施和紧急工作预案等。

d. 防范技术措施，主要是消防器材的安装及使用。

③ 消防安全常识咨询。消防安全常识咨询通常以口头解答为主，以书面解答为辅。在听取询问者叙述的过程中，要弄清询问者所问问题的情节和细节，明确询问者的目的和要求，以及与此相关的各种情况，然后进行解答。

对询问者提出的问题，要依据国家的政策及法律的有关规定进行综合分析，确定问题的答案及解决方案。同时，要根据社会组织和公民个人的实际情况，做出准确的、切实可行的回答或者提出建设性意见和修改方案。

根据《消防法》与《单位消防安全管理规定》的要求，在没有建立专职消防队的大、中型企事业单位和乡、镇，必须配备专职或者兼职消防人员，在本单位、本地区行政负责人和保卫组织或公安派出所的领导下，具体负责本单位、本地区的消防安全管理工作，并在业务上接受当地消防监督部门的指导。

1.5.3 消防业务培训

（1）培训的重要性　《单位消防安全管理规定》第三十六条规定：“单位应当通过多种形式开展经常性的消防安全宣传教育。消防安全重点单位对每名员工应当至少每年进行一次消防安全培训。”消防安全管理人员直接担任着维护治安秩序，预防、查处或者协助查处消防事故，保护人民合法权益，保卫社会主义现代化建设的重任。特别在中国特色社会主义建设的新时代，客观形势对消防人员提出了更高的要求，必须具备较高的素质，才能够胜任消防安全管理的各项任务。而目前我们的消防安全管理人员还有一部分没有受过正规的、系统的政治、业务和科学技术培训，政治水平还需要进一步提高，尤其是大多数的兼职和义务消防人员的政治、业务水平较低，与所面临的任务不相适应。因此必须通过培训这一有效途径，迅速使消防安全管理人员的业务水平得到提高，开发消防安全管理人才，调动消防安全管理人员的创造性、积极性，使我们的消防安全管理逐步成为一支年轻化、知识化、专业化的队伍，一支有道德、有理想、有文化、有纪律的队伍，一支有战斗力的、适应社会主义市场经济发展的、为保卫国家集体和人民利益而奋斗的队伍。只有这样一支由专业人员、兼职人员和义务人员组成的队伍，才能高质量地完成消防安全管理任务。

（2）培训的人员　根据《单位消防安全管理规定》，以下人员应当接受消防安全专门培训：

① 单位的消防安全责任人、消防安全管理人；

② 专、兼职消防管理人员；

③ 消防控制室的值班、操作人员；

④ 其他依照规定应当接受消防安全专门培训的人员。

单位应当组织新上岗和进入新岗位的员工进行上岗前的消防安全培训。

（3）培训的原则

① 理论联系实际。这是我国消防安全管理人员教育的一条成功经验及行之有效的方法。其主要要求是，在教学中将理论学习和案例分析相结合，加强实践性教学环节，使学员自觉地将理论付诸实践，指导消防安全管理实践。

② 学用一致。培训的目的，是为了提高消防安全管理人员的政治、法律以及专业素质，充分发挥其聪明才智。只有教育培训和使用合一，才能够使消防安全管理人员教育培训的效果充分发挥出来。反之，学用脱节，学非所用，与本系统本单位的实际不符，不仅会造成人力、物力以及财力上的浪费，而且也会失去教育培训的实际意义。特别是对兼职和义务消防队员的短期岗位培训，由于时间短，必须精炼培训的内容，做到学以致用。

③ 按需施教。消防教育培训工作，必须依据社会、经济发展对消防安全管理的需要和各个实际岗位的情况的不同确定教育培训内容。其主要的要求就是从不同行业、部门的人员实际需要出发，本着“缺什么补什么，干什么学什么”的原则，精心组织，力求节约，讲求实效，避免单纯追求培训指标、培训数量的现象。

④ 严格科学。提高消防安全管理人员的政治及业务素质是教育培训的根本目的。在教育培训工作中，应做好培训规划、计划，并严格执行，使教育培训循序渐进，逐步提高。所以，要保证教学规定的任务、内容，确保训练质量。要实现这个目标，确保取得实效应当做到以下两点：一要制订周密的教学计划，采取灵活方法，选择切合实际的内容，将培训效果与使用挂钩；二要注重培训场所和师资选定，严格培训纪律，严格考核制度，将考核结果作为消防安全管理人员和职工上岗的重要依据之一。

（4）培训的内容　培训消防安全管理人员，必须坚持“面向现代化、面向世界、面向未来”。面向现代化，就是在制定培训规划、安排培训内容的时候，要着眼于保卫国家现代化建设的需要，着眼于提高消防安全管理素质的需要。面向世界，就是在培训消防安全管理人员时，要吸收借鉴世界各国消防安全管理的经验及先进的警用科学技术，开拓消防安全管理人员的眼界，敢于迎接挑战。面向未来，就是在培训消防安全管理人员时，要有战略眼光，不仅要看到目前消防安全管理工作的要求，还要看到将来的社会发展和变革对消防安全管理人员的要求。

消防管理人员的培训内容，必须遵循以下培训目的及方向来安排，主要是：马克思列宁主义基本理论，党的路线、方针、政策，消防管理工作的有关专业知识，管理知识及科学技术知识等。要做到学用一致，讲究实效。依据《单位消防安全管理规定》，宣传教育与培训内容应当包括：有关消防法规、消防安全制度以及保障消防安全的操作规程；本单位、本岗位的火灾危险性及防火措施；有关消防设施的性能、灭火器材的使用方法；报火警、扑救初起火灾，以及自救逃生的知识与技能。

公众聚集场所应当至少每半年进行一次对员工的消防安全培训，培训的内容还应当包括组织、引导在场群众疏散的知识及技能。具体分为以下几个方面。

① 政治思想教育培训。加强政治思想教育，就是要提高消防管理人员的政治素质与思想素质。包括：

a. 马克思列宁主义、毛泽东思想的基本理论，邓小平建设有中国特色社会主义理论与“三个代表”重要思想教育，科学发展观教育，习近平“不忘初心、牢记使命”主题教育；

b. 党和国家关于消防安全管理的方针及政策的教育；

c. 消防管理科学的理论教育；

d. 为人民服务宗旨及为消防安全管理事业的奉献教育；

e. 组织纪律及职业道德教育。

② 法制教育培训。法制教育是要使消防安全管理人员牢固树立社会主义法制观念和增强遵纪守法的自觉性。

a. 传授法律知识。使消防安全管理人员全面并且系统地了解有关消防安全管理的法律、法规，在消防安全管理中能够自觉地、主动地去宣传消防安全管理的法律与法规。

b. 增强法律意识。使消防安全管理人员在理解法律知识的基础上，针对于本系统、本单位员工的思想状况、工作实际，开展消防管理，检查执行消防安全管理执法情况，整改火险隐患，模范执行国家的法律法规，力争做到有法必依、执法必严、违法必究。

③ 消防业务培训。消防业务培训就是要将消防安全管理人员的业务素质和执法水平提高。

a. 要全面掌握国家关于消防安全管理的法律、法规以及各项消防规章制度，同时，要兼学有关公安业务中的刑事侦查、治安管理、内保以及文保等专业知识，为做好消防安全管理奠定良好的基础。

b. 要全力推进全员实践技能。通过现代消防科学技术培训，掌握各种现代化消防设施的使用和操作。尤其要通过培训解决培训人员知识能力脱离消防实际，综合技战术水平和处置紧急、复杂消防局面的能力与现实工作不适应等问题。依据“向教育训练要素质、向实战技能培训要战斗力”的指导思想，利用培训，使消防安全管理人员的宗旨意识、服务意识得到强化，应变处置能力和实战本领得以增强，使专、兼职消防人员和员工的整体作战能力进一步提高，为完成消防安全管理任务提供强有力的保障。

④ 知识更新培训。知识更新培训就是要对全体消防安全管理人员进行知识更新的教育，利用培训，使消防安全管理人员不断掌握、补充新的理论、方法以及技术，以适应本岗位工作的需要。培训的重点要结合消防安全管理人员实际岗位所需的新技术、新知识、新方法，以及本职工作应知应会的内容。

（5）培训的考核

① 考核的重要性。对消防管理人员的考核，是机关、团体、企事业单位人事工作的重要内容，是提拔任用干部的基础工作。实践证明，严格的考核制度是十分必要的。考核的重要性具体包括以下几点：

a. 有利于鼓励先进，激励、鞭策后进；

b. 有利于提高消防安全管理人员的素质；

c. 有利于消防安全管理人员各尽所能、尽职尽责。

考核应当同消防安全管理人员的任用、升迁、晋级联系起来，形成制度，定期考核、晋级，将竞争机制引入消防安全管理的队伍中来，使消防安全管理人员的工作及学习都经常处于竞争之中。

② 考核的要求、内容及方法

a. 考核的要求。考核要坚持客观、全面、公平以及合理的原则，以求正确地反映消防安全管理人员的实际情况，切忌主观片面及感情用事。在全面综合考核中既要看完成任务的情况，又要看执行政策、法规以及遵守纪律的情况；既要看数量，又要看质量；既看本人的总结，又要听取他人和有关部门的意见；既要看工作热情，又要看思想作风；既要看不足，又要看成绩。在学业知识考核中，既要看所学知识和技能的掌握的情况，做到每学必考，又要看所学知识的运用和综合解决问题的能力。通过多样化的考核，来调动消防安全管理人员学习训练的积极性，使他们在培训中丝毫不能懈怠，又能从死记硬背的考试模式中解脱出来。

b. 考核的内容。考核要依据各自的岗位责任制进行德、能、勤、绩全面考核，但应以考绩为主。

(a) 考德主要是考核工作态度与思想品质，以及执行法规、政策和有关守则、纪律的情况。

(b) 考能主要是考核是否具备本职工作要求的业务知识和技能、创造性思维能力、处理实际问题的工作能力、研究问题的能力、组织指挥能力等。

(c) 考勤主要是考查出勤的情况和工作态度。

(d) 考绩主要考核工作效能，包括完成任务的数量、质量和效果。

由于工作实绩能综合反映消防管理人员的品德、能力和贡献的大小，因此考核应以考绩为中心。综合考核不合格的消防安全管理人员以及专、兼职消防队员都要待岗培训，通过培训考核之后上岗工作。对于不能胜任本岗位工作的人员，要做调离处理。

对于消防安全重点单位每名员工的每年一次培训，以及新上岗及进入新岗位的员工进行上岗前的消防安全培训，必须严格制定培训内容、杜绝形式主义、严肃考场风纪，经考核而不合格的员工不得上岗作业。

c. 考核的方法。考核的方法多种多样，具体见表 1-1。

表 1-1 考核的方法

类别	考核的方法
消防安全管理工作中的综合考核	消防安全管理工作中的综合考核主要是根据执行岗位责任制的情况，按照所制定的考核内容和标准，采取平时考核与定期考核相结合，个人总结、群众评议与组织审定相结合的方法，有组织、有领导、有计划、有步骤地进行。做出实事求是、恰如其分的评价。消防安全管理人员不服考核结果的可在规定的期限内提出复议，复议结论为最终考核结果，并以此作为奖励与惩罚、纠正与淘汰的依据
对于消防管理人员及其他员工业务知识的考核	对于消防管理人员及其他员工业务知识的考核要根据讲授内容、案例分析情况，突出重点、求解难点、答析疑点确定考核试题，按百分制进行考核。考核不合格的员工，可进行补考一次，仍不合格的员工不得从事与消防安全相关的重点工种，以确保教育培训的严肃性和规范性

2 消防安全技术

2.1 施工现场消防设计

2.1.1 总平面布局

① 临时用房、临时设施的布置应满足现场防火、灭火及人员安全疏散的要求。

② 下列项目应纳入施工现场总平面布局。

a. 施工现场的出入口、围墙以及围挡。

b. 场内临时道路。

c. 消防水管网或管路，配电线路敷设或者架设的走向、高度。

d. 施工现场办公用房、宿舍、配电房、发电机房、可燃材料、易燃易爆危险品，以及其他库房、可燃材料堆场及其加工场所等。

e. 施工消防车通道、消防水源以及应急救援疏散场地。

③ 施工现场出入口的设置应符合消防车通行的要求，并宜布置在不同方向，其数量不宜少于2个；当确有困难只能设置1个出入口时，应在施工现场设置满足消防车通行的环形道路。

④ 施工现场临时办公、生活、生产，以及物料存储等功能区宜相对独立布置，防火间距应符合《建设工程施工现场消防安全技术规范》（GB 50720—2011）第3.2.1条和第3.2.2条的要求。

⑤ 施工现场相对集中的动火作业点应布置在远离可燃材料堆场及其加工场所、易燃易爆危险品库房、可燃材料库房、临时办公用房、宿舍等火灾危险性较大的场所。

⑥ 可燃材料堆场及其加工场所、易燃易爆危险品库房、可燃材料库房、临时办公用房、宿舍等火灾危险性较大的场所，应布置在全年最小频率风向的上风侧，并远离明火作业区、人员密集区以及建筑物相对集中区。

⑦ 架空电力线下方不应布置可燃材料堆场及其加工场所和易燃易爆危险品库房。

2.1.2 防火间距

① 易燃易爆危险品库房和在建工程的防火间距不应小于15m，可燃材料堆场及其加工

场、其他临时用房、临时设施和在建工程的防火间距不应小于 6m。

② 施工现场主要临时用房、临时设施的防火间距不应小于表 2-1 中的规定。当办公用房、宿舍成组布置时，其防火间距可以适当减小，但应符合下列要求。

a. 组内临时用房之间的防火间距不应小于 3.5m。

b. 每组临时用房的栋数不应超过 10 栋，组与组之间的防火间距不应小于 8m。

c. 当建筑构件燃烧性能等级为 A 级时，其防火间距可减少到 3m。

表 2-1 施工现场主要临时用房、临时设施的防火间距 单位：m

名称	名称 间距					
	办公用房、宿舍	发电机房、变配电房	可燃材料库房	厨房操作间、锅炉房	可燃材料堆场及其加工场所	易燃易爆危险品库房
办公用房、宿舍	4	4	5	5	7	10
发电机房、变配电房	4	4	5	5	7	10
可燃材料库房	5	5	5	5	7	10
厨房操作间、锅炉房	5	5	5	5	7	10
可燃材料堆场及其加工场所	7	7	7	7	7	10
易燃易爆危险品库房	10	10	10	10	10	12

③ 消防车通道应符合以下规定。

a. 施工现场内应设置临时消防车通道，临时消防车通道与在建工程、临时用房、可燃材料堆场及其加工场所的距离不宜小于 5m，并且不宜大于 40m；施工现场周边道路满足消防车通行及灭火救援要求时，施工现场内可不设置临时消防车通道。

b. 临时消防车通道的设置应符合以下规定：

（a）临时消防车通道宜为环形，若设置环形车道确有困难，应在消防车通道尽端设置尺寸不小于 12m×12m 的回车场；

（b）临时消防车通道的净宽度和净空高度都不应小于 4m；

（c）临时消防车通道的右侧应设置消防车行进路线指示标识；

（d）临时消防车通道的路基、路面及其下部设施应能承受消防车通行的压力及工作荷载。

c. 高度大于 24m 的建筑物、构筑物，单体建筑占地面积大于 3000m^2 的建设工程，以及超过 10 栋且集中布置的临时用房，应设置环形临时消防车通道；当设置环形临时消防车通道确有困难时，应按照《建设工程施工现场消防安全技术规范》（GB 50720—2011）的要求设置回车场及临时消防救援场地。

d. 临时消防救援场地的设置应符合以下要求：

（a）应在在建工程装饰装修阶段之前规划、设置；

（b）应设置在成组布置的临时用房场地的长边一侧和在建工程的长边一侧；

（c）场地宽度应满足消防车正常操作要求并且不应小于 6m，与在建工程外脚手架的净距不宜小于 2m，并且不宜超过 6m。

2.1.3 建筑防火

（1）一般规定

① 在建工程防火设计应根据建筑高度、施工材料、建筑规模及结构特点等情况进行确定。

② 临时用房和在建工程应采取可靠的防火分隔及安全疏散等防火技术措施。

③ 临时用房的防火设计应依据其使用性质及火灾危险等级等情况进行确定。

④ 其他防火设计应符合以下规定：宿舍、办公用房不应与厨房操作间、锅炉房、变配电房等组合建造；会议室、文化娱乐室等人员密集的房间应设置于临时用房的第一层，其疏散门应向疏散方向开启。

（2）临时用房防火

① 宿舍、办公用房防火设计应符合下列规定。

a. 建筑构件的燃烧性能等级应为 A 级。当采用金属夹芯板材时，其芯材的燃烧性能等级应为 A 级。

b. 建筑层数不应超过 3 层，每层建筑面积不应大于 $300m^2$。

c. 层数为 3 层或每层建筑面积大于 $200m^2$ 时，应设置至少 2 部疏散楼梯，房间疏散门至疏散楼梯的最大距离不应大于 25m。

d. 单面布置用房时，疏散走道的净宽度不应小于 1.0m；双面布置用房时，疏散走道的净宽度不应小于 1.5m。

e. 疏散楼梯的净宽度不应小于疏散走道的净宽度。

f. 宿舍房间的建筑面积不应大于 $30m^2$，其他房间的建筑面积不宜大于 $100m^2$。

g. 房间内任一点至最近疏散门的距离不应大于 15m，房门的净宽度不应小于 0.8m；房间建筑面积超过 $50m^2$ 时，房门的净宽度不应小于 1.2m。

h. 隔墙应从楼地面基层隔断至顶板基层底面。

② 发电机房、变配电房、厨房操作间、锅炉房、可燃材料库房，及易燃、易爆危险品库房的防火设计应符合下列规定。

a. 建筑构件的燃烧性能等级应为 A 级。

b. 层数应为 1 层，建筑面积不应大于 $200m^2$。

c. 可燃材料库房单个房间的建筑面积不应超过 $30m^2$，易燃、易爆危险品库房单个房间的建筑面积不应超过 $20m^2$。

d. 房间内任一点至最近疏散门的距离不应大于 10m，房门的净宽度不应小于 0.8m。

③ 其他防火设计应符合的规定。

a. 宿舍、办公用房不应与厨房操作间、锅炉房、变配电房等组合建造。

b. 会议室、文化娱乐室等人员密集的房间应设置在临时用房的第一层，其疏散门应向疏散方向开启。

（3）在建工程防火

① 在建工程作业场所的临时疏散通道应采用不燃、难燃材料建造，并应与在建工程结构施工同步设置，也可利用在建工程施工完毕的水平结构和楼梯。

② 在建工程作业场所临时疏散通道的设置应符合下列规定。

a. 耐火极限不应低于 0.5h。

b. 设置在地面上的临时疏散通道，其净宽度不应小于 1.5m；利用在建工程施工完毕的水平结构、楼梯作临时疏散通道时，其净宽度不宜小于 1.0m；用于疏散的爬梯及设置在脚手架上的临时疏散通道，其净宽度不应小于 0.6m。

c. 临时疏散通道为坡道，且坡度大于 25°时，应修建楼梯或台阶踏步或设置防滑条。

d. 临时疏散通道不宜采用爬梯，确需采用时，应采取可靠的固定措施。

e. 临时疏散通道的侧面为临空面时，应沿临空面设置高度不小于 1.2m 的防护栏杆。

f. 临时疏散通道设置在脚手架上时，脚手架应采用不燃材料搭设。

g. 临时疏散通道应设置明显的疏散指示标识。

h. 临时疏散通道应设置照明设施。

③ 既有建筑进行扩建、改建施工时，必须明确划分施工区和非施工区。施工区不得营业、使用和居住；非施工区继续营业、使用和居住时，应符合下列规定。

a. 施工区和非施工区之间应采用不开设门、窗、洞口的，且耐火极限不低于 3.0h 的不燃烧体隔墙进行防火分隔。

b. 非施工区内的消防设施应完好、有效，疏散通道应保持畅通，并应落实日常值班及消防安全管理制度。

c. 施工区的消防安全应配有专人值守，发生火情时应能立即处置。

d. 施工单位应向居住和使用者进行消防宣传教育，告知建筑消防设施、疏散通道的位置及使用方法，同时应组织疏散演练。

e. 外脚手架搭设不应影响安全疏散、消防车正常通行及灭火救援操作；外脚手架搭设长度不应超过该建筑物外立面周长的 1/2。

④ 外脚手架、支模架的架体宜采用不燃或难燃材料搭设；下列工程的外脚手架、支模架的架体应采用不燃材料搭设。

a. 高层建筑。

b. 既有建筑改造工程。

⑤ 下列安全防护网应采用阻燃型安全防护网。

a. 高层建筑外脚手架的安全防护网。

b. 既有建筑外墙改造时，其外脚手架的安全防护网。

c. 临时疏散通道的安全防护网。

⑥ 作业场所应设置明显的疏散指示标志，其指示方向应指向最近的临时疏散通道入口。

⑦ 作业层的醒目位置应设置安全疏散示意图。

2.2 常用消防器材介绍及选用原则

2.2.1 灭火器

按所充装的灭火剂，施工现场常见的灭火器可分为干粉、二氧化碳、泡沫、清水等类型；按其移动方式，可分为手提式和推车式两种类型。

（1）干粉灭火器

① 规格。干粉灭火剂通常分为 BC（碳酸氢钠）与 ABC（磷酸铵盐）两大类。手提式一般选用 2～4kg；推车式通常选用 35kg。

② 灭火原理。一是借助干粉中无机盐的挥发性分解物，与燃烧过程中燃料所产生的自由基或活性基团发生化学抑制和负催化作用，使燃烧的链反应中断而灭火；二是借助干粉的粉末落在可燃物表面外，发生化学反应，并在高温作用下而形成一层玻璃状覆盖层，从而隔绝氧，进而窒息灭火。另外，还有部分稀释氧及冷却的作用。

③ 适用范围。BC（碳酸氢钠）干粉灭火器适用于易燃、可燃液体、气体及带电设备的初起火灾；ABC（磷酸铵盐）干粉灭火器除可用于上述几类火灾外，还可以扑救固体类物质的初起火灾。但是两者都不能扑救金属燃烧火灾。

（2）泡沫灭火器

① 规格。手提式通常选用 6L；推车式通常选用 40kg。

② 灭火原理。泡沫灭火器灭火时，能够喷射出大量二氧化碳及泡沫。它们黏附在可燃物上，使可燃物同空气隔绝，破坏燃烧条件，达到灭火的目的。

③ 适用范围。可用来扑灭A类火灾，比如木材、棉布等固体物质燃烧引起的火灾；最适宜扑救B类火灾，比如汽油、柴油等液体火灾；不能扑救水溶性可燃、易燃液体的火灾（如醇、酯、醚、酮等物质）与E类（带电）火灾。

（3）二氧化碳灭火器

① 规格。手提式通常选用3～6L；推车式一般选用25kg。

② 灭火原理。通过加压把液态二氧化碳压缩在小钢瓶中，灭火时再将其喷出，有降温与隔绝空气的作用。

③ 适用范围。具有流动性好、喷射率高、不腐蚀容器以及不易变质等优良性能。可用来扑灭图书、档案、精密仪器、贵重设备、600V以下电气设备及油类的初起火灾；适用于扑救一般B类火灾，如油制品、油脂等火灾，但是不能扑救B类火灾中水溶性可燃、易燃液体的火灾，如醇、酯、醚、酮等物质火灾；也可用于A类火灾，但不能扑救带电设备及C类与D类火灾。

（4）清水灭火器

① 规格。分为6L与9L两种。

② 灭火原理。清水灭火器中的灭火剂为清水。它主要借助冷却和窒息作用进行灭火。在灭火时，由水汽化产生的水蒸气将会占据燃烧区域的空间，稀释燃烧物周围的氧含量，阻碍新鲜空气进入燃烧区，使燃烧区内的氧浓度大大降低，从而达到窒息灭火的目的。

③ 适用范围。主要用于扑救固体物质火灾，比如木材、纸张等，但不能用于扑救可燃液体、气体、带电设备等以及贵重物品的火灾。

2.2.2 消防过滤式自救呼吸器

（1）规格　自选。

（2）用途　防毒、防烟以及防热辐射，供逃生者呼吸或在特殊环境中救生使用。

2.2.3 防火隔离毯

（1）规格　依据实际需要定制，防火隔离毯由矿棉材料制作。

（2）用途　适用于交叉施工动火作业，如焊接、切割等。减少火花飞溅，起到将易燃物品或设备隔离与阻断的作用。

2.2.4 三防油布（阻燃型）

（1）规格　根据实际需要定制。

（2）用途　适用于设备设施保护，能有效预防周边动火施工引发的火灾，如焊接、切割等，起到隔离和阻断易燃、易爆危险品的作用。

2.2.5 其他常用消防器材

根据实际情况设置消火栓、消防桶以及消防锹等消防器材。原则上，每层施工区域都应设置消火栓、消防水枪以及水带等消防器材。

2.3 常见易燃易爆危险品特性及储运技术要求

2.3.1 易燃易爆危险品特性

（1）常见气体

① 纯乙炔为无色无味的易燃、有毒气体，在液态和固态下或者在气态和一定压力下有猛烈爆炸的危险。受热、振动、电火花等因素都可以引发爆炸，所以不能在加压液化后储存或运输。微溶于水，易溶于乙醇、苯以及丙酮等有机溶剂。

② 氧气为无色无味的气体，不易溶解于水，本身不燃烧，但是能助燃，在高温和猛烈撞击下，气瓶会产生爆炸，现场主要被用于气体焊接及切割。

③ 氩气为惰性气体，对人体无直接危害。但是，若工业使用后，产生的废气对人体危害很大，会造成肺尘埃沉着病、眼部损坏等。氩气主要被用于焊接保护。

④ 氮气通常情况下是一种无色无味的气体，一般无毒。

（2）常见油类

① 汽油为无色或者淡黄色、低闪点、易挥发、易燃液体，不溶于水，易溶于苯、二硫化碳等。其蒸气与空气可形成爆炸性混合物，遇明火、高热极易燃烧爆炸；与氧化剂能够发生强烈反应。汽油蒸气比空气重，能沿低处扩散到相当远的地方，遇明火会造成回燃。汽油闪点小于－18℃，引燃温度介于415～530℃之间，爆炸极限介于1.58％～6.48％之间。

② 柴油为无色或者淡黄色易挥发可燃液体，不溶于水，与有机溶剂互溶。其蒸气和空气可形成爆炸性混合物，遇明火易燃烧爆炸。10、5、0、－10、－20号柴油闪点不低于55℃，－35、－50号柴油闪点不低于45℃，引燃温度在350～380℃之间，爆炸极限介于1.5％～6.5％之间。

③ 煤油为水白色至淡黄色流动性油状、易挥发、易燃液体，不溶于水，易溶于醇类及其他有机溶剂。挥发之后与空气混合形成爆炸性的混合气，遇明火易燃烧爆炸。煤油闪点在38～72℃之间，引燃温度在210℃左右，爆炸极限介于0.7％～5％之间。

④ 变压器油俗称方棚油，是一种浅黄色透明的可燃液体。其蒸气和空气混合形成爆炸性气体，遇明火可以发生爆炸。变压器油闪点通常不低于135℃。

2.3.2 易燃易爆危险品存储及运输技术要求

（1）存储

① 易燃易爆危险品的存储，原则上要建立危险品仓库，库房应远离施工区域25m以上。库房应符合危险品库房的安全技术要求，应有避雷、防静电接地及排风设施。屋面应采用轻型结构，设置气窗、底窗。门和窗应向外开启，并配备满足防火防爆要求的电器具和消防器材。高温地区建议增加温度计，对室内温度进行实时监控，在必要时要采取降温措施。依据使用现场的实际情况可以建立临时存放点，临时存放点要满足防火防爆的要求，做到防曝晒、通风，并配备必要的消防器材。库房内乙炔瓶集中存储时，原则上不超过10瓶。

② 油品存放原则上要建立油化库房，库房远离施工区域25m以上。库房应满足危险品库房的安全技术要求，配备满足防火防爆要求的电器具和消防器材。现场使用后剩余油料要及时归库，临时摆放点应与动火点保持10m以上的安全距离，并配备满足要求的消防器材。

（2）运输

① 易燃易爆危险品场外运输应由合格资质的供应商负责，车辆和驾驶员资质应符合危险品安全运输条件，场内运输要有防碰撞、防倾覆以及防泄漏的措施，危险化学品运输车辆要加装专用灭火器。

② 气瓶禁止混装，气瓶防震圈、防护帽等保护装置要齐全；乙炔瓶运输一次不超过5瓶，人力运输不超过1瓶。

③ 施工现场通常不设置集中供气装置，但是大型锅炉施工可以设置管道集中供气，集中供气管路应和电缆、电气设备、易燃物等保持安全距离，同时应针对集中供气中所存在的管道漏气、关阀后管道中的残余气体及发生火灾导致的连带反应等危险因素，制定防火防爆安全措施和安全管理要求。

2.4 施工现场消防设施、器材配置原则及技术要求

2.4.1 消防水系统

① 消防水管路必须独立设置，不得与施工、生活用水混用一条管路。同时，要建立临时消防泵房，确保管路的灭火水压。

② 施工现场或其附近应设置稳定、可靠的水源，并应能够满足施工现场临时消防用水的需要。消防水源可采用市政给水管网或天然水源。当采用天然水源时，应采取措施保证冰冻季节、枯水期最低水位时顺利取水，并符合临时消防用水量的要求。

③ 临时用房建筑面积之和大于1000m^2或者在建工程单体体积大于10000m^3时，应设置临时室外消火栓。

④ 临时用房的临时室外消防用水量应不小于表2-2中的规定。

表2-2 临时用房的临时室外消防用水量

临时用房的建筑面积之和/m^2	火灾延续时间/h	消防栓用水量/（L/s）	每只水枪最小流量/（L/s）
1000＜面积≤5000	1	10	5
面积＞5000	1	15	5

⑤ 在建工程的临时室外消防用水量应不小于表2-3中的规定。

表2-3 在建工程的临时室外消防用水量

在建工程（单体）体积/m^3	火灾延续时间/h	消火栓用水量/（L/s）	每只水枪最小流量/（L/s）
10000＜体积≤30000	1	15	5
体积＞30000	1	20	5

⑥ 施工现场临时室外消防给水系统的设置应符合以下要求。

a. 给水管网宜布置成环状。

b. 临时室外消防给水干管的管径应依据施工现场临时消防用水量与干管内水流计算速度计算确定，并且不应小于 $DN100$mm。

c. 室外消火栓应沿在建工程、临时用房与可燃材料堆场及其加工场所均匀布置，与在建工程、临时用房和可燃材料堆场及其加工场所的外边线之间的距离不应小于 5m。

d. 消火栓之间的距离不应大于 120m。

e. 消火栓的最大保护半径应不大于 150m。

⑦ 建筑高度大于 24m 或者单体体积超过 30000m^3 的施工项目，应设置临时室内消火栓。

⑧ 在建工程的临时室内消防用水量不应小于表 2-4 中的规定要求。

表 2-4 在建工程的临时室内消防用水量

建筑高度、在建工程体积（单体）	火灾延续时间/h	消火栓用水量/（L/s）	每只水枪最小流量/（L/s）
24m＜建筑高度≤50m 或 30000m^3＜体积≤50000m^3	1	10	5
建筑高度＞50m，或体积＞50000m^3	1	15	5

⑨ 在建工程室内临时消防竖管的设置应符合以下要求。

a. 消防竖管的设置位置应便于消防人员操作，并且其数量不应少于 2 根，当结构封顶时，应将消防竖管设置成为环状。

b. 消防竖管的管径应根据在建工程临时消防用水量、竖管内水流计算速度进行计算确定，并且不应小于 $DN100$mm。

⑩ 设置临时室内消防给水系统的施工项目，各结构层均应设置室内消火栓，并应符合以下要求。

a. 消火栓应设置于位置明显且易于操作的部位。

b. 在消火栓接口的前端应设置截止阀。

c. 消火栓间距宜为 30～50m。

⑪ 高度超过 100m 的施工项目，应于适当位置增设临时加压水泵。

⑫ 临时消防给水系统的给水压力应符合“消防水枪充实水柱长度不小于 10m”的要求。

⑬ 当外部消防水源不能符合施工现场的临时消防用水量要求时，应在施工现场设置临时储水池。临时储水池宜设置在方便消防车取水的部位，其有效容积不应小于施工现场火灾延续时间之内一次灭火的全部消防用水量。

⑭ 施工现场临时消防给水系统应设置可把生产、生活用水转为消防用水的应急阀门。应急阀门不应超过 2 个，并且应设置在易于操作的场所，并设置明显标识。

⑮ 严寒及寒冷地区的现场临时消防给水系统应采取防冻措施。

2.4.2 灭火器

① 施工现场具有火灾危险的场所均需配置灭火器，并且布置在醒目位置，便于拿取。

② 施工现场灭火器配置应符合以下规定。

a. 现场配备的灭火器应与可能发生的火灾类型相匹配。

b. 灭火器的最低配置标准应符合表 2-5 中的规定要求。

表 2-5 灭火器最低配置标准

灭火器配置场所	固体物质火灾		液体或可熔化固体物质火灾、气体类火灾	
	单具灭火器最小灭火级别	单位灭火级别最大保护面积/（m^2/A）	单具灭火器最小灭火级别	单位灭火级别最大保护面积/（m^2/B）
易燃易爆危险品存放及使用场所	3A	50	89B	0.5
临时动火作业场	2A	50	55B	0.5
可燃材料存放、加工及使用场所	2A	75	55B	1.0
厨房操作间、锅炉房	2A	75	55B	1.0
自备发电机房	2A	75	55B	1.0
变、配电房	2A	75	55B	1.0
办公用房、宿舍	1A	100	—	—

注：最小灭火级别由数字和字母组成，其中数字代表灭火能力的高低，数字越高说明灭火能力越高；字母代表适用于扑救火灾的类型。

c. 灭火器的配置数量应按照《建筑灭火器配置设计规范》（GB 50140—2005）经计算确定，并且每个场所的灭火器数量不应少于 2 具。

d. 灭火器的最大保护距离应符合表 2-6 中的规定要求。

表 2-6 灭火器的最大保护距离

单位：m

灭火器配置场所	固体物质火灾	液体或可熔化固体物质火灾、气体类火灾
易燃易爆危险品存放及使用场所	15	9
临时动火作业场	10	6
可燃材料存放、加工及使用场所	20	12
厨房操作间、锅炉房	20	12
变、配电房	20	12
办公用房、宿舍等	25	—

注：灭火器保护距离指灭火器配置场所内任一着火点到最近灭火器设置点的行走距离。

2.4.3 区域配置要求

（1）锅炉

① 火灾类型。主要为固体火灾、气体火灾，同时存在油类、电气以及粉尘等火灾。

② 配置原则。灭火器以干粉 ABC 灭火器为主（需一定量推车式灭火器），同时也配备二氧化碳灭火器，并必须设置消火栓。锅炉区域各层根据灭火器最大保护距离足量配备，设置点应保持在距离作业人员 30m 内使用。

（2）汽轮机

① 火灾类型。主要为固体火灾、气体火灾、油类火灾以及电气火灾等。

② 配置原则。灭火器以干粉 ABC 灭火器为主（需一定量推车式灭火器），同时也配备二氧化碳灭火器，并必须设置消火栓。在原则上汽机房区域内每层需按照灭火器最大保护距离足量配备，设置点应保持在距离作业人员 30m 内使用；汽机房油系统区域内需放置 2 辆干粉推车灭火器；汽轮机平台（车面）区域内需放置 2 箱二氧化碳灭火器。

（3）电气

① 火灾类型。主要为固体火灾和电气火灾等。

② 配置原则。灭火器以二氧化碳灭火器为主（需一定量推车式灭火器），也可以配备干

粉或泡沫灭火器。开关室，主变压器、厂用变压器等电气区域应放置 1 箱二氧化碳灭火器与 1 台二氧化碳推车式灭火器；集控楼应放置 6 箱二氧化碳灭火器。

（4）油库

① 火灾类型。主要为油类火灾。

② 配置原则。配备清水泡沫和干粉灭火器，依据实际情况配备推车式干粉 ABC 灭火器。

（5）外围　可根据现场施工情况和可能发生的火灾类型合理配置灭火器。通常临时设施区，每 $100m^2$ 配备 2 个 10L 灭火器；临时木工间、油漆间与木、机具间等，每 $25m^2$ 应配置 1 个种类合适的灭火器；油库、危险品仓库应配备足够数量的灭火器；仓库或堆料场内，应按照灭火对象的特性，分组布置酸碱、泡沫、清水以及二氧化碳等灭火器，每组灭火器不应少于 4 个，每组灭火器之间的距离不应大于 30m。

2.5 现场临时消防器材制作标准

凡有国家标准的，现场临时消防器材必须按照标准制作；无国家标准的，按照实际情况设计制作。

消防器材架如图 2-1 所示。

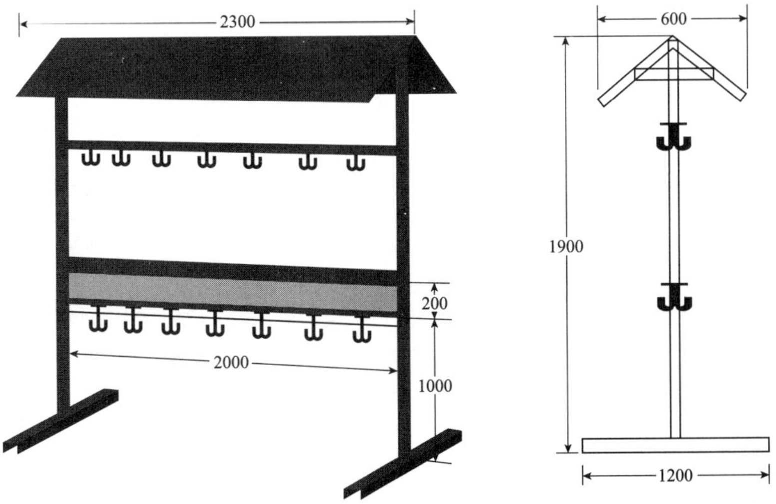

图 2-1　消防器材架

材质：铁管、槽钢、铁板；色彩：蓝（C100M70K10）、橘红（M80Y100）

消防沙箱如图 2-2 所示。

氧气站或乙炔站如图 2-3 所示。

氧气、乙炔笼如图 2-4 所示。

气瓶手推车如图 2-5 所示。

灭火器牌如图 2-6 所示。

安全防火责任区域标志牌如图 2-7 所示。

应急救援电话牌如图 2-8 所示。

消火栓指示标志如图 2-9 所示。

图 2-2　消防沙箱

图 2-3　氧气（乙炔）站

图 2-4　氧气、乙炔笼

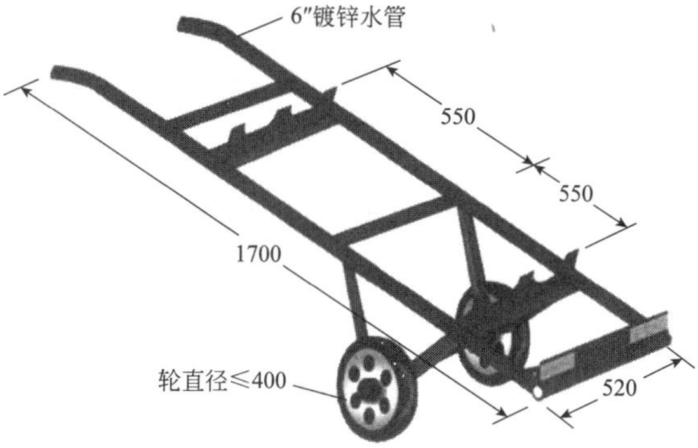

图 2-5　气瓶手推车

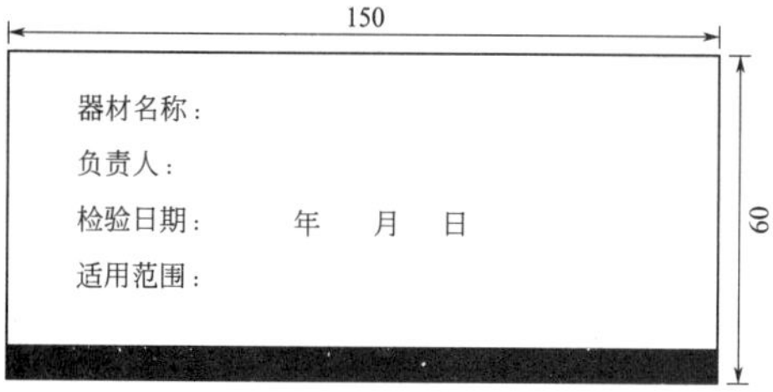

图 2-6　灭火器牌

材质：铝塑板、镀锌板、工业 PVC 板

制作工艺：即时贴刻绘、丝网印、户外写真

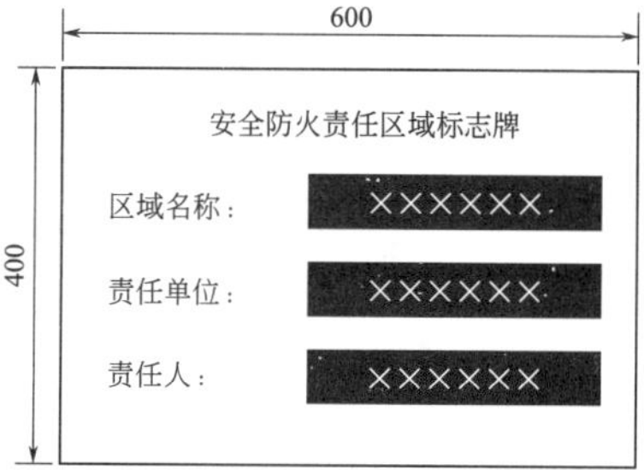

图 2-7　安全防火责任区域标志牌

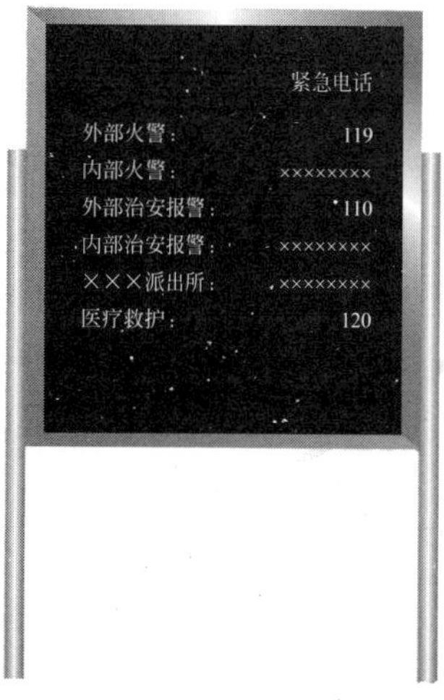

图 2-8　应急救援电话牌

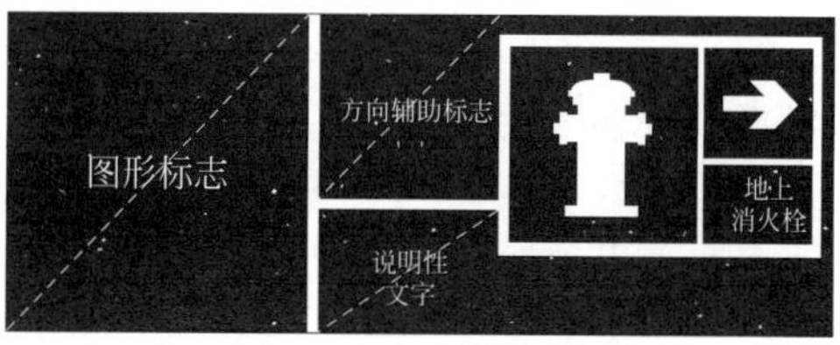

图 2-9　消火栓指示标志

3 建筑工程消防安全管理

3.1 建筑物的分类

3.1.1 按使用性质分

根据使用性质，建筑物可以分为民用建筑（居住建筑、公共建筑）、工业建筑以及农业建筑三大类。

民用建筑又分为居住建筑和公共建筑两类。居住建筑指的是供人们居住使用的建筑物，可分为住宅建筑和集体宿舍两类；公共建筑是指办公楼、旅馆、商店、影剧院、体育馆、展览馆、医院等公众人员使用的建筑物。

工业建筑指的是直接用于生产的厂房和库房。

农业建筑指的是直接服务于农业生产的暖棚、牲畜棚等。

3.1.2 按建筑物的建筑高度或层数分

按建筑高度或层数，建筑物可以分为地下建筑、半地下建筑、单层与多层建筑、高层建筑以及超高层建筑五类。

（1）地下建筑　地下建筑指的是房间地平面低于室外地平面的高度超过该房间净高一半的建筑物。

（2）半地下建筑　半地下建筑指的是房间地平面低于室外地平面的高度超过该房间净高1/3且不超过1/2的建筑物。

（3）单层、多层建筑　单层、多层建筑指的是9层及9层以下的居住建筑和建筑高度不超过24m（或已超过24m但为单层）的公共建筑与工业建筑。

房屋层数是指房屋的自然层数，通常按室内地坪以上计算；采光窗在室外地坪以上的半地下室，其室内层高大于2.20m以上，计算自然层数。加层、插层、附层（夹层）、阁楼（暗楼）、装饰性塔楼，以及突出屋面的楼梯间、水箱间不计层数。房屋总层数是房屋地上层数与地下层数之和。

（4）高层建筑　高层建筑指的是10层及10层以上的居住建筑（包括首层设置商业服务网点的住宅）和建筑高度大于24m且为两层以上的民用公共建筑，以及建筑高度超过24m的两层及两层以上的厂房、库房等工业建筑。其中与高层民用建筑相连的建筑高度不大于24m的附属建筑叫作高层民用建筑裙房。

（5）超高层建筑　超高层建筑是指建筑高度大于100m的高层建筑。不论是住宅还是公共建筑、综合性建筑，均叫作超高层建筑。

高层民用建筑还根据使用性质、火灾危险性、疏散以及扑救难度等分为以下两类。

Ⅰ类高层民用建筑

a. 居住建筑。主要包括高级住宅和19层及19层以上的普通住宅。

b. 公共建筑。主要包括：高级旅馆；医院；建筑高度超过50m或每层建筑面积超过$1000m^2$的商业楼、展览楼、电信楼、综合楼、财贸金融楼；建筑高度超过50m或每层建筑面积超过$1500m^2$的商住楼；中央级和省级（含计划单列市）广播电视楼；网局级与省级（含计划单列市）电力调度楼；藏书超过100万册的图书馆、书库；省级（含计划单列市）邮政楼、防灾指挥调度楼；重要的办公楼、科研楼、档案楼，以及建筑高度超过50m的教学楼和普通的旅馆、科研楼、办公楼、档案楼等。

Ⅱ类高层民用建筑

a. 居住建筑。主要包括10～18层的普通住宅。

b. 公共建筑。主要包括：除Ⅰ类建筑以外的商业楼、展览楼、电信楼、综合楼、财贸金融楼、商住楼、图书馆、书库；建筑高度不超过50m的教学楼和普通的旅馆、办公楼、科研楼、档案楼等；省级以下的邮政楼、防灾指挥调度楼、广播电视楼、电力调度楼。

3.1.3 按建筑物危险性的大小分

根据建筑物的使用性质，生产、使用和储存物品的火灾危险性、可燃物数量、火灾蔓延速度、扑救的难易程度，以及可能造成的损失大小等因素，建筑物可以分为严重危险级、中危险级与轻危险级三个危险等级。

（1）严重危险级　指功能复杂，用火用电多，设备贵重，火灾危险性大，可燃物数量多，起火之后蔓延迅速或者容易造成重大火灾损失的建筑物。

（2）中危险级　指用火用电多，设备贵重，火灾危险性较大，可燃物数量较多，起火之后蔓延较迅速的建筑物。

（3）轻危险级　指用火用电较少，火灾危险性较小，可燃物数量比较少，起火后蔓延较缓慢的建筑物。

3.1.4 按建筑物保护等级分

国家根据民用建筑物的性质、重要程度、人员密集程度，将被保护建、构筑物分为以下四类。

（1）重要公共建筑物，应包括下列内容。

① 地市级及以上的党政机关办公楼。

② 设计使用人数或座位数超过1500人（座）的体育馆、会堂、影剧院、娱乐场所、车站、证券交易所等人员密集的公共室内场所。

③ 藏书量超过50万册的图书馆；地市级及以上的文物古迹、博物馆、展览馆、档案馆

等建筑物。

④ 省级及以上的银行等金融机构办公楼，省级及以上的广播电视建筑。

⑤ 设计使用人数超过 5000 人的露天体育场、露天游泳场和其他露天公众聚会娱乐场所。

⑥ 使用人数超过 500 人的中小学校及其他未成年人学校；使用人数超过 200 人的幼儿园、托儿所、残障人员康复中心；150 张床位及以上的养老院、医院的门诊楼和住院楼。这些设施有围墙者，从围墙中心线算起；无围墙者，从最近的建筑物算起。

⑦ 总建筑面积超过 $20000m^2$ 的商店（商场）建筑；商业营业场所的建筑面积超过 $15000m^2$ 的综合楼。

⑧ 地铁出入口、隧道出入口。

（2）除重要公共建筑物以外的下列建筑物，应划分为一类保护物。

① 县级党政机关办公楼。

② 设计使用人数或座位数超过 800 人（座）的体育馆、会堂、会议中心、电影院、剧场、室内娱乐场所、车站和客运站等公共室内场所。

③ 文物古迹、博物馆、展览馆、档案馆和藏书量超过 10 万册的图书馆等建筑物。

④ 分行级的银行等金融机构办公楼。

⑤ 设计使用人数超过 2000 人的露天体育场、露天游泳场和其他露天公众聚会娱乐场所。

⑥ 中小学校、幼儿园、托儿所、残障人员康复中心、养老院、医院的门诊楼和住院楼等建筑物。这些设施有围墙者，从围墙中心线算起；无围墙者，从最近的建筑物算起。

⑦ 总建筑面积超过 $6000m^2$ 的商店（商场）；商业营业场所的建筑面积超过 $4000m^2$ 的综合楼、证券交易所；总建筑面积超过 $2000m^2$ 的地下商店（商业街），以及总建筑面积超过 $10000m^2$ 的菜市场等商业营业场所。

⑧ 总建筑面积超过 $10000m^2$ 的办公楼、写字楼等办公建筑。

⑨ 总建筑面积超过 $10000m^2$ 的居住建筑。

⑩ 总建筑面积超过 $15000m^2$ 的其他建筑。

（3）除重要公共建筑物和一类保护物以外的下列建筑物，应划分为二类保护物。

① 体育馆、会堂、电影院、剧场、室内娱乐场所、车站、客运站、体育场、露天游泳场和其他露天娱乐场所等室内外公众聚会场所。

② 地下商店（商业街）；总建筑面积超过 $3000m^2$ 的商店（商场），商业营业场所的建筑面积超过 $2000m^2$ 的综合楼；总建筑面积超过 $3000m^2$ 的菜市场等商业营业场所。

③ 支行级的银行等金融机构办公楼。

④ 总建筑面积超过 $5000m^2$ 的办公楼、写字楼等办公类建筑物。

⑤ 总建筑面积超过 $5000m^2$ 的居住建筑。

⑥ 总建筑面积超过 $7500m^2$ 的其他建筑物。

⑦ 车位超过 100 个的汽车库和车位超过 200 个的停车场。

⑧ 城市主干道的桥梁、高架路等。

（4）除重要公共建筑物、一类和二类保护物以外的建筑物（包括通信发射塔），应划分为三类保护物。

注：第（1）条至第（4）条所列建筑物无特殊说明时，均指单栋建筑物；第（1）条至第（4）条所列建筑物面积不含地下车库和地下设备间面积；与第（1）条至第（4）条所列建筑物同样性质或规模的独立地下建筑物等同于第（1）条至第（4）条所列各类建筑物。

3.2 城乡建设消防安全规划管理

3.2.1 城乡建设消防安全规划的组织与实施

城乡建设消防安全规划应当由各城市、乡镇人民政府负责组织，本行政区域内城乡、镇、乡以及村庄进行编制和实施。发展改革、建设、财政、规划、国土资源、公安消防、市政以及通信等行政主管部门应当按照各自的职能具体负责实施。

城乡建设消防安全规划的编制，应当遵循有关法律、行政法规，同城乡经济建设和社会发展相适应，并分别纳入城乡总体规划、镇总体规划、乡规划以及村庄规划。城乡消防安全规划不符合城乡经济建设和社会发展需要的，应当及时修订调整。建设经济开发区、保税区以及工业区，应当编制专项消防安全规划，并满足城乡建设消防安全规划的要求。

城乡建设消防安全规划是城乡建设规划的重要组成部分，是城乡消防建设的重要依据，应当纳入城乡规划中。城乡消防设施的建设，应在城乡消防安全规划的指导下与城乡其他基础设施同步建设、同步发展。

城乡建设消防安全规划的编制，要在全面收集、研究有关基础资料的基础上，根据总体规划，与城乡给水工程、道路交通、电信工程、供电工程、燃气工程等其他专业规划相协调，从实际出发，正确处理城乡建设与消防安全的关系，统一进行规划，合理布局，注重操作性，建立满足城乡消防安全需要的城乡消防体系。规划不仅要有总体长远的考虑，更重要的是要有近期建设的计划安排，为消防安全布局与消防设施的建设提供合理的建设依据。

城乡建设消防安全规划涉及城乡用地、市政、供水、电信、交通、电力以及燃气等内容。要编制好城乡建设消防安全规划，必须要由政府统一领导及协调，由城乡消防救援机构会同城乡规划主管部门及其他有关部门共同组织，并委托具有国家规定的相应城乡规划设计资格的设计单位具体进行编制。

3.2.2 城乡建设消防安全规划的内容和要求

城乡建设消防安全规划应当按照以下现状进行：城乡性质、规划期限、规划范围、用地规模、规划人口、城乡自然条件，及经济发展规划等人文现状；大型易燃易爆危险品生产、储存、运输场所的规模、分布等火灾危险性现状；汽车加油加气站、燃气管道、液化石油气储存站、罐瓶站、储配站、煤气调压站等的分布、规模，以及与周围建筑物的防火间距等现状；城乡棚户区的面积、分布、入口、道路、水源等现状；古建筑、重点文物保护单位、重要建筑周围水源以及道路的分布等现状；城乡消防站数量、分布，每个责任区的面积、装备等现状；城乡供水能力，城乡可以利用的天然水源、供水管网、市政消火栓等现状；城乡消防车通道现状与城乡 119 火灾报警线路数量、城乡消防通信指挥系统。

（1）城乡总体布局的消防安全规划　城乡总体布局为城乡总体规划的重要工作内容，是一项为城乡长远合理发展奠定基础的全局性工作，也是用来指导城乡建设的百年大计。城乡总体布局中的消防安全规划是为了使城乡布局更合理、更科学。城乡总体布局的消防安全规划基本要求如下。

① 在城乡总体布局中，必须把生产、储存易燃易爆危险品的工厂、仓库设在城乡边缘的独立安全地区，并同人员密集的公共建筑保持规定的防火安全距离。位于旧城区严重影响城乡消防安全的工厂、仓库，必须纳入改造规划，采取限期迁移或者改变生产使用性质等措施，消除不安全因素。

② 在城乡规划中，应合理选择燃气供应站的储罐、瓶库，汽车加油加气站与煤气、天然气调压站的位置，并采取有效的消防措施，保证安全。合理选择城乡输送可燃的气体、液体管道的位置，严禁在其干管上修建任何建筑物、构筑物或者堆放物资。输送可燃气体、液体的管道、阀门、井盖应有标志。

③ 装运易燃易爆危险品的专用车站、码头，必须布置在城乡或者港区的独立安全地段。

④ 城区内新建的各种建筑，应建造一级和二级耐火等级的建筑，控制三级耐火等级建筑，严格限制四级耐火等级建筑。

⑤ 城乡中原有耐火等级低，相互毗连的建筑密集区或者大面积棚户区，必须纳入城乡近期改造规划，积极采取防火分隔，提高耐火性能，开辟防火间距和消防车通道等措施，逐步改善消防安全条件。

⑥ 地下铁道、地下公路交通隧道、地下街以及地下停车场的规划建设与城乡其他建设应有机地结合起来，合理设置防火分隔、疏散通道、安全出口，以及报警、灭火、排烟等设施。

⑦ 在城乡设置集市、贸易市场或营业摊点时，城乡规划部门应会同公安交通管理部门、公安消防监督部门以及工商行政管理部门，确定其设置地点和范围，不得堵塞消防车通道与影响消火栓的使用。

（2）城乡组成要素规划布局的消防安全要求

① 工厂、仓库。工厂、仓库是城乡形成与发展的主要因素，在布置上满足运输、水源、劳动力、动力、环境和工程地质等条件的同时，还应依据工厂、仓库的火灾危险程度和卫生类别、对外交通、货运量及用地规模等合理地进行布局，以确保其消防安全。

a. 按照经济、消防安全、卫生的要求，应将石油化工、化学肥料、钢铁、水泥、石灰等污染较大的工厂、仓库，以及易燃易爆的工厂、仓库远离城乡布置；或者将同类型工厂、仓库布置在城乡郊区；或依托旧城区，在其郊区以新建大型企业为基础，建立新的工业城镇。将占地多、协作密切、货运量大、火灾危险性大、有一定污染的工厂、仓库，按照其不同性质组成工业区，布置于城乡的边缘、毗邻其居住区。

b. 对于占地面积不大、不需要铁路运输、生产过程中的火灾危险性不大、基本上没有污染的工厂、仓库，可组成独立的街坊，布置在城乡内单独地段、居住区的边缘以及交通干道的一侧。

c. 对于运输量少、用地少、对建筑物无特殊要求、生产过程中火灾危险性小、基本上无污染的工厂、仓库，可散置在居住街坊内，或者与城乡绿化结合，组成前店后厂。

d. 工厂、仓库在城乡中的布置要综合考虑风向、地形以及周边环境等多方面的影响因素。火灾危险性大的石油库、化学危险品库应布置在城乡郊区的独立地段，并应布置于该市常年主导风向的下风向或侧风向。靠近河岸的石油库应布置在港口码头、船舶所、水利工程、水电站、船厂以及桥的下游，若必须布置在上游时，则距离要增大。

e. 要设置必要的防护带。工厂、仓库与居民区要有一定的安全距离构成防护带，防护带内应当加以绿化，能够起到阻止火灾蔓延的分隔作用。

f. 布置工厂、仓库应注意靠近水源并能够满足消防用水量的需要，应注意交通便捷，消防车沿途必须经过的公路及桥涵应能满足其通过的可能，并且尽量避免公路与铁路交叉。

② 大型公共建筑、公园、广场、绿地。大型公共建筑、公园、广场以及绿地是消防分区的隔离带，对于消防灭火、抢险救援、疏散人员以及物资有着重要的实际意义，其布置应考虑分期建设，远近结合，留有发展余地的要求。对于旧城区原有布置不均衡、消防条件差

的大型建筑、绿地、公园、广场，应结合规划做适当调整，并考虑对原有设施充分利用及逐步改善消防安全条件的可能性，以满足消防安全、抢险救灾疏散的要求。

城乡中对大型公共建筑应按照《建筑设计防火规范（2018 年版）》（GB 50016—2014）、《建筑内部装修设计防火规范》（GB 50222—2017）中的规定，规划设计建筑物，提高居住区边缘或者临街建筑物的耐火等级，控制可燃建筑，以此形成城乡防火阻燃隔离带。

经验教训证明，当市区内发生大火时，为防止辐射热造成人员伤亡，疏散避难场所（公园、绿地、广场）面积要在 10ha 以上（国外标准为 25ha 以上），最远疏散距离不应大于 3km（国外标准为 2km 以内），也可结合城乡及河川、道路等设置防火绿地网。防火绿地网是城乡构成中连续而系统化的空间，即以公园和绿地为核心，将河川道路、阻燃树林、广场以及不燃化建筑布置成防火上的有效空间，在受灾时成为防火的网络，能够起到市区内切断火势、疏散避难的作用。防火绿地网的技术条件是疏散距离要控制在 2km 以内。为了将火势切断，防火绿地网的宽度应考虑为 100～300m。防火绿地网是公园和绿地及广场组成的避难场所，同时这些场所应具有信息收集、传递、指挥以及急救等功能。

③ 旧城区的改造。城乡旧城区的改造，应当根据程度不同、耐火性能各异、规模不等、水源道路条件判别等情况，进行改造规划。

a. 在旧城区改造时，应本着“充分利用，逐步改造”的原则把消防安全纳入城乡改造规划之内，并与旧城区改造同步规划、同步设计、同步使用，积极改善防火条件。

b. 对于长条形棚户区或者临街的易燃建筑，宜每隔 80～100m 采用防火分隔措施。有条件的城乡可每隔 100～120m 开辟或拓宽防火通道，其宽度不宜小于 6m，既可阻止火势蔓延，又可以作为消防车通道，并且方便居民生活。

c. 对于大面积的方形或长方形的易燃棚户区，一时不易成片改造的，可以划分防火分区。每个防火分区的占地面积不宜超过 200m^2。各分区之间应留出不小于 6m 宽的防火通道，或每个分区的四周，建造三级及三级以上耐火等级的建筑，并且每隔 150m 留出一消防车通道、每隔 80m 留出人行通道，使之成为相似于防火墙的立体防火带。

d. 对于消防给水缺乏或者不足的旧城区，一方面要结合区域内生活、生产给水管道的改造，积极改善消防给水设施，比如加大供水管道管径，增设消火栓和消防加压点等；而另一方面要进一步解决消防用水量。对于无市政消火栓或者消防给水不足，无消防车通道的，城乡建设部门应依据具体条件修建容量为 100～200m^3 的消防蓄水池。

e. 消除火险因素。针对旧城区电气线路年久失修等情况，加强维护管理，有计划地对棚户区旧电线逐步进行改造，防止养患成灾。

f. 禁止在人口稠密的旧城区建设火灾危险性大、易燃易爆的工厂、仓库。现有在人口稠密旧城区火灾危险性大的易燃易爆工厂、仓库必须纳入搬迁计划，限期解决。

④ 城乡居住小区。城乡居住小区消防安全规划一般包括下列几方面的内容。

a. 城乡居住小区总体布局中的防火间距。城乡居住小区应依据城乡规划的要求进行合理布局，各种功能不同的建筑物群之间要有明确的功能分区。根据居住小区建筑物的性质及特点，各类建筑物之间应有必要的防火间距，具体应按照《建筑设计防火规范（2018 年版）》（GB 50016—2014）中的有关规定执行。

在城乡居住小区内设置的煤气调压站和液化石油气瓶库等生活服务设施，与民用建筑的防火间距必须符合现行国家标准《建筑设计防火规范（2018 年版）》（GB 50016—2014）中的有关规定。

b. 城乡居住小区消防给水。居住小区消防给水规划总的原则是：城镇、居住区、企事业单位规划以及建筑设计时，必须同时设计消防给水系统；消防用水可以由给水管网、天然水源或消防水池供给，也可采用独立的消防给水管道系统供给；当利用天然水源时，应确定枯水期最低水位时消防用水的可靠性，并且应设置可靠的取水设施；采用独立的消防给水管道系统供给时，消防给水宜与生产、生活给水管道系统合用，如果合用不经济或技术上不可能，则可分别供给。

c. 城乡居住小区消防道路。城乡居住小区道路系统规划设计，要根据其建筑布局、车流以及人流的数量等因素按功能分区，力求达到短捷畅通。道路的走向、坡度、交叉、宽度、拐弯等，要根据自然地形和现状条件，按现行国家标准《建筑设计防火规范（2018 年版）》（GB 50016—2014）中的规定进行合理设计。

在高层建筑和规模较大的会堂、体育馆以及剧院等建筑物周围，应设环形消防车通道（可利用交通道路），如设环形车道有困难时，可以沿建筑物的两个长边设置消防车通道；当建筑物的总长度大于 220m 时，应设置穿过建筑物的消防车通道；消防车通道的宽度不应小于 3.5m，其路边距建筑物外墙距离宜超过 5m，道路上空如遇有障碍物或穿过建筑物时，其净高不应小于 4m；如穿过门垛时，其净宽不应小于 3.5m。消防车通道下面的管道和暗沟，应能够承受大型消防车辆的压力。

对居住小区不能通行车辆的道路，要结合城乡改造，依据具体情况，采取裁弯取直、扩宽延伸以及开辟新路的办法，逐步改善道路网，使之满足消防车通行的要求。

d. 城乡居住小区消防队（站）。城乡居住小区要依照公安部、住房和城乡建设部颁布的《城市消防站建设标准》中的规定，结合居住小区的工业、商业、人口密度、建筑现状，以及水源、道路、地形等情况，合理地设置消防站。确定消防站的保护半径，应以接到火警后 5min 之内消防队可以到达责任区边缘为原则。

e. 城乡居住小区消防通信。消防通信装备指的是城乡火灾报警、受理火警、调度指挥灭火力量等把火灾损失降到最低限度的必需装备。随着科技的发展，现代电子通信产品及技术已在消防通信设备中得到广泛应用，居住小区规划的消防报警形式应多样化、现代化，但必须符合火灾发现及时、报警及时的要求。

（3）城乡公共消防设施规划

① 城乡消防站的规划。城乡消防站担负着扑救城乡火灾和抢险救援的重要任务，为城乡消防基础设施的重要组成部分。城乡消防站的建设应满足《城市消防站建设标准》中的要求。

a. 消防站责任区面积要求。以接警后 5min 之内消防队到达责任区内任意单位为标准计算，标准普通消防站的责任区面积不应大于 $7km^2$；小型普通消防站的责任区面积不应超过 $4km^2$；特勤消防站兼有责任区面积要求的，其责任区面积与标准型普通消防站相同。

b. 消防站的选址。消防站的选址，应以便于消防车迅速出动扑救火灾与保障消防站自身安全为原则，设在责任区内适中位置及便于车辆迅速出动的临街地段。消防站的主体建筑距医院、学校、幼儿园、托儿所、影剧院以及商场等容纳人员较多的公共建筑的主要疏散出口不应小于 50m。责任区内有生产、储存易燃易爆危险品单位的，消防站应设置于其常年主导风向的上风或侧风处，其边界距上述部位通常不应小于 200m。消防站车库门应朝向城乡道路，到城镇规划道路红线的距离宜为 10～15m。

c. 消防站的通信。消防站应当建设比较先进的有线、无线火灾报警以及消防通信指挥系统。有条件的消防站，应当建成由计算机控制的火灾报警与消防通信指挥中心，由指挥中心集中受理火警，使消防通信系统的接警、通信、调度、信息传送及力量出动等程序实现自动化。

大城乡的电话局或小城乡的电话局以及建制镇、独立工矿区到城乡消防指挥中心或者火警接警中队的 119 火灾报警线路不应少于 2 对，以符合同时受理一个地区两起火灾的需要。

消防指挥中心或火警接警中队与城乡供水、供电、供气、交通、急救、环保等部门以及消防重点单位，应当设置专线通信，以确保报警、灭火等抢险救援工作的顺利进行。

② 城乡消防给水

a. 消防水源。城乡消防用水量，应当按照《建筑设计防火规范（2018 年版）》（GB

50016—2014）等消防技术规范中的规定，并结合城乡的实际情况综合确定。城乡供水能力应能同时满足生产、生活以及消防用水量的要求。当市政水源不能满足消防给水要求时，可对现有水厂进行更新、扩建，或者增建新的水厂，提高城乡水厂供水能力；或依据城乡的具体条件，建设合用或者单独的消防给水管道、消防水池、水井或者加水点等。

大面积棚户区或建筑耐火等级低的建筑密集区，无市政消火栓或者消防给水不足、无消防车通道的区域，应由城建部门根据具体条件修建 100～200m^3 的消防蓄水池。

有天然水源的城乡，应当充分利用江河、湖泊以及水塘等作为消防水源，并修建通向天然水源的消防车通道或取水设施。

b. 消防给水管网。市政消防给水管网宜布置成为环状管网。管道的最小管径不应小于 100mm，最不利点市政消火栓的压力不应小于 0.1MPa；对于给水管道陈旧，管径、水量以及水压不能满足消防要求的现有给水管网，供水部门应密切结合市政给水管网的更新、改造，使城乡给水管网满足消防给水要求；对于给水管网压力低的地区和高层建筑集中地区，应增建给水加压站，保证给水管网的压力达到消防要求。

c. 市政消火栓应沿道路设置，间距不应大于 120m；当道路宽度超过 60m 时，宜在道路两边设置消火栓，并且宜靠近十字路口。

地上式消火栓应有一个直径为 150mm 或者 100mm，以及两个直径为 65mm 的栓口；地下式消火栓应有直径为 100mm 与 65mm 的栓口各一个，并有明显的标志。

③ 城乡消防车通道。城乡消防车通道主要指的是能供消防车行驶的道路。消防车通道同城乡交通道路合用，城乡消防车通道随着城乡道路规划一并建设。

a. 消防车通道的宽度、间距和限高。为确保火灾时消防车的顺利通行，城乡道路应考虑消防车的通行要求，其宽度不应小于 4m。因为消火栓的保护半径为 150m 左右，所以为便于消防车使用消火栓灭火，城乡道路中心线间距不宜大于 160m，当建筑物沿街部分长度超过 220m 时，应在适中位置设穿过建筑物的消防车通道。考虑到常用消防车的高度，消防车通道上空 4m 范围之内不应有障碍物。

b. 环行消防车通道。对于高层建筑，占地面积超过 3000m^2 的甲、乙、丙类厂房，占地面积大于 1500m^2 的乙、丙类库房，大型堆场，大型公共建筑，储罐区等较为重要的建筑物和场所，为了便于及时扑救火灾，其周围应当设置环行消防车通道。

环行消防车通道至少应有两处与其他车道连通，尽头式消防车通道应设回车道或者回车场。考虑到目前几种常用消防车的转弯半径情况，消防车回车场的面积有 12m×12m、15m×15m 和 18m×18m 三种形式。

c. 消防车通道的其他要求。供消防车取水的天然水源与消防水池，应当设置消防车通道。对于有内院或天井的建筑物，当其短边长度超过 24m 时，可设置进入内院或天井的消防车通道。有河流、铁路通过的城乡，可以采取增设桥梁等措施，确保消防车通道的畅通。

④ 城乡消防通信。城乡消防通信对于传递消防信息，搞好队伍执勤备战，完成火灾扑救任务，具有重要的保证作用。为了使我国城乡消防通信日趋系统化、科学化以及现代化，实现报警快、接警迅速、高度准确、通信畅通，并适应灭火战斗的需要，必须要逐步建立完善的消防通信指挥系统。

3.2.3 城乡建设消防安全规划的管理

（1）城乡建设消防安全规划的审批　城乡建设消防安全规划在编制过程中，需要协调处理好各种问题，为了实现消防安全规划的目的，编制规划时可提出多种方案，进行方案论证及比较，并征求有关部门的意见。

城乡消防安全规划审批前，当地人民政府可以邀请上一级人民政府的规划行政主管部门和消防救援机构以及有关专家进行评审，其评审意见为审批规划的重要依据。

城乡建设消防安全规划应当报人民政府批准。经批准的城乡建设消防安全规划为城乡消防工程建设的依据，当地人民政府应将其纳入城乡总体规划并且按计划分步实施。

（2）编制和实施经费保障措施　各级人民政府应当把城乡消防安全规划的编制经费，以及公共消防设施和消防装备的建设、维护、管理经费纳入本级财政预算，并予以保障。

投资主管部门应当根据城乡消防安全规划的要求对公共消防设施建设予以立项，并将其列入地方年度固定资产投资计划；在审查城乡基础设施建设及改造项目时，应当审查公共消防设施的投资计划。

建设、财政部门应当在城乡维护费中列出专项资金用于公共消防设施的维护及管理。应将消防供水费用列入地方财政专项资金支出。

城乡消防安全规划编制，以及公共消防设施和消防装备的建设、维护、管理经费具体办法由国务院财政、发展改革和公安部门联合制定。

（3）消防安全规划用地控制　城乡、镇控制性详细规划应当落实消防安全规划确定的公共消防设施具体用地位置及面积，划定公共消防设施用地界线，明确公共消防设施控制指标的地理坐标。国土资源行政主管部门应当确保公共消防设施建设用地。

城乡土地开发利用和各项建设不得违反城乡消防安全规划的要求。新建、改建以及扩建的建设工程项目不符合城乡消防安全布局要求的，城乡规划主管部门不得核发建设用地规划许可证与建设工程规划许可证。

（4）不符合规划的处理　处于旧城区严重影响城乡消防安全的工厂、仓库，必须要纳入规划优先改造，采取限期迁移或者改变生产使用性质等措施，将不安全因素消除。旧城改造中，应当优先安排耐火等级低、相互毗连的建筑密集区或者大面积棚户区、城中村的拆迁及改造。

人员住宿与生产、储存以及销售合用场所的密集区，乡和村庄木结构建筑连片的区域，应当纳入规划改造，改善消防安全条件。

（5）公共消防设施建设基本要求　公共消防设施应当同其他公共基础设施统一规划、统一设计、统一建设、统一验收。建设行政主管部门在安排年度城乡基础设施建设、改造计划时，应当根据城乡消防安全规划的要求把公共消防设施纳入建设、改造计划，统筹实施。

① 公共消防供水设施的维护管理。市政消火栓等消防供水设施应由市政供水主管部门负责建设和维护。自建设施供水的单位，负责供水区域内市政消火栓的建设与维护。乡、镇消防水源和消防供水设施由乡、镇人民政府负责管理及维护。村庄的消防水源应当纳入村庄整治与人畜饮水工程同步建设，村庄的消防水源由村民委员会负责管理及维护。

② 消防车通道的建设和维护。城乡消防车通道由市政工程主管部门负责建设及维护。乡、镇、村庄消防车通道由乡、镇人民政府负责建设及维护。单位投资建设消防车通道的，由投资建设的单位或其委托的单位负责维护。

③ 消防通信的建设和维护。电信业务经营单位应当负责消防通信线路的建设和维护管理，保证消防通信线路的畅通。无线电管理部门应当确保消防无线通信专频专用，不受干扰。

④ 公共消防设施保护。公共消防设施需要拆除、迁移的，应当向消防救援机构报备案；拆除、迁移以及修复、重建公共消防设施的费用，由建设单位来承担。消防救援机构发现公共消防设施不能确保正常使用时，应当通知并督促有关部门和单位及时维护、保养。

3.3 建筑物使用消防安全管理

建筑工程在经验收合格，投入使用之后，使用单位应继续加强对建筑工程的消防安全管理，并注意下列几个方面的问题。

（1）不能随意改变使用性质　建筑工程的使用应当同消防安全审核意见相一致，建筑结构、用途、性质不能随意改变。如果报批的是丙类生产建筑，就不能变更为甲类生产建筑使用；如果报批的是会议室，就不能变更为歌舞厅。这是由于建筑物的耐火等级、平面布局、建筑面积、层数、防火间距等，都是依据其使用性质和火灾危险性而确定的，当其使用性质发生变化后，其火灾危险性也会随之改变，所以，建筑物的耐火等级、层数、平面布局、建筑面积和防火间距的消防安全要求也都应随之改变。否则，该建筑物就不能适应使用性质改变后带来的火灾危险性的变化，就会产生新的火灾隐患，就有可能引起火灾，甚至带来严重的后果。

如福州市高福纺织有限公司违反有关规定，擅自改变厂房功能，将厂房的第四层车间改做仓库，存放大量的化学纤维腈纶纱等可燃物料；并且严重违反规定在仓库内紧靠东侧的防火墙上凿出 7 个 12m×1m 的孔洞，用木龙骨与纤维板搭盖了 8 间女工临时倒班宿舍，严重破坏了防火墙和封闭楼梯间的防火防烟功能，以至在 1993 年 12 月 13 日发生特大火灾后职工无法逃生，造成 61 人死亡，8 人受伤，过火建筑面积 3979m^2，直接导致财产损失 606.3 万元。

所以，建筑物的使用性质不能随意改变。如因特殊情况而必须对建筑进行改建、扩建或变更使用性质时，也必须重新报经消防救援机构审批，以确保消防安全措施的落实，防止形成新的火灾隐患。

（2）严禁违法使用可燃材料装修　建筑内部的装修、装饰材料，应当使用不燃、难燃材料，禁止违法使用可燃材料装修和使用聚氨酯类，以及在燃烧后产生大量有毒烟气的材料装修疏散通道，安全出口处不得采用反光或反影材料。

比如广东省深圳市龙岗区龙岗街道龙东社区的舞王俱乐部，屋顶的天花板采用聚氨酯泡沫塑料装修。2008 年 9 月 20 日 22 时 49 分，由于在舞台燃放烟火不当发生了特大火灾。虽然燃烧范围小，但有毒烟雾产生得多；还由于室内为达环保要求以防对附近居民的噪声污染，全部采用了密闭且易燃的材料装修，加之防烟排烟系统与事故照明不合格，安全通道狭窄，聚氨酯泡沫塑料燃烧产生的大量有毒烟雾无法排出，致使近千人被困密封火场，导致人踩人的惨剧，造成 44 人丧生，88 人受伤。

（3）物资库房不得随意超量储存　因为仓库建筑物的耐火等级、结构、建筑面积、防火间距、层数等，都是依据所储物资的火灾危险性和储存量的多少来确定的，所储物质不同，其火灾危险性也不同，所以储存量增大，同样也会增加火灾危险性，而且一旦发生火灾，还会扩大火灾损失，给日常防火管理带来困难。易燃、易爆危险品的储存应当符合下列要求。

① 普通易燃、易爆危险品库房储存量的限制要求。按照我国《常用化学危险品储存通则》（GB 15603—1995）第 6.2 条的规定，每栋化学危险物品库房的储存量不应超过表 3-1 中的限额规定要求。

② 石油化工企业易燃、易爆危险品库房储存量的限制要求。对于石油化工企业的厂内库房，甲类危险品储存量不应超过 30t；乙、丙类危险品不应超过 500t。

表 3-1　危险品库房的储存量

储存要求	储存类别			
	露 天 储 存	隔 离 储 存	隔 开 储 存	分 离 储 存
平均单位面积储存量/(t/m^2)	1.0～1.5	0.5	0.7	0.7
单一储存区最大储量/t	2000～2400	200～300	200～300	400～600
垛距限制/m	2	0.3～0.5	0.3～0.5	0.3～0.5
通道宽度/m	4～6	1～2	1～2	5
墙距宽度/m	2	0.3～0.5	0.3～0.5	0.3～0.5
与禁忌品距离/m	10	不得同库储存	不得同库储存	7～10

注：1. 隔离储存：指同一房间或同一区城内，不同的物料之间分开一定距离，非禁忌物料间用通道保持空间的储存方式。

2. 隔开储存：指在同一建筑或同一区城内，用隔板或墙将其与禁忌物料分离开的储存方式。

3. 分离储存：指储存在不同的建筑物或远离所有建筑的外部区城内的储存方式。

③ 爆炸品库房储存量的限制要求。为了避免一旦库房炸药发生爆炸时对四周造成更大的危害，《民用爆炸物品工程设计安全标准》（GB 50089—2018）规定，对爆炸品仓库的储存量必须严格限制，并且不准超过库房安全距离所允许的最大储存量。生产区单个中转库房的最大允许储存量应尽量压缩至最低限度，中转库炸药的总存药量：梯恩梯不应大于 3 天的生产需用量；炸药成品中转库的总存药量不应大于 1 天的炸药生产量；当炸药日产量小于 5t 时，炸药成品中转库的总存药量不应大于 3t。

（4）防火间距不得随便占用　防火间距是为了防止火灾蔓延和保证火灾扑救，供消防车通行的预留场地。如果使用单位随便在防火间距内搭建其他建筑或者构筑物，或堆放其他物资，就会在发生火灾时影响消防车的通行和灭火救援战斗的展开，甚至导致火势蔓延、扩大。比如吉林市中百商厦，既没保留防火间距，也没考虑设置有效的防火分隔，而是贴邻商厦搭建高 2.7m、长 42m 的库房和锅炉房，并且在仓库内留有 10 个窗户与大厦连通。当地消防救援机构将其列为重大火灾隐患限期整改，但该单位仅用砖封堵了东西两侧的 6 个窗户，中间 4 个用装修物掩盖了事，未进行彻底的防火分隔。结果在 2004 年 2 月 15 日，由于库房职工抽烟引起特大火灾，并迅速蔓延到中百商厦，造成 54 人死亡，70 人受伤，过火建筑面积 2040m^2。商厦一层商品全部烧毁，直接造成财产损失 426 万元。

（5）安全疏散通道、出口不得堵塞　安全疏散通道和出口是确保建筑内人员安全疏散的逃生之路，其数量、宽度及长度的限制都是根据建筑物的使用性质、面积、层数以及人员情况来确定的，一旦堵塞，发生事故时人员就难以迅速疏散和逃生。对人员密集场所来说，就可能导致大量的人员伤亡等难以想象的后果。如新疆克拉玛依市的友谊馆，在建造时本来留有 6 个门，而在使用中将安全门都锁上或堵死，只留有一个门且只开一扇，结果于 1994 年 12 月 8 日发生火灾，大批学生无法逃生，导致了死亡 325 人、受伤 130 人的特大伤亡事故。又如辽宁省阜新市艺苑歌舞厅发生火灾时，两个出口中一个宽 1.8m 的门被封挡，300 余人只能从另一个只有 0.8m 宽并且需上下 5 步台阶的门逃生，结果烧死 233 人，烧伤 21 人，教训非常惨痛。

所以，安全疏散通道和安全门是绝对不能堵塞的，特别是在使用时必须全部打开，在疏散通道内也不得摆放任何影响安全疏散的物品。不得擅自改变建筑物的防火分区，建筑物装修材料的燃烧性能等级不得擅自降低。建筑内部装修不应改变疏散门的开启方向，不得减少疏散出口、安全出口的数量及其净宽度，以免影响安全疏散畅通。

（6）消防设施不得圈占和埋压　消防设施是扑救火灾的重要设施，一旦被圈占或埋压，失火时就不能保证使用，从而影响火灾的扑救。如吉林市博物馆建筑物外仅有的2个消火栓都被埋压及损坏，致使5km范围内没有一个消火栓可用。结果银都歌舞厅失火之后，消防车只能到5km之外的单位去拉水灭火，严重影响了火灾的扑救，导致了不应有的火灾损失。该教训非常值得有关单位吸取。建筑物的消防设施不得擅自改变。

（7）车间或仓库不得设置员工宿舍　员工集体宿舍是人员杂居的地方，人们抽烟、用火、用电较多，因此导致火灾的因素也较多。近年来，一些单位在车间或仓库内设置了员工集体宿舍，且由于员工集体宿舍居住人员多，一旦发生火灾，往往导致大量人员伤亡和财产损失。1991年以来，广东、福建等省发生多起由于将车间、仓库以及宿舍设置在同一建筑物内，发生火灾导致群死群伤的恶性事故。比如1993年11月，深圳致丽工艺玩具厂火灾，烧死87人，烧伤51人；同年12月福建福州高福纺织有限公司发生火灾，烧死61人，烧伤7人；1996年1月，广东深圳胜利圣诞饰品有限公司发生火灾，造成20人死亡，109人受伤；1997年，福建晋江裕华鞋厂发生火灾，烧死32人，烧伤4人。这些火灾之所以屡屡造成群死群伤的恶性事故，一方面是因为这些企业对员工人身安全不重视，缺乏消防安全管理制度和措施，造成严重的火灾隐患；而另一方面就是因为在车间、仓库内设置员工集体宿舍。所以，必须严格禁止在车间或仓库内设置员工集体宿舍。

3.4 建筑内部电气防火管理

3.4.1 爆炸危险场所的电气设备

（1）爆炸性混合物　爆炸性混合物指的是遇到火源时在瞬间发生爆炸或燃烧的混合物。一般包括以下几种。

① 可燃气体和空气的混合物。

② 易燃液体蒸气和空气的混合物。

③ 闪点低于或者等于场所环境温度的可燃液体蒸气与空气的混合物。

④ 悬浮状的可燃粉尘和可燃纤维与空气的混合物。

（2）爆炸危险场所的分类、分级　爆炸危险场所的分类、分级指的是将爆炸危险场所按爆炸性物质出现的频率、持续的时间以及危险程度划分为不同的危险区域等级，如表3-2所示。

表3-2　爆炸危险环境类别及区域等级

按爆炸性气体环境出现的频率和持续时间划分		
爆炸性气体环境危险区域	0区	连续出现或长期出现爆炸性气体混合物的环境
	1区	在正常运行时，可能出现爆炸性气体混合物的环境
	2区	在正常运行时，不可能出现爆炸性气体混合物的环境，即使出现也仅是短时间存在的爆炸性气体混合物的环境
按爆炸性粉尘混合物出现的频繁程度和持续时间划分		
爆炸性粉尘环境危险区域	20区	在正常运行过程中，可燃性粉尘连续出现或经常出现，其数量足以形成可燃性粉尘与空气混合物和（或）可能形成无法控制和极厚的粉尘层的场所及容器内部

按爆炸性粉尘混合物出现的频繁程度和持续时间划分		
爆炸性粉尘环境危险区域	21 区	在正常运行过程中，可能出现的粉尘数量足以形成可燃性粉尘与空气混合物但未划入 20 区的场所。该区域包括与充入排放粉尘点直接相邻的场所、出现粉尘层和正常操作情况下可能产生可燃浓度的可燃性粉尘与空气混合物的场所
	22 区	在异常条件下，可燃性粉尘云偶尔出现并且只是短时间存在，或可燃性粉尘偶尔堆积或可能存在粉尘层并且产生可燃性粉尘空气混合物的场所。如果不能保证排除可燃性粉尘堆积或粉尘层时，则应划分为 21 区

(3) 防爆电气设备的类型、标志以及选型　爆炸危险场所的防爆电气设备，在运行过程中必须具备不引燃周围爆炸性混合物的性能。能满足以上要求的防爆电气设备类型主要有以下几种。

① 隔爆型（d）。把设备中可能点燃爆炸性气体混合物的部件全部封闭在一个外壳内，其外壳能够承受通过外壳任何接合面或结构间隙渗透到外壳内部的可燃性混合物在内部爆炸而不损坏，并且不会引起外部由一种、多种气体或蒸气形成的爆炸性环境的点燃。该类型设备适用于 1 区、2 区危险环境。

② 增安型（e）。对在正常运行条件下不会产生电弧、火花的电气设备采取一些附加措施，提高其安全程度，进一步降低电气设备产生危险温度、电弧和火花的可能性。它不包括在正常运行情况下产生火花或电弧的设备。该类型设备主要用于 2 区危险环境，部分种类可以用于 1 区。

③ 本质安全型（ia、ib、ic、iD）。在设备内部的所有电路都是由标准规定条件（包括正常工作或规定的故障条件）下产生的任何电火花或任何热效应均不能点燃规定的爆炸性气体环境的本质安全电路。该类型设备只能用于弱电设备中，ia 适用于 0 区、1 区、2 区危险环境，ib 适用于 1 区、2 区危险环境，iD 适用于 20 区、21 区和 22 区危险环境。

④ 正压型（p_x、p_R、p_D）。具有正压外壳，可以保持内部保护气体的压力高于周围爆炸性环境的压力，阻止外部混合物进入外壳。该类型设备按照保护方法可以用于 1 区、2 区危险环境。

⑤ 充油型（o）。将整个设备或设备的部件浸在油内（保护液），使之不能点燃油面以上或外壳外面的爆炸性气体环境。该类型设备适用于 1 区、2 区危险环境。

⑥ 充砂型（q）。在外壳内充填砂粒或其他规定特性的粉末材料，使之在规定的使用条件下，壳内产生的电弧或高温均不能点燃周围爆炸性气体环境。该类型设备适用于 1 区、2 区危险环境。

⑦ 无火花型（n、nA）。正常运行条件下，不能够点燃周围的爆炸性气体环境，也不大可能发生引起点燃的故障。该类型设备仅适用于 2 区危险环境。

⑧ 浇封型（m_a、m_b、m_c、m_D）。将可能产生引起爆炸性气体环境爆炸的火花、电弧或危险温度部分的电气部件，浇封在浇封剂（复合物）中，使它不能点燃周围爆炸性气体环境。该类型设备适用于 1 区、2 区危险环境。

⑨ 特殊型（s）。指国家标准未包括的防爆型式。采用该类型的电气设备，应由主管部门制定暂行规定，并经指定的防爆检验单位检验认可后，方可按防爆特殊型电气设备使用。该类型设备根据实际使用开发研制，可适用于相应的危险环境。

⑩ 粉尘防爆型。采用限制外壳最高表面温度和采用“尘密”或“防尘”外壳来限制粉尘进入，以防止可燃性粉尘点燃。根据其防爆性能，可适用于 20 区、21 区或 22 区危险环境。

3.4.2 建筑消防用电

（1）安全用电　安全电压是为防止触电事故而采用的50V以下特定电源供电的电压系列，有42V、36V、24V、12V、6V五个等级。根据不同的作业条件，选用不同的安全电压等级。建筑施工现场常用的安全电压有12V、24V和36V。以下特殊场所必须采用安全电压供电照明。

① 室内灯具距离地面低于2.4m，手持照明灯具，一般潮湿作业场所（地下室、潮湿室内、人防工程、潮湿楼梯、隧道，以及有高温、导电灰尘等）的照明，电源电压应不大于36V。

② 在潮湿和易触及带电体场所的照明电源电压，应不大于24V。

③ 在特别潮湿的场所，锅炉或金属容器内，以及导电良好的地面使用手持照明灯具等，照明电源电压不得超过12V。

（2）施工现场临时用电档案管理

① 施工现场临时用电必须建立安全技术档案，并应包括以下内容。

a. 用电组织设计的全部资料。

b. 修改用电组织设计的资料。

c. 用电工程检查验收表。

d. 用电技术交底资料。

e. 电气设备的试、检验凭单和调试记录。

f. 接地电阻、绝缘电阻和漏电保护器漏电动作参数测定记录表。

g. 定期检（复）查表。

h. 电工安装、巡检、维修以及拆除工作记录。

② 安全技术档案应由主管该现场的电气技术人员负责建立与管理。其中“电工安装、巡检、维修、拆除工作记录”可以指定电工代管，每周由项目经理审核认可，并应在临时用电工程拆除后统一归档。

③ 临时用电工程应定期检查。定期检查时，应复查接地电阻值与绝缘电阻值。检查周期最长可为：基层公司每季度一次；施工现场每月一次。

④ 临时用电工程定期检查应按分部、分项工程进行，及时处理安全隐患，并应履行复查验收手续。

（3）消防用电设备的电源要求

① 下列建筑物的消防用电应按一级负荷供电。

a. 建筑高度大于50m的乙、丙类厂房和丙类仓库。

b. 一类高层民用建筑。

② 下列建筑物、储罐（区）和堆场的消防用电应按二级负荷供电。

a. 室外消防用水量大于30L/s的厂房、仓库。

b. 室外消防用水量大于35L/s的可燃材料堆场、可燃气体储罐（区）和甲、乙类液体储罐（区）。

c. 粮食仓库及粮食筒仓。

d. 二类高层民用建筑。

e. 座位数超过1500个的电影院、剧院，座位数超过3000个的体育馆，任一层建筑面积大于3000m^2的商店、展览建筑、省（市）级及以上的广播电视建筑、电信建筑和财贸金融建筑，室外消防用水量大于25L/s的其他公共建筑。

③ 除本条第①、②款外的建筑物、储罐（区）和堆场等的消防用电，可采用三级负荷供电。

④ 消防用电按一、二级负荷供电的建筑，当采用自备发电设备作备用电源时，自备发电设备应设置自动和手动启动装置；当采用自动启动方式时，应保证能在30s内供电。

⑤ 消防电源的负荷分级应符合现行国家标准《供配电系统设计规范》（GB 50052—2009）中的有关规定。

（4）消防用电设备的配电线路敷设　消防配电线路应满足火灾时连续供电的需要，其敷设应符合下列规定。

① 明敷时（包括敷设在吊顶内），应穿金属导管或采用封闭式金属槽盒保护，金属导管或封闭式金属槽盒应采取防火保护措施；当采用阻燃或耐火电缆并敷设在电缆井、沟内时，可不穿金属导管或采用封闭式金属槽盒保护；当采用矿物绝缘类不燃性电缆时，可直接明敷。

② 暗敷时，应穿管并敷设在不燃性结构内，且保护层厚度不应小于30mm。

③ 消防配电线路宜与其他配电线路分开敷设在不同的电缆井、沟内；确有困难需敷设在同一电缆井、沟内时，应分别布置在电缆井、沟的两侧。且消防配电线路应采用矿物绝缘类不燃性电缆。

（5）导线类型的选择　目前室内配线通常采用橡皮绝缘线和塑料绝缘线；户外用裸铝绞线、裸铜绞线和钢芯铝绞线；电缆则用于有特殊要求的场所。为了避免选型不当，影响使用，导线必须按照使用环境场所的不同认真选用。常用导线的型号及使用场所如表3-3所示。

表3-3　常用导线的型号及使用场所

型号	名称	使用场所
BLX	棉纱编织、橡皮绝缘线（铝芯）	正常干燥环境
BX	棉纱编织、橡皮绝缘线（铜芯）	
RXS	棉纱编织、橡皮绝缘双绞软线（铜芯）	室内干燥场所，日用电器用
RX	棉纱编织、橡皮绝缘软线（铜芯）	
BVV	铜芯、聚氯乙烯绝缘、聚氯乙烯护套电线	潮湿和特别潮湿的地方
BLVV	铝芯、聚氯乙烯绝缘、聚氯乙烯护套电线	
BXF	铜芯、氯丁橡胶电线	多尘环境（不含火灾及爆炸危险尘埃）
BLV	铝芯、聚氯乙烯绝缘电线	
BV	铜芯、聚氯乙烯绝缘电线	有腐蚀性环境

（6）导线截面大小的确定　导线截面应根据导线长期连续负载的允许载流量、线路的允许电压降以及导线的机械强度三项基本条件来合理选定。

① 允许载流量。根据允许载流量选择导线截面时，还应依据以下使用情况来确定。

a. 一台电动机导线的允许载流量（安）应大于或者等于电动机的额定电流。

b. 多台电动机导线的允许载流量（安）应大于或者等于容量最大的一台电动机的额定电流加上其余电动机的计算负载电流。

c. 电灯及电热负载导线的允许载流量（安）应大于或者等于所有电器额定电流的总和。

同一截面的导线，环境温度不同，允许载流量也不同。环境温度越高，其允许载流量越低。因此，导线截面经初步确定后，还要根据环境的实际温度加以修正。绝缘导线在不同温度环境中对载流量的修正系数与电力电缆最高允许温度如表3-4、表3-5所示。

表 3-4　不同环境温度时载流量的修正系数

环境温度/℃	15	20	25	30	35	40	45
修正系数	1.120	1.060	1.000	0.935	0.866	0.791	0.707

表 3-5　电力电缆最高允许温度

电缆种类	3kV 及以下		6kV		20～35kV	
	油浸纸绝缘	橡皮绝缘	油浸纸绝缘	橡皮绝缘	油浸纸绝缘	空气
电缆芯的最高允许温度/℃	80	65	65	60	50	80
电缆表面最高允许温度/℃	60	—	50	45	35	—

② 允许电压降。在输电过程中，因为线路本身也具有一定的阻抗，通过电流时会产生电压降，即电压损失。电压降过大，将会导致用电设备性能变差，不能正常工作，甚至可能使电动机温升过高而烧坏。由变压器低压母线至用电设备进线端的电压降（按用电设备额定电压计）不应超过表 3-6 中所列数值。

表 3-6　电路允许电压降

用电设备种类	允许电压降/%	用电设备种类	允许电压降/%
电动机正常连续运转	5	电焊机	5
电动机个别在较远处	8～10	电热设备	5
起重电动机、滑触线供电点	5	照明灯具	5

③ 导线的机械强度。导线截面积的确定还应考虑有足够的机械强度。因受积雪、风力和气温过低时导线的收缩力及机械外力等影响，导线会发生断线。其具体要求如表 3-7、表 3-8 所示。

表 3-7　低压配电线路导线最小允许截面积　　单位：mm^2

<table>
<tr><td colspan="3" rowspan="2">导线的用途及敷设条件</td><td colspan="3">导线最小截面积</td></tr>
<tr><td>铜芯软线</td><td>铜芯绝缘线</td><td>铝芯绝缘线</td></tr>
<tr><td colspan="3">照明用灯头引下线：
工业厂房
民用建筑
室外</td><td>
0.5
0.4
1.0</td><td>
0.8
0.5
1.0</td><td>
2.5
2.5
2.5</td></tr>
<tr><td rowspan="2">移动式用电设备</td><td colspan="2">生产用</td><td>0.2</td><td>—</td><td>—</td></tr>
<tr><td colspan="2">生活用</td><td>1.0</td><td>—</td><td>—</td></tr>
<tr><td rowspan="7">用绝缘子固定的明敷绝缘导线固定间距</td><td rowspan="2">1m 以下</td><td>室内</td><td rowspan="7">—</td><td>1.0</td><td>1.3</td></tr>
<tr><td>室外</td><td>1.0</td><td>2.5</td></tr>
<tr><td rowspan="2">1～2m</td><td>室内</td><td>1.0</td><td>2.5</td></tr>
<tr><td>室外</td><td>1.5</td><td>2.5</td></tr>
<tr><td colspan="2">3～6m</td><td>2.5</td><td>4.0</td></tr>
<tr><td colspan="2">7～10m</td><td>2.5</td><td>4.0</td></tr>
<tr><td colspan="2">25m 及以上（引下线）</td><td>4.0</td><td>10.0</td></tr>
</table>

续表

导线的用途及敷设条件		导线最小截面积		
		铜芯软线	铜芯绝缘线	铝芯绝缘线
接户线（绝缘导线）档柜	10～25m	—	2.5	4.0
	10m 以下		4.0	6.0
穿管敷设的绝缘导线		1.0	1.0	2.5
厂区架空线（裸导线）		—	6.0	16.0

表 3-8　高压输配电线路最小允许截面积　　单位：mm^2

导线种类	35kV 配电线路	6～10kV 配电线路		1kV 配电线路
		居民区	非居民区	
铝和铝合金线	35	35	25	16
钢芯铝线	25	25	16	16
铜线	16	16	16	10

注：高压配电线路不准使用单股的铜线、裸铝线和合金线。

(7) 电气线路短路的预防　从短路的形成看短路的原因。

① 绝缘导线短路的原因。绝缘导线的绝缘强度、绝缘性能不符合规定要求；雷击使电压突然升高而将导线绝缘击穿；用金属导线捆扎绝缘导线，将绝缘导线挂在金属物体上，由于日久磨损和生锈腐蚀使绝缘层受到损坏；潮湿、高温、腐蚀作用导致导线的绝缘性能降低；导线使用时间过长，造成绝缘层受损、陈旧、线芯裸露等。此外，也有由于不懂用电常识而人为造成的短路。

② 裸导线发生短路的原因。导线安装过低，在搬运较高大的物体时，不慎碰在导线上，或使两根导线碰在一起；遇风吹导线摆动造成两线相碰；在线路附近有树木，大风时树枝拍打导线；大风把各种杂物刮挂在导线上；线路上的绝缘子、横担等支持物脱落或者破损，导致两根或两根以上导线相碰，以及倒杆事故等。

由于短路会产生严重的后果，所以在供电系统的设计、运行中应设法消除可能引起短路的因素。此外，为了减轻短路的严重后果，防止故障扩大，需要计算短路电流，以便正确地选择和校验各种电气设备，进行继电保护装置的整定电流计算，以及选用限制短路电流的电器（电抗器）。为了防止正在运行中的电气线路短路，室内布线多使用绝缘导线，绝缘导线的绝缘强度应当符合电源电压的要求：电源电压为 380V 的，应采用额定电压为 500V 的绝缘导线；电源电压为 220V 的，应采用额定电压为 250V 的绝缘导线。此外，室内布线还必须满足机械强度及连接方式的要求。

导线类型的选择要依据使用环境确定，一般场所可采用一般绝缘导线；特殊场所应采用特殊绝缘导线，如表 3-9 所示。

表 3-9　不同场所导线的选择

场所	导线
干燥无尘的场所	一般绝缘导线
潮湿场所	有保护层的绝缘导线，如铅皮线、塑料线，以及在钢管内或塑料套管内敷设的普通绝缘线
在可燃粉尘和可燃纤维较多的场所	有保护层的绝缘导线

续表

场所	导线
有腐蚀性气体的场所	可采用铅皮线、管子线（钢管涂耐酸漆）、硬塑料管线或塑料线
高温场所	应采用以石棉、瓷管、云母作为绝缘层的耐热线
经常移动的电气设备	软线或软电缆

应当定期用兆欧表（摇表）检测绝缘强度。导线绝缘性能必须符合环境要求，同时要正确安装。线路上要按规定安装断路器或者熔断器（通常使用的胶盖闸刀开关，都和熔断器装在一起，因此熔断器在线路上是较多的，但要注意熔丝的熔断电流应符合要求）。

（8）电气线路过负荷的预防

① 要合理规划配电网络及调节负载，做出本区域内的负荷曲线 。过负荷主要是由导线截面选用过小或负载过大造成的。

② 不准乱拉电线或接入过多负载，在原线路设计或新改建线路时要留出足够余量。由于任何电气设备的负荷并非是恒定的，其工作状态有轻有重，或时通时断，因此其负荷会经常发生变化。

③ 要定期用钳形电流表测量或用计算的方法检查线路的实际负荷情况，定期检查线路的断路器、熔断器的运行情况，禁止使用铁丝、铜丝代替熔断器的熔丝，或更换大容量的保险丝，以确保过负荷时能及时切断电源。

（9）电气线路接触电阻过大的预防

① 产生接触电阻过大的原因有以下几点。

a. 导线与导线或导线与电气设备的连接点连接不牢。连接点因为热作用或振动导致接触点松动，接触表面不平整等，使电流所通过的截面减小。

b. 不同金属（如铜、铝）接触产生电化学腐蚀，使连接处氧化引起电阻率增大等。

② 接触电阻过大的预防措施如下。

a. 在敷设电气线路时，导线与导线或导线与电气设备的连接，必须可靠、牢固。

b. 经常对运行的线路和设备进行巡视检查，发现接头松动或者发热，应及时紧固或做适当处理。

c. 大截面导线的连接应用焊接法或者压接法，铜铝导线相接时宜采用铜铝过渡接头，并且在铜铝导线接头处垫锡箔，或用铜线鼻子搪锡再和铝线鼻子连接的方法来减小接触电阻。

d. 在易发生接触电阻过大的部位涂变色漆或安放试温蜡片，以及时发现过热现象等。

（10）配电箱与开关箱的防火要求　施工现场临时用电通常采用三级配电方式，即总配电箱（或配电室），下设分配电箱，再以下设开关箱。用电设备在开关箱以下。

配电箱和开关箱的安全防火要求如下。

① 配电箱、开关箱的箱体材料，通常应选用钢板，也可以选用绝缘板，但不宜选用木质材料。

② 配电箱、开关箱不得歪斜、倒置，应安装端正、牢固。固定式配电箱、开关箱的下底与地面的垂直距离应大于或等于 1.3m，且小于或等于 1.5m；移动式分配电箱、开关箱的下底与地面的垂直距离应大于或等于 0.6m，且小于或者等于 1.5m。

③ 进入开关箱的电源线，严禁用插销连接。

④ 配电箱之间的距离不宜太远。

⑤ 分配电箱与开关箱的距离不得大于 30m；开关箱和固定式用电设备的水平距离不宜超过 3m。

⑥ 施工现场每台用电设备应有各自专用的开关箱，且必须符合“一机、一闸、一漏、一箱”的规定，禁止用同一个开关箱直接控制两台及两台以上用电设备（含插座）。

开关箱中必须设置漏电保护器，其额定漏电动作电流应不大于 30mA，漏电动作时间应不大于 0.1s。

⑦ 所有配电箱门应配锁，不得在配电箱与开关箱内挂接或插接其他临时用电设备，严禁在开关箱内放置杂物。

（11）配电室的安全防火要求

① 配电室应靠近电源，并应设在潮气少、灰尘少、振动小、无腐蚀介质、无易燃易爆物及道路畅通的地方。

② 成列的配电柜和控制柜两端应与重复接地线及保护零线做电气连接。

③ 配电室和控制室应能自然通风，并应采取防止雨雪侵入与动物进入的措施。

④ 配电室内的母线应涂刷有色涂装，以标志相序。以柜正面方向为基准，其涂色应满足表 3-10 中的规定。

表 3-10　母线涂色

相别	颜色	垂直排列	水平排列	引下排列
L_1（A）	黄	上	后	左
L_2（B）	绿	中	中	中
L_3（C）	红	下	前	右
N	淡蓝	—	—	—

⑤ 配电室的建筑物与构筑物的耐火等级应不低于 3 级，室内应配置沙箱和可用于扑灭电气火灾的灭火器。

⑥ 配电室的门应向外开，并配锁。

⑦ 配电室的照明应分别设置正常照明及事故照明。

⑧ 配电柜应编号，并应有用途标记。

⑨ 配电柜或配电线路停电维修时，应挂接地线，并应悬挂“禁止合闸、有人工作”的停电标志牌。停送电必须由专人负责。

⑩ 应保持配电室整洁，不得堆放任何妨碍操作、维修的杂物。

（12）配电箱及开关箱安全防火设置

① 配电系统应设置配电柜或者总配电箱、分配电箱、开关箱，实行三级配电。配电系统宜使三相负荷平衡。220V 或者 380V 单相用电设备宜接入 220/380V 三相四线系统；当单相照明线路电流大于 30A 时，宜采用 220/380V 三相四线制供电。

② 总配电箱以下可设若干分配电箱；分配电箱以下可设若干开关箱。总配电箱应设在靠近电源的区域，分配电箱宜设在用电设备或者负荷相对集中的区域。分配电箱与开关箱之间的距离不得超过 30m，开关箱与其控制的固定式用电设备的水平距离不宜超过 3m。

③ 每台用电设备必须有各自专用的开关箱。禁止用同一个开关箱直接控制两台及两台以上用电设备（含插座）。

④ 动力配电箱与照明配电箱宜分别设置。当合并设置为同一配电箱时，动力及照明应分路配电，动力开关箱与照明开关箱必须分设。

⑤ 配电箱、开关箱应装设在干燥、通风及常温场所，不得装设在有严重损伤作用的烟气、天然气、潮气及其他有害介质中，亦不得装设在易受外来固体物撞击、强烈振动、液体喷溅及热源烘烤的场所，否则，应予清除或者做防护处理。

⑥ 配电箱、开关箱周围应有足够2人同时工作的空间和通道，不得有灌木、杂草，不得堆放任何妨碍操作、维修的物品。

⑦ 配电箱、开关箱应采用冷轧钢板或者阻燃绝缘材料制作。钢板厚度应为1.2～2.0mm，其开关箱箱体钢板厚度不得小于1.2mm；配电箱箱体钢板厚度不得小于1.5mm。箱体表面应进行防腐处理。

⑧ 配电箱、开关箱应装设端正、牢固。固定式配电箱、开关箱的中心点与地面的垂直距离应为1.4～1.6m。移动式配电箱、开关箱应装设在坚固、稳定的支架上。其中心点与地面之间的垂直距离宜为0.8～1.6m。

⑨ 配电箱、开关箱内的电器（含插座）应先安装在金属或者非木质阻燃绝缘电器安装板上，然后整体紧固于配电箱、开关箱箱体内。金属电器安装板与配电箱体应做电气连接。

⑩ 配电箱、开关箱内的电器（含插座）应按照规定位置紧固在电器安装板上，不得歪斜和松动。

⑪ 配电箱的电器安装板上必须分设N线端子板与PE线端子板。N线端子板必须与金属电器安装板绝缘；PE线端子板必须与金属电器安装板做电气连接。

进出线中的N线必须通过N线端子板连接；PE线必须通过PE线端子板连接。

⑫ 配电箱、开关箱内的连接线必须采用铜芯绝缘导线。导线绝缘的颜色标志应按《施工现场临时用电安全技术规范》（JGJ 46—2005）中的有关规定配置并排列整齐；导线分支接头不得采用螺栓压接，应采用焊接并做绝缘包扎，不得有外露带电部分。

⑬ 配电箱、开关箱的金属箱体、金属电器安装板，以及电器正常不带电的金属底座、外壳等，必须通过PE线端子板与PE线做电气连接。金属箱门与金属箱体必须通过采用编织软铜线作电气连接。

⑭ 配电箱、开关箱的箱体尺寸应与箱内电器的数量及尺寸相适应。箱内电器安装板板面电器安装尺寸可按照表3-11确定。

表3-11 配电箱、开关箱内电器安装板板面电器安装尺寸选择值

间距名称		最小净距/mm
并列电器（含单极熔断器）间		30
电器进、出线瓷管（塑胶管）孔与电器边沿间	15A	30
	20～30A	50
	60A以上	80
上、下排电器进出线瓷管（塑胶管）孔间		25
电器进出线瓷管（塑胶管）孔至板边		40
电器至板边		40

⑮ 配电箱、开关箱中导线的进线口与出线口应设在箱体的下底面。

⑯ 配电箱、开关箱的进、出线口应配置固定线卡，进出线应加绝缘护套并成束卡固在箱体上，不得与箱体直接接触。移动式配电箱、开关箱的进出线应采用橡皮护套绝缘电缆，不得有接头。

⑰ 配电箱、开关箱的外形结构应能防雨、防尘。

（13）施工现场临时用电电缆线路安全消防管理

① 电缆中必须包含全部工作芯线与用作保护零线或保护线的芯线。需要三相四线制配电的电缆线路必须采用五芯电缆。五芯电缆必须包含淡蓝和绿/黄双色芯线两种绝缘芯线。

淡蓝色芯线必须用作 N 线；绿/黄双色芯线必须用作 PE 线，禁止混用。

② 电缆截面的选择应符合《施工现场临时用电安全技术规范》（JGJ 46—2005）中的有关规定，根据其长期连续负荷允许载流量和允许电压偏移确定。

③ 电缆线路应采用埋地或架空敷设，严禁沿地面明设，并应防止机械损伤和介质腐蚀。埋地电缆路径应设方位标志。

④ 电缆类型应依据敷设方式、环境条件进行选择。埋地敷设宜选用铠装电缆。当选用无铠装电缆时，应能防水、防腐。架空敷设宜选用无铠装电缆。

⑤ 电缆直接埋地敷设的深度不应小于 0.7m，并应在电缆紧邻上、下、左、右侧均匀敷设不小于 50mm 厚的细沙，然后覆盖砖或者混凝土板等硬质保护层。

⑥ 埋地电缆在穿越建筑物、道路、构筑物，易受机械损伤、介质腐蚀的场所，以及引出地面从 2.0m 高到地下 0.2m 处，必须加设防护套管，防护套管内径不应小于电缆外径的 1.5 倍。

⑦ 埋地电缆与其附近外电电缆和管沟的平行间距不得小于 2m，交叉间距不得小于 1m。

⑧ 埋地电缆的接头应设在地面上的接线盒内，接线盒应能防水、防尘以及防机械损伤，并应远离易燃、易爆、易腐蚀场所。

⑨ 架空电缆应沿电杆、支架或墙壁敷设，并且采用绝缘子固定，绑扎线必须采用绝缘线，固定点间距应保证电缆能承受自重所带来的荷载，敷设高度应满足《施工现场临时用电安全技术规范》（JGJ 46—2005）中关于架空线路敷设高度的要求，但沿墙壁敷设时最大弧垂距地不得小于 2.0m。架空电缆严禁沿脚手架、树木或者其他设施敷设。

⑩ 在建工程内的电缆线路必须采用电缆埋地引入，禁止穿越脚手架引入。电缆垂直敷设应充分利用在建工程的竖井、垂直孔洞等，并宜靠近用电负荷中心，固定点每楼层不得少于一处。电缆水平敷设宜沿墙或者门口刚性固定，最大弧垂距地不得小于 2m。装饰装修工程或其他特殊阶段，应补充编制单项施工用电方案。电源线可沿墙角及地面敷设，但应采取防机械损伤和电火措施。

⑪ 电缆线路必须有短路保护及过载保护，短路保护和过载保护电器与电缆的选配应符合《施工现场临时用电安全技术规范》（JGJ 46—2005）中的有关要求。

（14）室内配线安全防火设置

① 室内配线必须采用绝缘导线或者电缆。

② 室内配线应根据配线类型采用瓷瓶、嵌绝缘槽、瓷（塑料）夹、穿管或钢索敷设。潮湿场所或者埋地非电缆配线必须穿管敷设，管口和管接头应密封。当采用金属管敷设时，金属管必须做等电位连接，并且必须与 PE 线相连接。

③ 室内非埋地明敷主干线距地面高度不得小于 2.5m。

④ 架空进户线的室外端应采用绝缘子固定，过墙处应穿管保护，距地面高度不得小于 2.5m，并应采取防雨措施。

⑤ 室内配线所用导线或电缆的截面应根据用电设备或者线路的计算负荷确定，但铜线截面不应小于 1.5mm^2，铝线截面不应小于 2.5mm^2。

⑥ 钢索配线的吊架间距不宜大于 12m。采用瓷瓶固定导线时，导线间距不应小于 100mm，瓷瓶间距不应大于 1.5m；采用瓷夹固定导线时，导线间距不应小于 35mm，瓷夹间距不应大于 800mm；采用护套绝缘导线或电缆时，可直接敷设于钢索上。

⑦ 室内配线必须有短路保护及过载保护。短路保护和过载保护电器与绝缘导线、电缆的选配应符合《施工现场临时用电安全技术规范》（JGJ 46—2005）中的有关要求。对穿管敷设的绝缘导线线路，其短路保护熔断器的熔体额定电流不应大于穿管绝缘导线长期连续负荷允许载流量的 2.5 倍。

3.4.3 建筑防雷火灾

雷电是一种大气中自然放电的现象。放电时，放电通道的温度可高达数万度，能使可燃建筑物或物资堆垛起火燃烧，甚至导致金属熔化，击穿铁皮层顶，引燃室内的可燃物。雷电还有很大的机械破坏力，能击毁树木、烟囱、水塔以及其他建筑物，使用火、用电设备或者易燃、可燃液体罐等遭到破坏而起火。

（1）雷电的火灾危险性　雷电的火灾危险性主要表现在雷电放电时所出现的各种物理现象、效应及作用。

① 电效应：雷电放电时，能够产生高达数万伏甚至数十万伏的冲击电压。

② 热效应：当几十至上千安的强大雷电流通过导体时，在极短的时间内将转换成为大量的热能。

③ 机械效应：由于雷电的热效应使雷电通道中木材纤维缝隙及其他结构中的空气剧烈膨胀，同时使水分及其他物质分解为气体，因此在被雷击的物体内部会出现强大的机械压力。

以上3种效应是直接雷击造成的，这种直接雷击所产生的电、热、机械的破坏作用都非常大。除此之外还有以下效应和作用。

① 电磁感应。

② 静电感应。

③ 雷电波侵入。

④ 防雷装置上的高电压对建筑物的反应作用。

（2）雷电的防火措施

① 直击雷防护措施。装设避雷针、避雷线以及避雷网都是防护直击雷的重要措施。避雷针分为独立避雷针和附设避雷针。独立避雷针是离开建筑物单独装设的。严禁在装有避雷针、避雷线的建筑物上架设通信线、广播线或其他电气线路。防雷装置受击时，其接闪器、引下线和接地装置都承受很高的冲击电压，可能击穿与邻近导体之间的绝缘体造成反击，因此必须保证接闪器、引下线、接地装置与邻近导体之间有足够的安全距离。

② 雷电波引入防护措施。雷电波引入，又叫作高电位引入，它可能沿各种金属导体、管路，特别是天线或者架空电线引入室内。沿架空电线引入雷电波的防护问题比较复杂，一般采取以下几种办法。

a. 配电线路全部采用地下电缆。

b. 采用电缆线段进线方式供电。

c. 在架空电线引入的地方，加装放电保护间隙或者避雷器等。

③ 雷电感应防护措施。雷电感应，尤其是静电感应也能产生很高的冲击电压。在建筑物中主要应考虑由反击导致的爆炸和火灾事故。

依据建筑物的不同屋顶，应采取相应的防止静电感应的措施。对于金属屋顶，应将屋顶妥善接地；对于钢筋混凝土屋顶，应将屋面钢筋焊成边长6～12m的网络，连成通路，并予以接地；对于非金属屋顶，应在屋面上加装边长6～12m的金属网络，并予以接地。屋顶或者其上金属网络的接地不得少于两处，并且其间距应在10～30m范围内。

④ 可燃、易燃液体储罐的防雷措施主要有以下几点。

a. 当罐顶钢板厚度大于3.5mm，并且装有呼吸阀时，可不设防雷装置。但是油罐体应做良好的接地，接地点不少于两处，间距不大于30m，其接地装置的冲击接地电阻不大于 30Ω。

b. 当罐顶钢板厚度小于 3.5mm 时，虽装有呼吸阀，也应在罐顶装设避雷针，并且避雷针和呼吸阀的水平距离不应小于 3m，保护范围高出呼吸阀不应小于 2m。

c. 浮顶油罐可不设防雷装置，但是浮顶和罐体应有可靠的电气连接。

d. 非金属易燃液体储罐，应采用独立的避雷针，避免直接雷击。同时还应有防雷电感应措施。避雷针冲击接地电阻不大于 30Ω。

e. 覆土厚度大于 0.5m 的地下油罐，可不考虑防雷措施。但呼吸阀、量油孔以及采光孔应做好接地，接地点不少于两处。冲击接地电阻不大于 10Ω。

f. 易燃液体的敞开式储罐，应当设置独立避雷针，其冲击接地电阻不大于 5Ω。

⑤ 棉、麻、毛及可燃物堆放的防雷措施。必须安装独立的防雷装置。其安装位置，应依据雷云的常年走向选定，一般是在迎向雷云走向的位置安装避雷针，其冲击接地电阻不大于 30Ω。

3.5 古建筑防火管理

3.5.1 古建筑的消防安全管理策略

古建筑多采用木结构或砖木结构，加之年代久远，木质干燥，极易燃烧。古建筑通常缺少防火分隔，成片相连，火灾发生后蔓延迅速，一旦珍贵文物被毁，均是不能失而复得的。我国历史上古建筑火灾很多，导致绝大多数古建筑物早已灰飞烟灭。保留至今的，可以说仅是众多古建筑中很少的一部分，就是这些劫后余生的古建筑，有不少也是几经火劫，几经修建。就连闻名遐迩的建于北魏太和十九年，距今已有 1500 多年历史的少林寺，也曾经三遭火劫。少林寺在这期间几度兴衰，第一次火灾发生在隋朝，第二次火灾发生在清朝，而第三次火灾发生于民国时期的 1928 年，损失了许多无法弥补的珍贵文物。因此，古建筑必须列为消防保卫重点，切实加强消防安全管理以保证安全。

古建筑消防安全管理原则有以下几点。

① 古建筑内不得开设饭店、餐馆、旅馆、茶馆、招待所、生产车间、物资仓库、办公室及职工宿舍、居民住宅等。

② 在古建筑范围内，严禁堆放柴草、木材等可燃物品，严禁储存易燃易爆化学危险品。

③ 古建筑群内严禁搭建临时易燃可燃建筑。

④ 凡与古建筑毗连的棚屋，必须拆除。

⑤ 对于古建筑的木质构件，应喷涂防火涂料，以提高耐火等级。

⑥ 古建筑群应考虑在不破坏原有格局的情况下，适当设置防火墙和防火门进行防火分隔。

⑦ 古建筑群要逐步改善交通条件，疏通疏散通道，保证消防车能够到达古建筑附近。

⑧ 古建筑群应利用市政供水管网，安装室外消火栓，无市政供水管网的，应修建消防水池，储水量应确保灭火持续时间不少于 3h。

⑨ 按照国家标准配置必要的灭火器材和工具。

⑩ 古建筑群应依照规定建立专职消防队，负责古建筑群的消防管理及火灾扑救。

在古建筑的消防安全管理中，通常应着力做好以下几方面的工作。

（1）切实加强领导，谁主管谁负责　具体来说，分为以下几个方面。

① 建立消防安全领导小组或委员会，定期检查，督促所属部门的消防安全工作。

② 单位和其所属部门都要确定一名主要领导干部作为防火负责人，负责消防安全工作。

③ 确定专职以及兼职工作人员，负责日常的消防安全管理工作。

④ 建立和健全各项消防安全制度。

⑤ 建立防火档案。

⑥ 加强组织学习文物古建筑保护的法律法规，学习消防安全知识，不断提高群众保护古建筑消防安全的自觉性。

⑦ 建立义务消防组织，定期进行训练。

⑧ 制定灭火应急预案，并且组织训练。

各古建筑单位应当牢固树立消防工作责任主体意识，依法对本单位的消防安全工作全面负责，切实履行对于古建筑消防安全的管理职责。

依据《消防法》，古建筑单位应当履行的消防安全职责如下。

① 落实消防安全责任制，制定本单位的消防安全制度、消防安全操作规程，制定灭火和应急疏散预案。

② 按照国家标准、行业标准配置消防设施、器材，设置消防安全标志，并定期组织检验、维修，确保完好有效。

③ 对建筑消防设施每年至少进行一次全面检测，确保完好有效，检测记录应当完整准确，存档备查。

④ 保障疏散通道、安全出口、消防车通道畅通，保证防火防烟分区、防火间距符合消防技术标准。

⑤ 组织防火检查，及时消除火灾隐患。

⑥ 组织进行有针对性的消防演练。

⑦ 法律、法规规定的其他消防安全职责。

单位的主要负责人，是本单位的消防安全责任人。

消防安全重点单位除应当履行上述规定的职责外，还应当履行以下消防安全职责。

① 确定消防安全管理人，组织实施本单位的消防安全管理工作。

② 建立消防档案，确定消防安全重点部位，设置防火标志，实行严格管理。

③ 实行每日防火巡查，并建立巡查记录。

④ 对职工进行岗前消防安全培训，定期组织消防安全培训和消防演练。

依据《机关、团体、企业、事业单位消防安全管理规定》，消防安全责任人应当依法履行的消防安全职责如下。

① 贯彻执行消防法规，保障单位消防安全符合规定，掌握本单位的消防安全情况。

② 将消防工作与本单位日常管理、开放、宗教等活动统筹安排，批准实施消防工作计划。

③ 为本单位的消防安全提供必要的经费和组织保障。

④ 确定逐级消防安全责任，批准实施消防安全制度。

⑤ 组织本单位的防火检查，督促落实火灾隐患整改，及时处理涉及消防安全的重大问题。

⑥ 根据消防法规的规定建立专职或志愿（义务）消防队。

⑦ 组织制定符合本单位实际的灭火和应急疏散预案，并实施演练。

古建筑单位根据需要，还可以确定消防安全管理人。消防安全管理人对本单位的消防安全责任人负责，实施和组织落实以下消防安全管理工作。

① 拟订消防工作计划，组织实施日常消防安全管理工作。

② 组织制定消防安全制度，并检查督促其落实。

③ 拟订消防工作的资金投入和组织保障方案。

④ 组织实施防火检查、巡查和火灾隐患的整改工作。

⑤ 组织实施对本单位消防设施、灭火器材和消防安全标志的维护保养，确保其经常完好有效，确保疏散通道、安全出口和消防车通道畅通。

⑥ 组织管理专职或志愿（义务）消防队，建立防火档案。

⑦ 组织开展对本单位管理人员、工作人员，寺庙僧侣、道士、尼姑等人员进行消防知识、技能的宣传教育和培训，组织灭火和应急疏散预案的实施和演练。

⑧ 单位消防安全责任人委托的其他消防安全管理工作。

单位的消防安全管理人，应定期向消防安全责任人报告消防安全情况，及时报告涉及消防安全的重大问题。未确定消防安全管理人的单位，应当由消防安全责任人负责实施管理人的职责。

（2）预防为主，防消结合，综合治理，互为补充　古建筑管理及使用单位，应当在科学发展观的指导下，深入贯彻“预防为主，防消结合”的方针，依法规范内部消防安全管理，实行人防、物防、技防相结合的全方位动态管理，健全完善自我管理、自我检查以及自我整改的消防安全管理机制，立足于自防自救，切实提高抗御火灾的能力。

“预防为主”，就是在消防管理工作的指导思想上，要始终将预防火灾放在首位，动员和依靠群众，落实各项防火的行政措施、技术措施和组织措施，从根本上避免火灾的发生。实践证明，只要思想、物资、管理以及技术措施到位，就可以取得同火灾作斗争的主动权。

“防消结合”，指的是同火灾作斗争的两个基本手段——预防和扑救，必须有机地结合起来。也就是在做好防火工作的同时，要积极做好各项灭火准备，以便于一旦发生火灾，能够迅速、有效地灭火，最大限度地减少火灾所导致的财产损失和人身伤亡。

无数事实证明，隐患险于明火，防范胜于救灾。由于人们认识水平的不同、客观条件的限制、用火用电的增多，以及各种偶发的因素，要完全避免火灾是不现实的，因此应做好两手准备：一方面要千方百计地防止火灾发生，另一方面要认真做好灭火准备。当发生火灾时，应尽早发现、及时报警，迅速、有效地控制并予以扑灭，最大限度地减少火灾所导致的危害和损失。在我国民间，很早就流传着“灶前清，水缸满”的谚语。灶前清，就是灶前清理干净可燃物，避免火灾发生；水缸满，指的是水缸经常装满水，做好灭火准备。这一谚语也体现了“防消结合”的精神。

“防”与“消”是相辅相成、相互渗透、互为补充的一个不可分割的整体，正确反映了同火灾作斗争的客观规律，是一个目标的两种手段，切不可偏废。“防”为“消”创造条件；“消”为“防”提供补充。只有全面地把握、正确地理解以及认真地贯彻执行这个方针，才能把消防安全工作做好。否则，如果只重视某一方面而忽视另一方面，或把两者对立起来，均是不利于同火灾作斗争的。

（3）健全消防安全组织和规章，落实逐级与岗位责任　加强消防组织建设，建立、健全规章制度。古建筑管理单位对内可逐级建立火灾安全领导小组或者委员会，对外可建立防火联防组织。确定防火负责人与专职防火人员，组织邻近单位、企业以及各基层组织层层落实防火岗位责任制，实行联防协作，群防群治。根据有关规定，尽可能建立起专职消防队，开展业务训练，不断提高灭火能力。同时，依据《古建筑消防管理规则》，还应建立一些行之有效的规章制度，使消防安全管理有章可循，有令可遵。

古建筑单位应当根据国家有关消防的法律法规，按照政府统一领导、部门依法监管、单位全面负责以及公民积极参与的原则，实行消防安全责任制，建立健全社会化的消防工作网络，对内可建立防火安全领导小组或者防火委员会，对外可建立防火联防组织，结合实际建立上下互动的消防安全责任制，健全消防安全组织及各项行之有效的规章制度，并保证贯彻执行，可组织邻近单位、企业和农村基层组织层层签订安全防火责任书，落实防火岗位责任制，实行联防协作，群防群治，使有关单位及人员知道在消防工作中，自己该做什么，不该做什么，万一发生火灾先做什么，后做什么，怎样有效地灭火，怎样安全逃生自救。各级消防救援机构要积极为政府做好参谋，积极督促各级政府及有关职能部门各司其职，共同做好古建筑的消防安全工作。

通常来说，消防安全制度应当包括的内容有：用火用电安全管理；消防安全宣传教育培训；电气线路、设备和防雷设施的检查与管理；防火巡查、检查；安全疏散设施和通道、出口管理；消防值班守护；火灾隐患整改；消防设施、器材维护管理；专职或义务消防队的组织管理；灭火应急疏散预案演练；消防档案；消防安全工作考评和奖惩等。志愿（义务）消防队（或者治安消防联防队）是古建筑自防自救的主要力量，应当普遍建立；距离国家综合性消防救援队比较远、被列为全国重点文物保护单位的古建筑群，应当建立单位专职消防队。

（4）加强消防宣传教育，提高消防安全意识及技能　加大宣传教育，落实管理措施。要充分利用广播、录音、标语以及专栏等宣传工具，采取各种形式向单位工作人员、游客等进行消防法规、知识的宣传教育，开展岗位培训，不断增强人员的消防意识。要严格管理制度，除参观旅游之外，一般不得另作他用。古建筑范围内禁止堆放柴草、木材等可燃物，禁止储存易燃易爆物品，切实加强火源、电源管理。

火灾统计分析表明，尽管引起火灾的直接原因比较多，但主要的因素是人而不是物。绝大多数的火灾，往往都是因为人员思想麻痹、用火不慎或违反消防安全规章制度造成的。同时，有些人由于缺乏消防知识，一旦发生火灾就惊慌失措，不能及时有效地处置，结果使小火酿成大火。教训表明，为了预防火灾，最大限度地减少火灾损失和危害，一方面要设法将物质着火的条件消除；而另一方面要提高人们的防火警惕性，增强人们的消防安全意识，普及消防知识，充分发挥人们与火灾作斗争的积极性。而要做到这一点，其关键在于加强消防宣传教育。

消防宣传教育，是古建筑消防安全管理的主要职能之一，是提高消防安全素质、增强消防安全意识的重要措施，是预防火灾的一项重要基础工作，也是增强自防自救能力的根本途径和方法。各级政府、文物、文化、民族和宗教等行政主管部门，以及消防、新闻机构，要大力开展文物古建筑消防安全知识和法规的宣传教育。古建筑管理、使用单位（部门），应当建立、健全消防宣传组织及制度，结合不同时期、不同季节，通过多种形式向管理人员、工作人员、僧侣以及游客等开展经常性的消防安全宣传教育。在古建筑内，应设置“严禁烟火”“禁止吸烟”等消防安全警示标志，以及消防安全疏散标志。消防设施设置点和消防安全疏散示意图、疏散指示标志等均应采用中英文双语提示。应营造安全防火舆论，普及消防知识，唤起防火警觉，增强保护古建筑的责任感、法制观以及自觉性，努力形成层层有人管、处处有人抓，人人关心防火，时时重视防火安全，自觉做好消防安全工作的和谐局面。

消防宣传教育和培训的内容应当包括：有关消防法规、消防安全制度；本寺（庙）以及殿堂等部位的火灾危险性和防火措施；报火警、扑救初期火灾以及自救逃生的知识和技能；有关消防设施的性能、灭火器材的使用和维护方法。

消防安全教育的形式，通常有集中培训、召开会议、知识竞赛、墙报板报、广播、橱窗专栏、影像、电子显示屏、闭路电视以及网络等，应灵活多变，喜闻乐见；内容要有针对性、知识性、实用性、趣味性和吸引力，使听者、看者、学者想听、想看以及想学，达到事半功倍的目的。

对管理人员、工作人员、僧侣以及导游等，应至少每年进行一次消防安全培训和逃生自救演习。特别是要定期组织志愿（义务）、专职或联防消防队员开展消防业务知识学习、训练，使之达到“三懂三会”的要求：懂本寺庙（殿堂、僧舍等）的火灾危险性，懂火灾预防措施以及懂扑灭初期火灾的方法；会报火警，会使用灭火器材扑灭火灾，会逃生自救和组织疏散人员，真正做到平时能够防火，遇火能够扑灭。

（5）坚持开展防火巡查和检查，督促落实消防规章及查找隐患　经常进行防火检查，积极整改火灾隐患。有关单位每年要有目的、有步骤地组织大检查，而单位内部也要不定期地开展检查，防火人员要经常性地进行防火检查。对查出的火灾隐患要采取及时整改，力争将隐患消灭在萌芽状态。

消防安全巡查、检查，就是为了察看消防安全管理工作的落实情况及查寻验看消防安全管理工作中存在的问题而进行的一项安全管理活动。这是实施消防安全管理的一项重要措施，也是避免发生火灾必不可少的一个重要手段。其目的就在于及时发现和纠正违法违章行为，消除火灾隐患以及消防安全管理中的问题，将火灾事故消灭在萌芽状态，防患于未然。

古建筑管理、使用单位（部门），应当组织保卫人员、值班人员、志愿（义务）或者专职消防员、联防队员等开展每日防火巡查，并且至少每季度进行一次防火检查。在巡查、检查中，一定要仔细认真、尊重科学、注重效果，切不可图形式、走过场，只注重巡查、检查的次数，不注重问题解决得多少。应针对巡查、检查中发现的消防安全隐患，提出切合实际的解决办法并且督促整改消除。

防火巡查的内容应当包括：用火、用电是否违章；消防设施、器材是否在位、完整有效；消防安全标志是否完好清晰；疏散通道、安全出口畅通与否，有无锁闭；安全疏散指示标志、应急照明是否完好；消防安全重点部位（或区域）值班守护情况等。

防火检查的内容应当包括：消防车通道、消防水源情况；用火、用电情况；灭火设施、器材配置及有效情况；消防控制室值班情况、消防控制设备运行情况及相关记录；消防安全标志的设置和完好、有效情况；安全疏散通道、疏散指示标志、应急照明和安全出口情况；消防安全重点部位（区域）的管理情况；管理人员、工作人员及僧侣消防知识掌握情况；火灾隐患的整改以及防范措施的落实情况；消防值班与防火巡查落实情况及其记录等。

每次进行防火巡查、检查时，都应当认真如实填写巡查、检查记录。巡查、检查人员以及被巡查、检查单位负责人应当在巡查、检查记录上签名存档。

（6）尊重科学，严守规范，及时消除火灾隐患保安全　火灾隐患指的是可能导致火灾发生或使火灾危害增大的各类潜在不安全因素。重大火灾隐患指的是违反消防法律法规，可能导致火灾发生或使火灾危害增大，并由此可能导致特大火灾事故后果和严重社会影响的各类潜在不安全因素。

需严格生活和维修用火管理，具体来说分为以下几点。

① 在古建筑内禁止使用液化气和安装煤气管道。

② 做饭采暖的炉灶、烟囱必须满足防火安全要求，尽可能不用明火。

③ 供游人参观、举行宗教等活动的地方应禁止吸烟，并应当设有明显的标志。

④ 如由于维修需要，临时使用焊接切割设备的，必须经单位领导批准，并指定专人负责，落实安全措施。

严格电源管理，具体来说分为以下几点。

① 列为重点保护的古建筑，除砖、石结构之外，国家有关部门明确规定，一般不准安装电灯和其他电气设备，必须安装使用的尽量采用弱电。

② 古建筑的电气线路，均一律采用铜芯绝缘导线，并用金属穿管敷设，不得把电线直接敷设在梁、柱、枋等可燃构件上，禁止乱拉乱接电线。

③ 配线方式。通常应将一座殿宇作为一个单独的分支回路，独立设置控制开关。

④ 在重点保护的古建筑内，不宜采用大功率的照明灯泡，严禁使用表面温度很高的碘钨之类的电光光源和电炉等加热器。

⑤ 没有安装电气设备的古建筑，如临时需要使用电气照明或者其他设备，必须办理临时用电审批手续，由电工安装，当期限结束后即行拆除。

以往的教训表明，绝大多数火灾隐患都是由于违反消防法规和消防技术标准造成的。因此，确定是否为火灾隐患，不仅要在消防行政法律法规上有依据，还应在消防安全技术上有标准，并应根据实际情况，全面细致地检查，实事求是地科学分析，必要时应借助相关仪器检测或专家论证确定。火灾隐患只能是有可能直接导致火灾或使火灾危害增大的那部分问题，不能把消防安全管理工作中存在的一般性工作问题也视为火灾隐患，否则就失去了消防安全管理的科学性及依法管理的严肃性。

消除火灾隐患的关键在于整改。及时发现和及时整改火灾隐患，是消防安全管理工作的一项重要职责和任务，也是对消防安全管理工作成效的检验。古建筑管理、使用部门对巡查、检查中发现的火灾隐患，应当无条件地及时予以消除、整改。

整改火灾隐患是一项系统工程，既要考虑当前现实，又要考虑长远规划；既要考虑人的因素，又要考虑物的因素；既要考虑技术先进可靠，又要考虑经济承受能力。整改火灾隐患是安全和经济的统一，形式与效果的统一，要坚持“三不放过原则”，也就是隐患没查清不放过、整改措施不落实不放过、不彻底整改不放过。整改火灾隐患，按照其难易程度可分为当场整改和限期整改两种方法。

① 当场整改。对整改比较简单，不需要花费较多时间、人力、物力以及财力的隐患，单位应当责成有关人员当场改正并督促落实，不要拖延。例如：违章使用明火或者在具有火灾危险的场所吸烟、动火的；消防设施、灭火器材被遮挡影响使用或者被挪作他用的；消防设施管理、值班人员以及防火巡查人员脱岗等行为，必须当场整改。

② 限期整改。对整改有难度、涉及面广，牵涉到建筑布局与结构等，需要花费较多时间、人力、物力以及财力才能整改的隐患，应当采取限制在一定时间内按照“三定”的方法进行整改，即定整改措施、定整改的期限和定负责整改的部门及人员，并落实整改资金。

要建立火灾隐患的立案及销案制度，整改一件就销案一件，做到件件在册，件件整改。在火灾隐患未消除之前，单位应当落实相应防范措施，确保消防安全。对消防救援机构责令限期改正的火灾隐患，单位应当在规定时间之内彻底改正并写出整改复函，报送消防救援机构；对于不认真整改、拒绝或拖延整改，导致火灾事故的，应当依法给予处罚；对于构成犯罪的，应依法追究刑事责任；对于涉及建筑布局、消防车通道、消防站和消防水源等方面不能自身解决的重大火灾隐患，以及本单位确无能力解决的火灾隐患，单位应当提出解决方案并且及时向其上级主管部门或当地人民政府报告，提请协调、督促整改。在隐患未消除之前，应当采取必要的临时性安全防范措施，以保证安全。

火灾隐患整改完毕后，负责整改的部门或者人员应当将整改情况记录报送本单位消防安全责任人或消防安全管理人，签字确认之后存档备案。

（7）建立健全消防档案，提供决策信息及原始记录　凡是有查考、使用价值，经过立案归档，集中保管起来的各种图表、文件以及资料等都是档案。

消防档案是记载单位有关消防安全基本情况的文书。一方面，它能够起到户口簿的作用，记载单位的基本情况，凡涉及“消”和“防”的资料和有关安全防火措施，应有尽有，这就可为单位消防安全管理的决策提供重要的信息及依据；另一方面，又能起到历史见证的作用，平时可考察该单位对消防安全工作的重视程度，一旦发生火灾事故，就可以成为追查火灾原因、分清事故责任以及处理责任者的佐证材料。同时，它也可以为研究有关消防安全管理的技术措施提供直接参考材料。

建立消防档案，也是消防安全管理的职责之一。古建筑管理、使用单位，均应建立健全消防档案，并发挥好其在保护古建筑安全方面无可替代的作用。消防档案应当翔实，全面地反映单位消防工作的基本情况。各种工作制度，档案台账资料应齐全，要按照情况变化及时更新，并附有必要的图片、表格或录像等，且对消防档案应当统一保管及备查。

一般来说，消防档案应当包括以下方面。

① 古建筑的消防安全基本情况

a. 单位基本概况和消防安全重点部位（区域）情况。

b. 消防管理组织机构及各级消防安全责任人。

c. 消防设施、灭火器材配置情况。

d. 各项消防安全制度。

e. 专职消防队、志愿（义务）消防队人员及其消防装备配备情况。

f. 灭火及应急疏散预案等。

② 古建筑的消防安全管理情况

a. 消防安全例会纪要或者决定。

b. 公安消防机构填发的各种法律文书。

c. 防火巡查、检查记录。

d. 消防设施、灭火器材定期检查、检测以及维护保养的记录。

e. 有关电气线路、设备以及防雷设施的检测记录。

f. 消防安全培训、灭火以及应急疏散预案的演练记录。

g. 火灾情况记录。

h. 火灾隐患及其整改情况记录。

i. 消防奖惩情况记录等。

综上所述，各古建筑管理及使用单位应坚持不懈地把消防安全工作抓细抓实抓好，全面落实“预防为主、防消结合”的方针，切实做到在思想认识上警钟长鸣、技术支撑上坚强有力、制度保证上严密有效、监督检查上严格细致、事故处理上严肃认真。

（8）人防与技防相互促进　应最大化把当前消防先进科研技术、先进设施设备应用到古建筑当中。单位应完善应急处置预案，加强演练，提高初期火灾扑救能力。应按照古建筑特点、规模等级和火灾预防的实际需要来论证安装消防水系统和避雷设施。结合实际，在文物古建筑较为集中的街区因地制宜地增设国家综合性消防救援队（站）。可根据雷击高发时节，加大人防力量并提高先进技防水平，有针对性地开展阶段性重点防护工作。积极争取政府支持，大力发展多种形式的力量，加强对于文物古建筑的消防安全检查及巡查，全面实施综合治理。

文物古建筑消防安全治理工作应建立长效机制，防止隐患反弹现象发生，同时在古建筑中广泛推广应用水系统消防灭火器材、漏电保护装置等先进产品、技术和措施，以保证文物古建筑的消防安全。

对于加强文物古建筑消防安全管理工作，应该客观地分析当前文物古建筑消防安全工作存在的主要问题及原因，找准文物保护工作与消防安全管理工作的有效结合点，采取安全可靠、经济合理、技术先进、切实可行的消防技术保障措施和管理办法。

① 通过当前有利时机，迅速向市委、市政府汇报，争取得到领导支持，为文物古建筑安全保护工作的开展争取政策上、经费上、人员以及设备上的有力保障。

② 应坚持人防和技防相结合，以人防为主的原则，推动单位落实逐级消防安全责任制及岗位消防安全责任制，建立消防教育培训、灭火应急疏散演练制度，抓好消防安全组织和

消防安全规章制度的建立健全及消防设施的完好有效，具备迅速组织扑救初期火灾的能力、及时引导人员疏散的能力和发现火灾隐患的能力，切实提高消防安全管理水平。

③ 在不改变文物原状、不破坏文物保护单位历史风貌的前提之下，寻求突破，积极采用安全可靠、技术先进、经济合理以及切实可行的消防技术保障措施。

④ 加快文物古建筑消防安全技术地方标准编写的工作进程。在规范文物古建筑消防设施及灭火器材的安装配备等方面要充分借鉴国内外的一些先进做法及理念，吸收建筑结构、火灾报警、消防法律法规、文物古建筑方面的专家组成权威编写组织，重点考虑消防设施及灭火器材的配置安装，结合消防新技术的应用，出台地方标准。

⑤ 建立文物、消防部门联席会议制度，定期商讨和解决文物古建筑消防安全难题。

以人为本，救人第一。把保障人民群众的生命安全、最大限度地预防及减少火灾事故导致的人员伤亡作为首要任务，切实加强救援人员的安全防护，充分发挥消防队伍的骨干作用、各类专家的指导作用以及人民群众的基础作用。

古建筑因其不可复制性而具有特殊的消防原则。

3.5.2 古建筑的消防安全基本措施

古建筑的安全防火，应根据维持原貌、科学合理以及人防技防并重的原则，将古建筑的日常管理、修缮、改造与消防规划相结合，制定切合实际的消防改造规划，灵活运用现代消防技术措施，实现既保留其固有历史风貌，又能提高自身消防安全水平的目标。

（1）做好消防保护规划，不断改善消防安全环境　消防规划是消防安全的基础性工作，也是指导安全保护的重要依据，是完善消防安全管理体系、实现消防安全目标以及提高消防安全整体水平的综合性手段，也是一项有效主动的预防工作，对于整个消防工作具有重要的指导作用。各级政府应把古建筑消防安全保护纳入城市建设及改造的总体规划，同步规划、同步实施，应抓紧解决古建筑消防基础设施相对比较差的问题，特别要在“技防”上下工夫。

如下为制定消防规划应遵循的原则。

a. 坚持“预防为主，防消结合”的消防工作方针。

b. 坚持以人为本、科学合理、技术先进、经济实用的原则。

c. 坚持消防工作社会化、法制化，创造和谐的消防安全环境。

d. 坚持综合防灾减灾，促进消防力量向多种形式发展。

e. 坚持从实际出发，把握全局，突出重点，解决主要问题。

f. 坚持统筹规划，从战略角度思考消防工作，立足当前，谋划未来，注重近期与中远期相结合，分步实施，同步建设。

消防规划的基本内容通常包括消防安全布局、消防基础设施（含消防站、消防供水、消防车通道、消防通信）以及消防器材装备等。改善防火条件，创造安全环境，是减少古建筑火灾危险性的客观基础。古建筑（群）应紧密结合其自身特点及消防安全现状，认真研究安全防火对策，积极做好消防改造规划。

① 科学规划消除各类危险源

a. 古建筑（群）的开发及利用，应与历史、文化背景相适应，与古代使用功能相适应。

b. 在保护的基础上，科学规划，适度利用。但不准占用古建筑开设饭店、茶楼、车间以及住宅等；已占用的，必须采取果断措施，限期搬迁。

c. 坚决拆迁危及古建筑安全的各类危险源。在殿堂内严禁使用易燃易爆的气体、液体；严禁使用可燃材料隔断和堆放可燃材料；严禁储存易燃易爆危险物品。已使用、堆放、储存的，必须立即搬出。

d. 在古建筑范围内，严禁毗连古建筑搭建易燃棚房、简易房，以及临时易燃建筑；在古建筑外围，应拆除乱接乱建的易燃房屋；对危及古建筑消防安全的生产、储存单位，以及建（构）筑物，应强制搬迁或拆除。

② 设置防火间距或防火分隔。防火间距是避免着火建筑的辐射热在一定时间内引燃相邻建筑，且便于消防扑救的间隔距离。实践证明，为了避免建筑物间的火势蔓延，各幢建筑物之间留出一定的安全距离是非常必要的。这样能够减少辐射热的影响，防止相邻建（构）筑物被烤燃，并可为人员疏散和灭火救援提供必要的场地。防火分隔，是为了使火势控制在一定的范围之内，最大限度地减少火灾损失，在建筑内部设防火墙、防火门、防火卷帘以及防火水幕等。设置防火间距或防火分隔时应注意以下几点。

a. 所有古建筑进行扩建、改建以及维修的时候，都应注意设置防火间距。古建筑与周围相邻建（构）筑物之间，应依照《建筑设计防火规范》（GB 50016—2014）留出足够的防火间距；规模较大的古建筑群，确实无法设置防火间距的，应在不破坏原有格局的基础上，设置防火墙、防火水幕等防火分隔设施。

b. 建在森林区域的古建筑，周围应开辟宽度30～50m的防火隔离带，防止森林发生火灾时危及古建筑安全。在郊野的古建筑，即使没有森林，在秋冬枯草季节，也需把周围30m范围内的枯草、干枯树枝等可燃物清除干净，防止野火蔓延危及安全。

c. 所有古建筑，都应开辟消防车通道并始终保持畅通。消防车通道可利用交通道路，但应符合消防车通行与停靠的要求；消防车通道的净宽度及净高度均不应小于4.0m；供消防车停留的空地，其坡度不宜大于3%，以便于发生火灾时消防队能及时迅速赶赴现场施救。

d. 消防车通道最好形成环形。如不能形成环形车道，在消防车通道尽头应设置回车道或者回车场。回车场尺寸不应小于12m×12m；供大型消防车使用的回车场，其尺寸不应小于18m×18m。消防车通道路面、扑救作业场及其下面的管道、暗沟等应能承受大型消防车的压力。

③ 建立多种形式的消防队（站）。多种形式的消防队（站），指的是除国家综合性消防救援队以外的其他消防队，包括政府专职消防队、企事业单位专职消防队以及志愿消防队（或治安联防消防队）等。实践证明，从我国实际出发，借鉴国际通行做法，充分发挥政府及社会各界的积极性，以多种形式建设消防队（站），是从体制与机制上解决消防力量不足、改善城乡消防站布局、增强全社会抵御火灾事故能力的重要举措。

因为筹建和保障的经费、主管单位、建队形式以及用工形式的不同，我国专职消防队有多种模式和称谓。按照经费来源划分，主要有以下三种类型。

a. 地方政府专职消防队（由地方政府投资组建，消防装备及消防人员的工资及消防队的维护费用由地方政府承担）。

b. 企事业单位专职消防队（消防人员由企事业单位的干部、职工或者招聘的合同工担任，或由保安等安保人员兼职）。

c. 民办专职消防队（由民间集资或者个人投资组建，消防人员由乡镇居民或村民兼职，承担本村、镇灭火救援的消防队）。

志愿消防队（含治安联防消防队）是由机关、团体、企业、事业等单位及村民委员会、居民委员会自行组织的群众性消防组织，开展群众性自防自救工作，是我国消防力量的重要组成部分。其职责主要是：开展消防安全宣传教育、普及消防常识、开展防火巡查检查、报告火灾隐患、参与火灾扑救、保护火灾现场以及协助调查火灾原因等。志愿消防队在扑救初期火灾中发挥着重要作用。很多初期火灾，就是因为志愿消防队的及时扑救而未酿成灾害。

专职消防队是主要担负所在地区或者企业、事业单位的消防安全保卫工作，昼夜执勤，具备灭火救援作战能力的专业队伍。其主要职责有：负责本地区、本单位的火灾和其他灾害事故的处置，接受公安消防机构的统一调度，处置本单位（地区）之外的火灾及其他灾害事故。

依据《消防法》，公安消防机构应当对专职消防队和志愿消防队等消防组织进行业务指导；依据扑救火灾的需要，可调动指挥专职消防队参加火灾扑救工作。应加强对专职和兼职消防队员、消防值班人员以及有关管理人员的专门培训，并通过业务培训、考核的形式，检验、促进多种形式消防队伍的业务建设，不断使其预防和扑救火灾的能力得到提高。

各级政府及有关部门要利用民兵、联防以及旅游公司职工等人力资源，进一步建立和完善形式多样的志愿消防队伍。古建筑单位要根据其特点与周边环境，在改造规划中，考虑建立公安、企业专职、兼职或者民间消防等多种形式的消防队（站）。距离国家综合性消防救援队比较远、被列为全国重点文物保护单位的古建筑群的管理单位，应当建立专职消防队，并且承担本单位的火灾扑救和预防工作。消防队（站）的选址、规模和建筑风格应符合以下原则。

a. 消防队（站）的选址应在不破坏古建筑群整体格局的前提下，力争到达火灾现场的时间最短，以利于及时控制和扑灭火灾。

b. 消防队（站）的规模及内部设施可因地制宜，小型适用，不应追求大而全。但是应按照国家有关规定，组织实施专业技能训练，配备并且维护保养装备器材，提高火灾扑救及应急救援的能力。

c. 消防队（站）的建筑风格应灵活多样，不拘一格，尽可能同周围环境相协调。

④ 因地制宜地加强消防水源建设。消防水源指的是可供灭火救援使用的水源。它是处置各类火灾事故（忌水物质的火灾除外）的不可缺少的重要保障。一般分为人工水源和天然水源两大类。人工水源是指人工修建的给水管网、水池、水井、沟渠以及水库等；天然水源又叫作地表水源，是由地理条件自然形成的，可供灭火救援时取水的场所，如河流、海洋、湖泊、池塘、溪沟等。

加强消防水源建设、保证消防用水的需要，是保证发生火灾后有效施救的重要基础性工作。古建筑单位必须从长计议，统筹规划和建设消防水源，特别是应抓好消防给水管网、消火栓及消防水池等人工水源的新建与改建。消防水源的建设应遵循以下原则。

a. 按规定配置消火栓。应在完善消防给水系统的基础上，合理设置消火栓。消防给水可以采取生活用水及消防用水合用的给水系统，其用水量不应小于 60～80L/s。在城市间的古建筑，应利用市政供水管网，在每座殿堂和庭院外安装室外消火栓，有的还应加装水泵接合器。室外消火栓的间距不应大于 120m，其保护半径不应大于 150m。每个消火栓的供水量应按照 10～15L/s 计算。当古建筑在市政消火栓保护半径 150m 以内，并且室外消防用水量小于等于 15L/s 时，可以不设置室外消火栓。室外消火栓、阀门以及消防水泵接合器等设施地点应设置相应的永久性固定标识。

b. 室外消火栓应沿道路设置。消火栓距路边不应大于 2m，并且距房屋外墙不宜小于 5m。当道路宽度大于 60m 时，宜在道路两边设消火栓，并宜靠近十字路口。室外消火栓宜采用地上式消火栓。地上式消火栓应有 1 个 DN150mm 或者 DN100mm 和 2 个 DN65mm 的栓口。采用室外地下式消火栓时，应有 DN100mm 与 DN65mm 的栓口各 1 个。寒冷地区设置的室外消火栓应有防冻措施。

c. 国家级文物保护单位的木结构或者砖木结构古建筑，宜设置室内消火栓。当古建筑体积小于等于 10000m^3 时，消防用水量不应小于 20L/s；当体积超过 10000m^3 时，其消防用水量不应小于 25L/s。室内消防竖管直径不应小于 DN100mm。室内消火栓应设置于位置明显且易于操作的部位；栓口离地面或操作基面高度宜为 1.1m，其出水方向宜向下或同设置消火栓的墙面成 90°角；栓口与消火栓箱内边缘之间的距离不应影响消防水带的连接。同一建筑物内应采用统一规格的消火栓、水枪以及水带，每条水带的长度不应大于25m。如设室内消火栓有困难，则可通过强化室外消火栓的布置方式来弥补室内消防系统的不足。当室外消火栓替代室内消火栓时，水压应满足水枪充实水柱到达最不利点灭火的需要，间距应按室内消火栓的要求布置，并宜增设消防软管卷盘，配置消防水枪和水带，水枪宜采用多功能水枪。消火栓的设置形式、色彩等应尽量同周围景观相协调，并且有醒目的标志。

d. 在郊野、山区中的古建筑，以及消防供水管网不能满足其消防用水的古建筑，应当修建消防水池，配备消防手抬泵、水枪以及水带。消防水池的储水量应满足扑救一次火灾，持续时间不应小于3h的用水量（即消防水池的容量应为室内外消防用水量和火灾延续时间的乘积）。消防水池的补水时间（即从无水到完全注满所需的时间）不宜大于48h；缺水地区可延长至96h。在通消防车的地方，水池周围应有消防车通道，并且有供消防车回旋停靠的余地；供消防车取水的消防水池，应设置取水口或取水井，并且吸水高度不应大于60m；取水口或取水井与建筑物（水泵房除外）的距离不宜小于15m。地处山区的古建筑，宜借助地形优势，修建山顶高位消防水池，形成常高压消防给水系统。在寒冷地区，消防水池还应采取防冻措施。

e. 应充分利用天然水源。在有河流及湖泊等天然水源可以利用地方的古建筑，应修建消防码头，供消防车停靠汲水；在消防车无法到达的地方，应设固定或者移动的消防泵取水处。与此同时，为了能及时就近取水扑灭初期火灾，准备一些消防水缸、水桶并且经常保持装满水仍是简便、必要、可用的措施。

⑤ 配备实用有效的灭火器材和消防设施。灭火器是由筒体、器头以及喷嘴等部件组成的，借助驱动压力可将所充装的灭火剂喷出，达到灭火的目的。它具有结构简单、轻便灵活、可移动，以及便于操作等优点，是扑救初期火灾的重要消防器材。

a. 灭火器的种类较多，按其移动方式可以分为手提式灭火器和推车式灭火器；按照驱动灭火剂的动力来源可分为储气瓶式灭火器、储压式灭火器以及化学反应式灭火器；按所充装的灭火剂可分为干粉灭火器、二氧化碳灭火器、泡沫灭火器、酸碱灭火器、清水灭火器以及卤代烷灭火器等。

为防止万一，在一旦出现火情时，能够及时有效地把火灾扑灭在初期阶段，古建筑单位应按照国家标准配置并维护保养灭火器材。应参照《建筑灭火器配置设计规范》（GB 50140—2005）配置灭火器。灭火器配置的类型、数量及位置，可依据灭火器的有效射程、对保护物品的污损程度、设置点的环境温度以及使用灭火器人员的素质等因素综合考虑，合理选择，适当增加灭火器的配置数量，以提高控制和扑救初期火灾的能力。对存有大量壁画、彩绘、泥塑以及文字资料等历史珍品的场所，应选择不污染或者不破坏保护对象的气体灭火器。

b. 灭火器材的配置，还要考虑尽可能将水渍损失减少。应配置适合扑救古建筑火灾的灭火效率高、水渍损失小的灭火和抢险救援器材，如干粉灭火器、二氧化碳灭火器以及高压脉冲水枪等。开放游人参观的宫殿、楼阁、寺庙、道观，可每200m^2左右配2具8kg ABC干粉灭火器或7kg手提式二氧化碳灭火器。

c. 灭火器设置的一般要求如下。

（a）设置位置。灭火器应设置在明显及便于取用的地点，并且不得影响安全疏散。

（b）设置方法。手提式灭火器应放置在挂钩上、托架上或者灭火器箱内，并应稳固摆放，其铭牌应朝外、可见，灭火器箱不得上锁。推车式灭火器放于室外时，应采取遮阳挡雨的措施。

（c）设置高度。手提式灭火器顶部离地面的高度通常为1～1.5m，不应大于1.5m；底部离地面的高度不宜小于0.08m。

（d）设置环境。灭火器应防潮湿、防腐蚀，否则会严重影响到灭火器的使用性能和安全性能。

d. 对各种灭火器材和消防设施，应定期由专人维护保养，要通过不断地检测调试、维护保养、更新改造等，随时确保消防设施、灭火器材功能正常、完好有效。其中，对干粉灭火器及二氧化碳灭火器的维护保养要求分别如下。

干粉灭火器应放置在通风、干燥以及阴凉处，避免日光暴晒和强辐射热，存放环境温度通常宜在－20～55℃之间，严防干粉结块、分解，每半年应检查漏气与否，如已发生泄漏，则应送维修部门维修。灭火器一经开启必须再充装，再充装时不得变换干粉灭火剂的种类。比如碳酸氢钠（BC）干粉灭火器不能换装磷酸铵盐（ABC）干粉灭火剂，反之亦然。每次使用后或者期满5年，都应每隔两年送维修部门进行水压试验等检查。

二氧化碳灭火器应存放在阴凉、干燥、通风处，不得接近火源，避免强辐射热，禁止日光暴晒，存放环境温度通常宜在－10～55℃之间。搬运时，要轻拿轻放，不可碰撞，注意保护好阀门及喷筒。每半年应用称重法检查一次质量，检查有无泄漏。每次使用后，或者期满5年及以后每隔两年，均应送维修部门进行水压试验等检查。

e. 消防车辆的配备，应适合狭窄街道或者崎岖山路通行的需要，宜配备小型消防车或消防摩托车。

（2）改善建筑材料、织物的燃烧性能，使其耐火性提高

① 阻燃处理

a. 对古建筑的柱、梁、枋、檩、椽、楼板以及闷顶内的梁架等木质构件，在木材的表面涂刷或喷涂木材专用防火涂料，使之形成一层保护性的阻火膜，以此来降低木结构表面的燃烧性而增强其耐火性，阻止火势的迅速蔓延。

b. 用于古建筑内的各种棉、麻、毛、丝绸以及混纺针织品制作的装饰织物，尤其是寺院、道观内悬挂的帐幔、幡幢、伞盖等，应采用织物专用型阻燃液处理，既可降低其燃烧性能，又可以达到防霉、防腐的目的。

c. 古建筑内使用的电线电缆，应采用防火涂料刷涂、喷涂或者辊涂，以满足防火阻燃的要求。

② 替换可燃构件。古建筑扩建、改建以及修缮时，在不影响其原貌的前提下，宜对易燃、可燃构件用不燃或难燃构件替换。对规模比较大的古建筑群，应考虑在不破坏原有格局的情况下，适当设置防火墙、防火门进行防火分隔，使某一处失火时，不致于很快蔓延至另一处，形成“火烧连营”。

（3）严格控制火源、电源，消除可能引起火灾的火源　火灾指的是在时间或者空间上失去控制的燃烧所造成的灾害。火源是发生燃烧的必要条件之一。消除各种引火源，是古建筑安全防火的关键。

纵观国内外古建筑发生火灾的教训，可能会引发古建筑火灾的火源主要有宗教活动用火、生活用火、电气火花、施工维修动火以及雷击等。所以，必须切实加强防范，严格控制和消除各类火源。

① 严格香火管理

a. 未经批准进行宗教活动的古建筑（寺庙、道观等）内，禁止燃灯、点烛以及焚纸。经批准进行宗教活动的古建筑内，燃灯、点烛、烧香以及焚纸等宗教活动，必须时刻注意消防安全，小心火烛。

b. 燃灯、点烛、烧香、焚纸等活动，应在指定的安全地点和位置，并且落实专人负责看管。除“长明灯”在夜间应有人巡查之外，香、烛必须在人员离开前熄灭。

c. 香炉应采用不燃材料制作；放置香、烛、灯的木质供桌上，应铺垫金属薄板、不燃材料或者涂防火涂料，避免香、烛、灯火跌落在上面时，引起燃烧；神佛像前的长明灯，应

设固定的不燃灯座，并把灯放置在瓷缸或玻璃缸内，防止碰翻；蜡烛应有固定的不燃烛台，以防倾倒发生意外，并始终由专人负责看管。

d. 严禁所有的香、烛、灯火靠近帐幔、幡幢、伞盖等可燃物。

e. 焚烧纸钱、锡箔的“香炉”，必须设于殿堂外，选择靠墙角避风处，用非燃烧材料制作。

② 严格生活用火管理。古建筑内禁止使用液化石油气和管道煤气；炊煮用火的炉灶和烟囱，应符合防火安全要求。冬季，在必须取暖的地方，取暖用火的设置，应经单位有关人员检查后定点，并指定专人负责。

供游人参观和举行宗教等活动的地方，严禁吸烟，并应设有明显的警示标志。工作人员、僧道等人员吸烟，应划定地点，烟头、火柴梗必须丢在带水的烟缸或痰盂内，严禁随手乱扔。

③ 严格电源管理。凡列为重点保护的古建筑，除砖、石结构外，通常不准安装电灯和其他电气设备。古建筑内如确需安装照明灯具及电气设备，需经当地文物行政管理部门和消防救援机构批准，并由正式电工负责安装及维护，严格执行有关电气安装使用的技术规范及相关规程。

古建筑内的电气照明设施，应符合消防安全技术规程的要求。禁止使用卤钨灯等高温照明灯具和电炉等电加热器；不准使用日光灯和大于60W的白炽灯；灯具和灯泡不得靠近可燃物；灯饰材料的燃烧性能不应低于B1级。有资料表明：200W灯泡紧贴木材1h，就可以将其烤燃起火；100W灯泡13min、200W灯泡5min，就可以将被褥等可燃物烤燃起火。

所有电气线路应一律采用铜芯绝缘导线，并且采用阻燃PVC（聚氯乙烯）穿管保护或穿金属管敷设，不准直接敷设在梁、柱、枋等可燃构件上，禁止乱拉乱接电线。

配线方式，通常应以一座殿堂为一个单独的分支回路，独立设置控制开关，以便于在人员离开时切断电源；控制开关、熔断器都应安装在专用的不燃配电箱内，配电箱应设在室外；禁止使用铜丝、铁丝以及铝丝等代替熔丝。所有安装了电气线路和设备的木结构或者砖木结构的古建筑，宜设置漏电火灾报警系统。

没有安装电气设备的古建筑，若临时需要使用电气照明或其他电气设备，也必须办理临时用电申请审批手续。经批准后由正式电工安装，到批准期限结束时，必须拆除。

（4）增加相应防范设备　防范设备虽然是消防用设备之外的设备，但按照设置方法的不同，很多设备也能够十分有效地预防火灾。例如，防范设备是一般经常使用的，也是古建筑物中众多的设备之一。

① 防范传感器。警戒侵入建筑物内或占地内的防范传感器的种类很多，并且各具特点。必须选择与目的相符的传感器，并选择合适的灵敏度，若传感器的灵敏度太高，除人的侵入之外，小动物、小鸟以及枯树枝等的进入有时也会引起传感器错误启动，给管理造成麻烦；相反，如果设定的灵敏度太低，即使有侵入者，有时传感器也不会启动，从而导致损失。在这些情况下，要使用具有复合功能的传感器，或设置多个传感器组合使用。在各种各样的设置方法中，选择最适合相应建筑物的方法十分重要。在古建筑的房间中，大多都设置单独房间的防范传感器（红外线式）。在火灾时借助这些信息作为判据之一，也非常有效。防范设备的监视功能，可以与火灾自动报警设备的接收机设置于同一场所进行监视。

② 监视摄像机（ITV设备等）。在能够反映出主要场所画面的范围内设置摄像机，进行24h监视。并且，应保存摄影的录像，以便于能够在必要时观看。现在的摄像机有多种多样的功能，即使周围很暗，也能够进行暗室监视、红外线监视，并附加有旋转装置，能够观察到周围的情况。通过设置、利用这些功能，还能实现防火和火灾时的情况确认等多种用途。

（5）安装性能可靠的避雷设施，避免雷击引起火灾　雷电是自然界中一种复杂放电现象。带着不同电荷的雷云之间或雷云与大地之间的绝缘空间被击穿，就会产生放电现象。雷电可分为直接雷、雷电感应（静电、电磁）、雷电波（流）侵入。由于雷电的作用可以导致人畜伤亡、火灾和机械性破坏等严重后果，对于电气设备的损害也是很严重的，所以，建筑避雷措施的好坏，对防止雷击引起的火灾和破坏是至关重要的。

① 古建筑部分雷击火灾的原因及经验教训总结如下。

a. 北京古建筑雷击火灾及原因。从史料记载看，古建筑受害最大的除人为失火、兵火以及地震火灾外，就是雷击灾害。仅以北京地区的古建筑为例，历史上先后遭受到雷击破坏的有天安门、故宫三大殿、天坛祈年殿、钟楼、鼓楼、正阳门楼、白塔寺、德胜门楼、十三陵棱恩殿等。这些古建筑中，有的曾几次遭受雷击。

古建筑容易遭受雷击的原因有下列几个方面。

(a) 与古建筑的高度有关。在北京地区的古建筑中，最高的就要算古塔了。天宁寺塔高达 58m，八里庄的慈寿寺塔高度也有 58m 多。较高的宫殿、城门楼多在 40m 左右，比如正阳门楼、天坛祈年殿、鼓楼以及钟楼的高度都在 40m 以上。一些低的宫殿如太和殿等的高度接近 40m。在城市没有出现高楼大厦以前，这些古建筑恐怕就是地面物中的最高点。这样，建筑物上的电荷和云层中的电荷接触放电的机会要比其他地面物多得多。在雷雨天时，带电的雷雨云多为低云，北京地区雷雨云底的相对高度仅有 1000m 左右，但是古建筑的高度多在 45m 左右，所以带电的雷雨云与古建筑之间的距离是很近的，这是导致其易遭受雷击的原因之一。

(b) 与古建筑所处环境有关。古建筑常选建在比较理想的环境位置。拿北京的古建筑来说，其位置多数是处于空旷平坦之地，兴建的大型重要古建筑犹如鹤立鸡群，形成孤单的高建筑。比如北京中轴线上的正阳门、天安门、故宫三大殿、鼓楼以及钟楼等，其四周附近没有高建筑，过去也没有安装避雷装置，处在这样位置的古建筑自然最容易遭受雷击。这是由于空中雷云所带的电荷，在地面上被感应出与雷云相反的电荷时，将会吸引地面相反的电荷，而这些相反的电荷会立即集中在高出地面的物体上。当雷云压低时，它所带的电荷就会向地面相反的电荷放电。此外，我国的古建筑群，历来还有通过种植树木来烘托和美化环境的习惯，栽种的松、柏等均为多年生植物，都长得比较高，有的高度甚至超过古建筑本身。雷雨时，淋湿的树木成为导体，极易接闪，而树木接闪时，常会向附近的建筑物上反击，祸及古建筑，导致雷击火灾。

(c) 与古建筑的结构造型有关。古代建筑在结构上通常由两部分组成：一是基座，多用砖石砌成；二是大木，就是在基座以上的木结构，它由上架（梁、檩）、下架（柱、枋）、斗栱组成，屋顶有泥背或锡背，最上层是琉璃瓦。这样的结构在没有避雷设施时，当遇雷雨屋顶接闪后，因为大木结构是不导电的，使屋顶与大地之间形成绝缘层，雷电无法由接闪部位传入地下，瞬间放出功率巨大的电流，必然导致木结构起火燃烧。

b. 西安市碑林大成殿雷击火灾及教训。1959 年 9 月 13 日，陕西省西安市碑林内的大成殿，遭遇到雷击起火，烧毁大成殿和殿内陈列品 260 余件。这次火灾造成的损失是无法通过经济价值来计算的。

碑林为明代建筑，砖木结构，被国务院列为第一批全国重点保护文物单位。

这次火灾的主要经验教训如下。

(a) 大成殿虽装有避雷装置，但是其有效保护半径有限，不能保护整座建筑。该殿高 15m，而避雷针高为 24.3m，并且安装在距后屋檐 1m 处。据核算，避雷针的有效保护半径仅为 7m，大成殿前半部不在避雷针保护范围之内，因此其前檐的屋顶就遭到了雷击。

(b) 碑林是一处规模较大的古建筑群，但这群古建筑内未考虑消防给水，消防车不能及时取水灭火，延误了灭火时机。

(c) 在这群古建筑区内，因为台阶、门廊等阻挡，消防车到场后不能靠近古建筑，给扑救火灾带来了较大困难。

由此可见，对古建筑和古建筑群设置安全可靠的避雷设施、消防给水和消防车通道是非常必要的。

c. 北京祈年殿雷击火灾及教训。天坛内的祈年殿，建成于明嘉靖二十四年（公元1545年）。清光绪十五年（公元1889年）八月间大殿遭受到雷击起火，一昼夜就烧光了。在当时来说，祈年殿就有350多年的历史。据相关资料介绍，祈年殿的大柱，全是用沉香木做成的，燃烧中清香四溢，数里以外便可闻到清香味。公元1545年建成的祈年殿，被雷火吞噬，一去不复返。现在所看到的祈年殿，为清光绪二十二年（公元1896年），根据曾参加过祈年殿修缮的工匠师傅的记忆、口述，制出图样，重新修建的。因此，高耸的古建筑，必须考虑防雷保护。

d. 承德市外八庙罗汉堂雷击火灾及教训。1963年8月16日，承德市外八庙罗汉堂发生雷击火灾，烧毁整个罗汉堂，五百尊木雕罗汉也被烧毁，造成了不可弥补的损失。

该火灾的主要教训如下。

（a）该罗汉堂坐落于承德市的郊外落雷较频繁的地段，又是比较高的建筑，应该装设避雷装置，但没有安装。所以，古建筑必须安装避雷设施，而且要在每年雷雨季节来到之前，对其做一次全面的检测、保养，以确保它的冲击接地电阻不大于10Ω。

（b）缺乏消防水源是烧毁整个建筑的重要原因。当消防队接警到达罗汉堂时，火焰已穿出屋面，但因无消防水源，消防队无法有效控制火势蔓延，以致罗汉堂全部烧毁。

② 防雷措施。千百年来古建筑物被雷电击毁或由于雷电引起火灾被焚的事件不胜枚举。例如：1969年9月，河北省承德市避暑山庄外八庙之一的普佑寺，由于未安装避雷设施，遭雷击起火，著名的法轮殿和周围的群楼、配殿94间全都付之一炬；2004年5月，山西省运城市翟山县省级文物保护单位大佛寺遭雷击发生火灾，经消防人员奋力扑救，大殿才免遭劫难，但是仍有部分建筑被毁坏，直接经济损失达到25.2万元。可以说，目前大部分古建筑物未得到有效防雷保护，人们对古建筑物保护的防雷意识还比较淡薄，手段相对滞后，防雷装置、设施均不完善，雷害仍在不断发生。古建筑物的防雷保护工作因此显得尤为重要。

a. 古建筑物易遭受雷击的结构特点。古建筑物的结构、用途、性质，以及所在地理环境不同于一般建筑物，容易遭受雷击。具体表现在以下几个方面。

（a）古建筑物多数建在地势较高的山上，或者建在土壤电阻率有突变的山脚边，易被雷电侵袭。

（b）从结构上看，为了体现建筑的雄伟、挺拔，古建筑物均建有高耸的屋脊，而正是这些高耸的屋脊为带电云层放电创造了条件。

（c）多数古建筑物的大殿正脊中部会埋设金属“宝盒”，有的建筑物屋顶内部还有“锡背”，这些金属物都使建筑物接闪放电的可能性大大增加。

（d）古建筑物绝大多数为砖木结构，一旦遭受雷击，极易造成木质构件燃烧。

b. 古建筑物防雷现存缺陷，经分析主要分为以下几点。

（a）未设避雷保护设施。虽然1982年11月19日《中华人民共和国文物保护法》颁布之后，全国部分省、市开始对古建筑物根据其重要性陆续补做防雷装置，但是据统计，目前大约还有2/3的古建筑物没有装设防雷装置。

（b）已有防雷设施未达防雷技术标准。部分经过修建、改建、扩建的古建筑物，以及较高的宝塔类建筑物多数安装了防雷装置，但是经实际检测发现，这些古建筑物的防雷装置还存在不少缺陷。

（c）相比于现代建筑物，大多数古建筑物周围的地理环境、地质条件不理想，建筑物的外形结构也比较复杂，所以，给古建筑物防雷装置的施工安装带来了一定的难度，防雷效果相对现代建筑物要差一些。

(d) 古建筑物防雷设施的安装敷设同保护古建筑原有风貌相矛盾，影响了防雷设施的安装与使用。

c. 建筑物防雷类别的划分。根据国家现行《建筑物防雷设计规范》(GB 50057—2010)，建筑物的防雷分类根据其重要性、使用性质以及发生雷电事故的可能性和后果来确定。国家级重点文物保护的建筑物依据其大小至少应划为第二类以上防雷建筑物。

d. 古建筑物的防雷措施。针对部分古建筑物中缺少避雷设施，或者即使安装了避雷设施，但保护半径不够，不符合防护要求的现状，要彻底检查更新古建筑物的防雷避雷设施，尽力避免雷电引起的火灾危害。建筑物防雷可分为内、外部防雷。古建筑物的防雷设计必须将外部防雷装置与内部防雷装置作为整体统一考虑。

(a) 古建筑物外部防雷。外部防雷装置（即传统的常规避雷装置）由接闪器、引下线以及接地装置三部分组成。接闪器（也称为接闪装置）有三种形式：避雷针、避雷带以及避雷网。它位于建筑物的顶部，其作用是引雷（也称截获闪电），即把雷电流引下。引下线上与接闪器连接，下与接地装置连接，它的作用是把接闪器截获的雷电流引到接地装置。接地装置位于地下一定深度，它的作用是使雷电流顺利流散至大地中去。接闪器、引下线以及接地装置的布设见表 3-12。

表 3-12 接闪器、引下线以及接地装置的布设

项目	布设要求
接闪器的布设	为保持古建筑物的艺术特点，接闪器宜采用避雷带与短支针的组合，代替原有的“苏式”长针，并宜在敷有引下线屋角的避雷带上焊接短支针，以便有效接闪雷电泄流入地。根据雷击规律，避雷带应沿建筑物屋面的正脊、吻兽、屋顶檐部、斜脊、垂兽和高出建筑物的烟囱等易受雷击的部位敷设 目前一种提前放电避雷针逐渐成为非常规避雷针的主流。新型避雷针无源、无辐射，精确地提前放电，完全主动式引雷，大大加强了建筑的防雷能力。其能量来自闪电发生前地面和云层之间的电势差。它在雷击发生的临界点之前产生一个向上先导，形成雷电优先通路，相当于将避雷针增长了数十米，克服了传统避雷针被动接闪的不足，大幅度提高了防雷保护范围，减小了二次雷击效应的影响。新一代避雷针安全可靠，无放射性元素，抗风能力强，耐腐蚀，无源、无耗能元件，本身不受浪涌冲击影响，免维修，寿命长，可在古建筑避雷工作中大力推广。新型古建筑的防雷保护可采用“暗装笼式避雷网”技术，在不影响古建筑艺术效果的前提下，将设计成网状的防雷装置铺排在古建筑顶部的瓦面上，构成一个大型金属网笼，并饰以与屋顶相同的颜色。这样既可以起到防雷作用，又可以保持古建筑完美的艺术造型，是一种实用、美观、安全的防雷方式，可在古建筑避雷工作中推广
引下线的布设	防雷引下线根数少，雷电流分流就小，每根引下线所承受的雷电流就越大，容易产生雷电反击和雷电二次效应危害。因此，在布设引下线时尽量多设几根，尽量利用建筑物的柱子和钢筋。但古建筑物多为砖木结构，故只能采用明敷。敷设时应注意引下线要对称，在间距符合规范的前提下，尽可能多设几根
接地装置的布设	古建筑物接地装置应根据其用途、性质、地理环境和游客多少等情况来选择布置方式和位置。对重要的游客集中的古建筑物内部应采用均压措施。对宽度较窄的古建筑物可采用水平周圈式接地装置，并注意接地装置与地下管线路的安全距离。对达不到规范要求的一律连接成一体，构成均压接地网。这样可以使接地网界面以内的电场分布比较均匀，减小跨步电压对游客的危害，也可以减小室内在被雷击时由于地面电位梯度大而容易产生的反击高压危害。另外，为降低雷电跨步电压对游客的危害，当接地体距建筑物出入口或人行道小于 3m 时，接地体局部应埋深至 1m 以下，若深埋有困难，则应敷设 5～8cm 厚的沥青层，其宽度应超过接地体 2m

(b) 古建筑物内部防雷。内部防雷装置的作用是减少建筑物内的雷电流和所产生的电磁效应以及防止反击、接触电压、跨步电压等二次雷害。除外部防雷装置之外，所有为达到此目的所采用的设施、手段以及措施均为内部防雷装置，主要包括等电位连接设施（物）、屏蔽设施、加装的避雷器以及合理布线和良好接地等措施。

大多数国家、省、市级重点文物保护的古建筑物内均增设了消防广播、防盗报警以及监视系统等。这些弱电电气系统对雷电虽不如计算机电子信息系统那样“敏感”，但一旦遭受雷击，其危害也是很大的。因此，随着人类科技的发展，古建筑物、仿古建筑物的内部防雷也十分重要。

文物古建筑应实施避雷设施跟踪技术检测，每年至少检修一次，以防人为及非人为因素的破坏。现代防雷技术强调的是全方位防护，综合治理，层层设防，将防雷看作一个系统工程。国家文物是国家重要的人文旅游资源和珍贵文化遗产，具有不可复原性。古建筑的防雷安全工作并不是小事，所以，各级政府应当因地制宜，把避雷设施建设纳入文物保护基本建设和维修项目中，加大经费投入。各级文物管理部门应当增强雷电灾害忧患意识，切实做好文物古建筑的防雷安全保护工作。

③ 安装避雷设施。古建筑安装避雷装置与否，不应只从建（构）筑物的高度考虑，还应从保护历史文化遗产与古建筑安全防火的角度考虑。以往火灾教训表明，雷击不仅对高大古建筑有威胁，对低矮的古建筑也同样有威胁，所以，古建筑都应安装避雷装置。国家级重点文物保护的古建筑防雷，应符合第二类防雷建筑要求。除应严格按照《建筑防雷设计规范》（GB 50057—2010）设置避雷针、避雷线、避雷带以及避雷网等避雷设施外，还应注意下列事项。

a. 正确选择及安装避雷设施。选择避雷针安装方式，必须准确计算它的保护范围，屋顶与屋檐四周应在保护范围之内。无论是采用避雷针还是避雷带的安装方式，都应注意引下线在建筑屋檐的弯曲处，尽量减少弯曲，防止出现直角、锐角。采用避雷带，则应沿屋脊等突出的部位敷设。

b. 防雷引下线不要过少。引下线少，分流就少，每一根引下线承受的电流就大，容易产生反击及二次灾害。所以，引下线不应少于 2 根，即使建筑物长度短，引下线也不得少于 2 根，其间距不应大于 24m。

c. 接地体及其电阻应符合安全要求。接地体应就近埋设，不宜距保护建筑太远，以使防雷装置的反击电压减小，可避免造成放电引发火灾的危险。为便于每根接地体的电阻的测试维护，应在防雷引下线和接地体间距地面 1.8～2m 处，设断接卡子。接地体的电阻值应在 10Ω 以下。

d. 防雷导线和其他金属物应保持安全距离。防雷导线与进入室内的电气、通信线路、管线和其他金属物要避免相互交叉，必须保持一定距离，避免产生反击引起雷电二次灾害。室外架空线路进入室内之前，应加装避雷器或者采取放电间隙等保护措施。

e. 安装节日彩灯需采取安全措施。古建筑安装的节日彩灯和避雷带平行时，避雷带应高出彩灯顶部 30cm，而避雷带支持卡子的厚度应大一些。彩灯线路由建筑物上部供电时，应在线路进入建筑的入口端装设低压阀型避雷器，其接地线应和避雷引下线相连接。

f. 坚持定期专门检测维护。在每年雷雨季节前，应组织专业人员对避雷设施进行专门检测维护，以保证其性能完好有效。

（6）设置火灾自动报警和自动灭火系统，及时发现及扑灭初期火灾　凡属国家级重点文物保护单位的古建筑或者有条件的古建筑，应建立全方位消防监控系统。在不破坏建筑的原有结构、不影响其使用功能以及满足建筑装饰效果的前提下，均需采用先进的消防技术措施，设置火灾自动报警与自动灭火系统，推广安装细水雾灭火系统。

① 安装火灾自动报警系统。火灾自动报警系统，是指能自动探测火灾，自动通报火灾，启动、控制有关消防设施的各种设备所构成的系统。此系统由触发器件、火灾报警装置以及具有其他辅助功能的装置组成。它主要有区域报警系统、集中报警系统以及控制中心报警系统三种基本形式。古建筑（群）应按照消防安全保护的实际需要，设置火灾自动报警系统。火灾自动报警系统的设计、安装施工以及竣工验收均应符合有关消防技术规范的要求，并应尽量不影响古建筑的外观和风格。

大空间古建筑，可以选择红外线感烟探测器、缆式线型定温探测器和火焰探测器；佛像体上和壁挂、经书以及文物较密集的部位，可采用缆式线型定温探测器；对于人员住房、库房等其他建筑，可采用烟感探测器和火焰探测器的组合；收藏陈列珍贵文物的古建筑，宜选择抽气式早期火灾探测器或线型光纤感温探测器；重要古建筑的重点防火区域及重点部位，宜设置火焰图像探测器，火焰图像探测器宜和安防图像监控系统相结合，对建筑实施 24h 全方位监控。

② 安装自动灭火系统。自动灭火系统，也就是能自动探测火灾并能自动输送、喷射灭火剂扑救火灾的灭火装置。该系统一般由火灾探测、动力能源、操作控制、灭火剂储存及输送喷射、安全及指示仪表五部分设备组成。按照使用的灭火剂种类不同，自动灭火系统可分为自动喷水灭火系统、二氧化碳灭火系统、蒸汽灭火系统、泡沫灭火系统、干粉灭火系统、卤代烷灭火系统等。自动喷水灭火系统，是按适当的间距与高度装置一定数量喷头的供水灭火系统，主要由喷头、阀门、报警控制装置和管道、附件等组成。它按照组成部件及工作原理的不同，可以划分成若干种基本类型。目前已在应用的系统主要有湿式系统、干式系统、雨淋系统、预作用系统、水喷雾系统和水幕系统等。

重要的木结构与砖木结构的古建筑内，宜设置湿式自动喷水灭火系统。寒冷地区需防冻或者防误喷的古建筑，宜采用预作用自动喷水灭火系统。在建筑物周围容易蔓延火灾的场合，宜设置固定或者移动式水幕。

自动喷水灭火系统管道、喷头等构件的选型以及安装位置等应经过科学论证，不应影响和破坏古建筑的结构形式和外观风貌。自动喷水灭火系统采用天然水源时，应经过过滤处理，避免杂质堵塞喷头。

对性质重要、不宜用水扑救的古建筑，比如收藏陈列珍贵文物的古建筑，可结合实际情况，设置固定或半固定干粉、气体灭火系统或者悬挂式自动干粉灭火装置、二氧化碳自动灭火装置以及七氟丙烷自动灭火装置等。

安装了火灾自动报警与自动灭火系统的古建筑，应设置消防控制中心，对整个火灾自动报警、自动灭火系统实行集中控制与管理，并应加强其日常维护及检测，时刻保证设备良好运转及其功能的充分发挥。

③ 安装细水雾灭火系统。因为古建筑火灾保护的特殊性，采用消火栓及水喷淋设备等系统，会在使用中存在许多不足。比如，灭火后，产生大量的水渍，容易使古建筑中的文物遭到破坏；这些设备使用的水量大，要求有足够的储备水，而通常古建筑地处偏远，没有大量储备水源的条件；这些消防设施的管道较粗，安装的体积比较大，影响文物的整体景观等。

因此，在有效灭火的前提下，又要符合古建筑保护的要求，缺水地区和珍宝库、藏经楼等重要场所，应设置细水雾、超细水雾灭火系统。细水雾灭火系统具有如下优点。

a. 灭火效能高，反应时间短。不仅其冷却性好，抑制性强，有一定的穿透性，可以避免火灾复燃，而且它的用水量仅是水喷淋系统的 10%，很适用于古建筑的保护。

b. 使用安全，应用范围广。不会对环境及保护对象造成危害，既可独立保护建筑物的某一部分，又可以作为全淹没系统，保护整个空间。可用于水源匮乏的地区及部分严禁用水的场所。

c. 细水雾灭火系统的管道管径比较小，工程造价低，安装、维护方便，隐蔽性强，能很好地维护文物的整体景观。

(7) 做好古建筑修缮时的防火工作，保证修复期间和改造后的安全　随着经济技术的发展和人们对文物古建筑的逐步重视，对古建筑的保护及修复已提到了一个比较重要的高度。古建筑的修复及改建工程完全不同于一般的改建工程，修复及改造应使古建筑在现代社会中既能保留建筑固有的历史风貌，重新发挥出其原有的璀璨光芒，符合国家关于文物保护建筑的有关法律法规，又要满足消防安全的要求，确保修复期间和改造后的安全使用。

修缮古建筑是保护古建筑的一项根本措施。但是在修缮过程中，客观上又往往增加了不少火灾隐患。比如大量存放易燃、可燃物料，大量使用电动工具和明火作业；同时，维修人员多而杂，进出频繁，稍有不慎，就有可能引发火灾。所以，古建筑修缮过程中的安全防火工作尤须加强，应特别注意下列几个方面。

① 按规定报经公安消防机构审核。古建筑的使用、管理单位以及施工单位，应将工程项目、施工图纸、施工期间现场组织制度、防火负责人以及逐级防火责任制等消防安全措施，事先报送当地消防救援机构审核。未经依法审核或审核不合格的，不得擅自施工。

② 不能降低防火安全标准。在古建筑修缮过程中，应严格按消防技术标准和规范的有关要求进行，其耐火等级、消防设施以及防火间距等均要达到消防安全要求，不能降低防火安全标准。

③ 焊接、切割应防高温熔渣和火花。如由于维修需要，临时使用焊接、切割设备的，必须经单位领导批准，指定专人负责，落实安全措施。在古建筑内和脚手架上，一般不得进行焊接、切割作业。如必须进行焊接、切割作业时，应保证在使用过程中不会由于过载而损坏焊机绝缘；要事先彻底清除焊接、切割地点的可燃物，或者采取防高温熔渣和火花引燃可燃物的措施。

④ 建筑内严禁飞火和明火作业。严禁在古建筑内使用电刨、电锯以及电砂轮；木工加工点、熬炼桐油以及沥青等明火作业，要在远离古建筑（群）的地方进行。

⑤ 严格控制存放可燃物料。修缮用的木材等可燃物料，不得堆放于古建筑内，也不能靠近重点古建筑堆放；油漆工的料具房，应选择远离古建筑的位置单独设置；施工现场使用的油漆稀料，不得大于当天的使用量。

⑥ 贴金作业防纸片乱飞。若进行贴金作业，则需将作业点的下部封严，地面要洒水浇湿，避免纸片乱飞遇到明火燃烧。

⑦ 雷雨季节应采取避雷措施。在雷雨季节搭建的脚手架应考虑防雷，在建筑的四个角和四个边的脚手架上，宜安装避雷针，并且直接与接地装置相连接，以保护施工工地全部面积，其保护角可按60°计算，避雷针至少要比脚手架顶端高出30cm。

⑧ 修缮工地消防安全措施应落实。修缮施工工地的消防安全组织、各项消防安全制度、值班巡逻，以及配置足够的灭火器材等消防安全措施都必须落到实处。

（8）制定灭火及应急疏散预案，心中有数临危不乱　制定预案是为了在面临突发火灾事故时，能够实现统一指挥，并及时、有效地整合人力、物力以及信息等资源，迅速针对火势实施有组织的控制和扑救，避免火灾现场的慌乱无序，避免贻误战机和漏管失控，最大限度地减少人员伤亡和财产损失。同时，利用预案的制定和演练，发现和整改一般消防安全检查不易发现的隐患，进一步提高单位消防安全系数。内容需包含下列几个方面。

a. 建立与空间分布关联的古建筑基础信息数据库，建立基于危险源辨识的火灾数据库，主要包括可燃物种类、数量、特性及分布，应急力量与装备的数量、分布等。

b. 针对古建筑火灾特点，建立与不同事故等级相应的应急预案。

c. 在火灾形成、发展以及烟气输运的研究基础之上，研究可快速预测火灾发展趋势的工程方法；针对古建筑人员疏散的特点，建立人员疏散特性的量化数据库，发展工程应用模型，并在此基础之上，建立应急决策支持系统。

① 制定预案应遵循的程序。制定灭火与应急疏散预案并进行演练，既是单位开展消防安全教育的一种重要方法，又是对单位消防安全管理成效进行检验的有效手段，还是成功扑救初期火灾的关键。所以，古建筑单位应结合实际，特别要根据旅游旺季人员众多的实际，在深入调查研究的基础上，对可能出现的火情进行研究，按照最复杂、最不利的情况制定切实可行的、周密详尽的灭火以及应急疏散预案。

a. 制定预案应遵循相应程序。成立预案编制小组；搜集整理同灭火和应急疏散预案相关的信息资料；具体编制预案；实地演练；修订预案；发布预案；定期演练及再修订。

b. 预案应明确应急组织机构及其职责。组织机构应包括应急指挥部（统一指挥、协调灭火救援的各种行动）、通信联络组（负责火灾现场通信联络）、灭火行动组（实施现场灭火、抢救被困人员）、疏散引导组（引导被困人员自救，在安全出口以及容易走错的地点安排专人值守，及时将被困人员疏散至安全区域）、火灾现场警戒组（控制各出入口，无关人员不允许进入，火灾扑灭后保护现场）、安全防护救护组（对受伤人员进行紧急救护，并视伤情转送医疗机构）、后勤保障组（供电控制、水源供应、灭火物资装备保障等）以及机动组（按照指挥部的命令展开行动）等。

c. 预案应当包括的内容。预案的制定应以一个院落或者一幢古建筑为单位进行。内容除应包括建筑概况、消防安全重点部位、建筑布局和内部陈设、灭火器材情况、消防设施、义务消防队人员及装备情况、灭火与人员疏散设想外，还应当包括以下基本内容。

（a）组织机构。

（b）报警和接警处置程序。

（c）扑救初期火灾的程序和措施。

（d）应急疏散的组织程序和措施。

（e）通信联络、安全防护救护的程序及措施。

d. 制定预案时应对火情进行预想设计。火情预想，即对单位可能发生火灾所做出的有根据、符合实际的设想，是制定灭火和应急疏散预案的重要依据。火情预想要在调查研究、科学计划的基础上，由实际出发，根据不同时段的火灾特点来设定。要有针对性，避免主观臆断；要通盘考虑各种情况，使之互相联系，形成一个有机的整体。其基本内容如下。

（a）重点部位，主要起火点。同一重点部位，可以假设多个起火点。

（b）起火物品及蔓延条件，燃烧面积（范围）与主要蔓延的方向。

（c）可能造成的危害和影响，以及火情的发展变化趋势，可能导致的严重后果等。

e. 预案要对安全疏散的时间进行确定。安全疏散时间，就是建筑物发生火灾时，人员离开着火建筑物到达安全区域的时间。通常就公众聚集场所而言，暴露在火灾环境下的人员必须在90s内疏散到安全区域；高层建筑的安全疏散时间可以按5～7min考虑；一级、二级耐火等级公共建筑，可按6min考虑；三级、四级耐火等级建筑，可以按2～4min考虑。

f. 预案应包含灭火及应急疏散计划图。计划图有助于指挥部在救援过程中对各小组的指挥和对事故的控制，力求详细、直观、准确、明了。

（a）总平面图标明建筑总平面布局、消防车通道、防火间距、消防水源以及与邻近单位的距离等。

（b）各层平面图标明消防安全重点部位、安全出口、疏散通道及灭火器材配置情况。

（c）消防设施图标明各类消防设施和灭火器材的具体位置。

（d）灭火进攻图标明义务消防队人员部署、进攻以及撤退的路线，扑救假定火情可利用的消防设施、灭火器材。

（e）疏散路线图。以防火分区为基本单元，标明疏散引导组人员（即现场工作人员）部署情况、搜索区域分片情况，以及各部位人员的疏散路线。

g. 应按照预案定期组织演练。预案制定之后，应当按照预案至少每半年组织单位专职和志愿（义务）消防队员、管理人员、工作人员以及僧尼等进行学习及演练一次，并结合实际不断完善。所有人员都应熟悉预案的基本内容与应急程序，均应清楚当单位发生火灾时应当履行的职责，知道自身在单位整体应急预案体系中所处的环节、应采取的行动及应发挥的作用。借助演练，使之做到会报火警、会使用灭火器材、会扑救初期火灾、会自救互救、会及时处置紧急情况。保证一旦发生火灾，能及时、快速、有效地灭火，使火灾损失和危害减少。国家综合性消防救援队要在调研熟悉掌握辖区古建筑单位的消防车通道、消防水源、重点部位以及文物古迹分布等情况的基础上，依据不同情况制定贴近实际、实战性强的灭火救援预案，并适时进行演练。平时应结合古建筑高大、供水较远以及用水较多等特点，开展供水综合训练，为打有准备之仗奠定坚实基础。

② 灭火预案的意义

a. 做好古建筑火灾扑救前的准备。提高认识，做好思想及心理准备。文物古建筑是我国历史文化的瑰宝，让它免受或者少受火灾威胁是消防人员义不容辞的职责。担负有火灾扑救任务的消防人员要充分认识自己身上肩负的神圣使命。同时，消防人员还应在充分认识古建筑火灾特点以及对策的基础上，树立必胜的信心，保持良好的心态，赢得火灾扑救的最终胜利。

制定预案，积极开展灭火演练。制定切实可行的灭火作战预案并且适时组织演练是针对古建筑火灾开展的一项必不可少的工作。消防队员应在深入细致的调查研究的基础上，对可能出现的火情进行研究探讨后，制定周密详尽的灭火作战预案。预案的制定应以一个院落或者一幢古建筑为单位进行，包括古建筑概况、建筑布局和室内陈设、消防设施以及灭火设想等内容。在预案的制定过程中，国家综合性消防救援队应主动同古建筑所属单位的专职消防队、义务消防队以及相关负责人共同研究，制定出各自的灭火作战预案及联合灭火作战预案，组织所有参战人员学习后，适时进行演练。

有备而战，做好装备器材准备工作。消防装备器材是扑救古建筑火灾的物质基础。消防人员应根据当地古建筑的特殊情况，配备必要的装备和器材。通常情况下，应配备水罐消防车、手抬泵、干粉灭火器等灭火器材，以适应准确、迅速以及集中兵力打歼灭战的需要；应配备隔热服、空气呼吸器等个人防护装备，以适应贴近火场抢救人员与灭火的需要；可配备登高装备和器材，配备 15m 专用拉梯等，在条件允许的情况下，还可以配备 30m 左右的举高车，以适应高大建筑的灭火需要；有条件的可以配备照明车，以适应夜间火灾扑救的需要；担负大型古建筑群保卫任务的消防队还可以配备破拆车，以适应火场破拆或者开辟通道的需要。

b. 针对火情采取有效措施进行扑救。到达火场之后应首先进行火情侦察，查明被困人员、起火部位及火势蔓延方向，燃烧物的性质、范围，通道受阻与否，建筑的构件烧损程度及是否有倒塌危险等情况，然后针对不同建筑和部位以及火灾发展的不同阶段，采取有效措施扑救。当火势在室内蔓延时，应以内攻为主。在火灾初期阶段，古建筑内工作人员应积极开展自救。当消防队员到达火场后，应以最快的速度，利用门窗等与外界相连的通道，向建筑物内部发起扑救，应选择障碍少、烟雾小、视线好并能充分发挥水枪威力的阵地，阻击火势向周围蔓延。如果燃烧仅局限在建筑物下部，应用喷雾水枪尽快灭火，对周围木结构与易燃构件采取浇水保护的形式阻止火势蔓延；若火势已窜至屋顶，可采用直流水枪打击屋顶火点，也可通过墙柱等构架直搭消防梯，对已蔓延到梁、柱构件上的火势加以消灭，保持屋顶构架机械消防强度，避免坍塌。同时部署力量射水保护建筑的承重构件，并且在外围部署一定力量随时堵截可能向外蔓延的火势。

同时，山区古建筑群火灾中，还应防止火势向森林蔓延，危及林区安全。当火势被完全控制后，消防部门应部署专门力量，对燃烧物进行冷水冷却，并且安排专人监视余烬和负责清理工作，防止其复燃。

c. 古建筑火灾扑救中需要处理好以下两个关系。

(a) 处理好火灾扑救和文物保护的关系。文物古建筑的保存通常都有其特点，如木雕佛像、匾额等工艺品不耐火，泥塑佛像以及古字画等文物既不耐火也不耐水，瓷器、陶器虽耐火，但在高温情况下骤然遇冷，也会遭到严重毁坏。所以，在古建筑火灾扑救中一定要正确处理好火灾扑救与文物保护的关系。在灭火的同时采取积极有效的措施保护珍贵文物，除及时疏散及抢救燃烧古建筑内受火势威胁的文物外，还应尽可能采用干粉灭火剂或喷雾水灭火，避免水流破坏文物。

(b) 处理好火灾扑救和火场供水的关系。火场供水是古建筑火灾扑救中的关键环节，直接关系到扑救工作的成败。面对火情需要多少消防用水量，消防人员应有充分的估计。在水源缺乏的情况下，消防人员应因地制宜，组织力量，采取其他方式供水，保证火场供水不间断。当消防车无法靠近的古建筑发生火灾时，除组织消防车长距离供水外，还可让手抬机动泵深入火场，借助就近的水源直接供水灭火，或采用手抬机动泵与消防车联合供水灭火。在无消防管网供水的地区，应充分利用现场和附近的一切水源，可以通过洒水车或者其他运输工具运水，也可通过积极组织当地群众用接力传递水桶及水盆的方式供水，以应急需。

需要指出的是，我国在制定消防控制规范方面和国外先进国家相比有一定的差距，对于古建筑，现行防火设计规范中无针对性强的明确要求。目前在设计时的规范应用上，只能采用“就高不就低”的模糊概念，参照高层建筑或者可类比建筑的要求来做。任何规范都是以往工程技术经验的结晶，但相对于技术进步，规范总是不可避免地滞后。这种现状已不适应工程技术的进步及建筑设计创新的需要。当前，在世界范围内，建筑防火设计规范正由传统的处方式规范转向以性能化为基础的规范。安全控制的性能化设计将以火灾安全目标为对象，借助各种烟气流动模型对火灾烟气运动的分析描述，使设计出最佳的烟气控制方案成为可能。

4

学校及公众聚集场所消防安全管理

4.1 校园消防安全管理

4.1.1 中小学及幼儿园、托儿所的防火要求

（1）中小学及幼儿园、托儿所的建筑防火要求

① 中小学及幼儿园、托儿所不应设置在易燃建筑内，同易燃建筑的防火间距不得小于30m。

② 不应将中小学及幼儿园、托儿所直接设于汽车库的上面、下面或毗邻处；幼儿园、托儿所的儿童用房不宜设于地下人防工程内或用人防工程改建的建筑内。

③ 中小学及幼儿园、托儿所建筑的耐火等级、层数、长度以及面积和其他民用建筑的防火间距等，要满足有关规定；三级耐火等级的幼儿园、托儿所建筑的吊顶，应采用耐火极限不低于0.25h的难燃烧体。

④ 中小学及幼儿园、托儿所的室内装饰材料宜用非燃或难燃材料，并且应限制使用塑料制品。

⑤ 中小学及幼儿园、托儿所内部的厨房、液化石油气储存间、杂品库房以及烧水间等应与儿童活动场所或儿童用房分开设置；若是毗邻建造时，应使用耐火极限不低于1h的非燃烧材料与其隔开。

（2）中小学及幼儿园、托儿所的设备防火要求

① 不应在中小学及幼儿园、托儿所内装设蒸汽锅炉房。

② 中小学及幼儿园、托儿所的采暖锅炉可选用小型的燃煤锅炉、煤气锅炉、天然气或液化石油气锅炉。

③ 中小学及幼儿园、托儿所的配电线路应满足建筑电气安装规程的要求。

④ 中小学及幼儿园、托儿所的儿童寝室内不能随便乱拉电线，严禁使用电炉、电熨斗

等电器设备。

⑤ 配置使用空调器的中小学及幼儿园、托儿所，空调器应有接地线，在周围不能堆放易燃物品，窗帘不能搭贴在空调器上，供电线板及电表等应扩容，达到相应的负荷要求。

⑥ 按规定设置封闭楼梯间或者防烟楼梯间的中小学及幼儿园、托儿所建筑内的疏散走道内，应设置火灾事故照明，其最低照明度不应低于 1.0lx，并且疏散走道和疏散门宜设置灯光疏散指示标志。

4.1.2 高等院校的火灾预防要求

（1）普通教室及教学楼的防火要求

① 作为教室的建筑，其防火设计应满足《建筑设计防火规范（2018 版）》（GB 50016—2014）中的要求，耐火等级不应低于三级，如因条件限制低于三级耐火等级时，其层数不应超过 1 层，建筑面积不应超过 600m^2。普通教学楼建筑的耐火等级、层数、面积和其他民用建筑的防火间距等，应满足相关规定。

② 作为教学使用的建筑，尤其是教学楼，距离甲、乙类的生产厂房，甲、乙类的物品仓库，以及火灾爆炸危险性比较大的独立实验室的防火间距不应小于 25m。

③ 课堂上用于实验及演示的危险化学品应严格控制用量。

④ 容纳人数超过 50 人的教室，其安全出口不应少于 2 个；安全疏散门应向疏散方向开启，并且不得设置门槛。

⑤ 教学楼的建筑高度超过 24m 或者 10 层以上的，应严格执行《建筑设计防火规范（2018 版）》（GB 50016—2014）中的有关规定。

⑥ 高等院校和中等专业技术学校的教学楼体积大于 5000m^3 时，应设置室内消火栓。

⑦ 教学楼内的配电线路应满足电气安装规程的要求，其中消防用电设备的配电线路应采用金属管保护。暗敷时，应敷设在非燃烧体结构内，保护厚度不小于 3cm；明敷时，应在金属管上采取防火保护措施。

⑧ 当教室内的照明灯具表面的高温部位靠近可燃物时，应采取隔热、散热措施进行防火保护；隔热保护材料通常选用瓷管、石棉、玻璃丝等非燃烧材料。

（2）电化教室及电教中心的防火要求

① 演播室的建筑耐火等级不应低于一、二级，室内的装饰材料与吸声材料应采用非燃材料或者难燃材料，室内的安全门应向外开启。

② 电影放映室及其附近的卷片室及影片储藏室等，应用耐火极限不低于 1h 的非燃烧体与其他建筑部分隔开，房门应用防火门，放映孔与瞭望孔应设阻火闸门。

③ 电教楼或电教中心的耐火等级应是一、二级，其设置应同周围建筑保持足够的安全距离。当电教楼为多层建筑时，其占地面积宜控制在 2500m^2 内，其中电视收看室、听音室单间面积超过 50m^2，并且人数超过 50 人时，应设在三层以下，设两个以上安全出口；门必须向外开启，门宽应不小于 1.4m。

（3）实验室及实验楼的防火要求

① 高等院校或者中等技术学校的实验室，耐火等级应不低于三级。

② 一般实验室的底层疏散门、楼梯以及走道的各自总宽度应根据具体的指标计算确定，其安全疏散出口不应少于 2 个，安全疏散门应向疏散方向开启。

③ 当实验楼超过 5 层时，宜设置封闭式楼梯间。

④ 一般实验室的配电线路应符合电气安装规程的要求，消防设备的配电线路需穿金属

管保护，暗敷时非燃烧体的保护厚度不少于 3cm；明敷时金属管上应采取防火保护措施。

⑤ 实验室内使用的电炉必须确定位置，定点使用，专人管理，周围禁止堆放可燃物。

⑥ 一般实验室内的通风管道应是非燃材料，其保温材料应为非燃或难燃材料。

(4) 学生宿舍的防火要求　学生宿舍的安全防火工作应从管理职能部门、班主任、校卫队与联防队这几个方面着手，加强管理。

① 管理职能部门的安全防火工作职责

a. 学生宿舍的安全防火管理职能部门（包括保卫处、学生处以及宿管办等）应经常对学生进行消防安全教育，如举行消防安全知识讲座、开展消防警示教育以及平时行为规范教育等，使学生明白火灾的严重性和防火的重要性，掌握防火的基本知识及灭火的基本技能，做到防患于未然。

b. 经常对学生宿舍进行检查督促，查找并且整改存在的消防安全隐患。发现大功率电器与劣质电器应没收代管；发现抽烟或者点蜡烛的学生应及时制止和教育，使其不再犯同样的错误。

c. 加强对学生的纪律约束。不仅要对引起火灾、火情的学生进行纪律处分，对多次被查出违章用电、点蜡烛以及抽烟并屡教不改的学生也应予以纪律处分。

② 班主任的安全防火工作职责

a. 班主任应接受消防安全教育，了解防火的重要性，从而将防火列为对学生日常管理的内容之一，经常对学生进行教育、提醒以及突击检查。

b. 班主任应当将防火工作纳入对学生操行等级的考核内容，比如学生被查出有违章使用大功率电器、抽烟、点蜡烛等行为，可以对其操行等级进行降级处理。

③ 校卫队与联防队的安全防火工作职责

a. 校卫队与联防队应加强对学生宿舍的巡逻，尤其是在晚上，发现学生有使用大功率电器、点蜡烛、抽烟等行为，要及时制止，并且报学生处或宿舍管理办公室记录在案。

b. 加强学生的自我管理和自我保护教育。学生安全员是学生宿舍加强安全管理的重要力量，经过培训后，他们可担负发现、处理、报告火灾隐患及初起火险的任务。

4.1.3 学校的安全防火技术

① 进行消防安全常识教育、普及消防安全知识。利用寓教于乐等多种形式对学生进行消防安全常识教育。检查时，应通过随机抽查了解学生是否知道火警电话的号码，报警时是否能说清楚着火单位的详细地址、电话、报警人的姓名，以及是否掌握火灾时的逃生自救方法。

② 学校选址要符合相关规定。学校的选址应满足相关安全、卫生标准的规定。通常情况下，应独立建造。

③ 耐火等级和层数要求。耐火等级是四级或三级时，相应层数分别不应超过一层、二层；耐火等级不低于二级时，不应超过三层。

④ 照明和电气设施。应配备采用蓄电池的应急照明装置和手电筒等照明工具，禁止使用蜡烛、煤油灯照明。寄宿制学校宜设置夜间巡视照明设施，禁止乱拉乱接电线。禁止在学生活动场所、宿舍内使用电炉、电熨斗和电热毯等电气设备；活动室和音体活动室应设置带接地孔的、安全密闭的、安装高度不低于 1.7m 的电源插座。使用其他电热、取暖设备的，应满足相关安全规定。

⑤ 驱蚊、热（开）水设备。使用蚊香或者其他驱蚊设备，应定点、定人使用。燃气热

水器应指定责任人负责管理，用完后必须关闭进气闸阀。使用燃气或者电热的无压开水锅炉应远离活动场所并指定责任人负责管理。

⑥ 厨房设置。厨房位置应靠近对外供应出入口。使用燃气灶具必须安装燃气泄漏报警装置。其烹饪操作间的排油烟罩及烹饪部位宜设置厨房专用灭火装置，并且应在燃气或燃油管道上设置紧急事故自动切断装置。厨房的排烟罩应每月清洗一次，每天擦拭一次；排烟管道应由专业公司每季度清洗一次。

⑦ 实验室管理要求。实验室存放、使用的危险化学品，要按照相关规定管理。学生做试验必须在老师的指导下进行。化学实验室使用易燃、易爆、有毒及放射性物品，试验室的建筑设计、选址、防火防爆设计方面应严格遵守相关规范，对危险化学品的贮存、购买、使用及销毁应严格执行相关法律规定。

⑧ 学生宿舍管理要求。校方必须制定学生宿舍消防安全管理规定，规范学生的用电、用火行为。学生宿舍应指定专人管理。

⑨ 安全疏散系统符合要求。按相关消防技术规范要求，应保证教室、图书馆、礼堂、宿舍等场所的任意地点必须具备两个以上满足规定的疏散出口，学校应指派专人每天检查安全疏散通道。

4.2 宾馆、饭店消防安全管理

4.2.1 电器设备防火要求

随着科学技术的发展，电气化、电动化以及自动化在宾馆、饭店日益普及，电冰箱、电风扇、电热器、电视机，各类新型灯具以及电动扶梯、电动窗帘、空调设备、吸尘器、电灶具等已被宾馆和饭店大量采用。计算机、传真机、复印机、打字机、碎纸机等现代化办公设备也被广泛应用。在用电量猛增的情况下，实际用电量常常超过原设计的供电量，导致由于过载或使用不当引起的火灾时有发生。宾馆、饭店的电气线路，通常都敷设在闷顶和墙体内，如发生漏电、短路等电气故障而起火，在闷顶内燃烧、蔓延，往往不易被及时发觉；当发现时，火势已大，往往造成无可挽回的损失。所以，电气设备的安装、使用、维护必须做到以下几点。

① 所有电气设备的安装及线路敷设，应符合低压电气安装规程的规定，并由通过专门培训的电工安装，严禁乱拉、乱接。

② 在增添大容量的电气设备时，应重新设计线路，并且经过有关供电、消防机构审核同意后，方可进行安装和使用；禁止私自在电气线路上增加容量，以防过载引起火灾。

③ 建筑内不允许采用铝芯导线，应采用铜芯导线；若敷设线路进入夹层或者闷顶内，应穿管敷设并将接线盒封闭。

④ 客房内的台灯、壁灯、落地灯，以及厨房内的电冰箱、绞肉机、切菜机等设备的金属外壳，应有可靠的接地保护；床头柜内设有音响、灯光以及电视等控制设备的，应做好防火隔热处理。

⑤ 照明灯具表面高温部位不得靠近可燃物。荧光灯、碘钨灯、高压汞灯（包括日光灯镇流器），不应直接安装在可燃物件上；深罩灯、吸顶灯等，如安装在可燃物件的附近时，

应加垫石棉布或石棉被隔热层；厨房等潮湿地方应采用防潮灯具；碘钨灯、功率大的白炽灯的灯头线，应采用耐高温线穿瓷套管保护。

⑥ 配电室设在客房楼内时，应做防火分隔处理，其耐火极限不得低于 2h。不得在配电室内堆放任何可燃、易燃物品。

⑦ 配电盘应尽可能用不燃材料制作，凡用可燃材料制作的配电盘，必须将其用白铁皮严密包好。

⑧ 配电盘的保险装置，必须使用规定型号的保险丝，不得用铜丝或铁丝等其他金属材料代替。

⑨ 火灾报警装置、自动灭火装置以及事故照明等消防设施的用电，应备有应急电源；消防设施的专用电气线路应穿金属管敷设在非燃烧体结构上，定期进行维护检查，以确保随时可用。

⑩ 电气设备、移动电器、避雷装置以及其他设备的接地装置，应每年至少进行两次绝缘及接地电阻的测试。

⑪ 在配电室和装有电气设备的机房内，应配置适当的灭火器材。

⑫ 宾馆、饭店门前的霓虹灯装修和灯箱材料应采用非燃或者难燃材料制作，其下方不得有可燃装修材料。

4.2.2 客房、餐厅、厨房防火要求

（1）客房防火要求　客房在宾馆、饭店中发生火灾的概率最高，发生火灾的主要原因为烟头、火柴梗引燃可燃物，或者电热器具烤着可燃物。火灾多在夜间或假日发生，旅客酒后卧床吸烟，引燃被褥或者其他棉织品等发生的火灾事故最为常见。对客房的防火要求主要有以下几个方面。

① 客房内所有装饰材料应采用非燃材料或者难燃材料，窗帘一类的丝、棉织品，应经过防火处理。

② 客房内除了固有电器及允许旅客使用的电吹风、电动剃须刀等日常小型电器外，严禁使用其他电器设备，尤其是电热设备。

③ 对来访人员应明文规定：严禁将易燃、易爆物品带入宾馆，凡带入宾馆的易燃、易爆物品，要立即交给服务人员专门储存，妥善保管。

④ 客房内应配有严禁卧床吸烟的标志、应急疏散指示图及宾客须知等消防安全指南。

⑤ 服务员应经常向旅客宣传：不要躺在床上吸烟，烟头和火柴梗不要乱扔乱放，应放在烟灰缸内；不要把燃着的烟放在桌子上或卡在烟灰缸的缸口上离开；不得将未灭的烟头与火柴或打火机放在一起。

⑥ 服务员要注意提醒宾客入睡前关闭音响、电视机等；离开客房时，应将房内的电灯关闭。

⑦ 服务员应保持高度警惕，在整理房间时要仔细检查挽起的窗帘内、窗台上、沙发缝隙内、叠起的床单被褥内、地毯压缝处以及废纸篓等处是否有火种存在；烟灰缸内未熄灭的烟蒂不得倒入垃圾袋或垃圾道内。

⑧ 服务员对醉酒后的宾客除需特别注意提醒外，还应在其房外或结合服务进入房间，观察其是否有异常。

⑨ 平时服务员进入宾馆房间服务时，应注意查看房间内的消防安全问题，发现火灾隐患时要及时采取措施。

⑩ 对于长期出租的客房，出租方与承租方应签订合同，明确各自的防火责任。

（2）餐厅及厨房防火要求　餐厅是宾馆、饭店人员最为集中的场所，出于功能和美观的需要，其内部常有比较多的装修、空花隔断，可燃物的数量很多。餐厅防火安全应当做到以下几点。

a. 餐厅内不得乱拉临时电气线路。若需增添照明设备以及彩灯一类的装饰灯具，则应按规定安装。

b. 餐厅内的装饰灯具，若装饰物是由可燃材料制成的，其灯泡的功率不得超过 60W。

c. 餐厅应依据设计用餐的人数摆放餐桌，留出足够的通道；必须保持通道及出口畅通，不得堵塞。举行宴会及酒会时，人员不应超出原设计的容量。

d. 如餐厅内需要点蜡烛增加气氛时，必须将蜡烛固定在非燃烧材料制作的基座上，并不得靠近可燃物，或将蜡烛做成半球状，平面向上放入盛有 2/3 自来水的透明玻璃盘内，并使其浮在水面上。

e. 供应火锅的风味餐厅，必须加强对火炉的管理；高层建筑物严禁使用液化石油气炉，慎用酒精和木炭炉；严禁在火焰未熄灭时向酒精炉添加酒精，尽量使用固体酒精燃料，这样比较安全。

f. 餐厅服务员在收台时，不应把烟灰、火柴梗卷入台布内。

g. 餐厅内应在多处放置烟灰缸、痰盂，以便于宾客扔放烟头和火柴梗。

h. 服务员要提醒宾客不要把燃着的烟头与火柴、打火机、餐巾纸放在一起，更不要躺在沙发上吸烟。

i. 宾客在宴会厅、餐厅进餐谈话，尤其是站立或走动敬酒时，无意间放在烟灰缸或桌子上的燃着的烟头应引起服务员的足够警惕，防止烟头被碰落在桌布或座椅上引起火灾。

j. 宾客离开餐厅后，服务员应对餐厅进行认真检查，彻底消除火种，然后把餐厅内的空调、电视机、音响以及灯具等电器设备的电源关掉后，方可离开餐厅。

厨房是宾馆、饭店最典型的明火作业区域。气体燃料、食用油等一旦泄漏或者外溢，遇灶口明火时极易引燃烟道油垢等可燃物而成灾。厨房防火主要有下列要求。

① 厨房使用液化石油气灶的防火

a. 必须严格执行液化石油气炉灶的管理规定，保证炉灶在完好状态下使用。

b. 装气的钢瓶不得存放在住人的房间、办公室以及人员稠密的公共场所，楼层厨房不应使用瓶装液化石油气；在厨房里，钢瓶和灶具要保持 1～1.5m 的安全距离并保持室内空气流通。

c. 经常检查炉灶各部位，如发觉室内有液化石油气气味，要立即将炉灶开关和角阀关闭，切断气源，及时打开门窗；严禁在炉灶周围吸烟、划火，关闭电气开关并熄灭相邻房间的炉火或者关闭相邻房间的门窗进行隔离；检查泄漏点可用肥皂水，禁止使用明火试漏。

d. 炉灶点火时，要先开角阀后划火柴，再开启炉灶开关；若没有点着，应将炉灶开关关好，等油气扩散后再重新点火。

e. 用完炉火后应关好炉灶的开关、角阀，以及炉内供气管道上的阀门，以免由于胶管老化破裂、脱落或被老鼠咬破而使气体逸出。

f. 使用液化石油气炉灶不能离开人，锅、壶不得装水过满，防止饭、水溢出扑灭炉火，泄漏出液化石油气。

g. 钢瓶要防止碰撞、敲打，周围环境温度不得高于 35℃，不得接近火炉及暖气等火源、热源，不得和化学危险品混存。

h. 钢瓶不得倾倒、倒置；禁止用自流的方法将油气从一个钢瓶倒入另一个钢瓶。

i. 厨房工作人员不得自行处理残液，残液应由充装单位统一回收；不允许随意排放油气，更不得用残液生火或者擦拭机械零件。

j. 发现角阀压盖松动、手轮关闭上升等现象，应及时同液化气站联系，由他们派人处理；钢瓶不得带气拆卸。

② 厨房使用管道煤气的防火

a. 宾馆、饭店厨房内的煤气管道必须采用镀锌钢管；用气计量表具宜安装于通风良好的地方，严禁安装在卧室、浴室、库房以及有可燃物的地方；煤气炉灶不得在地下室使用。

b. 煤气炉灶与管道的连接不宜采用软管；若必须采用时，则其长度不应超过 2m，两端必须扎牢，软管老化应及时更新。每次使用完毕后，必须关好总阀门。

c. 禁止厨房操作人员擅自更换或拆卸煤气管道、阀门以及计量表具等设备。如需维修，应由供气单位进行。管线、计量装置及阀门在安装、维修之后，应经试压、试漏检查合格，方可使用。

d. 在使用煤气炉灶时，必须严格遵循“先点火、后开气”的顺序。若未点着时，则应立即关气，待煤气散尽后再点。

e. 如发现漏气，应立即采取通风措施，将周围火源熄灭，通知供气部门检修。在任何情况下都应禁止明火试漏。

③ 厨房使用天然气炉灶的防火

a. 天然气的管道应从室外单独引入厨房，不得穿过客房或者其他公共区域。

b. 天然气管线的引入管应架空或者在地面上铺设，不得埋入地下。管线的安装应由专业人员进行，厨房工作人员不得乱拉乱接。

c. 天然气管线阀门必须完整好用，各部位不得漏气。禁止用其他阀门代替针形阀门。

d. 天然气连接导管两端必须用金属丝缠紧，经常用肥皂水检查是否漏气。严禁用不耐油的橡胶管线作连接导管。

e. 在用户附近的进户线上，应设置相应的油气分离器，定期排放积存于管线内的轻质油和水。发现灶具冒轻质油时，应立即停火，排出轻质油后再点火。

f. 使用天然气炉灶前，要检查厨房内有无漏气，发现漏气或者有天然气气味时，禁止动用明火或开关电器，要打开门窗通风，及时查找泄漏源。

g. 天然气管线、阀门的维修必须在停气时由供气部门进行；新安装的管线、阀门应经试压、试漏检验合格之后，方可使用。

4.2.3 旅馆业的安全防火要求

（1）建筑防火

① 旅馆应选在交通方便、环境良好的地区，不宜建于甲乙类厂房、库房，甲乙丙类易燃可燃液体、可燃气体储罐及易燃可燃材料附近，同其他建筑物的防火间距应符合相关规范的要求。

② 建筑物的耐火等级应为一、二级的，应依据建筑的结构设置防火分区、防火分隔，并且防火分区的面积不应超过相关规定。

（2）安全疏散　安全出口的数量依据规范计算确定。旅馆的每个防火分区及任一公共场所的安全出口不应少于 2 个。安全出口或者疏散通道出口应分散布置，相邻两个出口最近边缘之间的水平距离不小于 5m。高层旅馆应按规定设置消防电梯。

（3）内部装修　应妥善处理舒适、豪华的装修效果同防火安全之间的矛盾，尽量采用不燃和难燃材料。特别在竖向疏散通道、水平疏散通道、上下层相连的空间装修时，应采用A级装修材料。

（4）消防设施　设置消防设施是旅馆防火的重要手段，消防设施配备完善、完整、好用，对及时发现火灾、控制火灾危害、减少火灾损失，具有非常重要的作用。

旅馆应根据建筑结构与建筑面积，按规定设置室内外消火栓系统，设置火灾自动报警和消防控制室、自动灭火系统，配备应急照明以及疏散指示标志，配备相应数量的灭火器。

4.3 商场消防安全管理

4.3.1 商场安全防火要求

国家有关消防技术规范规定：新建商场的耐火等级通常应不低于二级，商场内的吊顶和其他装饰材料，不准使用可燃材料，对原有建筑中的可燃构件及耐火极限较低的钢架结构，必须采取措施，使其耐火等级提高。

4.3.2 商场安全防火技术

（1）商场的安全疏散

① 商场是人员密集的公共场所之一，安全疏散必须达到国家消防技术规范的要求。商场要有足够数量的安全出口，并按方位均匀地设置。为了方便人员疏散，疏散门宜采用平开门，且向疏散方向开启。不准设置影响人员安全疏散的侧拉门，禁止采用转门；如设转门，其旁边应另设一个安全出口。

② 疏散楼梯间与走道上的阶梯不应采用螺旋楼梯及扇形踏步。螺旋楼梯和扇形踏步，因踏步宽度变化，紧急情况下易使人摔倒，造成拥挤，堵塞通行，所以不宜采用。当出于建筑造型的要求必须采用时，其踏步上下两级形成的平面尖角不应超过10°，并且每级离扶手250mm处的踏步宽度不应小于220mm。

③ 疏散走道内不应设置阶梯、门槛、门垛以及管道等突出物，以免影响疏散。

④ 疏散安全出口、楼梯等通道，应设置灯光疏散指示标志及应急照明灯，以利于火灾时引导疏散。应急灯的最低亮度不应低于1.0lx，并且供电时间不得少于20min，疏散指示标志应设在疏散走道及其转角处距地面1m以下的墙面上和走道上。指示标志的间距应不大于20m。

（2）商场的分隔布局　商场应按《建筑设计防火规范（2018版）》（GB 50016—2014）中的规定划分防火分区。多层商场地上按2500m^2为一个防火分区，地下按照500m^2为一个防火分区；若商场装有自动喷水灭火系统，防火分区面积可增加1倍；高层商场若设有火灾自动报警系统、自动灭火系统，并且采用不燃或难燃材料装修，地上商场防火分区面积可以扩大到4000m^2，地下商场防火分区面积可扩大到2000m^2。

电梯间、楼梯间以及自动扶梯等贯通上下楼层的孔洞，应安装防火门或者防火卷帘进行分隔。管道井、电缆井等，其每层检查口应安装丙级防火门，并且每隔2～3层楼板用相当于楼板耐火极限的材料进行分隔。

商场内的货架和柜台宜采用非燃烧材料制造。柜台外侧和地面之间应密封良好，如有空隙，应一律用非燃烧材料封严，防止顾客乱丢火种（如烟头、火柴梗）引燃柜台内的可燃物。

油浸电力变压器不宜设在地下商场内，若必须设置时，则应避开人员密集的部位和出入口，且应用耐火极限不低于3h的隔墙和耐火极限不低于2h的楼板将其与其他部位隔开，其上、下、左、右均不应布置人员密集的房间，墙上的门应采用甲级防火门，变压器下面应设有能够储存变压器油量的事故储油设施。

（3）商场周转仓库的防火要求

① 仓库内商品的存放量要尽可能少，而且必须按照性质分类、分库储存。

② 库内严禁吸烟、用火。

③ 库内敷设配电线路时，应穿金属管或非燃塑料管保护。不准在库内乱拉临时电线，确有必要时，应经有关部门批准，并由正式电工安装，使用之后应及时拆除。库内不准使用碘钨灯、日光灯照明，当采用白炽灯时其功率不应大于60W，灯具安装于通道上方，距货架或货堆的距离应不小于50cm。

（4）商场消防设施管理

① 防火卷帘门应能自动启动和手动启动，防火卷帘下不能摆放柜台及堆放货物，以免影响卷帘门的降落。设在疏散通道的防火卷帘，应具有在降落时短时间停滞并能够从两侧自动、手动以及机械控制的功能。楼梯间及其前室不应用卷帘门代替疏散门。

② 防火门应设闭门器或者由消防控制室远程联动关闭。

③ 在空调机房进入每个楼层或者防火分区的水平支管上，均应按规定设置火灾时能够自动关闭的防火阀门，空调风管上使用的保温材料及吸音材料应采用不燃材料或难燃材料。

④ 室内消火栓的设置应满足以下要求。

a. 商场各层和消防电梯间前应设置消火栓，且宜设在楼梯间的平台、门厅等经常有人出入并易于取用的地方；消火栓应有明显的标志（如涂红色）；装修时不能将消火栓设在房间内，消火栓前不能堆放商品货物等物品，以防止影响消防人员灭火。

b. 同一商场应采用相同规格的消火栓、水带和水枪，以便于使用和维护管理。

c. 高层商业楼消火栓的布置间距不应超过30m，其他商场消火栓的布置间距不应大于50m。

d. 室内消火栓距离地面高度宜为1.1m，其出水方向宜向下或者与放置消火栓的墙面成90°。

e. 屋顶水箱不能达到消火栓所需水压时，应在每个室内消火栓处设置直接启动消防泵的按钮，以便及时启动消防水泵，供水灭火；启动按钮应设有保护设施，比如放在消火栓箱内，或者放在玻璃保护的小壁龛内，避免误操作。

（5）商场内易燃品管理

① 商场内经营指甲油、摩丝以及丁烷气等易燃危险商品时，应控制在两天的销售量以内，同时要防止日光直射，并同其他高温电热器具隔开。

② 地下商场严禁经营销售烟花爆竹、煤油、酒精以及油漆等易燃商品。

③ 维修钟表、照明机械等作业使用酒精、汽油等易燃液体清洗锈件时，禁止在现场吸烟。

④ 少量易燃液体要放置于封闭容器内，随用随开，未用完的应放回专用库房，现场不得储存。

（6）商场日常防火管理要求

① 柜台内的营业人员禁止吸烟；商场内应设有明显的“严禁吸烟”的标志。

② 柜台内必须保持整洁，废弃的包装材料不要散放在地面，应集中存放并及时处理。

③ 经营指甲油、摩丝、蜡纸、涂改液以及赛璐珞制品的柜台，对上货量应加以限制，通常以不超过两天的销售量为宜。

④ 在商场营业厅内，禁止使用电炉、电热杯以及电水壶等电加热器具。

⑤ 商场在更新、改建或检修房屋设备以及安装广告设备时，应特别注意防火。尤其是需要焊接、切割时，必须通过严格审批，落实防火要求，方可进行作业。

⑥ 为了保证顾客的安全疏散，必须保持商场的楼梯、通道畅通，不得堆放商品和物件，也不得临时设摊位推销商品。

（7）商场配电线路防火要求

① 配电线路的设计、安装必须满足配电设计、安装规程的有关规定。

② 室内配电线路通常可采用铝芯导线，但是大、中型商场的配电线路以及室外霓虹灯的配电线路应采用铜芯导线，以提高供电可靠性。

③ 配电线路的敷设应根据负载情况按照不同的使用对象来划分分支回路，以便于按系统集中控制。

④ 在吊顶内敷设电气线路，应选用铜芯线，并且穿金属管，接头处必须用接线盒密封。

⑤ 消防用电设备的配电线路应穿金属套管保护，暗敷时应设在非燃烧体内，其保护层厚度不应小于 3cm；明敷时必须在金属外壁上采取防火措施；采用防火电缆时，可以直接敷设在电缆沟（槽）内。

⑥ 商场内禁止乱拉、乱接临时配电线路。

（8）商场照明灯具的防火要求

① 选择照明灯具要考虑工作环境和场所。在爆炸危险场所，应选择防爆灯；在潮湿、多尘场所，应选择防水防尘灯等。

② 碘钨灯、高压汞灯、白炽灯及荧光灯镇流器不应直接安装于可燃物或可燃物件上。

③ 碘钨灯和额定功率为 100W 以上的白炽灯泡的吸顶灯、槽灯，应采用瓷管及石棉等不燃烧材料作隔热材料。灯具的高温部分靠近可燃物时，应采用隔热及通风散热等防火措施，并且距可燃物小于 50cm。禁止用可燃物（如纸、布等）遮挡灯具。

④ 灯泡距地面高度一般不应低于 2m，若必须低于此高度时，则应采取必要的防护措施。

⑤ 不宜在灯具的正下方堆放可燃物品。

⑥ 室外的节日彩灯应设有避免水滴溅落的措施，灯泡破碎后应及时进行更换。

⑦ 各种照明灯具在安装前后都应对灯座、保护罩、接线盒以及开关等各个部位进行认真检查，发现松动、损坏应及时修复或更换，带电部分不得裸露在外，同时也应防止灯头内线路的短路。

⑧ 开关应装于相线，螺口灯座的螺口应接于零线。

⑨ 功率大于 150W 的开启式或功率大于 100W 的其他形式灯具，不准使用塑胶灯座，各元件必须符合电压、电流等级，不能超电压或超电流使用。

⑩ 嵌入式灯具在安装时应采用不燃烧材料在灯具周围做好防火隔热处理。

⑪ 灯头线在顶棚挂线盒内应做保险扣；质量 1kg 以上的灯具（吸顶灯除外），应用金属链吊装，灯具质量超过 3kg 时应固定于预埋的吊钩或螺栓上。

⑫ 配电盘后面的接线，应尽量将接头减少，灯头线不应留有接头；金属配电盘应接地，金属灯具外壳的接地或者接零应用接地螺栓与接地网连接。

⑬ 事故照明和疏散指示标志灯宜采用白炽灯，不宜采用启动时间比较长的电光源。

（9）商场采暖设备防火要求　根据大、中型商场的特点和集中采暖系统的构成，其主要火灾危险性以及防火要求可概括为下列几个方面。

① 供热管道和散热器的表面温度过高。蒸汽采暖系统中，散热器的表面温度通常为100℃，较高的可达130℃以上；供热管道表面的温度则常常比散热器还高，能使靠近它的一些可燃物品起火。因此采暖管道要与建筑物的可燃构件隔离。若采暖管道穿过可燃构件，则要用非燃烧材料隔开绝热，或根据管道外壁的温度在管道和可燃物构件之间保持适当的距离；当管道温度超过100℃时，距离不小于10cm，当管道温度低于100℃时，距离不小于5cm。

② 电加热设备设置、使用、管理不当。电加热设备设置位置不当，电线截面过小，或任意增大电阻丝的功率，继续使用断损的电阻丝等，都会导致事故，发生火灾。此外，当送风机发生故障停止送风时，会导致局部过热，使电器设备或周围的可燃物起火；或将过度加热的高温空气送入房间，使房间内的易燃、可燃物品受热起火。

所以，电加热送风采暖装置与送风设备的电气开关应有连锁装置，以防止风机停转时电加热设备仍单独继续加热，导致温度过高而引起火灾。另外，在一些重要部位，应设感温自动报警器，必要时加设自动防火阀，以控制取暖温度，避免过热起火。

4.4 集贸市场消防安全管理

4.4.1 集贸市场的安全防火要求

（1）必须建立消防管理机构　在消防监督机构的指导下，集贸市场主办单位应建立消防管理机构，健全防火安全制度，强化管理，组建义务消防组织，并确定专（兼）职防火人员，制定灭火、疏散应急预案并开展演练。做到平时预防工作有人抓、有人管、有人落实；在发生火灾时有领导、有组织、有秩序地进行扑救。对于多家合办的消防管理机构，应成立有关单位负责人参加的防火领导机构，统一管理消防安全工作。

（2）安全检查、隐患整改必须到位　集贸市场主办单位应组织防火人员进行经常性的消防安全检查，针对检查中发现的火灾隐患应进行如下处理。一要将产生的原因找出，制定整改方案，抓紧落实。二要使整改工作做到领导到位、措施到位、行动到位以及检查验收到位，决不走过场、图形式；对整改不彻底的单位，要责令其重新进行整改，决不留下新的隐患。三要充分发挥消防部门的监督职能，经常深入市场检查指导，发现问题，及时指出，将检查中发现的火灾隐患整改彻底。

（3）确保消防车通道畅通　消防车通道畅通是集贸市场发生火灾后，保证人员生命财产安全的有效措施。市场主办单位应认真落实“谁主管、谁负责”，按照商品的种类和火灾危险性划分若干区域，区域之间应保持相应的防火距离及消防安全疏散通道，对堵塞消防车通道的商品应依法取缔，保证消防安全疏散通道畅通。

（4）完善固定消防设施　针对集贸市场内未设置消防设施、无消防水源的现状，主办单位应立即筹集资金，按照规范要求增设室内外消火栓、火灾自动报警系统，以及消防水池、自动喷水灭火系统、水泵房等固定消防设施，配置足量的移动式灭火器、疏散指示标志，尽快提高市场自身的防火及灭火能力，使市场在安全的情况下正常经营。

4.4.2 集贸市场的安全防火技术

目前，我国的一些大型集贸市场为了满足人民群众的需求，大多集购物、餐饮、娱乐为一体，火灾风险较高，一旦发生火灾，容易造成重大的经济损失和人员伤亡，所以集贸市场的防火要求要严于一般场所。

（1）建筑防火要求 集贸市场的建筑首先在选址上应远离易燃易爆危险化学品生产及储存的场所，要同其他建筑保持一定的防火间距。在集贸市场周边要设置环形消防车通道。集贸市场内配套的锅炉房、变配电室、柴油发电机房、消防控制室、空调机房、消防水泵房等的设置应符合消防技术规范的要求。

集贸市场建筑物的耐火等级不应低于二级，应严格按照《建筑设计防火规范（2018版）》（GB 50016—2014）的要求划分防火分区。

对于电梯间、楼梯间、自动扶梯及贯通上下楼层的中庭，应安装防火门或者防火卷帘进行分隔；对于管道井、电缆井等，其每层检查口应安装丙级防火门，并且每隔2～3层楼板处应用相当于楼板耐火极限的材料分隔。

（2）室内装修 集贸市场室内装修采用的装修材料的燃烧性能等级，应按“楼梯间严于疏散走道，疏散走道严于其他场所，地下严于地上，高层严于多层”的原则予以控制。应严格执行《建筑内部装修设计的防火规范》（GB 50222—2017）与《建筑内部装修防火施工及验收规范》（GB 50354—2005）中的规定，尽量采用不燃性材料和难燃性材料，避免使用在燃烧时产生大量浓烟或有毒气体的材料。

建筑内部装修不应遮挡安全出口、消防设施、疏散通道及疏散指示标志，不应减少安全出口、疏散出口和疏散走道的净宽度和数量，不应妨碍消防设施及疏散走道的正常使用。

（3）安全疏散设施 集贸市场是人员集中的场所，安全疏散设施必须满足消防规范的要求。要按照规范设置相应的防烟楼梯间、封闭楼梯间或者室外疏散楼梯。集贸市场要有足够数量的安全出口并多方位地均匀布置，不应设置影响安全疏散的旋转门及侧拉门等。

安全出口的门禁系统必须具备从内向外开启并且发出声光报警信号的功能，以及断电自动停止锁闭的功能。禁止使用只能由控制中心遥控开启的门禁系统。

安全出口、疏散通道以及疏散楼梯等都应按要求设置应急照明灯和疏散指示标志，应急照明灯的照度不应低于0.5lx，连续供电时间不得少于20min，疏散指示标志的间距不大于20m。禁止在楼梯、安全出口和疏散通道上设置摊位、堆放货物。

（4）消防设施 集贸市场的消防设施包括火灾自动报警系统、室内外消火栓系统、自动喷水灭火系统、防排烟系统、疏散指示标志、应急照明、事故广播、防火门、防火卷帘及灭火器材。

① 火灾自动报警系统。任一层建筑面积大于3000m^{2}或者总建筑面积大于6000m^{2}的多层集贸市场，建筑面积大于500m^{2}的地下、半地下集贸市场以及一类高层集贸市场，应设置火灾自动报警系统。火灾自动报警系统的设置应符合《火灾自动报警系统的设计规范》（GB 50116—2013）中的规定。营业厅等人员聚集场所宜设置漏电火灾报警系统。

② 灭火设施。集贸市场应设置室内、外消火栓系统，并应满足有关消防技术规范要求。设有室内消防栓的集贸市场应设置消防软管卷盘。建筑面积大于200m^{2}的商业服务网点应设置消防软管卷盘或者轻便消防水龙。

任一楼层建筑面积超过1500m^{2}或总建筑面积超过3000m^{2}的多层集贸市场，以及建筑面积大于500m^{2}的地下集贸市场、高层集贸市场均应设置自动喷水灭火系统。

集贸市场应按照《建筑灭火器配置设计规范》（GB 50140—2005）中的要求配备灭火器。

4.5 公共文化娱乐场所消防安全管理

4.5.1 公共文化娱乐场所的安全防火要求

（1）公共文化娱乐场所的设置

① 设置位置、防火间距、耐火等级。公共文化娱乐场所不得设置在文物古建筑、博物馆以及图书馆建筑内，不得毗连重要仓库或者危险物品仓库。不得在居民住宅楼内建公共娱乐场所。在公共文化娱乐场所的上面、下面或毗邻位置，不准布置燃油、燃气的锅炉房以及油浸电力变压器室。

公共文化娱乐场所在建设时，应与其他建筑物保持一定的防火间距，通常与甲、乙类生产厂房、库房之间应留有不少于 50m 的防火间距。而建筑物本身不宜低于二级耐火等级。

② 防火分隔在建筑设计时应当考虑必要的防火技术措施。影剧院等建筑的舞台和观众厅之间，应采用耐火极限不低于 3.0h 的不燃体隔墙，舞台口上部和观众厅闷顶之间的隔墙，可以采用耐火极限不低于 1.5h 的不燃体，隔墙上的门应采用乙级防火门；舞台下面的灯光操作室和可燃物储藏室，应用耐火极限不低于 2.0h 的不燃体墙与其他部位隔开；电影放映室应用耐火极限不低于 1.5h 的不燃体隔墙与其他部分隔开，观察孔和放映孔应设阻火闸门。

对超过 1500 个座位的影剧院与超过 2000 个座位的会堂、礼堂的舞台，以及与舞台相连的侧台、后台的门窗洞口，都应设水幕分隔。对于超过 1500 个座位的剧院与超过 2000 个座位的会堂的屋架下部，以及建筑面积超过 $400m^2$ 的演播室、建筑面积超过 $500m^2$ 的电影摄影棚等，均应设雨淋喷水灭火系统。

公共文化娱乐场所与其他建筑相毗连或者附设于其他建筑物内时，应当按照独立的防火分区设置。商住楼内的公共文化娱乐场所和居民住宅的安全出口应当分开设置。

③ 公共文化娱乐场所的内部装修设计和施工，必须符合《建筑内部装修设计防火规范》（GB 50222—2017）和有关装饰装修的防火规定。

④ 在地下建筑内设置公共娱乐场所除符合有关消防技术规范的要求外，还应符合以下规定：

a. 只允许设在地下一层；

b. 通往地面的安全出口不应少于 2 个，每个楼梯宽度应当满足有关建筑设计防火规范的规定；

c. 应当设置机械防烟排烟设施；

d. 应当设置火灾自动报警系统及自动喷水灭火系统；

e. 禁止使用液化石油气。

（2）公共文化娱乐场所的安全疏散

① 公共文化娱乐场所观众厅、舞厅的安全疏散出口，应当按照人流情况合理设置，数量不应少于 2 个，并且每个安全出口的平均疏散人数不应超过 250 人，当容纳人数超过 2000 人时，其超过部分按每个出口平均疏散人数不超过 400 人计算。

② 公共文化娱乐场所观众厅的入场门、太平门不应设置门槛，其宽度不应小于 1.4m。

紧靠于门口 1.4m 范围内不应设置踏步。同时，太平门不准采用卷帘门、转门、吊门以及侧拉门，门口不得设置门帘、屏风等影响疏散的遮挡物。公共文化娱乐场所在营业时，必须保证安全出口和走道畅通无阻，严禁将安全出口上锁、堵塞。

③ 为确保安全疏散，公共文化娱乐场所室外疏散通道的宽度不应小于 3m。为了确保灭火时的需要，超过 2000 个座位的礼堂、影院等超大空间建筑四周，宜设环形消防车通道。

④ 在布置公共文化娱乐场所观众厅内的疏散走道时，横走道之间的座位不宜超过 20 排，而纵走道之间的座位数每排不宜超过 22 个；当前后排座椅的排距不小于 0.9m 时，可以增加 1 倍，但是不得超过 50 个；仅一侧有纵走道时，其座位数应减半。

（3）公共文化娱乐场所的应急照明

① 在安全出口和疏散走道上，应设置必要的应急照明及疏散指示标志，以利于火灾时引导观众沿着灯光疏散指示标志顺利疏散。疏散用的应急照明，其最低照度不应低于 1.0lx。而照明供电时间不得少于 20min。

② 应急照明灯应设在墙面或者顶棚上，疏散指示标志应设于太平门的顶部和疏散走道及其转角处距地面 1.0m 以下的墙面上，走道上的指示标志间距不应大于 20m。

（4）公共文化娱乐场所的灭火设施及器材的设置　公共文化娱乐场所发生火灾蔓延快，扑救困难，因此，必须配备消防器材等灭火设施。根据规定，对于超过 800 个座位的剧院、电影院、俱乐部，以及超过 1200 个座位的礼堂，都应设置室内消火栓。

为了确保能及时有效地控制火灾，座位超过 1500 个的剧院和座位超过 2000 个的会堂、礼堂，室内人员休息室与器材间应设置自动喷水灭火系统。

室内消火栓通常应布置在舞台、观众厅和电影放映室等重点部位醒目并便于取用的地方。此外，对放映室（包括卷片室）、配电室、储藏室、舞台以及音响操作等重点部位，都应配备必要的灭火器。

设置在综合性建筑内的公共娱乐场所，其消防设施及灭火器材的配备应符合规范对综合性建筑的防火要求。

4.5.2 公共文化娱乐场所的安全防火技术

（1）场所的设置要求

① 设置位置、防火间距以及建筑物耐火等级。按照《娱乐场所管理条例》第 7 条的规定，娱乐场所不得设在下列地点：居民楼、博物馆、图书馆和被核定为文物保护单位的建筑物内；居民住宅区和学校、医院、机关周围；车站、机场等人群密集的场所；建筑物地下一层以下；与危险化学品仓库毗连的区域。娱乐场所的边界噪声，应当符合国家规定的环境噪声标准。

② 防火分区。影剧院以及会堂舞台上部与观众厅闷顶之间应采用防火墙进行分隔，防火墙上不应开设门、窗、洞孔或穿越管道，若确需在隔墙上开门时，应采用甲级防火门。舞台灯光操作室与可燃物储藏室之间，应用耐火极限不低于 1h 的非燃烧的墙体分隔。

③ 装修规定。娱乐场所要正确选用装修材料，内部装修应妥善处理舒适豪华的装修效果和防火安全之间的矛盾。尽量选用不燃和难燃材料，少用可燃材料，特别是尽量避免使用在燃烧时产生大量浓烟和有毒气体的材料，如剧院观众厅顶棚，应用钢龙骨、纸面石膏板材料装修，严禁使用木龙骨、纸板或塑料板等材料装修。

剧院、会堂的水平疏散通道及安全出口的门厅，其顶棚装饰材料应采用不燃装修材料。内部无自然采光的楼梯间、封闭楼梯间、防烟楼梯间及其前室的顶棚、墙面和地面，都应采用不燃装修材料。

（2）安全疏散设施　公共娱乐场所的安全疏散设施应严格按照相关规范要求设置。否则，一旦发生火灾，极易造成人员伤亡。安全疏散设施包括安全出口、疏散门、疏散走道、疏散楼梯、应急照明以及疏散指示标志。

① 安全出口。安全出口或者疏散出口的数量应按相关规范计算确定。除规范另有规定外，安全出口的数量不应少于 2 个。安全出口或者疏散出口应分散合理设置，相邻 2 个安全出口或疏散出口最近边缘之间的水平距离不应小于 5m。

② 疏散门。疏散门的数量应当依据计算合理设置，数量不应少于 2 个，影剧院疏散门的平均疏散人数不应超过 250 人；当容纳人数大于 2000 人时，其超过的部分按每樘疏散门平均疏散人数不超过 400 人计算。

疏散门不应设置门槛，其净宽度不应小于 1.4m，并且紧靠门口内、外各 1.4m 范围内不应设置踏步。疏散门均应向疏散方向开启，不准使用卷帘门、转门、吊门、折叠门、铁栅门以及侧拉门。朝疏散方向开启的平开门，门口不得设置门帘及屏风等影响疏散的遮挡物。公共场所在营业时，必须保证安全出口畅通无阻，禁止将安全出口上锁、堵塞。

为确保安全疏散，公共娱乐场所室外疏散小巷的宽度不应小于 3m。为保证灭火的需要，超过 2000 个座位的会堂等建筑四周，宜设置环形消防车通道。

③ 疏散楼梯和走道。多层建筑的室内疏散楼梯宜设置楼梯间。大于 2 层的建筑应采用封闭楼梯间。当娱乐场所设置在一类高层建筑或者超过 32m 的二类高层建筑中时，应设置防烟楼梯间。

剧院观众厅的疏散走道宽度应按照其通过人数进行确定：每 100 人不小于 0.6m，但是最小净宽度不应小于 1m，边走道的净宽度不应小于 0.8m。在布置疏散走道时，横走道之间的座位排数不宜大于 20 排；纵走道之间的座位数，每排不宜超过 22 个；前后排座椅的排距不小于 0.9m 时，可以增加一倍，但不得超过 50 个；仅一侧有纵走道时，座位数应减少一半。

④ 应急照明和疏散指示标志。公共娱乐场所内应按照相关规范配置应急照明和疏散指示标志。场所内的疏散走道和主要疏散路线的地面或者靠近地面的墙上应设置发光疏散指示标志，以便引导人们沿着标志顺利疏散。疏散用的应急照明，其最低照度不应低于 0.5lx，设置的应急照明及疏散指示标志的备用电源，其连续供电的时间不应少于 20～30min。

（3）消防设施

① 消火栓系统。除规范另有规定之外，娱乐场所必须设置室内、室外消火栓系统，并且宜设置消防软管卷盘。系统的设计应符合相关规范要求。

② 自动灭火系统。设置在地下、半地下，建筑的首层、二层以及三层且任一层建筑面积超过 $300m^2$ 时，或建筑在地上四层和四层以上以及设置在高层建筑内的娱乐场所，都应设置自动喷水灭火系统。系统的设置应符合相关规范的要求。

③ 防排烟系统。设置在高层建筑内三层以上的娱乐场所应设置防排烟系统，设置在多层建筑一、二、三层且房间建筑面积超过 $200m^2$ 时，设置在四层及四层以上，或者地下、半地下的娱乐场所，该场所中长度大于 20m 的内走道，都应设置防排烟系统。

④ 灭火器的配置。建筑面积在 $200m^2$ 及以上的娱乐场所，应按照严重危险级配置灭火器；建筑面积在 $200m^2$ 以下的娱乐场所，应按中危险级配置灭火器。应依据场所可能发生的火灾种类选择相应的灭火器，当在同一灭火器配置场所选用两种或者两种以上类型的灭火器时，应采用灭火剂相容的灭火器。灭火器的设置、配置应符合《建筑灭火器配置设计规范》（GB 50140—2005）中的规定。

4.6 电信通信枢纽防火管理

现代社会称为信息社会，而邮政电信则是人们传递信息、掌握信息、加强联系和交往的一种必不可少的手段，在经济建设和国防建设中占有非常重要的地位。

随着科学技术的发展，邮政电信的方式不断地更新，其业务量及种类也大量增加，如邮政、电话、电报、传真、电视电话、波导以及微波通信等的使用。目前，这些现代化的邮政电信设施，各地都在广为兴建，联系全国城乡及国外的邮政电信网络正在形成。因此加强防火工作，保障邮政电信安全、迅速、准确地为社会服务都具有非常重要的意义。

4.6.1 邮政企业防火管理

邮政局除办理包裹、汇兑、信件、印刷品外，还办理储蓄、报刊发行、集邮以及电信业务。其中，邮件传递主要包括收寄、分拣、封发、转运以及投递等过程。

（1）邮件的收寄和投递　办理邮件收寄和投递的单位有邮政局、邮政所以及邮政代办所等。这些单位分布在各省、市、地区、县城、乡镇和农村，负责办理本辖区邮件的收寄及投递。邮政局一般都设有营业室、邮件、包裹寄存室、封发室以及投递室等；辖区范围较大的邮政局还设有车库，库内存放的机动车，从数辆到数十辆不等，这些都潜伏有一定的火灾危险性，因此在收寄和投递邮件中应注意以下防火要求。

① 严格生活用火的管理。在营业室的柜台内，邮件、包裹存放室以及邮件封发室等部位，要禁止吸烟；小型邮电所冬季如没有暖气采暖，也不得使用火盆、火缸，必要时可安装火炉，但在木地板上应垫砖，并加铁皮炉盘隔热及保护，炉体与周围可燃物保持不小于 1m 的距离，金属烟筒与可燃结构应保持 50cm 以上的距离，上班时要有专人看管，工作人员离开或者下班时，应将炉火封好。

② 包裹收寄要注意防火安全检查。包裹收寄的安全检查工序，是邮政管理过程中的重要环节。为了避免邮件、包裹内夹带易燃、易爆危险化学品，负责收寄的工作人员，必须认真负责，严格检查。包裹、邮件要开包检查，有条件的邮政局，应采用防爆监测设备进行检查，防止混进的易燃、易爆危险品在运输、储存过程中引起着火或者爆炸。营业室内应悬挂宣传消防知识的标语、图片。

③ 机动邮运投递车辆应注意防火。机动邮运投递车辆除应遵守“汽车和汽车库、场”的有关防火要求外，还应要求司机及押运人员不准在驾驶室及邮件厢内吸烟；营业室及车库内不准存放汽油等易燃液体；车辆的修理及保养应在车库外指定的地点进行。

（2）邮件转运　各地邮政系统的邮件转运部门是将邮件集中、分拣、封发以及运输等集中于一体的邮政枢纽。在邮政枢纽内的各工序中，应分别注意下列防火要求。

① 信件分拣。信件分拣工作对邮件的迅速、准确以及安全投递有着重要影响。信件分拣应在分拣车间（房）内进行，操作方法目前有人工与机械分拣两种。

手工分拣车间（房）的照明灯具和线路应固定安装，照明所需电源要设置室外总控开关与室内分控开关，以便停止工作时切断电源。照明线路布设应按照闷顶内的布线要求穿金属管保护，荧光灯的镇流器不能安装在可燃结构上。同时要求禁止在分拣车间（房）内吸烟和进行各种明火作业。

机械分拣车间分别设有信件分拣与包裹分拣设备，主要是信件分拣机和皮带输送设备等，除有照明用线路外，还有动力线路。机械分拣车间除应遵守信件分拣的有关防火要求之外，对电力线路、控制开关、电动机及传动设备等的安装使用，都应满足有关电气防火的要求。电器控制开关应安装在包铁片的开关箱内，并不使邮包靠近。电动机周围要加设铁护栏以避免可燃物靠近和人员受伤。机械设备要定期检查维护，传动部位要经常加油润滑，最好选用润滑胶皮带，避免机械摩擦发热引起着火。

② 邮件待发场地。邮件待发场地是邮件转运过程中邮件集中的场所。此场所一旦发生火灾，会造成很大的影响，所以要把邮件待发场地划为禁火区域，并设置明显的禁火标志。要禁止吸烟和一切明火作业，严格控制外来人员及车辆的出入。邮件待发场地不应设于电力线下面，不准拉设临时电源线。

③ 邮件运输。邮件运输是邮件传递过程中的一个重要环节，是在确保邮件迅速、准确、安全传递的基础上，根据不同运输特点，组织运输。邮件运输的方式分为铁路、船舶、航空以及汽车四种。铁路邮政车和船舶运输的邮件，由邮政部门派专人押运；航空邮件交由班机托运。此类邮件运输要遵守铁路、交通以及民航部门的各项防火安全规定。汽车运输邮件，除了长途汽车托运外，还有邮政部门本身组织的汽车运输。当邮政部门用汽车运输邮件时，运输邮件的汽车，应用金属材料改装车厢。如用一般卡车装运邮件时，必须用篷布严密封盖，并提防途中飞火或者烟头落到车厢内，引燃邮件起火。邮件车要专车专用。在装运邮件时，禁止与易燃易爆化学危险品以及其他物品混装、混运。邮件运输车辆要根据邮件的数量配备应急灭火器材并不少于两具。通常情况下，装有邮件的车辆不能停放在车库内。

（3）邮政枢纽建筑　在大、中城市，尤其是大城市，一般都兴建有现代化的邮政枢纽设施，集收、发于一体，它们是邮政行业的重点防火单位。

邮政枢纽设施作为公共建筑，通常都采用多层或高层建筑，并建在交通方便的繁华地段。新建的邮政枢纽工程，在总体设计上应对建筑的耐火等级、防火分隔，安全疏散、消防给水和自动报警、自动灭火系统等防火措施认真予以考虑，并严格执行《建筑设计防火规范（2018 版）》（GB 50016—2014）中的有关规定。对已经建成但防火措施不符合两个规范规定的，应采取措施逐步加以改善。

（4）邮票库房　邮票库房是邮政防火的重点部位，其库房的建筑不能低于一、二级耐火等级，并与其他建筑保持规定的防火间距或防火分隔，避免其他建筑物失火殃及邮票库房的安全。邮票库房的电器照明、线路敷设、开关设置，都必须满足仓库电器规定的要求，并应做到人离电断。对邮票总额在 50 万元以上的邮票库房，还应安装火灾自动报警及自动灭火装置。对省级邮政楼的邮袋库，应当设置闭式自动喷水灭火系统。

4.6.2 电信企业防火管理

电信是利用电或者电子设施来传送语言、文字、图像等信息的过程。最近几十年内，随着空间技术的发展，出现了卫星通信方式；随着电子计算机的发明，出现了数据通信；随着光学与化学的进一步发展，出现了光纤通信。这些都使电信成了现代最有力的通信方式。可以说，没有现代化的通信就不可能有现代化的人类社会。

电信，不论是根据其信号传输媒介，还是根据其信号传送形式，总体来讲，可分为电话和电报两种，而电话和电报又由信息的发送、传输以及接收三个部分的设备组成，其中电话是一种利用电信号相互沟通语言的通信方式，分为普通电话和长途电话两类。

电话通信设备使用的是直流电，有一套独立的配电系统，把 220V 的交流电经整流变为 ±24V 或±60V 的直流电使用。同时还配有蓄电池组，以确保在停电情况下继续给设备供电。目前，多数通信设备使用的蓄电池组与整流设备并联在一起，一方面供给通信设备用电；而另一方面可以供给蓄电池组充电。电话的配电系统，通常还设有柴油或者汽油发电机，当交流电长时间停电时，配电系统靠发电机供电。

电报是通信的重要组成部分，经收报、译电、处理、质查、分发、送对方局以及报底管理等，构成整个服务流程。电报通信的主要设备是电报传真机、载波机以及电报交换机等。

电信企业的内部联系是相当密切的，有线电话、无线电话、传真以及电报都是密不可分的。加之电信机房的各种设备价值昂贵，通信事务又不允许中断，如若遭受火灾，不仅会造成生命、财产损失，而且会导致整个通信电路或大片通信网的瘫痪，使政府和整个国民经济遭受损失，因此，做好电信企业防火非常重要。

（1）电信企业的火灾危险性

① 电信建筑可燃物较多。电信建筑的火灾危险性主要体现在两个方面：一是原有老式建筑，耐火等级比较低，在许多方面很难满足防火的要求，导致火险隐患非常突出；二是在一些新建筑中，由于使用性能特殊，机房里敷管设线、开凿孔洞较多，尤其是机房建筑中的间壁、隔音板、地板、吊顶等装饰材料和通风管道的保温材料，以及木制机台、电报纸条、打字蜡纸以及窗帘等，都是可燃物，一旦起火会迅速蔓延成灾。

② 设备带电易带来火种。安装有电话及电报通信设备的机房，不仅设备多、线路复杂，而且带电设备火险因素较多。这些带电设备若发生短路或者接触不良等，都会造成设备上的电压变化，使导线的绝缘材料起火，并可引燃周围可燃物，扩大灾害；若遭受雷击或者架空的裸导线搭接在通信线路上就会将高电压引到设备上发生火灾；避雷的引下线电缆、信号电缆距离过近也会给通信设备造成不安全因素；收发信机的调压器是充油设备，若发生超负荷、短路、漏油、渗油或者遭雷击等，都有可能引起调压器起火或者爆炸；室内的照明、空调设备以及测试仪表等电气线路，都有可能引起火灾；电信行业中经常用到的电炉、电烙铁以及烘箱等电热器具，如果使用、管理不当，也会引燃附近的可燃物。动力输送设备、电气设备安装不合格，接地线不牢固或者超负荷运行等，亦会造成火灾危险。

③ 设备维修、保养时使用易燃液体并有动火作业。电信设备经常需要进行维修及保养，但在维修保养中，经常要使用汽油、煤油以及酒精等易燃液体清洗机件。这类易燃液体在清洗机件、设备时极易挥发，遇火花就会引起着火、爆炸。同时在设备维修中，除常用电烙铁焊接插头和接头外，有时还要使用喷灯和进行焊接、气割作业，此类明火作业随时都有导致火灾的危险。

（2）电信企业的消防安全管理措施

① 电信建筑。电信建筑的防火，除必须严格执行《建筑设计防火规范（2018 版）》（GB 50016—2014）外，还应在总平面布置上适当分组、分区。通常将主机房、柴油机房、变电室等组成生产区；将食堂、宿舍、住宅等组成生活区。生产区同生活区要用围墙分隔开。尤其贵重的通信设备、仪表等，必须设在一级耐火等级的建筑内物。在设有机房及报房的建筑内，不应设礼堂、歌舞厅、清洗间以及机修室。收发信机的调压设备（油浸式），不宜设在机房内，如由于条件所限必须设在同一层时，应以防火墙分隔成小间作调压器室，每间设的调压器的总容量不得大于 400kV。调压器室通向机房的各种孔洞、缝隙都应用不燃材料密封填塞，门窗不应开向人员集中的方向，并应设有通风、泄压和防尘、防小动物入内的网罩等设施。清洗间应为一、二级耐火等级的单独建筑，由于室内常用易燃液体清洗机件，其电气设备应符合防爆要求，易燃液体的储量不应大于当天的用量，盛装容器应为金属材料，室内严禁一切明火。

各种通风管道的隔热材料，应使用硅酸铝、石棉等不燃材料。通风管道内要设置自动阻火闸门。通风管道不宜穿越防火墙，必须穿越时，应用不燃材料把缝隙紧密填塞。建筑内的装饰材料，如吊顶、隔墙以及门窗等，均应采用不燃材料，建筑内层与表层之间的电缆及信号电缆穿过的孔洞、缝隙亦应使用不燃材料堵塞。竖向风道、电缆（含信号电缆）的竖井，不能采用可燃材料装修，检修门的耐火极限不应低于0.6h。

② 电信电器设备

a. 电源线与信号线不应混在一起敷设，若必须在一起敷设时，电源线应穿金属管或采用铠装线。移动式测试仪表线、照明灯具的电线应采用橡胶护套线或者塑料线穿塑料套管。机房采用日光灯照明时，应有防止镇流器发热起火的措施。照明、报警以及电铃线路在穿越吊顶或者其他隐蔽地方时，均应穿金属管敷设，接头处要安装接线盒。

b. 机房、报房内禁止任意安装临时灯具和活动接线板，并不得使用电炉等电加热设备，若生产上必须使用时，则要经本单位保卫、安全部门审批。机房、报房内的输送带等使用的电动机，应安装在不燃材料的基础上，并且加护栏保护。

c. 避雷设备应在每年雷雨季节到来前进行一次测试，对于不合格的要及时改进。避雷的地下线与电源线和信号线的地下线的水平距离，不应小于3m。应保持地下通信电缆与易燃易爆地下储罐、仓库之间规定的安全距离，通常地下油库与通信电缆的水平距离不应小于10m。20t以上的易燃液体储罐和爆炸危险性较大的地下仓库与通信电缆的安全距离还应按照专业规范要求相应增大。

d. 供电用的柴油机发电室应和机房分开，独立设在一、二级耐火等级的建筑内，如不能分开，须用防火墙隔开。供发电用的燃料油，最多保持一天的用量。汽油或者柴油禁止存放在发电室内，而应存放在专门的危险品仓库内。配电室、变压器室、酸性蓄电池室以及电容器室等电源设施，必须确保安全。

③ 电信消防设施。电信建筑应安装室内消防给水系统，并且装置火灾自动报警和自动灭火系统。电信建筑内的机房和其他电信设备较集中的地方，应采用二氧化碳自动灭火系统或者“烟落尽”灭火系统，其余地方可以用自动喷水灭火系统。电信建筑的各种机房内，还应配备应急用的常规灭火器。

④ 电信企业日常的防火管理

a. 要加强易燃品的使用管理。在日常的工作中，电信机房及报房内不得存放易燃物品，在临近的房间内存放生产中必须使用的小量易燃液体时，应严格限制其储存量。在机房、报房以及计算机房等部位禁止使用易燃液体擦刷地板，也不得进行清洗设备的操作。如用汽油等少量易燃液体擦拭接点时，应在设备不带电的条件下进行，如果情况特殊必须带电操作，则应有可靠的防火措施；所用汽油要用塑料小瓶盛装，以避免其大量挥发；使用的刷子的铁质部分，应用绝缘材料包严，避免碰到设备上短路打火，引燃汽油而失火。

b. 要加强可燃物的管理。机房、报房内要尽量减少可燃物，拖把、扫帚以及地板蜡等应放在固定的安全地点；报房内存放电报纸的容器应当用不燃材料制成并且加盖；在各种电气开关、插入式熔断器的插座附近和下方，以及电动机、电源线附近不得堆放纸张等可燃物。

c. 要加强设备的维修。各种通信设备的保护装置及报警设备应灵敏可靠，要经常检查维修，如有熔丝熔断，应及时查清原因，整修后再安装，切实确保各项设备及操作的安全。

d. 要加强对人员的管理。电信企业领导应把消防安全工作列入重要日程，切实加强日常的消防管理，配备一定数量的专、兼职消防管理人员，各岗位职工应全员进行消防安全培训，掌握必要的消防安全知识之后才可上岗操作，保证通信设施万无一失。

4.7 重要科研机构防火管理

科研所、技术开发中心等，是进行科学文化研究，开发新理论、新技术以及新产品的机构。科研所根据其研究的专业方向不同，都程度不等地使用或产生一些易燃易爆危险品，比如甲烷、乙炔、氢气、二硫化碳、水煤气、铝粉等，而且在研究中，这些易燃易爆危险品有的是在高温、高压条件下进行反应、加工，有的是在空气中处于浮游状态，还有的则是在常温及常压下进行研制。总之，充分认识科研所所从事研究项目的火灾危险性，加强防火管理，防患于未然，对于提高科研人员的安全水平，安全合理地利用科研设备，多出科研成果，减少火灾事故，是十分重要的。

由于科研所的研究项目及研究方向不同，各研究（实验）室的火灾危险性也不尽相同，这里仅就几种典型实验室（场）的防火管理提出相应的要求。

4.7.1 化学实验室

① 化学实验室应为一、二级耐火等级的建筑。从事爆炸危险性操作的实验室，应采用钢筋混凝土框架结构，并应按照防爆设计要求，采用泄压门窗、泄压外墙和轻质泄压屋顶及不产生火花的地面等。安全疏散门不应少于两个。

② 化学实验室的电气设备应满足防爆要求，实验用的加热设备的安装、燃料的使用要符合防火要求，各种气体压力容器（钢瓶）要远离火源及热源，并放置于阴凉通风的位置。

③ 实验室内实验剩余或常用小量易燃化学品，当总量不大于5kg时，可放在铁橱柜中，贴上标签，由专人负责保管；超过5kg时，不得存放在实验室内；有毒物品要集中存放，专人管理。

④ 对于不明化学性质的未知物品，应先做测定闪点、引燃温度以及爆炸极限等基础实验，或者先从最小量开始实验，同时要采取安全措施，做好灭火准备。

⑤ 配备有效的灭火器材，定期进行检查保养。对研究、实验人员进行自防自救的消防知识教育，做到会用消防器材扑救初期火灾，会报火警、会自救。

⑥ 要建立健全各种实验的安全操作规程和化学物品管理使用方法，严禁违章操作。

4.7.2 生化检验室

生物化学检验是临床辅助诊断必不可少的手段。生化检验项目繁多，方法各异，比如尿液分析、肝功能试验以及血液检查等，使用的试剂和方法也各不相同。从防火角度来看，都免不了使用化学试剂，一些通用设备（烘箱等）也大致相同，因此将这些部门的火灾危险性和防火要求一并叙述如下。

（1）平面布置

① 生化检验室使用的醇、醚、苯、叠氮钠以及苦味酸等都是易燃易爆的危险品。所以这些生化检验室应布置在主体建筑的一侧，门应设在靠外侧处，以便于发生事故时能迅速疏散和施救。生化检验室不宜设在门诊病人密集的地区，也不宜设在医院主要通道口、锅炉房、X线胶片室、药库、液化石油气储藏室等附近。

② 房间内部的平面布置要合理。试剂橱应放在人员进出及操作时不易靠近的室内一角。

电烘箱、高速离心机等设备应设在远离试剂橱的另外一角，同时应注意自然通风的风向及日光的影响。试剂橱应设在实验室的阴凉地方，不宜靠近南窗，防止阳光直射。

③ 室内必须通风良好。相对两侧都应有窗户，最好使自然通风能够在室内成稳定的平流，减少死角，使操作时逸散的有毒、易燃气体以及蒸气能及时排出。还应考虑到使室内排出的气体不致流进病房、观察室以及候诊室等人员密集的房间里。

（2）试剂的储存与保管

① 乙醇、甲醇、丙酮以及苯等易燃液体应放在试剂橱的底层阴凉处，以防容器渗漏时液体流下，与下面试剂作用而发生危险。高锰酸钾和重铬酸钾等氧化剂与易燃有机物必须隔离储存，不得混放。乙醚等遇日光会产生爆炸的物质，应避光储藏。开启后未用完的乙醚，不能放于普通冰箱内储存，防止挥发的乙醚蒸气遇到冰箱内的电火花而发生爆炸。

② 广泛用作防腐剂的叠氮钠虽较叠氮铅等稳定，但仍有爆炸危险且剧毒。应将包装完好的叠氮钠放置于黄沙桶内，专柜保管。储藏处力求平稳防震，双人双锁。苦味酸应配成溶液后存放，并避免触及金属，防止形成敏感度更高的苦味酸盐。凡是沾有叠氮钠或者苦味酸的一切物件均应彻底清洗，不得随便乱丢。

③ 试剂标签必须齐全、清楚，可以在标签上涂蜡保护。万一标签脱落，应立即取出，未经确认，不得使用，防止弄错后发生异常反应而引起危险。试剂应有专人负责保管，定期检查清理。

④ 若乙醇等用量大时，不能将其当作试剂看待，不得同试剂放在一起，最好不要储存在实验室内，应在室外单独存放，随用随取。有的科研所使用液化石油气或者丙烷作燃料，应将它们分室储存，用金属管道将其输入室内使用。

（3）主要操作

① 用圆底玻璃烧瓶作蒸馏或者回收操作时，液体装量应为玻璃瓶容量的50%～60%，使其有最大的蒸发面积，不易导致液体过热，否则容易冲料起火。平底烧瓶不宜作蒸馏用，蒸馏或者回收操作时必须加沸腾石。沸腾石放置在液体内，过夜就会失效，应另加新品，否则加热时底部液体容易过热，会发生突沸冲料起火。

② 冷凝器必须充分有效，防止蒸气冷凝不完全而逸出，与下部明火接触起火；加热设备要慎重选择，100℃以下应用水浴，100℃以上可用油浴，易燃液体宜用封闭电热器加热，不得用明火直接加热。

③ 如果多次回收套用溶剂，应注意产生过氧化物的危险，尤其是回收乙醚时更应注意。在回收套用乙醚过程中，容器中的套用乙醚经回收蒸馏而逐渐减少，当减少至原量的20%时，应立即停止蒸馏，取样试验，加入碘化钾试液，如呈现黄色，就表示残留的套用乙醚中有过氧化物存在。这时应加酸性硫酸亚铁溶液，除去过氧化物之后再进行蒸馏。否则，过氧化物不断浓缩会发生爆炸。

④ 使用各种烧瓶时，瓶内外都应有可靠的温度计。操作过程中应密切注意温度变化情况，严格控制，防止冲料；减压蒸馏宜采用冷却，在操作时，应先打开冷凝器阀门，让冷却水进入，然后开真空，最后加热；蒸馏结束时，应先停止加热，稍待冷却之后再缓缓放进空气，最后关闭冷却水阀门。切记次序不可搞错，防止突沸冲料。

⑤ 使用烘箱操作时，含有易燃溶剂的样品不得用电热烘箱烘干，防止易燃液体蒸气遇电热丝发生着火或爆炸，可用蒸汽烘箱或者真空烘箱。后者操作时先开真空抽去空气，使溶剂蒸气不能形成爆炸性混合物，然后加热；结束时，先关热源，稍冷之后再缓缓放进空气；烘箱应有温度自动控制装置，并经常检查维修，保证良好有效。

⑥ 使用加热设备时酒精灯的点火灯头应为瓷质，不宜用铁皮，以免由于导热快使瓶内酒精受热冲出起火；正点燃着的酒精灯，不得添加酒精，必须在熄火之后，方可添加；熄灭

酒精灯火焰时，应加盖熄灭，不得用口吹灭；煤气灯头连接的橡皮管极易产生裂纹而漏气，应每周检查一次，如有裂纹，应立即将其更换；熄灭煤气火时应将球形气阀关闭，不得将煤气灯座上的流量调节阀当作开关使用，因其不气密；生物检验室使用的电炉，最好用封闭式或半封闭式的，用一般电炉时，应防止电热丝翘起与水浴锅等金属材料接触而产生触电危险；玻璃仪器或者烧瓶不得直接放在电炉上或明火上灼烧，而应下衬实验室专用的石棉网，防止爆裂或局部过热造成内容物突沸冲料。

⑦ 对容易分解的试剂或强氧化剂（如过氯酸）在加热时易爆炸或者冲料，应务必小心，最好在通风橱内操作；每次实验操作完毕后，应将易燃品、剧毒品立即归回至原处，入橱保存，不得在实验台上存放；室内检验的电气设备，应合格安装并定期检查，防止漏电、短路以及超负载等不正常情况发生；一切烘箱等发热体不得直接放在木台上，烘箱的铁皮架和木台之间应有砖块、石棉板等隔热材料垫衬。

4.7.3 电子洁净实验室

电子洁净实验室是研制精密电子元件不可缺少的工作室。按研究条件要求，洁净室必须是封闭的。由于在实验过程中要使用丙酮、丁酮以及乙醇等易挥发的可燃液体，有的实验还要求通入大量氢气，容易形成爆炸性混合物，遇到明火会导致着火或爆炸，故危险性较大。其主要防火措施有以下几点。

① 电子洁净室应采用一、二级耐火等级的建筑，隔墙和内部装修材料应尽可能采用不燃材料。

② 电气设备应采用防爆型，电热器具应用密封式，并且置于不燃的基座上，要配备蓄电池等事故电源，出入口或者拐弯处要设安全疏散指示灯。

③ 气体钢瓶应放置在安全地点，不宜集中储放在洁净室内。用量少的小型钢瓶（如磷烷、硅烷等气体）最好放于专用橱柜中，不能随意存放。洁净室内使用的易燃液体、可燃气体，以及氧化剂、腐蚀剂等化学危险品，其管理方法与化学实验室相同。使用易燃液体和气体的洁净室，还应安装排风设备。

④ 洁净室应立足于火灾自救，设置比较完善的消防设施。有贵重、高精仪器、仪表以及电气设备的洁净室，应设置二氧化碳自动灭火系统，在便于通行的位置（如走廊）应设紧急报警按钮或电话等，以便和外部联系。

⑤ 加强对洁净室研究、实验人员的防火安全教育，制定安全管理制度及各种设备的安全操作规程；要求研究、实验人员会用灭火器材、会报火警、会自救以及会逃生。

4.7.4 发动机试验室

发动机试验研究广泛应用于汽车、航空以及航海等工业系统开发、革新产品的研究工作中。这里所述的发动机是以油料为燃料的发动机。在试验中，因为汽缸破裂、冲出火焰、油路滴漏，或调整化油器时油品滴在排气管上（烧红时温度可达到900℃）等，都容易发生火灾。因此，应采取以下防火措施。

① 发动机试验室的试车台应设在一、二级耐火等级的建筑中，内部装修及器具等，要求不燃化。

② 油箱与试车台宜分室设置，经常检查油路系统是否有滴漏现象，输油管路、油箱应设有良好的静电接地装置。

③ 发动机试验室应设置油品蒸气危险浓度报警器与固定式自动灭火设施，同时配备小型灭火器，以便于扑救初起火灾。

④ 室内要严禁烟火，电气设备应满足防爆要求。

4.8 重要办公场所的防火管理

这里说的办公场所是指办理各种行政事务的部门，一般都设有办公室、会议室、计算机指挥控制中心、图书馆（室）、复印室、打字室、档案机要资料室、礼堂等。办公的各种用品大都是可燃物，且打字机、复印机、微机以及传真机等现代办公用具用电都比较多，加之现代化的装修等又增加了火灾危险性。尤其是有些会议室装修豪华，有的设有舞厅，并且档次较高，有的还设有指挥中心，装备有现代化的电脑、电信设备及电子计算中心和指挥系统等，一旦发生火灾，损失影响都很大。如贵州省人民政府5号办公楼，2000年1月13日由于一层的复印机室使用的多用电源插座内部故障产生电热，导致该插座及复印机周围的可燃物引发大火，使该楼主楼的一至八层和部分裙楼被烧毁，过火面积达$8195m^2$，死亡1人，直接财产损失900余万元。造成该楼政府机关的17个单位的257间办公室无法正常办公。因此重要办公场所的防火管理也是十分重要的。

重要办公场所内部的消防安全工作，通常应有一名行政领导负责，机关内部的办公室、保卫部门是本场所具体消防安全工作的管理机构，负责日常防火管理工作。大、中型企业保卫部门的防火干部以及小型企业的兼职防火干部应有人分管本企业机关的消防安全工作。

同一栋办公楼或者同一个院子里设有两个以上不属于同一系统管理的混合办公场所，在防火安全方面漏洞很多，特别是有的单位只为了自己的防盗安全和管理，封闭疏散楼梯，致使火灾时其他单位的人员无法疏散，这就形成了很大的火灾隐患，因此，在混合办公场所应建立防火协作管理组织。该组织应以混合办公场所的整体为防火管理对象，进行协作防火管理。比如消防设施、安全疏散、志愿消防队的集体训练演习等，不断提高整体消防安全水平，避免“各扫门前雪”的现象。防火协作管理组织，由各单位的防火责任人、办公室主任以及保卫（防火）科长组成，定期（如每季度一次）召开协商会议，制订整体的消防工作计划，互相配合，分工解决消防安全管理中的有关问题。办公场所的防火工作重点是会议室、图书馆、档案室、机要室以及计算机中心等，故分别叙述之。

4.8.1 会议室防火管理

办公楼通常都设有各种会议室，小则容纳几十人，大则可容纳数百人。大型会议室人员集中，而且参加会议者往往对大楼的建筑设施、疏散路线并不了解，一旦发生火灾，会出现各处逃生的混乱局面，所以，必须注意下列防火要求。

① 办公楼的会议室，其耐火等级不应低于二级，单独建的中、小会议室，最好用一、二级，不得低于三级。会议室的内部装修，尽量选用不燃材料。

② 容纳50人以上的会议室，必须设置两个安全出口，其净宽度不小于1.4m。门必须向疏散方向开启，并不能设置门槛，靠近门口1.4m内不能设踏步。

③ 会议室内的疏散走道宽度应按照其通过人数（每100人不小于60cm）计算，边走道净宽不得小于80cm，其他走道净宽不得小于1m。

④ 会议室疏散门、室外走道的总宽度，分别应按照“平坡地面每通过 100 人不小于 65cm、阶梯地面每通过 100 人不小于 80cm”计算，室外疏散走道净宽不应小于 1.4m。

⑤ 大型会议室座位的布置，横走道之间的排数不宜大于 20 排，纵走道之间每排座位不宜超过 22 个。

⑥ 大型会议室应设置事故备用电源和事故照明灯具及疏散标志等。

⑦ 每天会议进行之后，要对会议室内的烟头、纸张等进行清理、扫除，避免遗留烟头等火种引起火灾。

4.8.2 图书馆、档案机要室防火管理

图书馆、档案机要室是搜集、整理、收藏以及保存图书资料和重要档案，供读者学习、参考、研究的部门和提供重要档案资料的机要部门，通常都收藏有大量的图书、报纸、刊物等资料，保存具有参考价值的收发电文、会议记录、人事材料、会议文件、财会簿册、出版物原稿、印模、影片、照片、录音带、录像带以及各种具有保存价值的文书等档案材料。有的设有目录检索、阅览室以及复印、装订、照相、录放音像、电子计算机等部门。大型图书馆还设有会议厅，举办各种报告会及其他活动。

图书馆、档案机要室收藏的各类图书报刊及档案材料，绝大多数都是可燃物品，公共图书馆和科研、教育机构的大型图书馆还要经常接待大量的读者，图书馆和档案机要室一旦发生火灾，不仅会使珍贵的孤本书籍、稀缺报刊、历史档案以及文献资料化为灰烬，价值无法计算，损失难以弥补，而且会危及人员的生命安全。所以，火灾是图书馆、档案机要室的大敌。在我国历史上，曾有大批珍贵图书资料毁于火灾的记载，在近代，这方面的记载也并不少见。图书馆等发生火灾的原因，主要是电器安装使用不当和火源控制不严，也有受外来火种的影响。保障图书馆、档案机要室的安全，是保护国家历史文化遗产的一个重要方面，对促进文化、科学等事业的发展意义极大。所以必须把它们列为消防工作的重点，采取严密的防范措施，做到万无一失。

（1）提高耐火等级、限制建筑面积，注意防火分隔

① 图书馆、档案机要室要设于环境清静的安全地带，与周围易燃易爆单位保持足够的安全距离，并应设在一、二级耐火等级的建筑物内。不超过三层的一般图书馆及档案机要室应设在不低于三级耐火等级的建筑物内，藏书库、档案库内部的装饰材料，都应采用不燃材料制成，闷顶内不得用稻草及锯末等可燃材料保温。

② 为防止一旦发生火灾造成大面积蔓延，减少火灾损失，对于书库建筑的建筑面积应适当加以限制。一、二级耐火等级的单层书库建筑面积不应超过 4000m^2，防火墙隔间面积不应超过 1000m^2；二级耐火等级的多层书库建筑面积不应超过 3000m^2，防火墙隔间面积也不应超过 1000m^2；三级耐火等级的书库，最多允许建三层。单层的书库，建筑面积不应超过 2100m^2，防火墙隔间面积不应大于 700m^2；二、三层的书库，建筑面积不应超过 1200m^2，防火墙隔间面积不应超过 400m^2。

③ 图书馆、档案机要室内的复印、装订、照相以及录放音像等部门，不宜与书库、档案库、阅览室布置在同一层内，若必须在同一层内布置时，应采取防火分隔措施。

④ 过去遗留下来的硝酸纤维底片资料库房的耐火等级不应低于二级，一幢库房面积不应超过 180m^2，而内部防火墙隔间面积不应超过 60m^2。

⑤ 图书馆、档案机要室内的阅览室，其建筑面积应按照容纳人数每人 1.2m^2 计算。阅览室不宜设在很高的楼层，建筑耐火等级为一、二级的，应设在四层以下；耐火等级为三级

的应设在三层以下。

⑥ 书库、档案库，应作为一个单独的防火分区处理，同其他部分的隔墙，均应为不燃体，耐火极限不得低于4h。书库与档案库内部的分隔墙，如果是防火单元的墙，应按防火墙的要求执行，如作为内部的一般分隔墙，也应采取不燃体，耐火极限不得低于1h。书库和档案库与其他建筑直接相通的门，均应是防火门，其耐火极限不应小于2h，内部分隔墙上开设的门也应采取防火措施，耐火极限要求不小于1.2h。书库、档案库内楼板上不准随便开设洞孔，如需要开设垂直联系渠道时，应做成封闭式的吊井，其围墙应采用不燃材料制成，并保持密闭。书库及档案库内设置的电梯，应为封闭式的，不允许做成敞开式的。电梯门不准直接开设在书库、资料库以及档案库内，可做成电梯前室，避免起火时火势向上下层蔓延。

(2) 注意安全疏散　图书馆、档案机要室的安全疏散出口不应少于两个，但单层面积在$100m^2$左右的，允许只设一个疏散出口；阅览室的面积超过$60m^2$，人数超过50人的，应设置两个安全出口，门必须向外开启，其宽度不小于1.2m，不应设置门槛；装订及修理图书的房间，面积超过$150m^2$，且同一时间内工作人数超过15人的，应设两个安全出口；一般书库的安全出口不少于两个，面积小的库房可设一个，库房的门应向外或者靠墙的外侧推拉。

(3) 书库、档案库的内部布置要求　重要书库、档案库的书架、资料架以及档案架，应采用不燃材料制成。一般书库、资料库以及档案库的书架、资料架也尽量不采用木架等可燃材料。单面书架可贴墙安放，双面书架可单放，两个书架之间的间距不得小于0.8m。横穿书架的主干线通道不得小于1～1.2m，贴墙通道可为0.5～0.6m，通道尽量与窗户相对应。重要的书库及档案库内，不得设置复印、装订以及音像等作业间，也不准设置办公、休息、更衣等生活用房。硝酸纤维底片资料应储存在独立的危险品仓库，并应有良好的通风及降温措施，加强养护管理，注意防潮防霉，避免发生自燃事故。

(4) 严格电器防火要求

① 重要的图书馆（室）、档案机要室，电气线路应全部选用铜芯线，外加金属套管保护。书库、档案库内严禁设置配电盘，人离库时必须将电源切断。

② 书库、档案库内不准用碘钨灯照明，也不宜用荧光灯。当采用一般的白炽灯泡时，尽量不用吊灯，最好采用吸顶灯。灯座位置应在走道的上方，灯泡与图书、资料以及档案等可燃物应保持不小于50cm的距离。

③ 书库、档案库内不准使用电炉、电视机、交流收音机、电熨斗、电烙铁、电钟以及电烘箱等用电设备，不准用可燃物做灯罩，不准随便乱拉电线，禁止超负荷用电。

④ 图书馆（室）、档案机要室的阅览室、办公室采用荧光灯照明时，必须选择优质产品，防止镇流器过热起火，在安装时切忌将灯架直接固定在可燃构件上，人离开时需切断电源。

⑤ 大型图书馆、档案机要室应设计并安装避雷装置。

(5) 加强火源管理

① 图书馆（室）、档案机要室应加强日常的防火管理，严格控制一切用火，不准将火种带入书库和档案库，不准在阅览室、目录检索室等处吸烟及点蚊香。工作人员必须在每天闭馆前，对图书馆、档案室和阅览室等认真进行检查，避免留下火种或不切断电源而造成火灾。

② 未经有关部门批准，禁止在馆（室）内进行电焊等明火作业。为保护图书、档案必须进行熏蒸杀虫时，由于许多杀虫药剂都是易燃易爆的化学危险品，存在较大的火灾危险，所以应经有关领导批准，在技术人员的具体指导之下，采取绝对可靠的安全措施。

（6）应有自动报警、自动灭火、自动控制措施　藏书量超过100万册的大型图书馆及档案馆，应采用现代化的消防管理手段，装备现代化的消防设施，建立高技术的消防控制中心。其功能主要有：火灾自动报警系统，二氧化碳自动喷洒灭火系统，闭式自动喷水、自动排烟系统，闭路电视监控，火灾紧急电话通信，事故广播及防火门、卷帘门、空调机通风管等关键部位的遥控关闭等。

4.8.3　电子计算机中心防火管理

电子计算机房里，一块块清晰的电视荧屏，一排排闪动的电子数字，将各种信息传达给各种不同需要的人们，给城市管理、生产指挥、交通运输、国防工程以及科学试验等各个系统注入了现代文明的活力，使各项工作越发敏捷、方便、高效。

随着电子计算机技术的推广应用，从中央到地方，各行各业较为普遍地建立了各自的信息管理系统。一个信息系统就是一个电子计算机中心，不同的只是规模大小而已。

电子计算机系统价格昂贵，机房平均每平方米的设备费用高达数万元甚至数十万元。一旦失火成灾，不仅会造成巨大的经济损失，并且因为信息、资料数据的破坏，会给有关的管理、控制系统带来严重影响，后果不堪设想。所以电子计算机中心一向是消防安全管理的重点。

（1）电子计算机中心的火灾危险性　电子计算机中心主要由计算机系统、电源系统、空调系统以及机房建筑四部分组成。其中，计算机系统主要包括输入设备、输出设备、存储器、运算器以及控制器五大部分。在电子计算机房发生的各类事故中，火灾事故占80%左右。据国内外发生的电子计算机房火灾事故的分析，起火部位大多是计算机内部的风扇、空调机、打印机、配电盘、通风管以及电度表等。其火灾危险性主要源于下列方面。

① 建筑内装修、通风管道使用大量可燃物。一般为保持电子计算机房的恒温和洁净，建筑物内部需要用相当数量的木材、胶合板及塑料板等可燃材料建造或者装饰，使建筑物本身的可燃物增多，耐火性能相应降低，极易引燃成灾。同时，空调系统的通风管道采用聚苯乙烯泡沫塑料等可燃材料进行保温，如果保温材料靠近电加热器，长时间受热亦会被引燃起火。

② 电缆竖井、管道以及通风管道缺乏防火分隔。计算机中心的电缆竖井、电缆管道及通风管道等系统未按照规定独立设置和进行防火分隔时，易造成外部火灾的引入或内部火灾蔓延。

③ 用电设备多、易出现机械故障和电火花。机房内电气设备及电路很多，如果电气设备和电线选型不合理或安装质量差；违反规程乱拉临时电线或任意增设电气设备、电炉以及电烙铁，用完后不拔插销，长时间通电或者与可燃物接触而没有采取隔热措施；日光灯镇流器和闷顶或者活动地板内的电气线路缺乏检查维修；电缆线与主机柜的连接松动，致使接触电阻过大等，均可能起火造成火灾。电子计算机需要长时间连续工作，如若设备质量不好或者元器件发生故障等，均有可能导致绝缘被击穿、稳压电源短路或者高阻抗元件因接触不良、接触点过热而起火。机房内工作人员穿涤纶、腈纶以及氯纶等服装或聚氯乙烯拖鞋，容易产生静电放电。

④ 工作中使用的可燃物品易被火源引燃起火。用过的纸张及清洗剂等可燃物品未能及时清理，或使用易燃清洗剂擦拭机器设备及地板时，遇电气火花及静电放电火花等火源而起火。

（2）电子计算机中心的防火管理措施

① 选址。独立设置的电子计算机中心，在选址时，应注意远离散发有害气体及生产、储存腐蚀性物品和易燃易爆物品的地方，或建于其上风方向，避免设于落雷区、矿山“采空

区”、杂填土、淤泥、流沙层、地层断裂段，以及地震活动频繁的地区和低洼潮湿的地方。应尽量建立在电力、水源充足，自然环境清洁，交通运输方便的区域。并且尽量避开强电磁场的干扰，远离强振动源和强噪声源。

② 建筑构造。新建、改建或者扩建的电子计算机中心，其建筑物的耐火等级不应低于一、二级，主机房与媒体存放间等要害部位耐火等级应为一级。安装电子计算机的楼层不宜超过五层，且不应安装于地下室内，不应布置在燃油、燃气锅炉房。油浸电力变压器室、充有可燃油的高压电器以及多油开关室等易燃易爆房间的上下层或者贴近布置，应与建筑物的其他房间用防火墙（门）及楼板分开。房间外墙、间壁和装饰，要用不燃或者阻燃材料建造，并且计算机机房和媒体存放间的防火墙或隔板应从建筑物的地板起直到屋顶，将其完全封闭。信息储存设备要安装于单独的房间，室内应配有不燃材料制成的资料架及资料柜。电子计算机主机房应设有两个以上安全出口，并且门应向外开启。

③ 空调系统。大中型计算机中心的空调系统应与其报警控制系统实行联动控制，其风管及其保温材料、消声材料以及黏结剂等，均应采用不燃或者难燃材料。当风管内设有电加热器时，电加热器的开关与通风机开关亦应连锁控制。通风、空调系统的送、回风管道通过机房的隔墙和楼板处应设防火阀，既要有手动装置，又应设置易熔片或者其他感温、感烟等控制设备。当管内温度超过正常工作的最高温度 25℃时，防火阀即顺气流方向严密关闭，并且应有附设单独支吊架等避免风管变形而影响关闭的措施。

④ 电器设备。电子计算机中的电器设备应特别注意下列防火要求。

a. 电缆竖井及其电管道竖井在穿过楼板时，必须用耐火极限不低于 1h 的不燃体隔板分开。水平方向的电缆管道及其电管道在通过机房大楼的墙壁处时，也要设置耐火极限不低于 0.75h 的不燃体板分隔。电缆和其电管道穿过隔墙时，应用金属套管引出，缝隙用不燃材料密封填实。机房内要预先开设电缆沟，以便分层铺设信号线、电源线以及电缆线、地线等，电缆沟要采取防潮及防鼠咬的措施，电缆线和机柜的连接要有锁紧装置或者通过焊接加以固定。

b. 大中型电子计算机中心应当建立不间断供电系统，或者自备供电系统。对于 24h 内要求不间断运行的电子计算机系统，要按照一级负荷采取双路高压电源供电。电源必须有两个不同的变压器，以及两条可交替的线路供电。供电系统的控制部分应靠近机房并且设置紧急断电装置，做到供电系统远距离控制，一旦系统出现故障，能够较快地切断电源。为确保安全稳定供电，计算机系统的电源线路上，不得接有负荷变化的空调系统和电动机等电气设备，其供电导线截面积不应小于 $2.5mm^2$，并采用屏蔽接地。

c. 弱电线路的电缆竖井宜与强电线路的电缆竖井分开设置，如果受条件限制必须合用时，弱电与强电线路应分别布置在竖井两侧。

d. 计算机房和已记录的媒体存放间应设置事故照明，其照度在距地面 0.8m 处，不应低于 5lx。主要通道及有关房间亦应设事故照明，其照度在距地面 0.8m 处，且不应低于 1lx。事故照明可以采用蓄电池作备用电源，连续供电时间不应少于 20min，并且应设置玻璃或者其他不燃材料制作的保护罩。卤钨灯和额定功率为 100W 及 100W 以上的白炽灯泡的吸顶灯、槽灯以及嵌入式灯的引入线应穿套瓷管，并用石棉、玻璃丝等不燃材料作隔热保护。

e. 电器设备的安装、检查维修、重大改线和临时用线，要严格执行国家的有关规定和标准，由正式电工操作安装。禁止使用漏电的烙铁在带电的机柜上焊接。信号线要分层、分排整齐排列。蓄电池房应靠外墙设置，并加强通风，其电器设备应满足有关防火要求。

⑤ 防雷、防静电保护。机房外面应设有良好的防雷设施。计算机交流系统工作接地与安全保护接地电阻均不宜大于 4Ω，直流系统工作的接地电阻不宜大于 1Ω。计算机直流系统

工作接地极与防雷接地引下线之间的距离应大于5m，交流线路走线不应与直流地线紧贴或者平行敷设，更不能相互短接或混接。机房内宜选用具有防火性能的抗静电活动地板或水泥地板，以消除静电。有关防雷和消除静电的具体措施，应符合有关规范和标准。

⑥ 消防设施的设置。大中型电子计算机中心应设置火灾自动报警及自动灭火系统。自动报警和自动灭火系统主要设置在计算机机房和已记录的媒体存放间。火灾自动报警与自动灭火系统的设备，应采用经国家有关产品质量监督检测单位检验合格的产品。大中型电子计算机中心宜配套设置消防控制室，并应具有：接受火灾报警、发出起火的声光信号及事故广播与安全疏散指令、控制消防水泵、固定灭火装置、通风空调系统、阀门、电动防火门、防火卷帘及防排烟设施和显示电源运行情况等功能。

⑦ 日常消防安全管理。计算机中心应特别注意抓好日常消防安全管理工作，禁止存放腐蚀品和易燃危险品。维修中应尽量避免使用汽油、酒精、丙酮以及甲苯等易燃溶剂，若确因工作需要必须使用时，则应采取限量的办法，每次带入量不得超过100g，随用随取，并禁止使用易燃品清洗带电设备。维修设备时，必须先关闭设备电源再进行作业。维修中使用的测试仪表、电烙铁以及吸尘器等用电设备，用完后应立即切断电源，存放至固定地点。机房及媒体存放间等重要场所应严禁吸烟和随意动火。计算机中心应配备轻便的二氧化碳灭火器，并放置在显要并且便于取用的地点。工作人员必须接受全员安全教育和培训，掌握必要的防火常识及灭火技能，并经考试合格才能上岗。值班人员应定时巡回检查，发现异常情况，及时处理和报告；当处理不了时，要停机检查，排除隐患后才可继续开机运行，并把巡视检查情况做好记录。要定期检查设备运行状况及技术和防火安全制度的执行情况，及时分析故障原因并且积极修复。要切实落实可靠的防火安全措施，确保计算机中心的使用安全。

各办公场所对其他火灾危险性大的部位，比如物资仓库、易燃易爆危险品的储存和使用地点，汽车库、电气设备以及礼堂等都应列为重点，加强防火管理。

4.9 公众聚集场所的消防安全责任

(1) 确定责任人　根据有关消防法规的规定，公众聚集场所的法定代表人或主要负责人是消防安全责任人。要逐级落实消防安全责任制及岗位消防安全责任制，明确逐级和岗位消防安全职责，明确各级、各岗位的消防安全责任人，建立健全消防组织，配备专、兼职防火人员。

消防安全责任人，对本单位的消防工作全面负责。其职责是贯彻执行消防法规，确保单位的消防安全符合规定，批准实施年度消防工作计划，为本单位的消防工作提供经费及组织保障，确定逐级消防安全责任制，及时处理涉及消防安全的重大问题，保证各项消防安全工作的进行。

《娱乐场所管理条例》规定，娱乐场所的法定代表人或者主要负责人应当对娱乐场所的消防安全和其他安全负责。

(2) 建立防火安全责任制　全面实行消防安全责任制。在实施消防管理过程中，要全面落实逐级防火安全责任制。明确消防安全职责，并且落实各项管理措施。

应该按照《机关、团体、企业、事业单位消防安全管理规定》，切实履行自身的消防安全职责，建立和落实逐级消防安全责任制及岗位消防安全责任制，明确逐级及岗位消防安全职责，确定各级、各岗位的消防安全责任人。按消防安全重点单位的管理标准，切实加强消防安全管理。

《娱乐场所管理条例》规定，娱乐场所应当确保其建筑、设施符合国家安全标准和消防技术规范，定期检查消防设施状况，并及时维护、更新。

（3）建立健全消防安全制度和操作规程　防火安全管理制度包括用火用电制度、易燃易爆危险化学品管理制度、消防安全检查制度、消防控制室值班制度、消防设施维护保养制度、员工消防教育培训制度等。要结合各自的实际情况，制定预防火灾的操作规程，保证消防安全。

要定期组织员工学习、熟悉并严格按照制度要求，常对照、勤检查，保证各项规章制度的贯彻执行。

（4）进行消防安全宣传教育、培训、预案演练

①《娱乐场所管理条例》规定，娱乐场所应当制定安全工作方案及应急疏散预案。要依据员工的工作性质及职责进行相应的消防安全知识的教育培训，以提高消防安全意识与对消防工作的认识，学习必要的消防安全知识，掌握从事岗位所必需的消防知识及技能。

应将消防安全教育纳入员工教育培训计划，对员工必须进行全员消防安全培训，通过考核合格后才能上岗。培训内容包括火灾事故案例，消防法律法规，消防安全常识、知识以及技能，培训重点是组织引导群众疏散，以及报火警和扑救初起火灾的技能。利用培训强化员工的消防安全意识，提升自防自救能力。

② 中、小学校应以多种形式对学生进行消防安全知识的普及教育，制定校园逃生自救演练方案，在新生军训期间安排“自救与逃生”必练科目，组织开展学生逃生自救安全教育活动并且进行消防器材实际操作演练，实现全员受训目标，增强火灾时的避险能力与自救能力。有条件的地方要举办消防夏令营，组织学生参观消防中队、消防博物馆，增强学生的消防安全意识。

③ 重大活动要制定消防应急预案并演练。防火及应急疏散预案应包括各级岗位人员职责分工、人员疏散疏导路线，以及其他特定的防火灭火措施与应急措施等，并要按照预案进行实际的操作演练，以便于及时发现问题，完善预案。各公众聚集场所应结合实际制定相应的灭火及安全疏散应急预案，并且至少每半年组织一次灭火演练，不断充实完善应急预案，提高自防、自救能力。

（5）组织防火检查和巡查，消除火灾隐患　公共场所应依据规定建立定期检查制度和每日巡查制度，并建立巡查记录。至少每季度应进行一次防火安全检查，要把责任和制度落实与否、疏散通道畅通与否、消防设施完好与否作为检查的重点。对发现的火灾隐患，能当场整改的要当场整改；不能当场整改的，要制定整改方案，落实整改资金，确定负责整改的部门及人员，限期整改。在火灾隐患未消除期间，要落实防火安全措施，避免引发火灾。

《娱乐场所管理条例》规定，营业期间，娱乐场所应当确保疏散通道和安全出口畅通，不得封堵、锁闭疏散通道和安全出口，不得在疏散通道及安全出口设置栅栏等影响疏散的障碍物。娱乐场所应当在疏散通道和安全出口设置明显的指示标志，不得遮挡或者覆盖指示标志。

（6）建立消防工作档案　旅馆应当把本单位的基本概况、消防救援机构填发的各种法律文书、与消防工作有关的材料及记录等统一建立消防工作档案。

（7）组建志愿消防队　各公众聚集场所应组建志愿消防队，志愿消防队员的数量不应少于本场所工作人员数量的30%。各经营管理单位应根据情况，制定切实可行的灭火及应急疏散预案并定期演练，其主要负责人和相关管理人员应熟悉预案的全部内容，具备应急指挥能力。工作人员应当熟悉安全出口与疏散通道的位置，并掌握本岗位的应急救援职责。

4.10 公众聚集场所的岗位消防职责

公众聚集场所的消防管理责任主体是其自身，其消防安全责任人应由该场所的法定代表人或主要负责人承担。消防安全责任人可依据需要确定本场所的消防安全管理人。单位主管消防安全的副职领导是本单位的消防安全管理人，消防安全管理人要对单位的消防安全责任人负责。

承包、租赁场所的承租人是其承包、租赁范围的消防安全责任人，各部门负责人为部门消防安全责任人。

公众聚集场所的所有从业人员都应经过消防专业知识培训，通过考试合格后持证上岗。公众聚集场所的保安人员必须掌握防火及灭火的基本技能。公众聚集场所的志愿和义务消防队员应掌握消防安全知识和灭火的基本技能，定期开展消防训练，火灾时应履行扑救火灾及引导人员疏散的义务。

（1）公众聚集场所应当履行的消防管理职责

① 落实消防安全责任，确定本场所的消防安全责任人和逐级消防负责人。

② 制定消防安全管理制度，确保消防安全的操作规程。

③ 开展消防知识的宣传教育，对从业人员进行消防安全教育及培训。

④ 定期开展防火巡查、检查，及时消除火灾隐患。

⑤ 保障疏散通道、安全出口以及消防车通道畅通。

⑥ 明确各类消防设施的操作维护人员，保障消防设施、器材以及消防安全标志完好有效，处于正常运行状态。

⑦ 组织扑救初期火灾，疏散人员，维持火场秩序，保护火灾现场，并协助火灾调查。

⑧ 确定消防安全重点部位与相应的消防安全管理措施。

⑨ 制定灭火及应急疏散预案，定期组织消防演练。

⑩ 建立防火档案。

（2）公众聚集场所法定代表人（消防安全责任人）的消防工作职责

① 认真学习贯彻消防法规、公安消防监督机构以及上级领导机关的文件，自觉遵守本单位的消防安全管理制度，对于本单位的消防安全工作负全面领导责任。

② 领导本单位的消防安全工作，切实将消防安全工作列入主要议事日程，做到在计划、布置、检查以及评比业务的同时，计划、布置、检查、总结以及评比消防安全工作。

③ 主持本单位防火安全委员会（或防火安全领导小组）的工作，指导及监督检查各职能部门的消防安全工作；定期向本单位干部、职工报告以及讲评消防安全工作。

④ 部署各时期的消防安全工作。听取各部门的消防安全工作汇报，负责审定防火安全委员会（或者防火安全领导小组）的消防安全工作计划，年度消防经费预算和支出、消防器材购置计划等。

⑤ 主持制定本单位的消防安全管理制度，督促及检查贯彻落实情况；组织消防宣传教育、防火安全检查以及火灾隐患的整改工作，改善消防安全条件，完善消防设施；组织制定灭火方案，指挥火灾扑救，保护火灾现场，并对一般火灾事故负责追查处理，并协助调查重大火灾原因。

⑥ 亲自主持研究解决消防工作中的重大问题，为消防安全职能部门开展工作创造条件，负责本单位消防重点部位的动火审签工作。

⑦ 在新建、改建、扩建建筑工程时，责成有关职能部门把工程项目报当地公安消防监

督部门办理建筑设计消防审核手续。

⑧ 指导单位员工努力做到“四懂四会”，即懂得本岗位及身边的火灾危险性，懂得预防火灾的措施及防火安全管理制度和岗位安全操作规程等，懂得扑救火灾的方法，懂得火场逃生技巧；会快、准、稳地报火警，会迅速准确地使用消防器材和设备，会扑救初期火灾，会引导疏散逃生；对发现的火灾隐患及时组织职能部门及有关人员解决。

⑨ 对在消防工作中做出成绩的集体和个人给予表扬和奖励，对违章行为进行批评教育或者给予处分。

⑩ 负责向消防救援机构汇报相关情况，接受消防救援机构的监督及指导。

⑪ 承担因工作失职而导致火灾事故的责任，直至法律刑事责任。

(3) 公众聚集场所分管消防安全工作的副职领导（消防安全管理人）的消防工作职责

① 认真学习、贯彻执行有关消防法规以及本单位的各项消防安全制度，做到“四懂四会”。

② 对本单位的消防安全工作负具体领导责任，主持本单位的日常消防安全工作；对总经理、防火安全委员会（或者防火安全领导小组）负责。

③ 掌握本单位消防设施的性能并且会使用，熟知本单位的紧急情况工作程序。

④ 负责本单位消防安全工作的组织、人员、规章制度、消防设施、器材以及消防经费等的落实。

⑤ 组织实施本单位的防火安全教育，组织制定消防安全工作的各项规章制度并要抓好落实。

⑥ 组织防火安全检查，组织研究火灾隐患的整改，督促相关部门抓好落实。

⑦ 每日检查分管各部门的消防安全工作，包括重点要害部位，制度的落实情况；掌握公众聚集场所人员的分布、流动情况，一旦发生紧急情况，便于疏散及指挥。

⑧ 定期听取各职能部门的汇报，及时解决本单位消防安全工作中的问题并向法定代表人报告。

⑨ 遇到火警，必须及时赶到火场总指挥部；按照灭火作战计划指挥报警、扑救、人员疏散以及财产转移，当好总经理的助手。

⑩ 总结防火工作、火灾扑救情况，做出奖惩的提案及决定；对严重失职、肇事者，在查明原因、分清责任的基础上做出处理的提案和决定，在必要时送交有关部门进行处理。

⑪ 承担因工作失职而导致的火灾事故责任，直至法律刑事责任。

(4) 公众聚集场所业务部门主要负责人的防火工作职责

① 认真学习、贯彻执行有关的消防法规及上级有关消防安全的指示精神，执行本单位防火安全委员会的指令及部署。

② 熟悉本部门的火灾特点，做到“四懂四会”；负责制定及落实本部门的消防安全制度。

③ 定期总结和布置本部门的防火工作，经常对职工进行消防安全教育，并且对重点工种人员进行专门教育。

④ 定期与不定期地组织和发动职工进行消防安全检查，发现火灾隐患应及时处理或者请有关部门协助解决。

⑤ 领导本部门义务组织消防学习及演练，提高义务消防队队员的业务素质。

⑥ 负责检查本部门防火责任制的落实情况，负责本部门消防设施和器材的保养、检修以及设置规划工作，确保消防设施清洁，完整好用。

⑦ 管好本部门的重点防火部位，做到“四有”：有防火负责人、有防火安全制度、有消防器材、有义务消防组织。

⑧ 违反防火安全规定造成的后果，除肇事者外，部门经理、管理员以及领班都要对事

故分级负责。

⑨ 各部门应将防火安全工作作为评比时的一项重要内容，做到奖惩严明。

⑩ 发生火警立即向消防安全责任人、消防安全管理人以及保安部报告，并按灭火作战计划进入岗位，服从火场指挥部的指挥，保护火灾现场，协助相关部门追查处理火灾事故。

⑪ 定期向本单位防火负责人及有关职能部门汇报本部门的消防工作情况。

⑫ 对因工作失职而导致的火灾事故负责，直至法律刑事责任。

（5）公众聚集场所消防工作职能部门主要负责人的岗位职责

① 熟悉上级有关消防法规、规章，执行上级领导机关公安消防监督机构、本单位防火安全委员会（或者防火安全领导小组）的指令和规定。

② 掌握本单位的基本情况及消防工作的进展情况，做到上情下达，下情上报；熟悉各部门、各区域的火灾危险性，特别对重点要害部位更要加强防范。

③ 协助领导抓好本单位的消防安全宣传教育，使全体员工的防火安全意识增强。

④ 制订义务消防队的学习、培训计划，抓好防火档案的建设及管理。

⑤ 做到“四懂四会”，了解消防工作的方针及原则，落实“谁主管、谁负责”的岗位防火安全制度。

⑥ 负责安排消防器材的购置、配备、维修、更换以及管理工作。

⑦ 负责本场所的防火检查、监督工作，当好本单位主管及分管消防安全工作领导的参谋，主动提出工作建议。

⑧ 同其他部门协调好、配合好，在防火安全工作中做到奖惩严明。

⑨ 发生火灾时，立即向消防安全责任人及消防安全管理人报告并奔赴火场；在消防安全责任人及消防安全管理人授权下，进行火灾现场指挥。

⑩ 参加火灾事故的调查分析，在查明火灾原因并且分清事故责任的基础上，对责任者提出处理建议。

⑪ 承担因工作失职而造成的火灾事故责任，直至法律刑事责任。

（6）公众聚集场所专（兼）职防火干部（消防安全管理人员）的岗位职责

① 认真贯彻执行《消防法》和公安部 61 号令，以及上级的有关消防指示、规定。

② 掌握本单位的火灾特点，努力做到“六熟悉”：熟悉本单位的平面布局、建筑特点、消防车通道以及消防水源情况，熟悉本单位的火灾危险性和相应的防火措施，熟悉各有关的消防法规、规章制度及其贯彻落实情况，熟悉重点消防保卫部位存在的火灾隐患和控制方法，熟悉义务消防组织建设情况及其防火、灭火能力，熟悉消防设施器材及装备状况。

③ 推动本单位制定消防安全制度，推行逐级防火责任制并且督促落实。

④ 对职工群众进行防火宣传教育，使职工群众遵守消防法规和切实做好消防安全工作的自觉性提高。

⑤ 开展防火检查，发现火灾隐患及时上报并且提出整改意见。督促有关部门消除火灾隐患，改善消防安全条件，完善消防设施。

⑥ 协助主管部门对电工、焊接工、油漆工以及服务员等员工进行消防知识专业培训和考核工作。

⑦ 组织义务消防队的学习和训练，制订灭火作战计划。负责组织消防器材及设施的管理、维修和保养。

⑧ 制止各种违反消防法规、制度以及规定的行为，根据情节提出处理意见并做好记录上报。

⑨ 发生火灾立即报警，并向总经理、分管副总经理以及保安部经理报告，同时组织员工、顾客扑救火灾、保护火灾现场，参与火灾原因的调查及对责任人的责任追查。

⑩ 对在消防工作中成绩突出的部门、集体以及个人，向行政领导提出表扬、奖励的建议。

⑪ 承担由于失职而导致的火灾后果责任，直至法律刑事责任。

（7）公众聚集场所消防控制中心的岗位职责

① 认真贯彻执行有关的消防法规及防火制度，做到“四懂四会”。

② 按时交接班，严格执行交接班签字手续，并且介绍上班情况，交清未了事宜，认真做好值班记录。

③ 不准使用任何电热器具，在室内不准吸烟、会客，未经领导批准不得私自接待外人参观。

④ 保证机器的正常运行，发现问题及故障立即报告并通知工程部抢修；每日班前做机器配套设备的使用检查，确保报警、通信系统的正常。

⑤ 夜班要提高警惕，密切注意控制系统的变化，禁止睡岗脱岗。

⑥ 坚守岗位不准脱岗，不得私自调班调岗、替班替岗，不准做和工作无关的事；未经领导批准，除消防、保安在岗人员之外，其他人不得进入。

⑦ 熟悉消防中心的业务，对于控制盘的显示要做好记录，发现报警立即查看报警位置并要向总机报告，准备好图纸，提供给消防指挥部使用。

⑧ 确保室内消防器材整洁、完整好用，消防广播没有指令不准动用。

⑨ 承担由于失职而导致火灾事故的责任，直至法律刑事责任。

（8）公众聚集场所岗位员工的防火安全职责

① 认真学习贯彻执行相关的消防法规，努力学习消防业务知识，积极参加本单位及本部门组织的消防训练，做到“四懂四会”。

② 熟知本单位的消防器材及设施，熟知本单位的紧急情况工作程序。

③ 不准在办公及休闲场所堆放易燃、可燃杂物。

④ 严格控制供电系统负荷，未经许可一律不准使用附加电器；随时关闭停用的电源。

⑤ 随时提醒流动人员禁止乱扔火种，严禁随意使用电热器具。

⑥ 职工离开时要检查遗留火种；检查电源关闭与否，烟头是否熄灭，地毯、沙发夹缝处及窗帘下有无烟头，废纸篓里有无火种等其他异常情况。

⑦ 按时交接班，严格执行交接班签字手续；介绍上班情况，交清未了事宜，并且认真做好值班防火安全记录。

⑧ 负责本部门区域的消防器材、设施的卫生工作，发现消防器材短缺或者其他情况，应立即向保安部报告。

⑨ 自觉遵守本单位、本部门的防火安全制度，熟记本部门配置消防器材的性能、放置地点以及使用方法。

⑩ 发现火灾隐患，应立即报告并且做出详细记录；发现火灾，应立即报警并通知有关领导，按照紧急情况工作程序进入岗位，服从指挥，积极配合。

⑪ 建立、健全防火安全检查、总结、汇报以及评比制度。

⑫ 承担因失职而造成的火灾事故责任，直至法律刑事责任。

5 易燃易爆危险品管理

5.1 易燃易爆设备防火管理

现代化企业的生产主要借助于大量现代化的机器设备。而在现代化的机器设备中，大多又是易燃易爆设备，因此易燃易爆设备管理如何，会直接影响企业的消防安全，且随着企业机械化和自动化水平的不断提高，易燃易爆设备对企业消防安全的影响会越来越大。所以，加强易燃易爆设备的管理是企业消防安全管理的一个重点。

易燃易爆设备的管理，主要包括设备的选购、进厂验收、安装调试、使用维护、修理改造以及更新等，其基本要求是合理地选择、正确地使用、安全地操作、经常维护保养、及时更换及维修，通过设备管理制度和技术、经济以及组织等措施的落实，达到经济合理和安全生产的目的。

5.1.1 易燃易爆设备的分类

易燃易爆设备按其使用性能分为以下四类。

① 化工反应设备，如反应罐、反应釜、反应塔及其管线等。

② 可燃、氧化性气体的储罐、钢瓶及其管线，如氧气罐、氢气罐、液化石油气储罐及其钢瓶、乙炔瓶、氧气瓶、煤气柜等。

③ 可燃的、强氧化性的液体储罐及其管线，如油罐、酒精罐、苯罐、双氧水罐、二硫化碳罐、硝酸罐以及过氧化二苯甲酰罐等。

④ 易燃易爆物料的化工单元操作设备，如易燃易爆物料的输送、蒸馏、加热、冷却、干燥、冷凝、粉碎、混合、熔融、筛分、过滤以及热处理设备等。

5.1.2 易燃易爆设备的火灾危险特点

（1）生产装置、设备日趋大型化　为获得更好的经济效益，工业企业的生产装置及设备正朝着大型化的方向发展。比如生产聚乙烯的聚合釜已由普遍采用的 7～13.5m^3/台发展到

了 $100m^3$/台，而且已制造出了直径 12m 以上的精馏塔及直径 15m 的填料吸收塔，塔高可达 100 余米。石油化工企业配装的高压离心机的最大流量达 $210000m^3/h$，最高转数可达 25000r/min。生产设备的处理量增大也使储存设备的规模相应加大，我国 50000t 以上的油罐已有 10 余座。因为这些设备所加工储存的都是易燃易爆的物料，所以规模的大型化也加大了设备的火灾危险性。

（2）生产和储存过程中承受高温高压　为了提高设备的单机效率及产品回收率，获得更佳的经济效益，许多工艺过程都采用了高温、高压以及高真空等手段，使设备的操作要求更为严格，同时也增大了火灾危险性。如以石脑油作为原料的乙烯装置，其高温稀释蒸气裂解法的蒸气温度为 1000℃，加氢裂化的温度也在 800℃以上；以轻油为原料的大型合成氨装置，其一段、二段转化炉的管壁温度在 900℃以上，普通的氨合成塔的压力有 32MPa，合成酒精、尿素的压力均在 10MPa 以上；高压聚乙烯装置的反应压力达 270MPa 等。这些高温高压的反应设备致使物料的自燃点降低，爆炸范围变宽，且对设备的强度提出了更高的要求，在操作中一有闪失，便会有对全厂造成毁灭性破坏的危险。

（3）生产和储存过程中易产生跑冒滴漏　因为多数易燃易爆设备都长期承受高温、高压，很容易造成设备疲劳、强度降低，多与管线连接，连接处极易发生跑冒滴漏；而且由于有些操作温度超过了物料的自燃点，一旦跑漏就会着火。再加之生产的连续性强，一处失火就会影响整个生产。还由于有的物料具有腐蚀性，设备易被腐蚀而使强度降低，或致使跑冒滴漏，这些又增加了设备的火灾危险性。

5.1.3 易燃易爆设备使用的消防安全要求

（1）合理配备设备　要依据企业生产的特点、工艺过程和消防安全要求，选配安全性能符合规定要求的设备，设备的材质、耐腐蚀性、焊接工艺等，应能确保其整体强度，设备的消防安全附件，如压力表、温度计、安全阀、阻火器、紧急切断阀以及过流阀等应齐全合格。

（2）严把试车关　易燃易爆设备启动时，要严格试车程序，详细观察及记录各项试车数据，各项安全性能要达到规定指标。试车启用过程要有安全技术及消防管理部门共同参加。

（3）配备与设备相适应的操作人员　对于易燃易爆设备应确定具有一定专业技能的人员操作。操作人员在上岗前要进行严格的消防安全教育和操作技能训练，并经考试合格才可允许独立操作。设备的操作应做到“三好、四会”，也就是管好设备、用好设备、修好设备，以及会保养、会检查、会排除故障、会应急灭火和逃生。

（4）涂以明显的颜色标记　易燃易爆设备应设有明显的颜色标记，给人以醒目的警示，并要悬挂醒目的易燃易爆设备等级标签，以便检查管理。

（5）为设备创造较好的工作环境　易燃易爆设备的工作环境，对安全工作有比较大的影响。如环境潮湿，会加快设备的腐蚀，甚至影响设备的机械强度；如环境温度较高，会影响设备内气、液物料的蒸气压。因此，对使用易燃易爆设备的场所，要严格控制温度、湿度、灰尘、震动以及腐蚀等条件。

（6）严格操作规程　正确操作设备的每一个开关与阀门，是易燃易爆设备消防安全管理的一个重要环节。在工业生产中，若将投料次序颠倒了，错开了一个开关或阀门，往往会酿成重大事故。所以，操作工人必须严格操作规程，严格把握投料与开关程序，每一个阀门和开关都应有醒目的标记、编号，以及高压、中压或者低压的说明。

（7）保证双路供电，备有手动操作机构　对易燃易爆设备，要有确保其安全运行的双路供电措施。对自动化程度较高的设备，还应备有手动操作机构。设备上的各种安全仪表，均必须反应灵敏并且动作准确无误。

（8）严格交接班制度　为确保设备安全使用，将要下班的人员要把当班的设备运转情况全面、准确地向接班人员交代清楚，并认真填写交接班记录。接班的人员要做上岗前的全面检查，并且在记录上认真登记，以使在班的操作人员对设备的运行情况有较为清楚的了解，对设备状况做到心中有数。

（9）坚持例行设备保养制度　操作工人每天要对设备进行维护保养，其内容主要包括班前、班后检查，设备各个部位的擦拭，班中认真观察听诊设备运转情况，及时将故障排除等，不得使设备带病运行。

（10）建立设备档案　建立易燃易爆设备档案，目的是及时掌握设备的运行情况，加强对设备的管理。易燃易爆设备档案的内容主要包括性能、生产厂家、使用时间、使用范围、事故记录、修理记录、维护人、操作人、操作要求以及应急方法等。

5.1.4 易燃易爆设备的安全检查

易燃易爆设备的安全检查，指的是对设备的运行情况、密封情况、受压情况、仪表灵敏度以及各零部件的磨损情况和开关、阀门的完好情况等进行检查。

（1）设备安全检查的分类　易燃易爆设备的安全检查，按照时间可以分为日检查、周检查、月检查以及年检查等几种；从技术上来讲，还可以分为机能性检查和规程性检查两种。

① 日检查。指操作工人在交接班时进行的检查。此种检查通常都由操作工人自己进行。

② 周检查和月检查。指班组或车间、工段的负责人按周或者月的安排进行的检查。

③ 年检查。指由厂部组织的全厂或全公司的易燃易爆设备检查。年检查应成立专门的检查组织，由设备、技术以及安全保卫部门联合组成，时间一般安排在本厂、公司生产或者经营的淡季。在年检时，要编制检查标准书，确定检查项目。

（2）易燃易爆设备检查的要求

① 进行动态检查。易燃易爆设备检查的发展方向是在设备运转的条件之下进行动态检查。这样可以及时、准确地预报设备的劣化趋势及安全运转状况，为提出修理意见提供依据。

② 合理确定检查周期。合理地确定易燃易爆设备的检查周期是一个不可忽视的问题。周期过长达不到预防的目的；周期过短会导致经济上不必要的浪费，对生产造成影响。确定检查周期应先根据设备制造厂的说明书和使用说明书中的说明，听取操作工、维修工以及生产部门的意见，初步暂定一个周期；再依据维修记录中所记的曾经发生的故障，并参考外厂的经验，对暂定检查周期进行修改；然后根据维修记录所表示的性能和可能发生的着火或者爆炸事故来最后确定。

5.1.5 易燃易爆设备的检修

易燃易爆设备在使用一定时间后，会因物料的腐蚀性和膨胀性而使设备出现裂纹、变形，或者焊缝、受压元件、安全附件等出现泄漏现象，若不及时检查修复，就有可能发生着火或者爆炸事故。所以，对易燃易爆设备要定期进行检修，及时发现并消除事故隐患。

（1）设备检修的分类及内容　设备检修的目的主要是恢复功能部分及防火防爆部分的作用，保证安全生产。设备检修按每次检修内容的多少和时间的长短，分为小修、中修以及大修三种。

① 小修。是指只对设备的外观表面进行的检修。通常设备的小修一年进行一次。检修的内容主要包括：设备的外表面是否有裂纹、变形、局部过热等现象，防腐层、保温层及设备的铭牌是否完好，设备的焊缝、连接管以及受压元件等有无泄漏，紧固螺栓是否完好，基础有无下沉、倾斜等异常现象，以及设备的各种安全附件是否齐全、灵敏、可靠等。

② 中修。是指设备的内、外部检修。中修一般三年进行一次，对使用期已达 15 年的设备，应 3 年中修一次；对使用期大于 20 年的设备，应 2 年中修一次。中修的内容除外部检修的全部内容外，还应对设备的外表面、开孔接管处是否有介质腐蚀或冲刷磨损等现象，以及对设备的所有焊缝、封头过渡区和其他应力集中的部位有无断裂或者裂纹等进行检查。对有怀疑的部位应采用 10 倍放大镜检查或采用磁粉、着色进行表面探伤。若发现设备表面有裂纹时，还应采用超声波或 X 射线进一步抽查焊缝的 20%。若未发现有裂纹，对制造时只做局部无损探伤检验的设备，仍应进一步做<20%但≥10%的适量抽检。

设备的内壁如由于温度、压力以及介质腐蚀作用，有可能引起金属材料的金相组织或者连续性破坏时（如脱碳、应力腐蚀、晶体腐蚀、疲劳裂纹等），还应进行金相检验及表面硬度测定，并且做出检验报告。

在对设备的筒体、封头等进行以上检验后，如发现设备的内外壁表面有腐蚀现象，应对怀疑部位进行多处壁厚测量。当测量的壁厚小于最小允许壁厚时，应重新进行强度核算，并且提出可否继续使用的建议及允许使用的最高压力。

③ 大修。是指对设备的内外进行全面的检修。大修应由技术总负责人批准，并且报上级主管部门备案。大修的周期至少每 6 年进行一次。大修的内容，除进行中修的全部内容之外，还应对设备的主要焊缝（或壳体）进行无损探伤抽查。抽查长度是设备（或壳体面积）焊缝总长的 20%。

易燃易爆设备大修合格之后，应严格进行水压试验与气密性试验，在正式投入使用之前，还应进行惰性气体置换或者抽真空处理。

（2）设备的检修方法　易燃易爆设备的检修方法，通常采取拆卸法、隔离法以及浸水法。

① 拆卸法。就是将要检修的部件拆卸下来，搬移至非生产区或禁火区之外的地点进行检修。此种方法的优点，一是可以使在禁火区内检修时采取的一些复杂的防火安全措施减少；二是可以维持连续生产，减少停工待产的时间；三是便于施工及检修人员操作。

② 隔离法。就是将要检修的生产工段或者设备和与其相联系的工段、设备，以及检修的容器与管线之间，采取严格的隔离防护措施进行隔离，将检修设备与周围设备管线之间的联系切断，直接在原设备上进行检修的方法。隔离的措施，一般采取盲板封堵和搭围帆布架用水喷淋的方法。

③ 浸水法。就是把要检修的容器盛满水，消除容器空间内的空气（氧气）后进行动火检修的方法。此种方法主要是对那些盛装过可燃气体、液体以及氧化性气体的容器设备在需要动火检修时使用。

5.1.6 易燃易爆设备的更新

在易燃易爆设备的壁厚小于最小允许壁厚，强度核算不能满足最高许用压力时，就应考虑设备的更新问题。

衡量易燃易爆设备是否需要更新，主要看两个性能：一是机械性能；二是安全可靠性能。机械性能和安全可靠性能是不可分割的，安全性能的好坏主要依赖于机械性能。当易燃易爆设备的机械性能和安全可靠性能低于消防安全规定的要求时，应立即更新。

更新设备应考虑两个问题：一是经济性，就是在确保消防安全的基础上花最少的钱；二是先进性，就是替换的新设备防火防爆安全性能应先进、可靠。

5.2 危险品安全管理的职责范围

5.2.1 政府部门对危险品安全管理的职责范围

根据国家对危险品安全管理的社会分工及《危险品安全管理条例》的规定，政府有关对危险品生产、经销、储存、运输、使用以及对废弃危险品处置实施安全监督管理的部门，按下列职责进行分工。

① 国务院和省、自治区以及直辖市人民政府安全生产监督管理部门，负责危险品安全监督的综合管理。包括危险品生产、储存企业的设立及其改建、扩建的审查，危险品包装物、容器（包括用于运输工具的槽罐，下同）专业生产企业的审查及定点，危险品经营许可证的发放，国内危险品的登记，危险品事故应急救援的组织和协调以及前述事项的监督检查。对于设区的市级人民政府及县级人民政府负责危险品安全监督综合管理工作部门的职责范围，可以由各该级人民政府确定，并且应依照国务院颁发的《危险品安全管理条例》中的规定履行职责。

② 公安部门负责危险品的公共安全管理、剧毒品购买凭证及准购证的发放，审查、核发剧毒品公路运输通行证，对危险品道路运输安全实施监督和前述事项的监督检查。

公众上交的危险品，由公安部门接收。公安部门接收的危险品及其他有关部门收缴的危险品，应当交由环境保护部门认定的专业单位进行处理。

根据《消防法》第二十三条的规定，消防救援机构对易燃易爆危险品的生产、储存、运输、销售、销毁和使用负有消防监督管理之责。易燃易爆危险品包括易燃液体、易燃气体、易燃固体、自燃物品、遇湿易燃物品、氧化性气体、氧化剂以及有机过氧化物等具有易燃易爆危险性的危险品。

③ 质检部门负责易燃易爆危险品及其包装物（散装容器）生产许可证的发放，对易燃易爆危险品包装物（含容器）的产品质量实施监督，并且负责前述事项的监督检查。质检部门应当将颁发易燃易爆危险品生产许可证的情况通报国务院经济贸易综合管理部门、环境保护部门以及公安部门。

④ 环境保护部门负责废弃易燃易爆危险品处置的监督管理，重大易燃易爆危险品污染事故及生态破坏事件的调查，毒害性易燃易爆危险品事故现场的应急监测及进口易燃易爆危险品的登记，并且负责前述事项的监督检查。

⑤ 铁路、民航部门负责易燃易爆危险品铁路、航空运输，以及易燃易爆危险品铁路、民航运输单位及其运输工具的安全管理和监督检查。交通部门负责易燃易爆危险品公路与水路运输单位及其运输工具的安全管理并对易燃易爆危险品水路运输安全实施监督，负责易燃易爆危险品公路及水路运输单位、船员、驾驶人员、装卸人员和押运人员的资质认定，以及易燃易爆危险品公路、水路运输安全的监督检查。

⑥ 卫生行政部门负责易燃易爆危险品的毒性鉴定及易燃易爆危险品事故伤亡人员的医

疗救护工作。

⑦ 工商行政管理部门根据有关部门的批准、许可文件，核发易燃易爆危险品生产、经销、储存以及运输单位的营业执照，并监督管理易燃易爆危险品的市场经营活动。

⑧ 邮政部门负责邮寄易燃易爆危险品的监督检查工作。

5.2.2 政府部门危险品监督检查的权限和要求

为确保对易燃易爆危险品的监督检查工作能够正常、有序、顺利地进行，政府有关部门在进行监督检查时，应当根据法律、法规授权的范围及国家对易燃易爆危险品安全管理的职责分工，依法行使以下职权。

① 进入易燃易爆危险品作业场所进行现场检查，调取有关资料，向相关人员了解具体情况，向易燃易爆危险品单位提出整改措施及建议。

② 发现易燃易爆危险品事故隐患时，责令立即或限期排除。

③ 对不符合有关法律、法规、规章规定，以及国家标准要求的设施、设备、器材和运输工具，责令立即停止使用。

④ 发现违法行为，当场予以纠正或责令限期改正。有关部门派出的工作人员依法进行监督检查时，应当出示证件。易燃易爆危险品单位应当接受相关部门依法实施的监督检查，不得拒绝和阻挠。

5.2.3 易燃易爆危险品单位的职责及管理要求

易燃易爆危险品单位应当具备有关法律、行政法规以及国家标准或者行业标准规定的生产安全条件；不具备条件的，不得从事生产经营活动。

（1）易燃易爆危险品单位主要负责人的安全职责　易燃易爆危险品单位的主要负责人必须具备同本单位所从事的生产经营活动相应的安全生产知识及管理能力，并应由有关主管部门对其安全生产知识和管理能力进行考核（考核不得收费），合格后方可任职；应确保本单位易燃易爆危险品的安全管理符合有关法律、法规、规章的规定和国家标准的要求，并认真履行下列职责。

① 建立和健全本单位的安全责任制。

② 组织制定本单位的安全规章制度及安全操作规程。

③ 确保本单位安全投入的有效实施。

④ 督促、检查本单位的安全工作，及时消除隐患。

⑤ 组织制定并且实施本单位的事故应急救援预案。

⑥ 及时、如实报告事故。

（2）易燃易爆危险品单位的从业人员、安全管理人员、安全管理机构以及安全资金的管理要求

① 从事生产、经销、储存、运输以及使用易燃易爆危险品或者处置废弃易燃易爆危险品活动的人员，应当接受有关法律、法规、规章和安全知识、专业技术、人体健康防护以及应急救援知识的培训，并且经考核合格后才能上岗作业。

② 应当设置安全管理机构或者配备专职的安全管理人员。安全管理人员应当具备同本单位所从事的生产经营活动相适应的安全知识及管理能力，并且应由有关主管部门对其安全知识和管理能力进行考核，合格后才能任职。但是主管部门的考核不应当收费。

③ 安全管理机构应当对易燃易爆危险品从业人员进行安全教育及培训，并保证从业人员具备必要的安全知识，熟悉有关的安全规章制度与安全操作规程，掌握本岗位的安全操作技能。未经安全教育和培训合格的从业人员，不得上岗作业。此外，当采用新工艺、新技术以及新材料或使用新设备时，应当了解、掌握其安全技术特性，采取有效的安全防护措施，并且对其从业人员进行专门的安全教育和培训。从事易燃易爆危险品作业的人员，还应按国家有关规定接受专门的特种作业安全培训，并取得特种作业操作资格证书之后才能上岗作业。

④ 易燃易爆危险品单位应当具备生产安全条件及所必需的资金投入，生产经营单位的决策机构、主要负责人或个人经营的投资人应当予以保证，并且对由于生产安全所必需的资金投入不足导致的后果承担责任。

(3) 易燃易爆危险品单位建设、施工、生产工艺及设备的管理要求

① 易燃易爆危险品单位新建、改建以及扩建工程项目（以下统称建设项目）的安全设施，应当与主体工程同时设计、同时施工、同时投入生产及使用。对安全设施的投资应当纳入建设项目概算，并应当分别按照国家有关规定进行安全条件论证与安全评价。其建设项目的安全设施设计应按国家有关规定报经有关部门审查，审查部门及负责审查的人员应对审查结果负责。对用于易燃易爆危险品生产及储存建设项目的施工单位，应按批准的安全设施设计施工，并应对安全设施的工程质量负责。建设项目竣工投入生产或者使用之前，还应当依照有关法律、行政法规的规定对安全设施进行验收，验收合格后，才能投入生产和使用。同时，验收部门和其验收人员应当对验收结果负责。

② 在有较大危险因素的生产经营场所及有关设施、设备上，应当设置明显的安全警示标志。安全设备的设计、制造、安装、使用、检测、维修、改造以及报废，应当符合国家标准或者行业标准。对安全设备要进行经常性维护、保养，并定期检测，以确保设备的正常运转。安全设备的维护、保养、检测应当做好记录，并由有关人员签字；对涉及生命安全、危险性比较大的特种设备，以及盛装易燃易爆危险品的容器、运输工具，还应按国家有关规定，由专业生产单位生产，经取得专业资质的检测、检验机构检测、检验合格，并取得安全使用许可证或安全标志后才可投入使用。检测、检验机构应当对检测及检验结果负责。

③ 国家对严重危及生产安全的工艺、设备实行淘汰制度。国家明令淘汰、禁止使用的危及生产安全的工艺和设备不得使用。

5.3 易燃易爆危险品生产、储存和使用的消防安全管理

5.3.1 易燃易爆危险品生产、储存企业应当具备的消防安全条件

国家对易燃易爆危险品的生产与储存实行统一规划、合理布局和严格控制的原则，并实行审批制度。在编制总体规划时，设区的城市人民政府应根据当地经济发展的实际需要，按照保证安全的原则，规划出专门用于易燃易爆危险品生产与储存的适当区域。生产、储存易燃易爆危险品时应当满足下列条件。

① 生产工艺、设备，或储存方式、设施符合国家标准。

② 企业的周边防护距离符合国家标准或国家有关规定。

③ 管理人员和技术人员符合生产或储存的需要。

④ 消防安全管理制度健全。

⑤ 符合国家法律、法规规定以及国家标准要求的其他条件。

5.3.2 易燃易爆危险品生产、储存企业设立报审时应当提交的文件及审批要求

为了严格管理，易燃易爆危险品生产及储存企业在设立时，应当向设区的市级人民政府负责易燃易爆危险品安全监督综合管理的部门提出申请；剧毒性易燃易爆危险品还应向省、自治区、直辖市人民政府经济贸易综合管理部门提出申请。但是无论哪一级申请，都应当提交以下文件。

① 可行性研究报告。

② 原料、中间产品、最终产品或储存易燃易爆危险品的自燃点、闪点、爆炸极限、毒害性、氧化性等理化性能指标。

③ 包装、储存以及运输的技术要求。

④ 事故应急救援措施。

⑤ 安全评价报告。

⑥ 符合易燃易爆危险品生产、储存企业必须具备条件的证明文件。

省、自治区、直辖市人民政府经济贸易管理部门或设区的市级人民政府负责易燃易爆危险品安全监督综合管理的部门，在收到申请和提交的文件后，应当组织有关专家进行审查，提出审查意见，并报本级人民政府作出批准或者不予批准的决定。根据本级人民政府的决定，予以批准的，由省、自治区以及直辖市人民政府经济贸易管理部门或者设区的市级人民政府负责易燃易爆危险品安全监督管理的部门颁发批准书，申请人凭批准书向工商行政管理部门办理登记注册手续；不予批准的，应以书面形式通知申请人。

5.3.3 易燃易爆危险品生产、储存、使用单位的消防安全管理

由于易燃易爆危险品在生产、储存、使用过程中受到振动、摩擦、摔碰、挤压、雨淋以及高温、高压等外在因素的影响最大，因而带来的事故隐患也最多，并且一旦发生事故，所带来的危害也最大。所以，生产、储存、装卸易燃易爆危险品的工厂、仓库和专用车站、码头的设置，应当满足消防技术标准。易燃易爆气体和液体的充装站、供应站、调压站，应当设置在符合消防安全要求的位置，并符合防火防爆要求。已经设置的生产、储存以及装卸易燃易爆危险品的工厂、仓库和专用车站、码头，易燃易爆气体和液体的充装站、供应站以及调压站，不再符合前款规定的，地方人民政府应当组织、协调有关部门、单位限期解决，将事故隐患消除，并严格各项管理要求。

① 依法设立的易燃易爆危险品生产企业，应向国务院质检部门申请领取易燃易爆危险品生产许可证；没有取得易燃易爆危险品生产许可证的，不得开工生产；当需要改建、扩建时，应报经政府有关部门审查批准。需要转产、停产、停业或解散的生产企业，应采取有效措施处置易燃易爆危险品的生产或者储存设备、库存产品及生产原料，以将各种事故隐患消除。处置方案应当报所在地设区的市级人民政府负责易燃易爆危险品安全监督综合管理工作

的部门及同级环境保护部门、公安部门备案。负责易燃易爆危险品安全监督综合管理工作的部门应当对处置情况进行监督检查。

② 生产易燃易爆危险品的单位，应在易燃易爆危险品的包装内附有与易燃易爆危险品完全一致的产品安全技术说明书，并在包装（包括外包装件）上加贴或拴挂与包装内易燃易爆危险品完全一致的易燃易爆危险品安全标签及易燃易爆危险品包装标志。当发现其生产的易燃易爆危险品有新的危害特性时，应立即公告，并且及时修订其安全技术说明书及安全标签和易燃易爆危险品包装标志。

③ 使用易燃易爆危险品从事生产的单位，其生产条件应符合国家标准和国家有关规定，建立、健全使用易燃易爆危险品的安全管理规章制度，并根据国家有关法律、法规的规定取得相应的许可，确保易燃易爆危险品的使用安全。应当根据易燃易爆危险品的种类、特性，在车间、库房等作业场所设置相应的监测、通风、防晒、调温、防火、灭火、防爆、泄压、防毒、中和、消毒、防潮、防雷、防静电、防腐、防渗漏、防护围堤或隔离操作等安全设施、设备和通信、报警装置，并且应按照国家标准和国家有关规定进行维护、保养，确保在任何情况下都处于正常适用状态，且符合安全运行要求。

④ 国家明令禁止的易燃易爆危险品，任何单位和个人不得生产、经销和使用。

5.3.4 易燃易爆危险品生产、储存、使用场所、装置、设施的消防安全评价

（1）消防安全评价的意义　对易燃易爆危险品生产、储存、使用的场所、装置以及设施进行消防安全评价是预防易燃易爆危险品事故的重要措施。利用消防安全评价可以评价发生事故的可能性及其后果的严重程度，并根据其制定有针对性的预防措施和应急预案，从而使事故的发生频率和损失程度降低，可以达到以下要求。

① 系统地从计划、设计、制造以及运行等过程中考虑安全技术和安全管理问题，找出生产、储存以及使用中潜在的危险因素，提出相应的安全措施。

② 对潜在的事故隐患进行定性、定量的分析及预测，使系统建立起更加安全的最优方案，制定更加科学合理的安全防护措施。

③ 评价设备、设施或者系统的设计是否使收益与安全达到最合理的平衡。

④ 评价设备、设施或系统在生产、储存和使用中是否满足法律法规和标准的规定。

（2）消防安全评价的步骤和方法　消防安全评价一般分为下列四个步骤。

① 收集资料。就是根据评价的对象及范围收集国内外的法律、法规和标准，了解同类易燃易爆危险品的生产设备、设施、工艺以及事故情况，评价对象的地理气象条件及社会环境情况等。

② 辨识与分析危险危害因素。就是根据设备、设施或者场所的地理、气象条件及工程建设方案、工艺流程、装置布置、主要设备和仪器仪表、原材料以及中间体产品的理化性质等情况，进行辨识和分析可能发生事故的类型、事故的原因及机理。

③ 具体评价。就是在上述危险分析的基础上，划分评价单元，依据评价目的和评价对象的复杂程度选择具体的一种或多种评价方法，对发生事故的可能性和严重程度进行定性或者定量评价；并在此基础上进行危险分级，以确定管理的重点。

④ 提出降低或控制危险的安全对策。就是依据消防安全评价和分级结果，提出相应的对策措施。对于高于标准的危险情况，应采取坚决的工程技术或者组织管理措施，降低或者控制危险状态。对低于标准的危险情况应当分两种情况解决：对属于可以接受或允许的危险

情况，应建立监测措施，避免因生产条件的变更而导致危险值增加；对不可能排除的危险情况，应采取积极的预防措施，并依据潜在的事故隐患提出事故应急预案。

消防安全评价的方法，可依据评价对象、评价人员素质和评价的目的选择。一般典型的评价方法有安全检查表法、危险性预先分析法、危险指数法、危险可操作性研究法、故障类型与影响分析法、人的可靠性分析法、故障树分析法、作业条件危险性评价法、概率危险分析法，以及着火爆炸危险指数评价法等。

（3）消防安全评价的要求

① 生产、储存、使用易燃易爆危险品的装置，一般应每两年进行一次消防安全评价。但由于剧毒品一旦发生事故可能造成的伤害和危害更严重，并且相同剂量的易燃易爆危险品存在于同一环境，剧毒品造成事故的危害会更大。所以，要求生产、储存以及使用的单位，对生产、储存剧毒品的装置应每年进行一次消防安全评价。

② 消防安全评价报告应当对生产、储存装置存在的事故隐患提出整改方案，当发现存在现实危险时，应当立即停止使用，予以更换或修复，并采取相应的安全措施。

③ 由于消防安全评价报告所记录的是消防安全评价的过程及结果，并包括了对于不合格项提出的整改方案、事故预防措施及事故应急预案，因此对消防安全评价的结果应当形成文件化的评价报告，并且报所在地设区的市级人民政府负责易燃易爆危险品安全监督综合管理工作的部门备案。

5.3.5 易燃易爆危险品包装的消防安全管理要求

易燃易爆危险品包装的好坏对保证易燃易爆危险品的安全十分重要，如果不能满足运输储存的要求，就有可能在运输储存和使用过程中发生事故。所以，易燃易爆危险品包装在管理上应符合以下要求。

① 易燃易爆危险品的包装应当符合国家法律、法规、规章的规定，以及国家标准的要求。包装的材质、形式、规格、方法以及单件质量（重量），应与所包装易燃易爆危险品的性质及用途相适应，以便于装卸、运输和储存。

② 易燃易爆危险品的包装物、容器，应由省级人民政府经济贸易管理部门审查合格的专业生产企业定点生产，并通过国务院质检部门认可的专业检测、检验机构检测、检验合格后，方可使用。

③ 重复使用的易燃易爆危险品包装物（含容器）在使用前应当进行检查，并且作出记录；检查记录至少应保存 2 年。质检部门应对易燃易爆危险品包装物（含容器）的产品质量进行定期或不定期的检查。

5.3.6 易燃易爆危险品储存的消防安全管理要求

由于储存易燃易爆危险品的仓库一般都是重大危险源，一旦发生事故往往带来重大损失和危害，因此对易燃易爆危险品的储存仓库应当有更加严格的要求。

① 易燃易爆危险品必须储存在专用仓库、专用场地或专用储存室（以下统称专用仓库）内，储存方式、方法与储存数量必须满足国家标准，并由专人管理出入库，应当进行核查登记。

② 库存易燃易爆危险品应当分类、分项储存，性质互相抵触、灭火方法不同的易燃易爆危险品不得混存，堆垛要留有垛距、墙距、顶距、柱距、灯距，要定期检查、保养，注意

防热及通风散潮。

③ 剧毒品、爆炸品以及储存数量构成重大危险源的其他易燃易爆危险品，必须单独存放于专用仓库内，实行双人收发、双人保管制度。储存单位应将储存剧毒品以及构成重大危险源的其他易燃易爆危险品的数量、地点以及管理人员的情况，报当地公安部门及负责易燃易爆危险品安全监督综合管理工作部门备案。

④ 易燃易爆危险品专用仓库，应符合国家标准对安全、消防的要求，设置明显标志。应定期对易燃易爆危险品专用仓库的储存设备及安全设施进行检测。

⑤ 对废弃易燃易爆危险品处置时，应严格按固体废物污染环境防治法和国家有关规定进行。

5.4 易燃易爆危险品经销的消防安全管理

5.4.1 经销易燃易爆危险品必须具备的条件

国家对易燃易爆危险品经销实行许可制度。未经许可，任何单位及个人都不能够经销易燃易爆危险品。经销易燃易爆危险品的企业应当具备以下条件。

① 经销场所及储存设施符合国家标准。

② 主管人员和业务人员经过专业培训，并且取得上岗资格。

③ 安全管理制度健全。

④ 符合法律、法规规定以及国家标准要求的其他条件。

5.4.2 易燃易爆危险品经销许可证的申办程序

① 经销剧毒品性易燃易爆危险品的企业，应当分别向省、自治区以及直辖市人民政府的经济贸易管理部门或设区的市级人民政府负责易燃易爆危险品安全监督综合管理工作的部门提出申请，并附送满足易燃易爆危险品经销企业条件的相关证明材料。

② 省、自治区、直辖市人民政府的经济贸易管理部门或设区的市级人民政府负责易燃易爆危险品安全监督综合管理工作的部门接到申请之后，应当依照规定对申请人提交的证明材料及经销场所进行审查。

③ 经审查，不符合条件的，书面通知申请人并说明理由；符合条件的，颁发危险品经销（营）许可证，并将颁发危险品经销（营）许可证的情况通报同级公安部门及环境保护部门。申请人凭危险品经销（营）许可证向工商行政管理部门办理登记注册手续。

5.4.3 易燃易爆危险品经销的消防安全管理要求

① 企业经销易燃易爆危险品时，不应当从未取得易燃易爆危险品生产许可证或经销（营）许可证的企业采购易燃易爆危险品；易燃易爆危险品生产企业也不得向没有取得易燃易爆危险品经销（营）许可证的单位或个人销售易燃易爆危险品。

② 经销易燃易爆危险品的企业不得经销国家明令禁止的易燃易爆危险品；也不得经销

无安全技术说明书及安全标签的易燃易爆危险品。

③ 经销易燃易爆危险品的企业储存易燃易爆危险品时，应遵守国家易燃易爆危险品储存的有关规定。经销商店内只能够存放民用小包装的易燃易爆危险品，其总量不得超过国家规定的限量。

5.5 易燃易爆危险品运输的消防安全管理

5.5.1 易燃易爆危险品运输消防安全管理的基本要求

国家对易燃易爆危险品的运输实行资质认定制度，未经过资质认定，不得运输易燃易爆危险品。为此，运输易燃易爆危险品应当符合以下要求。

① 用于易燃易爆危险品运输工具的槽、罐以及其他容器，应由符合规定条件的专业生产企业定点生产，并经检测、检验合格后，方可使用。质检部门应当对满足规定条件的专业生产企业定点生产的槽、罐以及其他容器的产品质量进行定期或者不定期的检查。

② 易燃易爆危险品运输企业，应当对其驾驶员、船员、装卸管理人员以及押运人员进行有关安全知识的培训；驾驶员、船员、装卸管理人员以及押运人员必须掌握易燃易爆危险品运输的安全知识，并且经所在地设区的市级人民政府交通部门考核合格（船员经海事管理机构考核合格），取得上岗资格证，方可上岗作业。易燃易爆危险品的装卸作业应严格遵守操作规程，并且在装卸管理人员的现场指挥下进行。

③ 运输易燃易爆危险品的驾驶员、船员、装卸人员以及押运人员应当了解所运载易燃易爆危险品的性质、危险、危害特性，以及包装容器的使用特性和发生意外时的应急措施。在运输易燃易爆危险品时，应配备必要的应急处理器材及防护用品。

④ 托运易燃易爆危险品时，托运人应向承运人说明所运输易燃易爆危险品的品名、数量、危害以及应急措施等情况。对于所运输的易燃易爆危险品需要添加抑制剂或稳定剂的，托运人交付托运货物时应当将抑制剂或者稳定剂添加充足，并且告知承运人。托运人不得在托运的普通货物中夹带易燃易爆危险品，也不得把易燃易爆危险品匿报或谎报为普通货物托运。

⑤ 运输、装卸易燃易爆危险品，应当依照有关法律、法规、规章的规定以及国家标准的要求，按易燃易爆危险品的危险特性，采取必要的安全防护措施。

⑥ 运输易燃易爆危险品的槽、罐以及其他容器必须封口严密，能承受正常运输条件下产生的内部压力和外部压力，确保易燃易爆危险品在运输中不因温度、湿度或者压力的变化而发生任何渗（洒）漏。

⑦ 任何单位和个人不得邮寄或在邮件内夹带易燃易爆危险品，也不得将易燃易爆危险品匿报或谎报为普通物品邮寄。

⑧ 通过铁路及航空运输易燃易爆危险品的，应符合国务院铁路、民航部门的有关规定。

5.5.2 易燃易爆危险品公路运输的消防安全管理要求

易燃易爆危险品公路运输时由于受驾驶技术、道路状况、车辆状况以及天气情况的影响很大，所带来的危险因素也很多，且一旦发生事故，扑救难度较大，往往带来重大经济损失及人员伤亡，因此，应当严格管理。

① 通过公路运输易燃易爆危险品时，必须配备押运人员，并且随时处于押运人员的监管之下。不得超装、超载，不得进入易燃易爆危险品运输车辆禁止通行的区域；若确需进入禁止通行区域的，则应当事先向当地公安部门报告，由公安部门为其指定行车时间和路线，并且运输车辆必须遵守公安部门为其指定的行车时间及路线。

② 利用公路运输易燃易爆危险品的，托运人只能委托有易燃易爆危险品运输资质的运输企业承运。

③ 剧毒性易燃易爆品在公路运输途中发生被盗、丢失以及泄漏等情况时，承运人及押运人员应当立即向当地公安部门报告，并采取一切可能的警示措施。公安部门接到报告之后，应立即向其他有关部门通报情况，相关部门应采取必要的安全措施。

④ 易燃易爆危险品运输车辆禁止通行的区域，由设区的市级人民政府公安部门划定，并且设置明显的标志。运输烈性易燃易爆危险品途中需要停车住宿或者遇有无法正常运输的情况时，应当向当地公安部门报告。

5.5.3 易燃易爆危险品水路运输的消防安全管理要求

易燃易爆危险品在水上运输时，一旦发生事故往往对水道形成阻塞或者对水域造成污染，给人民的生命财产带来更大的危害，且往往扑救较为困难。因此水上运输易燃易爆危险品时，应当有比陆地更加严格的要求。

① 禁止通过内河以及其他封闭水域等航运渠道运输剧毒性易燃易爆危险品。

② 通过内河以及其他封闭水域等航运渠道运输禁运以外的易燃易爆危险品时，只能委托有易燃易爆危险品运输资质的水运企业承运，并按国务院交通部门的规定办理手续，并且接受有关交通港口部门及海事管理机构的监督管理。

③ 运输易燃易爆危险品的船舶及其配载的容器应按国家关于船舶检验的规范进行生产，并通过海事管理机构认可的船舶检验机构检验合格后，方可投入使用。

5.6 易燃易爆危险品销毁的消防安全管理

易燃易爆危险品如因质量不合格，或因失效、变态废弃时，要及时将其销毁处理，以防止因管理不善而引发火灾、中毒等灾害事故。为了保证安全，严禁随便弃置、堆放和排入地面、地下及任何水系。

5.6.1 销毁易燃易爆危险品应具备的消防安全条件

由于废弃的易燃易爆危险品稳定性差、危险性大，因此销毁处理时必须要有可靠的安全措施，并须通过当地公安和环保部门同意才可进行销毁，其基本条件如下。

① 销毁场地的四周和防护设施，均应满足安全要求。

② 销毁方法选择正确，适合所要销毁物品的特性，安全、易操作并且不会污染环境。

③ 销毁方案无误，防范措施周密、落实。

④ 销毁人员经安全培训合格，有法定许可的证件。

5.6.2 易燃易爆危险品的销毁方法

易燃易爆危险品的销毁应当根据所销毁物品的特性，选择安全、经济、易操作以及无污染的销毁方法。根据各企业单位的实践，下列几种方法可供选择。

（1）爆炸法　所谓爆炸法，指的是将可一次完全爆炸的作废爆炸品用起爆器材引爆销毁的方法。此种方法主要在爆炸品销毁时使用，一次的最大销毁量不应超过 2kg。销毁的方法为，先挖好坑深 1m 的炸毁坑，然后把所要销毁的废弃爆炸品在炸坑里整齐摆放成金字塔形，用带有起爆雷管的炸药包放在塔的顶部引爆进行销毁。当使用导火索引爆时，应将导火索铺在炸药堆的下风方向并伸直，用土压好（严禁用石块、石头盖覆）；使用发爆器引爆时，手柄或者钥匙必须由放炮员随身携带；用动力电引爆时，必须设有双重保险开关，当场地人员全部撤离后方准连接母线；用延期电雷管或火雷管起爆时，火药堆之间要保持一定的距离，并将炮数记清，如有丢炮必须停留一定时间，方准检查处理。

操作时要做好警戒，点火人员与警戒人员取得联系后才可点火引爆。试验销毁完毕，对残药、残管亦应进行销毁处理。销毁雷管时要把雷管的脚线剪下并放入包装盒内埋入土中。不准销毁没有任何包装的雷管。

（2）燃烧销毁法　燃烧销毁法，就是将在一定条件下可以完全燃烧并且燃烧产物没有毒害性、放射性的废弃易燃易爆危险品点燃，使其烧尽毁弃的方法。凡是符合以上条件的易燃易爆危险品才可以采用此法销毁。

在采用烧毁法销毁时，废火药、猛炸药的一次销毁量不得大于 200kg，在销毁之前必须对所要销毁的火药、炸药进行检查，避免将雷管、起爆药等混入。销毁报废起爆药、击发药等，在销毁前宜用废机油浸泡 12～24h，禁止成箱销毁；如有大的块状销毁物，要用木锤轻轻敲碎，然后再行烧毁，防止爆炸。在销毁时，将废药顺风铺成厚约 2cm、宽 20～30cm（指炸药）或者 1～1.5m（指火药、烟火药）的长条，允许并列铺设多条，但是间距不应小于 20m。在药条的下风方向铺设 1～2m 的引火物，点燃时先点燃引火物，不准直接点燃被销毁的火炸药。点燃引火物之后，操作人员应迅速避入安全区，避免被销毁物烧伤或者炸伤。在烧毁过程中，不准再行添加燃料，烧毁完毕之后要待被销毁物燃尽熄灭之后才能走近燃烧点。

（3）水溶解法　水溶解法是对可溶解于水且溶解后能失去爆炸性、氧化性、易燃性、腐蚀性和毒害性等本身危险性的报废物品用水溶解的销毁方法。如硝酸铵及过氧化钠等有水解性的易燃易爆危险品均可使用此方法销毁。但是应注意，用水溶解法销毁的报废品，其不溶物应捞出后另行处理。

（4）化学分解法　化学分解法是利用化学方法将能被化学药品分解，消除其爆炸性、燃烧性等原危险性的报废品进行销毁的方法。如雷汞可用硫代硫酸钠或硫化钠化学分解销毁，叠氮化铅可用稀硝酸分解销毁等。用化学分解法销毁之后的残渣应检查证明其是否失去原爆炸性、燃烧性或其他危险性。

5.6.3 易燃易爆危险品销毁的基本要求

易燃易爆危险品的销毁，要严格遵守国家有关安全管理的规定，严格遵守安全操作规程，以防着火、爆炸或其他事故的发生。

（1）正确选择销毁场地　销毁场地的安全要求由于销毁方法的不同而有别。当采用爆炸法或者燃烧法销毁时，销毁场地应选择在远离居住区、生产区、人员聚集场所以及交通要道的地方，最好选择在有天然屏障或比较隐蔽的地区。销毁场地边缘与场外建筑物的距离不应小于200m，与公路、铁路等交通要道的距离不应小于150m。当四周无自然屏障时，应设有高度不小于3m的土堤防护。

销毁爆炸品时，销毁场地最好选择没有石块、砖瓦的泥土或沙地。专业性的销毁场地，四周应砌筑围墙，围墙距作业场地边沿不应小于50m；临时性销毁场地四周应设警戒或铁丝网。销毁场地内应设人身掩体及点火引爆掩体。掩体的位置应在常年主导风向的上风方向，掩体之间的距离不应小于30m，掩体的出入口应背向销毁场地，并且距作业场地边沿的距离不应小于50m。

（2）严格培训作业人员　执行销毁操作的作业人员，要通过严格的操作技术和安全培训，并经考试合格才能执行销毁的操作任务。执行销毁操作的作业人员应当具备下列条件。

① 具有一定的专业知识。

② 身体健壮，智能健全。

③ 工作认真负责，责任心强。

④ 经过安全培训合格。

（3）严格消防安全管理　根据《消防法》的有关规定，应急管理部门应当加强对于易燃易爆危险品的监督管理。销毁易燃易爆危险品的单位应当严格遵守有关消防安全的规定，并认真落实具体的消防安全措施。当大量销毁时应当认真研究，制定出具体方案（包括一旦引发火灾时的应急灭火预案）向消防救援机构申报，通过审查并经现场检查合格后方可进行。必要时，消防救援机构应当派出消防队现场执勤保护，保证销毁安全。

6 消防安全检查与火灾隐患整改

6.1 消防安全检查

6.1.1 政府消防安全检查

（1）消防安全检查的作用　消防安全检查的作用，主要是通过实施检查活动体现出来的。

① 通过开展消防安全检查，能够督促各种消防规章、规范和措施的贯彻落实。同时，对执行情况可以及时反馈给制定规章的领导机关，使领导机关可根据执行情况提出改进、推广或总结提高的措施。

② 通过开展消防安全检查，能够及时发现所属单位及其下属单位和职工在生产和生活中存在的火灾隐患，督促各有关单位和职工本人按规范及规章的要求进行整改或采取其他补救措施，从而消除火灾隐患，避免火灾事故的发生。

③ 通过开展消防安全检查，还可体现上级领导对消防工作的重视程度和对人民群众生命、财产的关心、爱护以及高度负责的精神，使职工群众看到消防安全工作的重要性；同时在检查过程中发现隐患、举证隐患，能够起到宣传消防安全知识的作用，从而提高领导干部和群众的防火警惕性，督促他们自觉做好防火安全工作，做到防患于未然。

④ 通过消防安全检查，可提供司法证据。在开展消防安全检查的活动中，通过填写消防安全检查记录表和火灾隐患整改报告以及公安消防机关签发的《火灾隐患责令当场改正通知书》《火灾隐患责令限期改正通知书》《火灾隐患责令整改通知书》等文书，在一定的时间和场合便是最好的司法证据，在法律上起着其他任何证据都难以替代的作用。

⑤ 通过开展消防安全检查，对所提出的整改意见及拟订的整改计划，经过反复论证，选择出最科学、最简便以及最经济的最佳方案，可以使企业或公民个人以尽可能少的资金达到消除隐患的目的。同时，通过检查可以及时发现并整改隐患，杜绝火灾的发生，或将火灾消灭在萌芽状态，从而也就避免了经济损失，收到了经济效益。

(2) 政府消防安全检查的组织形式

① 政府领导挂帅，组织有关部门参加的对所属消防安全工作的考评检查。

② 以政府名义组织，由消防监督机关牵头，政府有关部门参加的联合消防安全检查。

③ 以消防安全委员会的名义组织，政府有关部门参加的消防安全检查。

(3) 政府消防安全检查的内容

① 消防监督管理职责。

② 涉及消防安全的行政许可、审批职责。

③ 开展消防安全检查，督促主管单位整改火灾隐患的职责。

④ 城乡消防规划、公共消防设施建设及管理职责。

⑤ 多种形式的消防队伍建设职责。

⑥ 消防宣传教育职责。

⑦ 消防经费保障职责。

⑧ 其他依照法律、法规应当落实的消防安全职责。

(4) 政府消防安全检查的要求

① 地方各级人民政府对有关部门履行消防安全职责的情况检查之后，应当及时予以通报。对不依法履行消防安全职责的部门，应责令限期改正。

② 县级以上地方人民政府的国资委、教育、民政、铁路、交通运输、文化、农业、卫生、广播电视、体育、旅游、文物以及人防等部门和单位，应当建立健全监督制度，根据本行业及本系统的特点，有针对性地开展消防安全检查，及时督促整改火灾隐患。

③ 对于消防救援机构检查发现的火灾隐患，政府各有关部门应采取措施，督促有关单位整改。

④ 县级以上人民政府依据《消防法》第七十条第五款向应急管理部门报请的对经济和社会生活影响比较大的涉及供水、供热、供气以及供电的重要企业，重点基建工程，交通、通信、广电枢纽，大型商场等重要场所，以及其他对经济建设和社会生活构成重大影响的，责令停产停业，对经济和社会生活影响较大的，由住房和城乡建设主管部门或者应急管理部门报请本级人民政府依法决定。

⑤ 对各级人民政府有关部门的工作人员不履行消防工作职责，对涉及消防安全的事项未按照法律、法规规定实施审批、监督检查的，或对重大火灾隐患督促整改不力的，尚不构成犯罪的，应依法给予处分。

6.1.2 消防监督检查

6.1.2.1 消防救援机构的消防监督检查

(1) 形式　根据《消防法》的规定，消防救援机构所实施的监督检查，按照检查的对象和性质，通常有下列5种检查形式。

① 对公众聚集场所在投入使用、营业前的消防安全检查。

② 对单位履行法定消防安全职责情况的监督抽查。

③ 对举报投诉的消防安全违法行为的核查。

④ 对大型群众性活动举办前的消防安全检查。

⑤ 根据需要进行的其他消防监督检查。

(2) 分工

① 直辖市、市（地区、州、盟）、县（市辖区、县级市、旗）消防救援机构具体实施消

防监督检查。

② 公安派出所可以实施对居民住宅区的物业服务企业、居民委员会、村民委员会履行消防安全职责的情况，以及上级应急管理部门确定的未设自动消防设施的部分非消防安全重点单位的日常消防监督检查。

③ 上级消防救援机构应当对下级消防救援机构实施消防监督检查的情况进行指导和监督。

④ 消防救援机构应对公安派出所开展的日常消防监督检查工作进行指导，定期对公安派出所民警进行消防监督业务培训。

⑤ 县级消防救援机构应当落实消防监督员，分片负责指导公安派出所，共同做好辖区消防监督工作。

(3) 消防监督检查的方式　消防救援机构对单位履行消防安全职责的情况进行监督检查，可通过以下基本方式进行。

① 询问单位消防安全责任人、消防安全管理人以及有关从业人员。

② 查阅单位消防安全工作的有关文件及资料。

③ 抽查建筑疏散通道、安全出口、消防车通道是否保持畅通，以及防火分区改变、防火间距占用的情况。

④ 实地检查建筑消防设施的运行情况。

⑤ 根据需要采取的其他方式。

(4) 消防监督检查的内容　根据检查对象和形式确定。

① 对单位履行法定消防安全职责情况监督抽查的内容。消防救援机构，应结合单位履行消防安全职责情况的记录，每季度制订消防监督检查计划。对单位遵守消防法律、法规的情况，单位建筑物及其有关消防设施符合消防技术标准及管理规定的情况进行抽样检查。对单位履行法定消防安全职责情况的监督检查，根据单位的实际情况检查以下内容。

a. 建筑物或者场所是否依法通过消防验收，或者进行竣工验收消防备案；公众聚集场所是否通过投入使用和营业前的消防安全检查。

b. 建筑物或者场所的使用情况，是否与消防验收或者进行竣工验收消防备案时确定的使用性质相符。

c. 消防安全制度、灭火和应急疏散预案是否制定。

d. 消防设施、器材和消防安全标志是否定期组织维修保养，是否完好有效。

e. 电器线路、燃气管路是否定期维护保养、检测。

f. 疏散通道、安全出口、消防车通道是否畅通，防火分区是否改变，防火间距是否被占用。

g. 是否组织防火检查、消防演练和员工消防安全教育培训，自动消防系统操作人员是否持证上岗。

h. 生产、储存、经营易燃易爆危险品的场所是否与居住场所设置在同一建筑物内。

i. 生产、储存、经营其他物品的场所与居住场所设置在同一建筑物内的，是否符合消防技术标准。

j. 其他依法需要检查的内容。

对人员密集的场所还应当抽查室内装修材料是否符合消防技术标准，外墙门窗上是否设置影响逃生和灭火救援的障碍物。

② 对消防安全重点单位检查的内容。对消防安全重点单位履行法定消防安全职责情况的监督检查，除消防监督抽查的内容外，还应当检查以下内容。

a. 是否确定消防安全管理人。

b. 是否开展每日防火巡查并建立巡查记录。

c. 是否定期组织消防安全培训和消防演练。

d. 是否建立消防档案、确定消防安全重点部位。

对属于人员密集场所的消防安全重点单位，还应当检查单位灭火和应急疏散预案中承担灭火和组织疏散任务的人员是否确定。

③ 大型人员密集场所及特殊建设工地监督检查的内容。对大型人员密集场所及特殊建设工程的施工工地进行消防监督抽查，应重点检查施工单位履行以下消防安全职责的情况。

a. 是否明确施工现场消防安全管理人员，是否制定施工现场消防安全制度、灭火和应急疏散预案。

b. 在建工程内是否设置人员住宿、可燃材料及易燃易爆危险品储存等场所。

c. 是否设置临时消防给水系统、临时消防应急照明，是否配备消防器材，并确保完好有效。

d. 是否设有消防车通道并保持畅通。

e. 是否组织员工消防安全教育培训和消防演练。

f. 施工现场人员宿舍、办公用房的建筑构件燃烧性能、安全疏散是否符合消防技术标准。

④ 大型群众性活动举办前活动现场消防安全检查的内容。

a. 室内活动使用的建筑物（场所）是否依法通过消防验收或者进行竣工验收消防备案，公众聚集场所是否通过使用、营业前的消防安全检查。

b. 临时搭建的建筑物是否符合消防安全要求。

c. 是否制定灭火和应急疏散预案并组织演练。

d. 是否明确消防安全责任分工并确定消防安全管理人员。

e. 活动现场的消防设施、器材是否配备齐全并完好有效。

f. 活动现场的疏散通道、安全出口和消防车通道是否畅通。

g. 活动现场的疏散指示标志和应急照明是否符合消防技术标准并完好有效。

⑤ 错时监督抽查的内容。错时消防监督抽查指的是消防救援机构针对特殊的监督对象，把监督执法警力部署到火灾高发时段及高发部位，在正常工作时间以外时段开展的消防监督抽查。实施错时消防监督抽查，消防救援机构可以会同治安、教育以及文化等部门联合开展，也可以邀请新闻媒体参加，但检查结果应当通过适当方式予以通报或者向社会公布。消防救援机构夜间对营业的公众聚集场所进行消防监督抽查时，应重点检查单位履行以下消防安全职责的情况。

a. 自动消防系统操作人员是否在岗在位，是否持证上岗。

b. 消防设施是否正常运行，疏散指示标志和应急照明是否完好有效。

c. 场所疏散通道及安全出口是否畅通。

d. 防火巡查是否按照规定开展。

（5）人员密集场所的消防监督检查要点

① 单位消防安全管理检查的要点。

a. 消防安全组织机构健全。

b. 消防安全管理制度完善。

c. 日常消防安全管理落实。火灾危险部位有严格的管理措施；定期组织防火检查及巡查，能够及时发现和消除火灾隐患。

d. 重点岗位人员经专门培训，持证上岗。员工会报警、会扑救初期火灾以及会组织人员疏散。

e. 对消防设施定期检查、检测、维护保养，并且有详细完整的记录。

f. 灭火和应急疏散预案完备，并且有定期演练的记录。

g. 单位火警处置及时准确。对于设有火灾自动报警系统的场所，随机选择一个探测器吹烟或手动报警，发出警报之后，值班员或专（兼）职消防员携带手提式灭火器到现场确认，并及时向消防控制室报告。值班员或者专（兼）职消防员会正确使用灭火器、消防软管卷盘以及室内消火栓等扑救初期火灾。

② 消防控制室的检查要点。

a. 值班员不少于 2 人，经过培训，持证上岗。

b. 有每日值班记录，记录完整准确。

c. 有设备检查记录，记录完整准确。

d. 值班员能熟练掌握《消防控制室管理及应急程序》，可以熟练操作消防控制设备。

e. 消防控制设备处于正常运行状态，能正确显示火灾报警信号及消防设施的动作、状态信号，能正确打印有关信息。

③ 防火分隔设施的检查要点。

a. 防火分区和防火分隔设施满足要求。

b. 防火卷帘下方无障碍物。自动、手动启动防火卷帘，卷帘能够下落至地板面，反馈信号正确。

c. 管道井、电缆井，以及管道、电缆穿越楼板和墙体处的孔洞应封堵密实。

d. 厨房、配电室、锅炉房以及柴油发电机房等火灾危险性较大的部位与周围其他场所采取严格的防火分隔，并且有严密的火灾防范措施和严格的消防安全管理制度。

④ 人员安全疏散系统的检查要点。

a. 疏散指示标志及应急照明灯的数量、类型以及安装高度符合要求，疏散指示标志能在疏散路线上明显看到，并且明确指向安全出口。

b. 应急照明灯主、备用电源切换功能正常，将主电源切断后，应急照明灯能正常发光。

c. 火灾应急广播可以分区播放，正确引导人员疏散。

d. 封闭楼梯、防烟楼梯及其前室的防火门向疏散方向开启，具有自闭功能，并且处于常闭状态；平时由于频繁使用需要常开的防火门能自动、手动关闭；平时需要控制人员随意出入的疏散门，不用任何工具可从内部开启，并有明显标识和使用提示；常开防火门的启闭状态在消防控制室能够正确显示。

e. 安全出口、疏散通道、楼梯间保持畅通，未锁闭，无任何物品堆放。

⑤ 火灾自动报警系统的检查要点。

a. 检查故障报警功能。摘掉一个探测器，控制设备能够正确显示故障报警信号。

b. 检查火灾报警功能。任选一个探测器进行吹烟，控制设备能够正确显示火灾报警信号。

c. 检查火警优先功能。摘掉一个探测器，同时给另一探测器吹烟，控制设备能够优先显示火灾报警信号。

d. 检查消防电话通话情况。在消防控制室和水泵房及发电机房等处使用消防电话，消防控制室与相关场所能相互正常通话。

⑥ 湿式自动喷水灭火系统的检查要点。

a. 报警阀组件完整，报警阀前后的阀门、通向延时器的阀门处在开启状态。

b. 对自动喷水灭火系统进行末端试水。把消防控制室联动控制设备设置在自动位置，任选一楼层，进行末端试水，水流指示器动作，控制设备可以正确显示水流报警信号；压力开关动作，水力警铃发出警报，喷淋泵启动，控制设备能正确显示压力开关动作和启泵信号。

⑦ 消火栓、水泵接合器的检查要点。

a. 室内消火栓箱内的水枪及水带等配件齐全，水带与接口绑扎牢固。

b. 检查系统功能。任选一个室内消火栓，将水带、水枪接好，水枪出水正常；把消防控制室联动控制设备设置在自动位置，按下消火栓箱内的启泵按钮，消火栓泵启动，控制设备能够正确显示启泵信号，水枪出水正常。

c. 室外消火栓不被埋压、圈占以及遮挡，标识明显，有专用开启工具，阀门开启灵活、方便，出水正常。

d. 水泵接合器不被埋压、圈占、遮挡，标识明显，并且标明供水系统的类型及供水范围。

⑧ 消防水泵房、给水管道、储水设施的检查要点。

a. 配电柜上控制消火栓泵、喷淋泵以及稳压（增压）泵的开关设置在自动（接通）位置。

b. 消火栓泵及喷淋泵的进、出水管阀门，高位消防水箱出水管上的阀门，以及自动喷水灭火系统、消火栓系统管道上的阀门保持常开。

c. 高位消防水箱、消防水池以及气压水罐等消防储水设施的水量达到规定的水位。

d. 北方寒冷地区的高位消防水箱及室内外消防管道有防冻措施。

⑨ 防烟排烟系统的检查要点。

a. 检查加压送风系统。自动、手动启动加压送风系统，相关送风口开启，送风机启动，送风正常，且反馈信号正确。

b. 检查排烟系统。自动、手动启动排烟系统，相关排烟口开启，排烟风机启动，排风正常，且反馈信号正确。

⑩ 灭火器的检查要点。

a. 灭火器配置类型正确。有固体可燃物的场所，配有能扑灭 A 类火灾的灭火器。

b. 储压式灭火器压力满足要求，压力表指针在绿区。

c. 灭火器设置在明显和方便取用的地点，不影响安全疏散。

d. 灭火器有定期维护检查的记录。

⑪ 室内装修的检查要点。

a. 疏散楼梯间及其前室和安全出口的门厅，其顶棚、墙面以及地面采用不燃材料装修。

b. 房间、走道的顶棚、墙面以及地面使用符合规范规定的装修材料。

c. 疏散走道两侧和安全出口附近，无误导人员安全疏散的反光镜及玻璃等装修材料。

⑫ 外墙及屋顶保温材料和装修的检查要点。

a. 了解、掌握建筑外墙及屋顶保温系统构造和材料的使用情况。

b. 了解外墙及屋顶使用易燃、可燃保温材料的建筑，其楼板与外保温系统之间的防火分隔或封堵情况，以及外墙和屋顶最外保护层材料的燃烧性能。

c. 对外墙和屋顶使用易燃、可燃、保温、防水材料的建筑，有严格的动火管理制度及严密的火灾防范措施。

⑬ 消防监督检查的其他检查要点。

a. 消防主、备电源供电以及自动切换正常。切换主、备电源，检查其供电功能、设备运行正常。

b. 电气设备、燃气用具、开关、插座、照明灯具等的设置和使用，以及电气线路、燃气管道等的材质和敷设满足要求。

c. 室内可燃气体、液体管道采用金属管道，并且设有紧急事故切断阀。

d. 防火间距符合要求。

e. 消防车通道符合要求。

(6) 消防监督检查的步骤　工作程序是否正确对工作效果的好坏有着十分重要的影响。工作程序正确，往往会收到事半功倍的效果。根据实践经验，消防安全检查应当按下列程序进行。

① 拟订计划。在进行消防监督检查前，要首先拟订检查计划，确定检查目标和主要目的，根据检查目标及检查目的，选抽各类人员组成检查组织；然后确定被检查的单位，进行时间安排；再明确检查的主要内容，并提出检查过程中的要求。

② 检查准备。在实施消防监督检查前，负责检查的有关人员，应当对所要检查的单位或部位的基本情况有所了解。如对被检查单位所在位置及四邻单位情况，单位的消防安全责任人、管理人以及安全保卫部门负责人、专职防火干部情况，生产工艺及原料、产品、半成品的性质，火灾危险性类别及储存和使用情况，重点要害部位的情况，以往火灾隐患的查处情况和是否有火灾发生的情况等，均应有一个基本的了解。必要时，还应当将所要检查单位、部位的检查项目一一列出消防安全检查表，防止检查时有所遗漏。

③ 联系接洽。在具体实施消防监督检查前，应当与被检查单位进行联系。联系的部门通常是被检查单位的消防安全管理部门，或者是专职的消防安全管理人员，或者是基层单位的负责人。把检查的目的、内容、时间，以及需要哪一级领导参加或接待等需要被检查单位做的工作告知被检查单位，以便被检查单位做好准备和接待上的安排。但是不宜通知过早，以防造假应付。必要时，也可采取突然袭击的方式进行检查，以利问题的发现。

与被检查单位的接待人员接洽时，应当首先自我介绍，并应主动出示证件，向接待的有关负责人重申本次检查的目的、内容以及要求。在检查过程中，一般情况下被检查单位的消防安全责任人或者管理人，以及消防安全管理部门的负责人和防火安全管理人员都应当参加。

④ 情况介绍。在具体实施实地检查前，要听取被检查单位有关的情况汇报。汇报通常由被检查单位的消防安全责任人或者消防安全管理部门的负责人介绍。汇报及介绍的主要内容应包括：消防安全制度的建立和执行情况；本单位的消防工作基本概况、消防安全管理的领导分工情况；消防安全组织的建立和活动情况；职工的消防安全教育情况；工业企业单位的生产工艺过程和产品的变更情况；是否有火灾等情况；上次检查发现的火灾隐患的整改情况及未整改的理由；消防工作的奖惩情况；其他有关防火灭火的重要情况等内容。

⑤ 实地检查。在汇报和介绍完情况后，被检查单位应当派熟悉单位情况的负责人或者其他人员等陪同上级消防安全检查人员深入到单位的实际现场进行实地检查，以协助消防安全检查人员发现问题，并要随时回答检查人员提出的问题。亦可随时质疑检查人员提出的问题。

在对被检查单位的消防安全工作情况进行实地检查时，应当从显要的并在逻辑上的必然地点开始。在通常情况下，应根据生产工艺过程的顺序，从原料的储存、准备，到最终产品的包装入库等整个过程进行，特殊情况也可以例外。但是，无论情况如何，消防安全检查人员不可只是跟随陪同人员简单观察，而必须是整个检查过程的主导；不能假定某个部位没有火灾危险而不去检查。疏散通道的每一扇门均应打开检查，对于锁着的疏散门，应要求陪同人员通知有关人员开锁。

⑥ 检查评议，填写法律文书。检查评议，就是将在实地检查中听到及看到的情况，进行综合分析，最后做出结论，提出整改意见及对策。对出具的《消防安全检查意见书》《责令当场改正书》《责令限期改正通知书》等法律文书，要抓住主要矛盾，情况概括要全面，

归纳要有条理，用词要准确，并且要充分听取被检查单位的意见。

⑦ 总结汇报，提出书面报告。消防安全检查工作结束后，应对整个检查工作进行总结。总结要全面、系统，对好的单位要给予表扬及适当奖励；对差的单位应当给予批评；对检查中发现的重大火灾隐患，应通报督促整改。

⑧ 复查、督促整改和验收。对于消防救援机构在监督检查中发现的火灾隐患，在整改过程中，消防部门应现场检查，督促整改，避免出现新的隐患。整改期限届满或单位申请时，消防监督部门应主动或者在接到申请后及时（通常 2 天内）前往复查。

（7）消防监督检查的要求　根据多年的实践经验，消防救援机构在进行消防监督检查时应注意下列几点。

① 检查人员应当具备一定的素质。消防监督检查人员应具有一定的素养，具备一定的知识结构，不能随便安排一个人去充当消防安全检查人员。消防监督检查人员必须是经公安部统一组织考试合格，并且具有监督检查资格的专业人员。一般消防监督检查人员应当具备下列知识结构。

a. 应当具有一定的政治素养及正派的人品。所谓政治素养，就是有为人民服务的思想，有满腔热忱和对技术精益求精的工作态度，有严格的组织纪律性和拒腐蚀及不贪财的素养。要具备这些素养，就不能够见到好的东西就想跟被检查单位要，就不能够几杯酒下肚就信口开河，就不能够接受特殊招待。

b. 应当具有一定的专业知识。消防监督检查所需要的专业知识主要包括建筑防火知识、火灾燃烧知识、电气防火知识、危险物品防火知识、生产工艺防火知识、消防安全管理知识和公共场所管理知识，以及灭火剂、灭火器械和灭火设施系统知识、消防法等同消防安全有关的行政法规知识等。

c. 应当具有一定的社交协调能力和满足社会行为规范的举止。消防监督检查不仅仅是一项专业工作，它所面对的工作对象是各种不同的企业事业单位、机关团体，或是不同的社会组织。他代表上级领导机关或国家政府机关的行为，因此，消防监督检查人员还应当具有一定的社会交际能力，其言谈、举止以及着装等，都应当符合社会行为规范。

② 发现问题要随时解答，并说明理由。在实地检查过程中，要注意提出并解释问题，引导陪同人员解释所观察到的情况。每发现一处火灾隐患，均要给被检查单位解释清楚，为什么认定它是火灾隐患，它如何会导致火灾或造成人员伤亡，应当怎样消除、减少和避免此类火灾隐患等。对发现的每一处不寻常的作业、新工艺、新产品和所使用的新原料（包括温度、压力、浓度配比等新的工艺条件、新的原料产品的特性）等值得提及的问题，均要记录下来，并分项予以说明，以供今后参考。当被检查单位提出质疑的问题时，能回答的尽量予以回答；若难以回答，则应当直率地告诉对方："此问题我还不太清楚，待我弄清楚后再告诉你。"但事后一定找出答案，并及时告诉对方。万不可不懂装懂，装腔作势，信口蒙人。

③ 提出问题不可使用"委婉之术"。对在消防监督检查中发现的火灾隐患或者不安全因素，应当非常慎重地、有理有据地以及直言不讳地向被检查单位指出，不可竭力追求"委婉之术"。如有的采用"我所指出的这些问题仅仅是个人看法，不一定正确，请贵单位参考"的"参考式"；有的采用"××同志已指出了贵单位还需要整改的问题，我的看法也大同小异，希望你们引起注意"的"附和"方式。这就失去了安全检查的意义。

在消防监督检查工作中，指出被检查单位存在的问题时，适当运用委婉的语气，不用盛气凌人、颐指气使的态度，无疑是正确的。但如果采取不痛不痒、触而无感隔靴搔痒的委婉之术，则对督促火灾隐患的整改是十分不利的，故必须克服。

④ 要有政策观念、法制观念、群众观念以及经济观念。具体问题的解决，要以政策和法规为尺度，绝不能随心所欲；要有群众观念，充分地相信和依靠群众，深入群众及生产第

一线，倾听职工群众的意见，以得到更多的真实情况，掌握工作主动权，达到检查的目的；还要有经济观念，将火灾隐患的整改建立在保卫生产安全及促进生产安全的指导思想基础之上，并且将其看成是一种经济效益，当成一项提高经济效益的措施去抓。

⑤ 要科学安排时间。科学安排时间是一个时间优化问题。检查时间安排不同，所收到的效果也不尽相同。如生产工艺流程中的问题，只有在生产过程中才会暴露得更充分，检查时间就应当选择在易暴露问题的时间进行；再如，值班问题在夜间及休假日最能暴露薄弱环节，那么就应该选择在夜间及休假日检查值班制度的落实情况和值班人员的尽职尽责情况。因为防火干部管理范围广，部门数量多，所以科学地安排好防火检查时间，将会大大提高工作效率，收到事半功倍的效果。

⑥ 要认真观察、系统分析、实事求是，做到原则性与灵活性相结合。对消防监督检查中发现的问题需要认真观察，对问题进行合乎逻辑规律的、全面的、系统的、由此及彼的、由表及里的分析，抓住问题的实质及主要方面；并有针对性地、实事求是地提出切合实际的解决办法。对于重大问题，要敢于坚持原则，但是在具体方法上要有一定的灵活性，做到严得合理，宽得得当。检查要同指导相结合，检查不仅要能够发现问题，更重要的是能够解决问题，所以应提出正确合理的解决问题的办法和防止问题再发生的措施，且上级机关应给予具体的帮助及指导。

⑦ 要注重效果，不走过场。消防监督检查是集社会科学和自然科学于一体的一项综合性的管理活动，是实施消防安全管理的最具体、最生动、最直接以及最有效的形式之一，所以必须严肃认真、尊重科学、脚踏实地、注重效果。切不可以图形式、走过场，只图检查的次数，不图问题解决的多少。检查一次就应有一次的效果，就应解决一定的问题，就应对某方面的工作有大的推动。但也不应有靠一两次大检查即可以一劳永逸的思想。要根据本单位的发展情况和季节天气的变化情况，有重点地定期组织检查。但是平时有问题，要随时进行检查，不要使问题久拖，以致酿成火灾。

⑧ 要注意检查通常易被人们忽略的隐患。要注意寻找易燃易爆危险品的储存不当之处及垃圾堆中的易燃废物；检查需要设置“严禁吸烟”标志的地方是否有醒目的警示标志，在“严禁吸烟”的区域内有无烟蒂；爆炸危险场所的电气设备、线路以及开关等是否符合防爆等级的要求，以及防静电和防雷的接地连接紧密、牢固与否等；寻找被锁或被阻塞的出口，查看避难通道是否阻塞或标志合适与否；灭火器的质量、数量，与被保护的场所和物品是否相适应等。这些隐患常常易被人们忽略而导致火灾，故应当引起特别注意。

⑨ 态度要和蔼，注意礼节礼貌。在整个检查过程中，消防监督检查人员一定要注意礼貌，举止大方，着装规范，谈吐文雅，提问题要有理有据有逻辑；不可以着奇装异服、举止粗俗、讲话条理不清，说话必须言而有信。在检查结束离去时，应对被检查单位的合作表示感谢，以建立友好的关系。

⑩ 监督抽查应保证一定的频次。消防救援机构应根据本地区的火灾规律、特点，并结合重大节日、重大活动等的消防安全需要，组织监督抽查。消防安全重点单位应作为监督抽查的重点，但是非消防安全重点单位，必须在抽查的单位数量中占有一定比例。一般情况下，对消防安全重点单位的监督抽查，应至少每半年组织一次；对属于人员密集场所的消防安全重点单位，应至少每年组织一次；对于其他单位的监督抽查，应至少每年组织一次。

消防救援机构组织监督抽查，宜采取分行业或地区、系统随机抽查的方式确定检查单位。抽查的单位数量，依据消防监督检查人员的数量和监督检查的工作量化标准和时间安排确定。消防救援机构组织监督检查时，可事先公告检查的范围、内容、要求以及时间。监督检查的结果可通过适当方式予以通报或者向社会公布。本地区重大火灾隐患的情况应当定期公布。

⑪ 消防监督检查应当着制式警服，出示执法身份证件，填写检查记录。消防救援机构实施消防监督检查时，检查人员不得少于两人，应着制式警服并出示执法身份证件。消防监督检查应当填写检查记录，如实记录检查情况，并且由消防监督检查人员、被检查单位负责人或有关管理人员签名；被检查单位负责人或有关管理人员对记录有异议或者拒绝签名的，检查人员应在检查记录上注明。

⑫ 实施消防监督检查不得妨碍被检查单位正常的生产经营活动。为不妨碍被检查单位正常的生产经营活动，消防救援机构在实施消防监督检查时，可事先通知有关单位，以便被检查单位的生产经营活动有所准备及安排。被检查单位应当如实提供以下材料：消防设施、器材以及消防安全标志的检验、维修、检测记录或者报告；防火检查、巡查及火灾隐患整改情况记录；灭火和应急疏散预案及其演练情况；开展消防宣传教育和培训情况的记录；依法可查阅的其他材料等。

（8）消防监督检查必须要严格遵守法定时限

① 举报投诉消防安全检查的法定时限。消防救援机构接到消防安全违法行为的举报投诉后，应当及时受理、登记。属于本单位管辖范围内的事项，应当及时调查处理；属于应急管理部门职责范围，但不属于本单位管辖的事项，应当在受理后的24h内移送至有管辖权的单位处理，并告知举报投诉人；对不属于应急管理部门职责范围内的事项，应当告知当事人向其他有关主管机关举报投诉。

a. 对于举报投诉占用、堵塞、封闭疏散通道、安全出口或者其他妨碍安全疏散违法行为的，应当在接到举报投诉后24h内进行核查。

b. 对于举报投诉其他消防安全违法行为的，应当在接到举报投诉之日起3个工作日内进行核查。核查后，应当对消防安全违法行为依法处理。处理情况应当及时告知举报投诉人，无法告知的，应当在受理登记中注明。

② 消防安全检查责令改正的法定时限，具体分为以下几种情况。

a. 在消防监督检查中，消防救援机构对发现的依法应当责令限期改正的消防安全违法行为，应当当场制发责令改正通知书，并依法予以处罚。

b. 对于违法行为轻微并当场改正，依法可以不予行政处罚的，可以口头责令改正，并在检查记录上注明。

c. 对于依法需要责令限期改正的违法行为，应当根据消防安全违法行为改正的难易程度合理确定改正的期限。

d. 消防救援机构应当在改正期限届满之日起3个工作日内进行复查。对逾期不改正的，依法予以处罚。

③ 恢复施工、使用、生产、营业检查的法定时限，具体分为以下两种情况。

a. 对于被责令停止施工、停止使用、停产停业的当事人申请恢复施工、使用、生产、经营的情况，消防救援机构应当自收到书面申请之日起3个工作日内进行检查，自检查之日起3个工作日内作出书面意见，并送达当事人。

b. 对于当事人已改正消防安全违法行为、具备消防安全条件的，消防救援机构应当同意其恢复施工、使用、生产、营业；对于违法行为尚未改正、不具备消防安全条件的，消防救援机构应当拒绝其恢复施工、使用、生产、经营，并说明理由。

④ 报告政府的情形、程序和时限。在消防监督检查中，发现城乡消防安全布局、公共消防设施不符合消防安全要求，或者发现本地区存在影响公共安全的重大火灾隐患时，消防救援机构负责人应当组织集体研究。自检查之日起7个工作日内提出处理意见，由公安机关书面报告本级人民政府解决。若本地区存在影响公共安全的重大火灾隐患，还应当在确定之日起3个工作日内书面通知存在隐患的单位进行整改。

(9) 消防救援机构要接受社会监督，完善制约机制　消防救援机构应当公开办事制度及办事程序，建立警风警纪监督员制度，自觉接受社会和群众的监督。应公布举报电话，受理群众对消防执法行为的举报投诉，并及时调查核实，反馈查处结果。

消防救援机构应当实行消防监督执法责任制，建立并完善消防监督执法质量考核评议、执法过错责任追究等制度，防止及纠正消防执法中的错误或者不当行为。

(10) 消防救援机构及其人员在消防监督检查中的法律责任　如消防救援机构及其人员在消防监督检查中违反规定，有以下行为尚不构成犯罪的，应当依法给予有关责任人处分。

① 不按规定制作、送达法律文书，不按照规定履行消防监督检查职责且拒不改正的行为。

② 对不符合消防安全要求的公众聚集场所准予消防安全检查合格的行为。

③ 无故拖延消防安全检查，不在法定期限内履行职责的行为。

④ 未按照规定组织开展消防监督抽查的行为。

⑤ 发现火灾隐患不及时通知有关单位或者个人整改的行为。

⑥ 利用消防监督检查职权为用户指定消防产品的品牌、销售单位或者指定消防安全技术服务机构、消防设施施工、维修保养单位的行为。

⑦ 接受被检查单位或者个人财物及其他不正当利益的行为。

⑧ 近亲属在管辖区域或者业务范围内经营消防公司、承揽消防工程、推销消防产品的行为。

⑨ 其他滥用职权、玩忽职守、徇私舞弊的行为。

6.1.2.2 公安派出所的消防监督检查

(1) 公安派出所的检查频次及对举报投诉的处理

① 公安派出所对其监督检查范围的被检查单位进行消防监督检查，应当每半年至少检查一次。

② 公安派出所对群众举报、投诉的消防安全违法行为，应当及时受理，依法处理；对属于消防救援机构管辖的举报、投诉，应当依照《公安机关办理行政案件程序规定》及时移送消防救援机构处理。

③ 公安派出所可以受消防救援机构的委托，对发现的消防安全违法行为，给予警告或者 500 元以下数额罚款的处罚。

(2) 公安派出所消防监督检查的内容

① 公安派出所日常消防监督检查的内容。公安派出所对被检查单位进行日常消防监督检查应当检查以下内容，并对检查内容负责。

a. 建筑物、场所是否依法通过消防验收或者进行竣工验收消防备案，公众聚集场所是否依法通过投入使用、营业前的消防安全检查。

b. 是否制定消防安全制度。

c. 是否组织防火检查、消防安全宣传教育培训、灭火和应急疏散演练。

d. 消防车通道、疏散通道、安全出口是否畅通；室内消火栓、疏散指示标志、应急照明、灭火器是否完好有效。

e. 生产、储存、经营易燃易爆危险品的场所是否与居住场所设置在同一建筑物内。

对设有建筑消防设施的单位，公安派出所还应当检查单位是否对建筑消防设施定期组织维修保养。

对居民住宅区的物业服务企业进行日常消防监督检查，公安派出所除检查本条①第 a、b 项内容外，还应当检查物业服务企业对管理区域内的共用消防设施是否进行维护管理。

② 公安派出所检查居民委员会、村民委员会的内容。公安派出所应当对居民委员会、村民委员会履行消防安全职责的情况进行检查，主要包括以下内容。

a. 是否确定了消防安全管理人。

b. 是否制定了消防安全工作制度、村（居）民防火安全公约。

c. 是否开展消防宣传教育、防火安全检查。

d. 是否对社区、村庄的消防水源（消火栓）、消防车通道、消防器材进行维护管理。

e. 是否建立志愿消防队等多种形式的消防组织。

（3）公安派出所应处罚的消防安全违法行为　公安派出所民警在消防监督检查时，发现被检查单位有下列行为之一的，应当责令其改正，并在委托处罚的权限内依法予以处罚。

① 未制定消防安全制度、未组织防火检查和消防安全教育培训、消防演练的行为。

② 占用、堵塞、封闭疏散通道、安全出口的行为。

③ 占用、堵塞、封闭消防车通道，妨碍消防车通行的行为。

④ 埋压、圈占、遮挡消火栓或者占用防火间距的行为。

⑤ 室内消火栓、灭火器、疏散指示标志和应急照明未保持完好有效的行为。

⑥ 人员密集场所在外墙门窗上设置影响逃生和灭火救援的障碍物的行为。

⑦ 违反消防安全规定，进入生产、储存易燃易爆危险品场所的行为。

⑧ 违反规定使用明火作业，或者在具有火灾、爆炸危险的场所吸烟、使用明火的行为。

⑨ 生产、储存和经营易燃易爆危险品的场所与居住场所设置在同一建筑物内的行为。

⑩ 未对建筑消防设施定期组织维修保养的行为。

（4）公安派出所实施消防监督检查的要求

① 公安派出所民警进行消防监督检查时，应当记录发现的消防安全违法行为、责令改正的情况。

② 公安派出所发现被检查单位的建筑物未依法通过消防验收，或者未进行竣工验收消防备案，擅自投入使用的；公众聚集场所未依法通过使用、营业前的消防安全检查，擅自使用、营业的，应当在检查之日起五个工作日内书面移交消防救援机构处理。

③ 公安派出所在日常消防监督检查中，若发现存在严重威胁公共安全的火灾隐患，应当在责令改正的同时书面报告乡镇人民政府或者街道办事处和消防救援机构。

6.1.3 单位消防安全检查

（1）单位消防安全检查的组织形式　消防安全检查不是一项临时性措施，不能一劳永逸。它是一项长期的、经常性的工作，因此，单位在组织形式上应采取经常性检查和季节性检查相结合、群众性检查和专门机关检查相结合、重点检查和普遍检查相结合的方法。根据消防安全检查的组织情况，单位消防安全检查通常有以下几种形式。

① 单位本身的自查。单位本身的自查，是在各单位消防安全责任人的领导之下，由单位安全保卫部门牵头，由单位生产、技术、专（兼）职防火干部以及志愿消防队员和有关职工参加的检查。单位本身的自查，是单位组织群众开展经常性防火安全检查的最基本的形式，它对火灾的预防起着非常重要的作用，应当坚持厂（公司）月查、车间（工段）周查、班（组）日查的三级检查制度。基层单位的自查按检查实施的时间和内容，可分为下列几种。

a. 一般检查。这种检查也叫日常检查，是根据岗位防火安全责任制的要求，以班组长、安全员以及消防员为主，对所在的车间（工段）库房、货场等处防火安全情况所进行的检查。这种检查一般以班前、班后和交接班时为检查的重点。这种检查能够及时发现火险因素，及时消除火灾隐患，应坚持落实。

b. 防火巡查。是消防安全重点单位常用的一种检查形式，是预防火灾发生的有效措施。根据《消防法》第十六条的规定，消防安全重点单位应当实行每日防火巡查，并且建立巡查记录。公共聚集场所在营业期间的防火巡查应当至少2小时一次；营业结束时应对营业现场进行安全检查，消除遗留火种。医院、养老院，寄宿制的学校、托儿所、幼儿园应当加强夜间的防火巡查，至少每晚巡逻不应少于2次。其他消防安全重点单位应当结合单位的实际情况进行夜间防火巡查。防火巡查主要依靠单位的保安（警卫），单位的领导或值班的干部和专职、兼职防火员要注意检查巡查的情况。检查的重点是电源、火源，并注意其他异常情况，及时堵塞漏洞，消除事故隐患。

c. 定期检查。这种检查也称季节性检查，按照季节的不同特点，并与有关的安全活动结合起来在元旦、春节、“五一”劳动节、国庆节等重大节日进行，一般由单位领导组织并参加。定期检查除了对所有部位进行检查外，还应对重点要害部位进行重点检查。通过定期检查，解决平时检查很难解决的重大问题。

d. 专项检查。是根据单位的实际情况及当前的主要任务，针对单位消防安全的薄弱环节进行的检查。常见的有电气防火检查、用火检查、消防设施设备检查、安全疏散检查、危险品储存与使用检查、防雷设施检查等。专项检查应有专业技术人员参加，也可以与设备的检修结合进行。对生产工艺设备、压力容器、电气设施设备、消防设施设备、危险品生产储存设施以及用火动火设施等进行检查，为了检查其功能状况和安全性能等，应当由专业部门，使用专门仪器、设备进行检查，以检查细微之处的事故隐患，真正做到防患于未然。

② 单位上级主管部门的检查。这种检查由单位的上级主管部门或者母公司组织实施，对推动和帮助基层单位或子公司落实防火安全措施、消除火灾隐患，具有十分重要的作用。此种检查通常有互查、抽查以及重点查三种形式。此种检查，单位主管部门应每季度对所属重点单位进行一次检查，并应当向当地公安消防机关报告检查情况。

③ 单位消防安全管理部门的检查。这种检查是单位授权的消防安全管理部门，为督促查看消防工作情况和查寻验看消防工作中存在的问题而对不具有隶属关系的所辖单位进行的检查。这是单位的消防安全管理活动，也是单位实施消防安全管理的一条重要措施。

（2）消防安全检查的方法　消防安全检查的方法指的是在实施消防安全检查过程中所采取的措施或手段。实践证明，只有运用方法正确才可以顺利实施检查，才能对检查对象的安全状况作出正确的评价。总结各地的做法，消防安全检查的具体方法，主要有下列几种。

① 直接观察法。直接观察法就是用眼看、手摸、耳听以及鼻子嗅等人的感官直接观察的方法。这是日常采用的最基本的方法。比如在日常防火巡查时，用眼看一看哪些是不正常的现象，用手摸一摸是否有过热等不正常的感觉，用耳听一听有无不正常的声音，用鼻子嗅一嗅是否有不正常的气味等。

② 询问了解法。询问了解法即是找第一线的有关人员询问，了解本单位消防安全工作的开展情况和各项制度措施的执行落实情况等。这种方法是消防安全检查中不可缺少的手段之一。通过询问可以了解到一些平时根本查不出来的火灾隐患。

③ 仪器检测法。仪器检测法指的是利用消防安全检查仪器对电气设备、线路，安全设施，可燃气体、液体危害程度的参数等进行测试，利用定量的方法评定单位某个场所的安全状况，确定是否存在火灾隐患的检查方法。

（3）不同单位（场所）消防安全检查的基本内容

① 工业、企业单位消防安全检查的主要内容。

a. 明确生产的火灾危险性类别。

b. 四至的防火间距是否足够。

c. 建筑物的耐火等级、防火间距是否足够。

d. 车间、库房所存物质是否构成重大危险源。

e. 车间、库房的疏散通道、安全门是否符合规范要求。

f. 消防设施、器材的设置是否符合规范要求。

g. 电气线路敷设、防爆电器标示、工艺设备安全附件情况是否良好。

h. 用火、用电管理有何漏洞等。

② 大型仓库消防安全检查的主要内容。

a. 明确储存物资的火灾危险性类别。

b. 库房所存物资是否构成重大危险源。

c. 四至的防火间距是否足够。

d. 库房建筑物的耐火等级、防火间距是否足够。

e. 物资的储存、养护是否符合《仓库防火安全管理规则》的要求。

f. 库房的疏散通道、安全门是否符合规范要求。

g. 防、灭火设施，灭火器材的设置是否符合规范要求。

h. 用火、用电管理有何漏洞等。

③ 商业大厦消防安全检查的主要内容。

a. 明确大厦的保护级别，高层建筑的类别。

b. 消防车通道及防火间距是否足够。

c. 商品库房所存物资是否构成重大危险源。

d. 安全疏散通道、安全门是否符合规范要求。

e. 防火分区，防烟、排烟是否符合规范要求。

f. 用火、用电管理有何漏洞等。

g. 防、灭火设施，灭火器材的设置是否符合规范要求。

h. 有无消防水源，消防水源是否符合国家现行的规范标准。

④ 公共娱乐场所消防安全检查的内容。

a. 明确场所的保护级别，高层建筑的类别。

b. 消防车通道及防火间距是否足够。

c. 防火分区，防烟、排烟是否符合规范要求。

d. 安全疏散通道、安全门是否符合规范要求。

e. 用火、用电管理有无漏洞等。

f. 消防设施、器材的设置是否符合规范要求。

g. 有无消防水源，消防水源是否符合国家现行的规范标准。

h. 有无紧急疏散预案，是否每年都进行实际演练。

⑤ 建筑施工消防安全检查的主要内容。

a. 检查该工程是否履行了消防审批手续。

b. 检查消防设施的安装与调试单位是否具备相应的资格。

c. 消防设施的安装施工是否履行了消防审批手续，是否符合施工验收规范的要求。

d. 选用的消防设施、防火材料等是否符合消防要求，是否选用经国家产品质量认证、国家核发生产许可证或者消防产品质量检测中心检测合格的产品。

e. 检查施工单位是否按照批准的消防设计图纸进行施工安装，是否有擅自改动的现象。

f. 检查有无其他违反消防法规的行为。

6.2 火灾隐患整改

6.2.1 火灾隐患整改概述

（1）火灾隐患的概念　火灾隐患有广义和狭义之分。广义上讲，火灾隐患指的是在生产和生活活动中可能直接造成火灾危害的各种不安全因素；狭义上讲，火灾隐患指的是因违反消防安全法规或者不符合消防安全技术标准，而增加的发生火灾的危险性，或发生火灾时会增加对人的生命、财产的危害，或在发生火灾时严重影响灭火救援行动的一切行为和情况。据此分析，火灾隐患通常包含以下三层含义。

① 增加了发生火灾的危险性。例如违反规定生产、储存、运输、销售、使用以及销毁易燃易爆危险品；违反规定用火、用电、用气，明火作业等。

② 如果发生火灾，会增加对人身、财产的危害。如建筑防火分隔、建筑结构防火，以及防烟、排烟设施等随意改变，失去应有的作用；建筑物内部装修及装饰违反规定，使用易燃材料等；建筑物的安全出口及疏散通道堵塞，不能畅通无阻；消防设施、器材不能完好有效等。

③ 一旦导致火灾，会严重影响灭火救援行动。如缺少消防水源，消防车通道堵塞，消火栓、水泵结合器以及消防电梯等不能使用或者不能正常运行等。

（2）火灾隐患的分类　火灾隐患根据其火灾危险性的大小及危害程度，按国家消防监督管理的行政措施可分为下列三类。

① 特大火灾隐患。特大火灾隐患指的是违反国家消防安全法律、法规的有关规定，不能立即整改，可能造成火灾发生或使火灾危害增大，并可能造成特大人员伤亡或特大经济损失的严重后果及特大社会影响的重大火灾隐患。特大火灾隐患一般是指需要政府挂牌督导整改的重大火灾隐患。

② 重大火灾隐患。重大火灾隐患指的是违反消防法律、法规，可能导致火灾发生或火灾危害增大，并由此可能导致重大火灾事故后果和严重影响社会的各类潜在不安全因素。

③ 一般火灾隐患。指除特大、重大火灾隐患之外的隐患。因为在我国消防行政执法中只有重大火灾隐患与一般火灾隐患之分，还未将特大火灾隐患确定为具体管理对象，所以，我们常说的重大火灾隐患也包括特大火灾隐患。

（3）火灾隐患的确认　火灾隐患与消防安全违法行为应是互有交集的关系。火灾隐患并不一定都是消防安全违法行为，而消防安全违法行为则一定都是火灾隐患。例如，由于国家消防技术标准的修改而造成的火灾隐患就不属于违法行为。因此，一定要正确区分火灾隐患与消防安全违法行为的关系。确定一个不安全因素是否是火灾隐患，不仅要从消防行政法律上有依据，而且还应当在消防技术上有标准。由于其专业性、思想性以及科学性很强，因此，应当根据实际情况，全面细致地考察和了解，实事求是地分析和判定，并注意区分火灾隐患和消防安全违法行为的界限。

消防工作中存在的问题包括的范围很广，通常是指思想上、组织上、制度上和包括火灾隐患在内的所有影响消防安全的问题。火灾隐患只是能够引起火灾和火灾危害的那部分问题。正确区别火灾隐患和一般工作问题很有实际意义。如果把消防工作中存在的一般性工作问题也视为火灾隐患，采取制发通知书的法律文书方式，将不适宜用消防行政措施解决的问题也不加区别地用消防行政措施去解决，就失去了消防安全管理的科学性及依法管理的严肃性，不利于火灾隐患的整改，所以这些都是在实际工作中值得注意的。

根据公安部《消防监督检查规定》（公安部令第120号），以下情形可以直接确定为火灾隐患。

① 影响人员安全疏散或者灭火救援行动，不能立即改正的情形。

② 消防设施未保持完好有效，影响防火灭火功能的情形。

③ 擅自改变防火分区，容易导致火势蔓延、扩大的情形。

④ 在人员密集场所违反消防安全规定，使用、储存易燃易爆危险品，不能立即改正的情形。

⑤ 不符合城市消防安全布局要求，影响公共安全的情形。

⑥ 其他可能增加火灾实质危险性或者危害性的情形。

（4）火灾隐患的整改方法　火灾隐患的整改，根据隐患的危险、危害程度和整改的难易程度，可以分为“立即改正”和“限期整改”两种方法。

① 立即改正。立即改正指的是对于不立即改正就随时有发生火灾的危险，或对于整改起来比较简单，不需要花费较多的时间、人力、物力以及财力，对生产经营活动不产生较大影响的隐患等，存在隐患的单位、部门当场对其进行整改的方法。消防安全检查人员在安全检查时，应责令立即改正，并在《消防安全检查记录》上记载。

② 限期整改。限期整改指的是对过程比较复杂，涉及面广，影响生产比较大，又要花费较多的时间、人力、物力以及财力才能整改的隐患，而采取的一种限制在一定期限内进行整改的方法。限期整改在通常情况下都应由隐患存在的单位负责。负责单位成立专门组织，各类人员参加研究，并根据消防救援机构的《重大火灾隐患整改通知书》或者《停产停业整改通知书》的要求，结合本单位的实际情况制定出一套切实可行并限定在一定时间或者期限内整改完毕的方案，并将方案报请上级主管部门和当地消防救援机构批准。火灾隐患整改完毕后，应申请复查验收。

（5）整改火灾隐患的基本要求

① 抓住主要矛盾，重大火灾隐患要组织集体讨论和专家论证。隐患即为矛盾，一个隐患可能包含着一对或者多对矛盾，因此整改火灾隐患必须学会抓主要矛盾的方法。通过抓主要矛盾及解决主要问题的方法使其他矛盾迎刃而解，起到纲举目张的作用，使问题得到彻底解决。抓住整改火灾隐患的主要矛盾，要分析影响火灾隐患整改的各种因素及条件，制定出几种整改方案，经反复研究论证，选择最经济、最有效以及最快捷的方案，防止顾此失彼而导致新的火灾隐患。确定重大火灾隐患及其整改期限应当组织集体讨论；涉及复杂或者疑难技术问题的，应当在确定前组织专家论证。

② 树立价值观念，选最佳方案。整改火灾隐患应当树立价值观念，分析隐患的危险性和危害程度。若虽有危险性，但危害程度比较小，就应提出简便易行的办法，从而得到投资少且消防安全价值大的整改方案。如拆除部分建筑，提高建筑物的耐火等级，改变部分建筑的使用性质，堵塞建筑外墙上的门窗孔洞或者安装水幕装置，设置室外防火墙等，以解决防火间距不足的问题；安装火灾自动报警、自动灭火设施和防火门、防火卷帘以及水幕装置等，以解决防火分区面积过大的问题；增加建筑开口面积，加强室内通风，既可达到防爆泄压的目的，又可防止可燃气体、蒸气以及粉尘的聚积；向室内输送适量水蒸气或者经常向地面上洒水，还可降低可燃气体、蒸气的浓度，避免可燃粉尘飞扬；改变电气线路型号，减少用电设备，采取错峰用电措施，解决电气线路超负荷的问题，延缓电线绝缘的老化过程。

但是，对于关键性的设备及要害部位存在的火灾隐患，要严格整改措施，拟订可行方案，力求干净、彻底地解决问题，不留后患，从根本上保证消防安全。

③ 严格遵守法定整改期限。对于依法投入使用的人员密集场所和生产、储存易燃易爆危险品的场所（建筑物），当发现有关消防安全条件未达到国家消防技术标准要求的，单位应当按照下列要求限期整改。

a. 安全疏散设施未达到要求，不需要改动建筑结构的，应当在10日内整改完毕；需要改动建筑结构的，应当在1个月内整改完毕。应当设置自动灭火系统、火灾自动报警系统而未设置的，应当在1年内整改完毕。

b. 对于应当限期整改的火灾隐患，消防救援机构应当制作《责令限期改正通知书》；构成重大火灾隐患的，应当制作《重大火灾隐患限期整改通知书》，并自检查之日起3个工作日内送达。限期整改，应当考虑隐患单位的实际情况，合理确定整改期限和整改方式。组织专家论证的，可以延长10个工作日送达相应的通知书。单位在整改火灾隐患过程中，应当采取确保消防安全、防止火灾发生的措施。

c. 对于确有正当理由不能在限期内整改完毕的，隐患单位在整改期限届满前应当向消防救援机构提出书面延期申请。消防救援机构应当对申请进行审查，并作出是否同意延期的决定；同意或不同意的《延期整改通知书》应当自受理申请之日起3个工作日内制作、送达。

d. 消防救援机构应当自整改期限届满次日起3个工作日内对整改情况进行复查，并自复查之日起3个工作日内制作并送达《复查意见书》。对逾期不改正的，应当依法予以处罚；对无正当理由，逾期不改正的，应当依法从重处罚。

④ 从长计议，纳入企业改造和建设规划加以解决。对于建筑布局、消防车通道以及水源等方面的火灾隐患，应从长计议，纳入建设规划解决。比如对于厂、库区布局或功能分区不合理，主要建筑物之间的防火间距不足等隐患，可结合厂、库区改造以及建设，纳入企业改造和建设规划中加以解决；对于厂、库位置不当等隐患，可以结合城镇改造、建设，将危险建筑迁至安全地点。

⑤ 报请当地人民政府整改。在消防安全检查中发现城市消防安全布局或公共消防设施不符合消防安全要求时，应书面报请当地人民政府或者通报有关部门予以解决；发现医院、养老院、学校、托儿所、幼儿园、地铁以及生产、储存易燃易爆危险品的单位等存在重大火灾隐患，单位自身确无能力解决的，或本地区存在影响公共安全的重大火灾隐患难以整改，以及涉及几个单位的比较重大的火灾隐患时，应取得当地消防救援机构及上级主管部门的支持。消防救援机构应书面报请当地人民政府协调解决。

任何火灾隐患，在问题未解决前，均应采取必要的临时性防范补救措施，防止火灾的发生。

⑥ 消防安全检查人员要严格遵守工作纪律。消防安全检查人员要严格遵守工作纪律，不得滥用职权、玩忽职守以及徇私舞弊。对于以下行为，构成犯罪的，应依法追究刑事责任；尚不构成犯罪的，应当依法给予责任人员行政处分。

a. 不按规定制作、送达法律文书，超过规定的时限复查，或有其他不履行及拖延履行消防监督检查职责的行为，经指出不改正的。

b. 依法受理的消防安全检查申报，未经检查或经检查不符合消防安全条件，同意其施工、使用、生产、营业或举办的。

c. 利用职务为用户指定消防产品的销售单位、品牌，或者消防设施施工、维修、检测单位的；对当事人故意刁难或在消防安全检查工作中弄虚作假的。

d. 接受、索要当事人财物或者谋取不正当利益的。

e. 向当事人强行摊派各种费用、乱收费的。

f. 其他滥用职权、玩忽职守、徇私舞弊的行为。

6.2.2 重大火灾隐患的判定方法

重大火灾隐患的判定，应当依照公共安全行业标准《重大火灾隐患判定方法》（GB 35181—2017）进行。根据判定的程序，重大火灾隐患可采取“要件、要素综合分析判定”的方法。所谓“要件、要素综合判定法”是指将事物的构成要件和制约事物的要素进行对照、综合分析判定的方法。要件是指构成事物的主要条件；要素是指制约事物存在和发展变化的内部因素。

（1）重大火灾隐患的构成要件　根据隐患的火灾危险程度、一旦导致火灾的危害程度，以及火灾自救、逃生、扑救的难度，构成重大火灾隐患这一事物的要件一般包括以下几点。

① 场所或者设备内的物品属于易燃易爆危险品（包括甲、乙类物品和棉花、秫秸、麦秸等丙类易燃固体），并且其量达到了重大危险源的标准。

② 场所建筑物属于二类以上保护建筑物。

③ 建筑物属于高层民用建筑。

这三个要件中的任一要件均为构成重大火灾隐患的最基本要件，不具备任何一个要件都不构成重大火灾隐患。影响火灾隐患的任一因素，只能是一般火灾隐患。

（2）影响火灾隐患的要素

① 违反规定进行生产、储存以及装修等，增加了原有火灾危险性和危害性的要素，具体包括如下方面。

a. 场所或设备改变了原有的性质，增加了其火灾危险性及危害性（如温度、压力、浓度超过规定，丙类液体、气体储罐改储甲类液体及气体等）；违反安全操作规程操作，增加了可燃性气体、液体的泄漏及散发。

b. 生产或储存设备、设施违反规定，未设置或者缺少必要的安全阀、压力表、温度计、爆破片、安全连锁控制装置、紧急切断装置、阻火器、放空管、水封以及火炬等安全设施，或虽有但不符合要求，或存在故障不能安全使用。

c. 设备及工艺管道违反规定安装，造成火灾危险性增加（如加油站储罐呼气管的直径小于 50mm 而导致卸油时憋气、不安装阻火器等）；场所或者设备超量储存、运输、营销、处置。

d. 违反规定使用可燃材料装修（如建筑内的疏散走道、疏散楼梯间以及前室室内的装修材料燃烧性能低于 B1 级）。

e. 原普通建筑物改为人员密集场所，或场所超员使用。

② 违反规定用火、用电以及产生明火等能够形成着火源而导致火灾的要素，具体包括如下方面。

a. 违反规定进行电焊、气焊等明火作业，或者存在其他足以导致火灾的作业。

b. 违反规定使用能够产生火星的工具或进行开槽及凿墙眼等能够产生火星的作业。

c. 违反规定使用电器设备、敷设电气线路（如违反规定，在可燃材料或者可燃构件上直接敷设电气线路或安装电气设备）。

d. 违反规定在易燃易爆场所使用非防爆电器设备或者防爆等级低于场所气体、蒸气的危险性。

e. 未按规定设置防雷、防静电设施（含接地及管道法兰静电搭接线），或者虽设置但不符合要求。

③ 建筑物的防火间距、防火分隔，以及建筑结构、防火、防烟排烟、安全疏散违反国

家消防规范标准，如果发生火灾，会增加对人身、财产危害的要素，具体包括如下方面。

a. 建筑物的防火间距（包括建筑物之间、建筑物与火源，或者重要公共建筑物与重大危险源之间的间距等）不能符合国家消防规范标准；或建筑之间的已有防火间距被占用。

b. 建筑物的防火分区不符合国家消防规范标准，或擅自改变原有防火分区，造成防火分区面积超过规定。

c. 厂房或库房内有着火、爆炸危险的部位未采取防火防爆措施，或者这些措施不能满足防止火灾蔓延的要求。

d. 擅自改变建筑内的避难走道、避难间、避难层和其他区域的防火分隔设施，或者避难走道、避难间、避难层被占用、堵塞而无法正常使用。

e. 建筑物的安全疏散通道、疏散楼梯、安全出口、安全门以及消防电梯或防烟排烟设施等安全设施应设置但未设置，或者虽已设置但不符合国家消防规范标准；未按规定设置疏散指示标志、应急照明，或者虽已设置但不符合要求。

如按规定安全出口应独立设置而未独立，或数量、宽度不符合规定或被封堵；安全出口、楼梯间的设置形式不符合规定；疏散走道、楼梯间以及疏散门或安全出口设置栅栏、卷帘门，或者未按规定设置防烟、排烟设施，或已设置但不能正常使用。

④ 违反国家消防规范标准，消防设施、器材未保持完好有效，一旦引起火灾会严重影响灭火救援行动的要素，具体包括如下方面。

a. 根据国家现行消防规范标准应当设置消防车通道但未设置，或者虽设置但不符合国家消防规范标准，以及消防车通道被堵塞、占用不可正常通行。

b. 根据国家消防规范标准应当设置消防水源、室外（内）消防给水设施、相关灭火器材但未设置，或虽设置但不符合国家消防规范标准，或者虽已设置但不能正常使用。

c. 根据国家消防规范标准应设置火灾自动报警系统、自动灭火系统、但未设置，或虽设置但不符合国家消防规范标准；或系统处于故障状态不能正常使用、不能恢复正常运行、不能正常联动控制。

d. 消防用电设备未按规定采用专用的供电回路、设备末端自动切换装置，或者虽设置但不能正常工作；消防电梯无法正常运行。

e. 举高消防车作业场地被占用，影响消防扑救作业；建筑既有外窗被封堵或者被广告牌等遮挡，影响灭火救援。

（3）重大火灾隐患的判定原则

① 重大火灾隐患的三个构成要件是构成重大火灾隐患的最基本要件，不具备任何一个要件都不构成重大火灾隐患。

② 根据以上要件，若任一要素只要有一个因素与任一要件同时具备的，则应当确定为重大火灾隐患。但以下隐患违反规定达到一定的量时才能确定为重大火灾隐患。

a. 场所或设备可燃物品（含易燃易爆危险品）的储存量超过原规定储存量的25%。

b. 人员密集场所（如商店营业厅）内的疏散距离超过规定距离，或超员使用达25%。

c. 高层建筑和地下建筑未按规定设置疏散指示标志、应急照明，或损坏率超过30%；其他建筑未按规定设置疏散指示标志、应急照明，或损坏率超过50%。

d. 设有人员密集场所的高层建筑的封闭楼梯间、防烟楼梯间门的损坏率超过20%；其他建筑的封闭楼梯间、防烟楼梯间门的损坏率超过50%。

e. 建筑物的防火分区不符合国家消防规范标准，或擅自改变原有防火分区，造成防火分区面积超过规定的50%；防火门、防火卷帘等防火分隔设施损坏的数量超过该防火分区防火分隔设施数量的50%。

③ 根据上述要件，如果任一要素只要有2个以上因素与任一要件同时具备的，则应当

确定为特大火灾隐患，即省政府挂牌督办的重大火灾隐患。

④ 其他的任一要素只具备了其中 1 个要素的，则可以认定为一般火灾隐患。

⑤ 可以立即整改的，或由于国家标准修订引起的（法律法规有明确规定的除外），或依法进行了消防技术论证，发生火灾不足以造成特大火灾事故后果或严重社会影响，并已采取相应技术措施的火灾隐患，可以不判定为重大火灾隐患。

（4）可直接判定的重大火灾隐患　根据上述条件，以下情形均可直接判定为重大火灾隐患。

① 生产、储存和装卸易燃易爆危险物品的工厂、仓库、专用车站、码头、储罐区，未设置在城市的边缘或相对独立的安全地带。

② 甲、乙类厂房设置在建筑的地下、半地下室。

③ 甲、乙类厂房与人员密集的场所或住宅、宿舍混合设置在同一建筑内。

④ 公共娱乐场所、商店、地下人员密集场所的安全出口、楼梯间的设置形式及数量不符合规定。

⑤ 旅馆、公共娱乐场所、商店、地下人员密集场所未按规定设置自动喷水灭火系统或火灾自动报警系统。

⑥ 可燃性液体、气体储罐（区）未按规定设置固定灭火和冷却设施。

（5）重大火灾隐患整改程序

① 发现。消防监督检查人员在进行消防监督检查或核查群众举报、投诉时，对于被检查单位存在的可能构成重大火灾隐患的情形，应在《消防安全检查记录》中详细记明，并收集建筑情况、使用情况等能够证明火灾危险性、危害性的资料，并在两个工作日内书面报告本级公安消防部门的有关负责人。

② 论证。消防救援机构负责人对消防监督人员报告的可能构成重大火灾隐患的不安全因素，应当及时组织集体讨论；若涉及复杂或疑难技术问题，应当由支队以上（含支队）地方消防救援机构组织专家论证。专家论证应根据需要邀请当地政府有关行业的主管部门、监管部门和相关技术专家参加。

经集体讨论、专家论证，存在《重大火灾隐患判定方法》（GB 35181—2017）中判定的火灾隐患，可能造成严重后果的，应当提出判定为重大火灾隐患的意见，并且提出合理的整改措施和整改期限。集体讨论、专家论证应当形成会议记录或纪要。

论证会议记录或者纪要的主要内容应当包括：会议主持人及参加会议人员的姓名、单位、职务、技术职称；拟判定为重大火灾隐患的事实及依据；讨论或论证的具体事项、参会人员的意见；具体判定意见、整改措施以及整改期限；集体讨论的主持人签名，参加专家论证的人员签名。

③ 立案并跟踪督导。构成重大火灾隐患的，报本级消防救援机构负责人批准之后，应及时立案并制作《重大火灾隐患限期整改通知书》，消防救援机构应当自检查之日起 3 个工作日内，将《重大火灾隐患限期整改通知书》送达重大火灾隐患单位。若需组织专家论证的，送达时限可以延长至 10 个工作日。同时，应当抄送当地人民检察院、法院、有关行业主管部门、监管部门和上一级地方公安机关消防机构。

消防救援机构应当督促重大火灾隐患单位落实整改责任、整改方案以及整改期间的安全防范措施，并根据单位的需要提供技术指导。

④ 报告政府，提请政府督办。消防救援机构应定期公布和向当地人民政府报告本地区重大火灾隐患情况并重点关注以下场所：医院、养老院、学校、托儿所、幼儿园、车站、码头以及地铁站等人员密集场所；生产、储存及装卸易燃易爆化学物品的工厂、仓库和专用车站、码头、储罐区、堆场，易燃气体和液体的充装站、供应站以及调压站等易燃易爆单位或

者场所；不符合消防安全布局要求，必须拆迁的单位或场所；其他影响公共安全的单位和场所。若存在重大火灾隐患自身确无能力解决，但是又严重影响公共安全的，消防救援机构应当及时提请当地人民政府将其列入督办事项或者予以挂牌督办，协调解决。对经当地人民政府挂牌督办逾期仍未整改的重大火灾隐患，消防救援机构还应提请当地人民政府报告上级人民政府协调解决。

⑤ 复查与延期审批。消防救援机构应当自重大火灾隐患整改期限届满之日起 3 个工作日内进行复查，自复查之日起 3 个工作日内制作并送达《复查意见书》。

对确有正当理由不能在限期内整改完毕，单位在整改期限届满前提出书面延期申请的，消防救援机构应当对申请进行审查并做出是否同意延期的决定。自受理申请之日起 3 个工作日内制作并送达《同意/不同意延期整改通知书》。

⑥ 处罚。对于存在的重大火灾隐患，经复查，逾期未整改的，应依法进行处罚。其中，对经济和社会生活影响较大的重大火灾隐患，消防救援机构应报请当地人民政府批准，给予被检查单位停产停业的处罚。对存在重大火灾隐患的单位和其责任人逾期不履行消防行政处罚决定的，消防救援机构可依法采取措施，申请当地人民法院强制执行。

⑦ 舆论监督。消防救援机构对发现影响公共安全的火灾隐患，可向社会公告，以提示公众注意消防安全。如定期公布本地区的重大火灾隐患及整改情况，并视情况组织报刊、广播、电视以及互联网等新闻媒体对重大火灾隐患进行公示曝光和跟踪报道等。

⑧ 销案。重大火灾隐患经消防救援机构检查确认整改消除，或经专家论证认为已经消除的，应报消防救援机构负责人批准之后予以销案。政府挂牌督办的重大火灾隐患销案之后，消防救援机构应当及时报告当地人民政府予以摘牌。

⑨ 建立档案。消防救援机构应建立重大火灾隐患专卷。专卷的内容应当包括：卷内目录；《消防监督检查记录》；重大火灾隐患集体讨论、专家论证的会议记录、纪要；《重大火灾隐患限期整改通知书》《同意/不同意延期整改通知书》《复查意见书》或者其他法律文书；政府挂牌督办的有关资料；行政处罚情况登记；相关的影像、文件等其他材料。

6.2.3 消防安全违法行为的查处

（1）消防安全违法行为的处罚

① 责令改正的处罚。在消防监督检查中，发现有以下消防安全违法行为之一的，应当责令当场改正，当场填发《责令改正通知书》，并依照《消防法》的规定予以处罚。

a. 违反有关消防技术标准和管理规定，生产、储存、运输、销售、使用、销毁易燃易爆危险品；非法携带易燃易爆危险品进入公共场所，或者乘坐公共交通工具。

b. 违反消防安全规定进入生产、储存易燃易爆危险品场所；违反消防安全规定使用明火作业或者在易燃易爆危险场所吸烟、使用明火。

易燃易爆场所是指生产、储存、装卸、销售、使用易燃易爆危险品的场所；或者是在不正常情况下偶尔短时间存在可达燃烧浓度范围的可燃气体、液体、粉尘或氧化性气体、液体、粉尘的场所。由于与其他场所相比，易燃易爆场所用油、用气多，火灾致灾因素多，火灾危险大，一旦发生事故，易造成重大人员伤亡和严重的经济损失，而且往往会对社会产生较大影响，所以，易燃易爆危险场所都必须严格限制用火、用电和可能产生火星的操作。

c. 消防设施、器材或者消防安全标志的配置、设置不符合国家标准、行业标准，或者损坏、挪用或者擅自拆除、停用，未保持完好有效；埋压、圈占、遮挡消火栓或者占用防火间距的。

d. 占用、堵塞、封闭消防车通道、疏散通道、安全出口或者其他妨碍安全疏散和消防车通行的行为。

e. 在人员密集场所的门窗上设置影响逃生和灭火救援的障碍物。

f. 消防设施检测和消防安全监测等消防技术服务机构出具虚假文件。

g. 对火灾隐患经消防救援机构通知后不及时采取措施消除。

在消防监督检查中，消防救援机构对发现的应当依法责令改正的消防安全违法行为，应当当场制作责令改正的通知书，并依法予以处罚。对于违法行为轻微并当场改正完毕，依法可以不予行政处罚的，可以口头责令改正，并在检查记录上注明。

② 责令限期改正的处罚。在消防监督检查中，发现有以下消防安全违法行为之一的，应当责令限期改正，自检查之日起3个工作日内填发并送达《责令限期改正通知书》；对于逾期不改正的，应当依照《消防法》中的规定予以处罚或者行政处分。

a. 人员密集场所使用不合格的消防产品或者国家明令淘汰的消防产品。

b. 电器产品、燃气用具的安装、使用及其线路、管路的设计、敷设、维护保养、检测不符合消防技术标准和管理规定。

c. 生产、储存、销售易燃易爆危险品的场所与居住场所设置在同一建筑物内，或者未与居住场所保持安全距离。

d. 生产、储存、销售其他物品的场所与居住场所设置在同一建筑物内，不符合消防技术标准。

e. 依法应当经消防救援机构进行消防设计审核的建设工程，未经依法审核或者审核不合格，擅自施工。

f. 消防设计经消防救援机构依法抽查不合格，且不停止施工。

g. 依法应当进行消防验收的建设工程，未经消防验收或者消防验收不合格，即擅自投入使用。

h. 建设工程投入使用后经消防救援机构依法抽查不合格，且不停止使用。

i. 公众聚集场所未经消防安全检查或者经检查不符合消防安全要求，即擅自投入使用、营业。

j. 建设单位要求建筑设计单位或者建筑施工企业降低消防技术标准设计、施工。

k. 建筑设计单位不按照消防技术标准强制性要求进行消防设计。

l. 建筑施工企业不按照消防设计文件和消防技术标准施工，降低消防施工质量。

m. 工程监理单位与建设单位或者建筑施工企业串通，弄虚作假，降低消防施工质量。

n. 未履行《消防法》规定的消防安全职责，或消防安全重点单位消防安全职责。

o. 住宅区的物业服务企业未对其管理区域的共用消防设施进行维护管理、提供消防安全防范服务。

p. 进行电焊、气焊等具有火灾危险的作业人员和自动消防系统的操作人员，未持证上岗或者违反消防安全操作规程。

对责令限期改正的消防安全违法行为，消防救援机构应当根据违法行为改正的难易程度和所需时间，合理确定改正期限。

责令限期改正的，消防救援机构应当在改正期限届满之日起3个工作日内进行复查；对在改正期限届满前，违法行为人申请复查的，消防救援机构应当在接到申请之日起3个工作日内进行复查。复查应当填写《消防监督检查记录》。

（2）临时查封的实施

① 需临时查封的行为。消防救援机构在消防监督检查中发现火灾隐患时，应当通知有关单位或者个人立即采取措施消除；对不及时消除可能严重威胁公共安全的，或经责令拒不

改正的以下行为，应当对危险部位或者场所予以临时查封。

a. 疏散通道、安全出口数量不足或者严重堵塞，已不具备安全疏散条件。

b. 消防设施严重损坏，不再具备防火灭火功能。

c. 人员密集场所违反消防安全规定，使用、储存易燃易爆危险品。

d. 公众聚集场所违反消防技术标准，采用可燃材料装修装饰，可能导致重大人员伤亡。

e. 其他可能严重威胁公共安全的火灾隐患。

f. 占用、堵塞、封闭疏散通道、安全出口或者有其他妨碍安全疏散的行为。

g. 埋压、圈占、遮挡消火栓或者占用防火间距。

h. 占用、堵塞、封闭消防车通道，妨碍消防车通行。

i. 人员密集场所在门窗上设置影响逃生和灭火救援的障碍物。

j. 当事人逾期不执行消防救援机构做出的停产停业、停止使用、停止施工决定的有关场所、部位、设施或者设备。

② 临时查封的实施程序。

a. 告知当事人拟做出临时查封的事实、理由及依据，并告知当事人依法享有的权利，听取并记录当事人的陈述和申辩。

b. 消防救援机构负责人应当组织集体研究，决定是否实施临时查封。决定临时查封的，应当明确临时查封危险部位或者场所的范围、期限和实施方法，并自检查之日起 3 个工作日内制作和送达临时查封决定。

c. 实施临时查封的，应当在被查封的单位或者场所的醒目位置张贴临时查封决定，并在危险部位或者场所及其有关设施、设备上加贴封条或者采取其他措施，使危险部位或者场所停止生产、经营或者使用。

d. 对实施临时查封的情况制作笔录。必要时，可以进行现场照相或者录音、录像。

情况危急、不立即查封可能严重威胁公共安全的，消防监督检查人员可以在口头报请消防救援机构负责人同意后，立即对危险部位或者场所实施临时查封，并在临时查封后 24 小时内按照以上规定做出临时查封决定，送达当事人。

③ 临时查封的要求。

a. 临时查封由消防救援机构负责人组织实施。若需要应急管理部门或者公安派出所配合，消防救援机构应当报请所属应急管理部门组织实施。

b. 实施临时查封后，若当事人请求进入被查封的危险部位或者场所整改火灾隐患，应当允许。但不得在被查封的危险部位或者场所进行生产、经营等活动。

c. 临时查封的期限不得超过一个月。但逾期未消除火灾隐患的，不受查封期限的限制。

④ 临时查封的解除。火灾隐患消除后，当事人应当向做出临时查封决定的消防救援机构申请解除临时查封。消防救援机构应当自收到申请之日起 3 个工作日内进行检查，自检查之日起 3 个工作日内做出是否同意解除临时查封的决定，并送达当事人。

对检查确认火灾隐患已消除的，应当做出解除临时查封的决定。

7 消防组织管理及其日常工作

7.1 消防演习

根据《消防法》和《机关、团体、企业、事业单位消防安全管理规定》中的相关要求，单位必须对重点部位制定灭火应急方案，进行定期及不定期的消防演习。

（1）灭火作战计划内容　依据单位的重点保护部位的特殊要求，制定灭火作战计划，详细列出下列内容。

① 重点部位的概况。

a. 重点部位的地理位置、交通道路、周围环境，以及员工人数、占地面积。

b. 重点部位的平面布局，重点部位的建筑特点、耐火等级、建筑面积及高度。

c. 重点部位生产、储存物质的性质（液体、气体、毒气）、数量、价值以及生产规模、工艺流程和存放物资的形式（露天、室内、地下堆放间距等）。

② 重点保卫部位的火灾特点。

a. 发生火灾之后，火势发展变化的特点、蔓延方向及可能造成的后果。

b. 发生火灾之后，有无爆炸发生的可能，如有爆炸危险，要预测其波及的范围。

c. 发生火灾之后，有无毒气产生，有无剧毒、腐蚀、放射性物料泄漏，如果有，要预测其对作战人员的威胁大小，是否影响到灭火作战的正常进行。

③ 灭火力量部署。

a. 重点单位部位外部和内部消火栓的位置、代号以及距离（图上表示），地下管网的形状、供水能力，及其可以用于灭火的水源种类、储量和利用水源的方法（水池、天然水源、吸水、直接加水等，用文字说明）。

b. 参战车辆的种类、数量以及其他灭火器材和灭火剂的种类及数量。

c. 参加车辆的停靠位置、供水或者吸水方式（图上表示）。

d. 水枪手进攻路线，阵地位置，水带线路的铺设方法以及水枪阵地的任务。

e. 重点保卫部位其他力量的部署。

④ 扑救措施。

a. 针对生产（储存）物质的性质、数量所采取的措施。比如易燃液体燃烧猛烈，蔓延速度快，可采取以快制快的措施；大量液体流淌可以采取围堵防流、堵截蔓延的措施等。

b. 针对建筑物的特点、发生火灾后可能出现的情况所采取的措施。比如屋架可能倒塌，采取重点突破、冷却承重结构的措施；大面积火灾，采取穿插分割及分片消灭的措施等。

c. 针对火场不同阶段可能出现的情况采取措施。比如某仓库露天堆垛制订灭火作战计划时，对某一垛发生火灾后所采取的措施是：第一阶段控制火势，第二阶段消灭垛顶火灾，而第三阶段则层层截垛消灭残火等。

d. 抢救及疏散人员、物资的方法和路线。

e. 灭火战斗中应注意的事项，如防高温、防爆炸、防毒气以及防倒塌等。

（2）消防标号　消防标号指的是制作灭火作战计划方案图时对实物的一种标示（表 7-1）。

表 7-1　消防标号参考

编号	名　　称	图　　例	标 绘 要 领	附　　注
1	火场指挥部	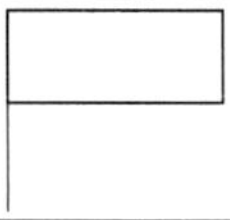	旗面长宽比约 2∶1，旗杆长与旗面宽之比约 2.5∶1，旗面展向右方，注记要清晰工整居中。在同一幅图上，同级别的旗大小应一致，不同级别的旗大小可有所区别	总指挥部均用此图例标示以队号注记加以区别
2	前沿指挥部（所）	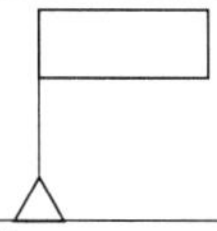		
3	调整指挥所（组）	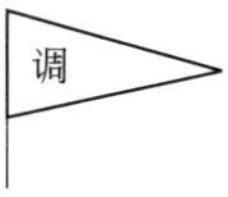	旗面为直三角形旗，旗面长宽比为 2∶1，旗杆长与旗面宽比为 2.5∶1	调整指挥所（组）注以“调”字，运输指挥机构则注“运”字
4	运输指挥机构	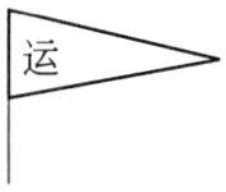		
5	火场总指挥	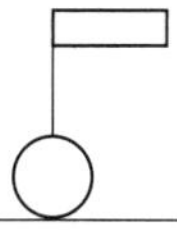	旗杆居中垂直，旗面长宽比为 2∶1，旗杆长与旗面宽比为 2.5∶1	
6	火场副总指挥	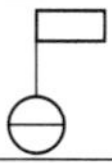	旗杆居中垂直，旗面长宽比为 2∶1，旗杆长与旗面宽比为 2.5∶1	
7	火场指挥员	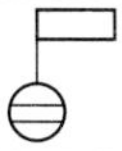	旗杆居中垂直，旗面长宽比为 2∶1，旗杆长与旗面宽比为 2.5∶1	
8	火场副指挥员	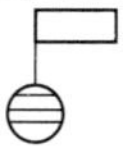	旗杆居中垂直，旗面长宽比为 2∶1，旗杆长与旗面宽比为 2.5∶1	
9	班长			
10	驾驶员		将圆形均分为三分	
11	战斗员	①　②　③		
12	通讯员			
13	卫生员			
14	普通水罐车		长宽比例约为 2∶1，圆形标在适中位置	
15	救护车	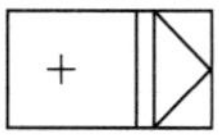	长宽比例约为 2∶1	

续表

编号	名　　称	图　　例	标 绘 要 领	附　　注
16	手抬机动泵			
17	排吸器	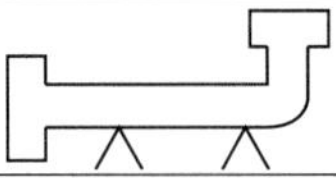		
18	照明灯			
19	泡沫发生器	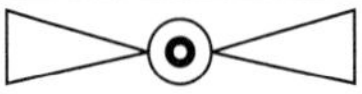		
20	直流水枪			配置在楼层的水枪分别以数字表示
21	开花水枪			
22	喷雾水枪	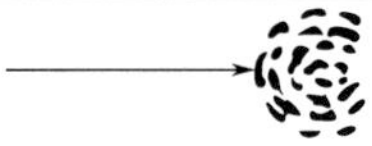		
23	带架水枪			
24	机动水枪			
25	二氧化碳喷枪			
26	泡沫管枪	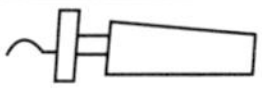		
27	干粉喷枪	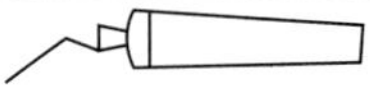		
28	泡沫钩枪	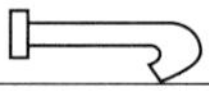		
29	分水器（3）	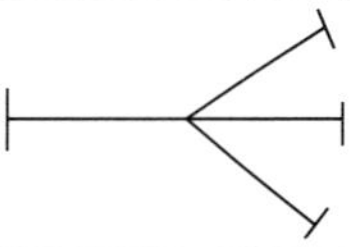		
30	堵截火势蔓延	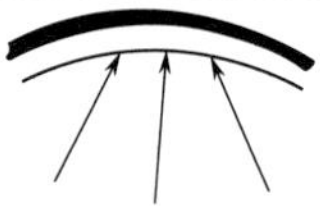	两道轮廓线外粗内细，结合实际地形和位置标绘	
31	围点攻击	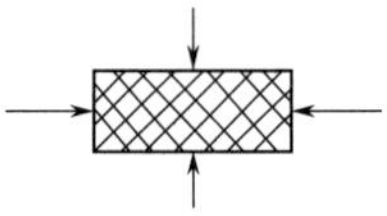		用于四面包围猛烈攻击
32	冷却降温		建筑设施外形和箭形用粗实线，蒸气曲线用细线	
33	迂回	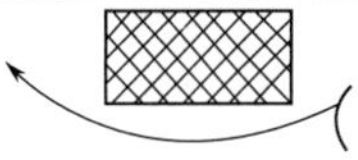		
34	预计行动路线		依实际按比例标示	

续表

编号	名　称	图　例	标绘要领	附　注
35	战斗（责任区）分界线（标示支队战斗分界线）		弧两端的连线与地物符号边缘取齐，箭标应标在适当位置，同一级分界线上各弧可半径相等，不同级有所区别	
36	防御	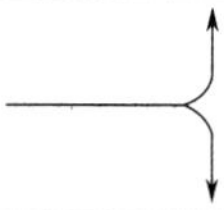	用粗实线，依地形和实际位置标示	
37	当前任务线		虚线长短、间隔适宜，粗细一致	
38	电网		每隔一段折线标一个电信符号，符号位于折线中央	
39	崖壁或断崖		主线粗、齿线细、齿线垂直于主线	
40	冰雪障碍	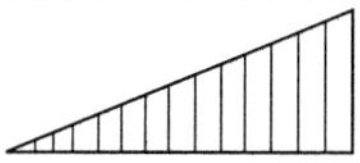	为直角三角形图形，短竖线平行，间隔相等	
41	垂直障碍	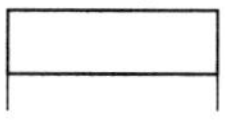	长度和走向依实际标绘	
42	栏障	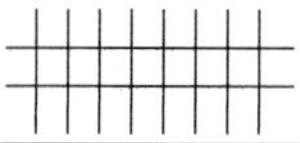	两线平行，短线垂直平行线，间隔适当	
43	水平（掩盖）遮障	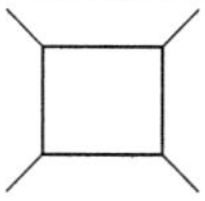	正方形、四角短线为对角线之延长线	
44	栅网	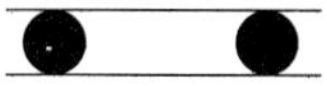	两线平行与圆相切，走向按实际方向，长度按比例标绘	
45	分水器	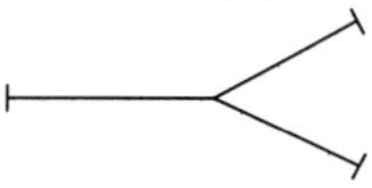		
46	集水器	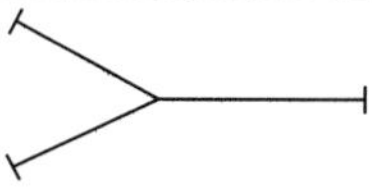		
47	位于屋顶水枪			
48	位于地下室水枪			
49	室内消火栓			
50	室外消火栓（地上消火栓）	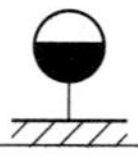		
51	地下消火栓			
52	储水池（槽）（加注容量立方米或吨）			

续表

编号	名　称	图　例	标绘要领	附　注
53	河流			
54	湖泊（塘）			
55	雨水井			
56	水井	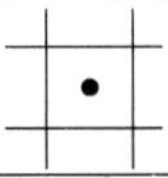		
57	污水池	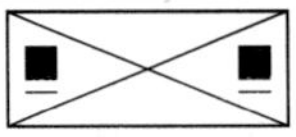		
58	冷却塔	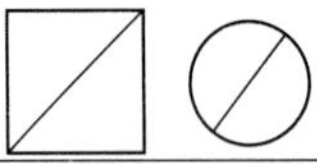		
59	地下管网			
60	指北矢标			
61	室内火灾	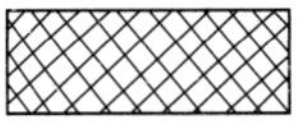		
62	外部起火部分	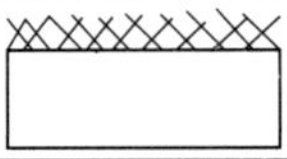		
63	火灾突破外壳	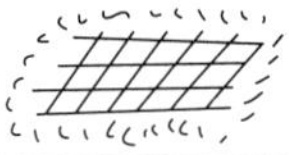		
64	室内充烟	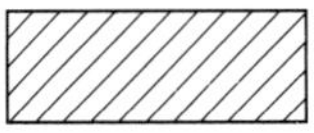		
65	重点部位	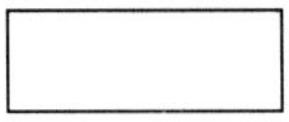		
66	起火点	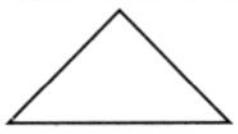		
67	火势蔓延方向	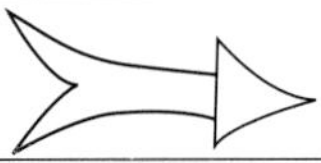		
68	监视哨			
69	有毒气体			
70	带电物体	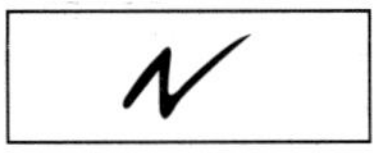		
71	腐蚀性物品			

编号	名　　称	图　　例	标绘要领	附　　注
72	风力和风向（加注风力等级）			
73	放射性物品	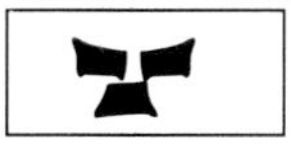		
74	危险物品			
75	爆炸物品	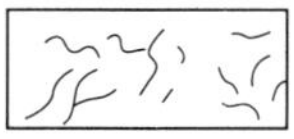		
76	高压电线及电杆	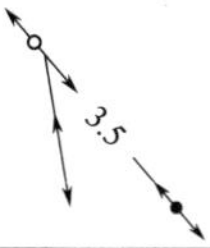	表示高压线路及电杆，并加注伏特数（以万伏为单位）	
77	孔洞	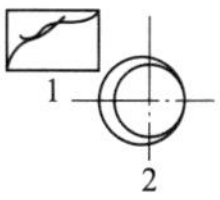	1表示方形 2表示圆形	
78	烟道	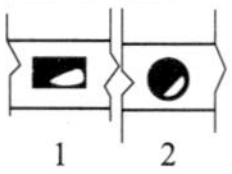	1表示方形 2表示圆形	
79	通风道	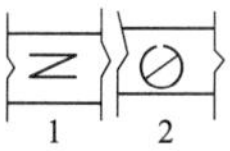	1表示方形 2表示圆形	
80	检查孔（进入孔）	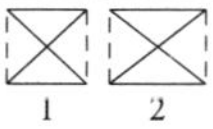	1表示地面检查孔 2表示吊顶检查孔	
81	底层楼梯	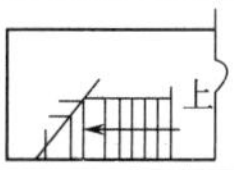		
82	中间楼梯	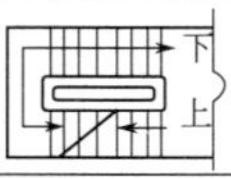		
83	围墙	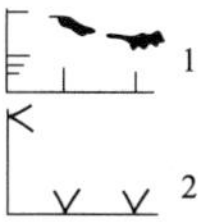	1表示砖石、混凝土围墙 2表示铁丝网、篱笆围墙	
84	台阶	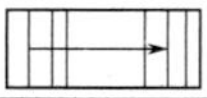	箭头方向表示下坡	
85	顶层楼梯	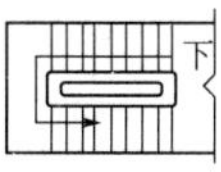		
86	封闭式电梯	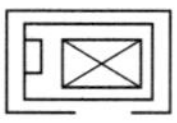		
87	网封式电梯			
88	单层窗	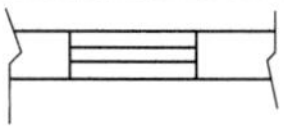		

续表

编号	名　称	图　例	标绘要领	附　注
89	双扇门			
90	单扇门			
91	入口单坡道	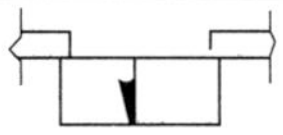		
92	入口三坡道	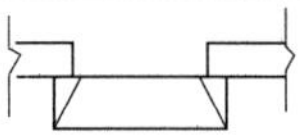		

（3）灭火作战方案　对重点保护部位实施演习，必须要做到有计划地进行，也就是必须制定灭火作战方案。

① 制定灭火作战方案主要规格，包括以下内容。

a. 第一页：即封面，必须说明方案名称及制作单位。

b. 第二页：绘制演习对象（场所）的立面图。

c. 第三页：计划场所的基本情况。

d. 第四页：计划场所的消防设施及组织力量。

e. 第五页：事故即火灾的特点。

f. 第六页：事故处理措施也就是灭火措施。

g. 第七页：注意事项。

h. 第八页：抢险救援力量部署平面示意图。

i. 第九页：抢险救援力量部署立面示意图。

j. 第十页：封底。

② 灭火作战方案制作示例。以下为某企业宿舍灭火作战方案制作示例。

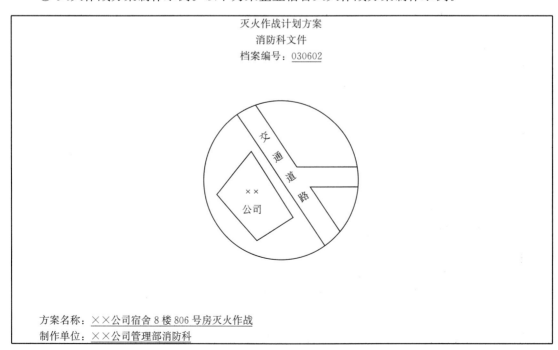

灭火作战计划方案

消防科文件

档案编号：030602

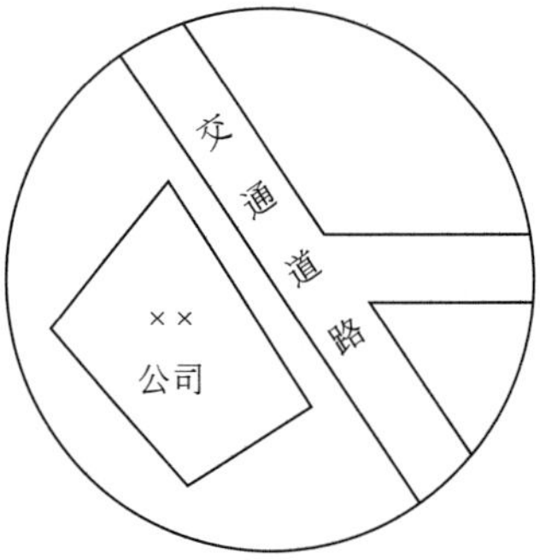

方案名称：××公司宿舍 8 楼 806 号房灭火作战

制作单位：××公司管理部消防科

员工宿舍立面图

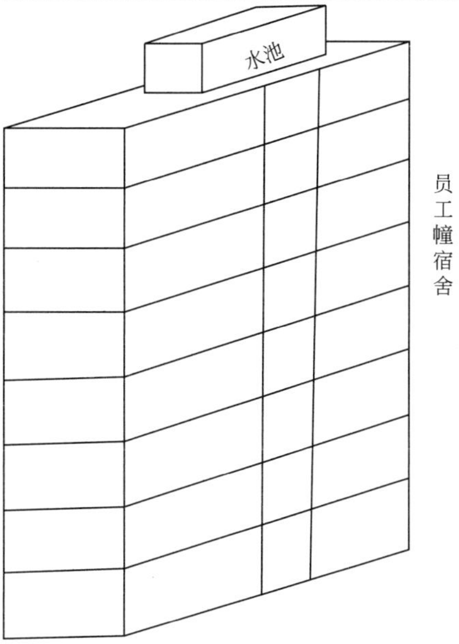

一、基本情况

1. 层数、高度、人员、建筑结构、面积

层数：8 层

高度：24m

人员：3000 人

建筑结构：钢筋混凝土结构

面积：4500m^2

2. 使用性质

员工宿舍

3. 疏散出口及安全通道情况

三个安全楼梯，中间一个常用，两边备用

二、消防组织设施

1. 消防水源（外接口数量、室内消火栓、室外消火栓、蓄水池）

2. 消防组织（专职消防队人数、义务消防队人数）

3. 消防器材装备种类及数量

三、事故特点

四、事故处理措施
1. 灭火措施（力量部署）
2. 疏散措施

五、注意事项
1. 灭火时的注意事项
2. 救援疏散时的注意事项

抢险救援力量部署平面示意图

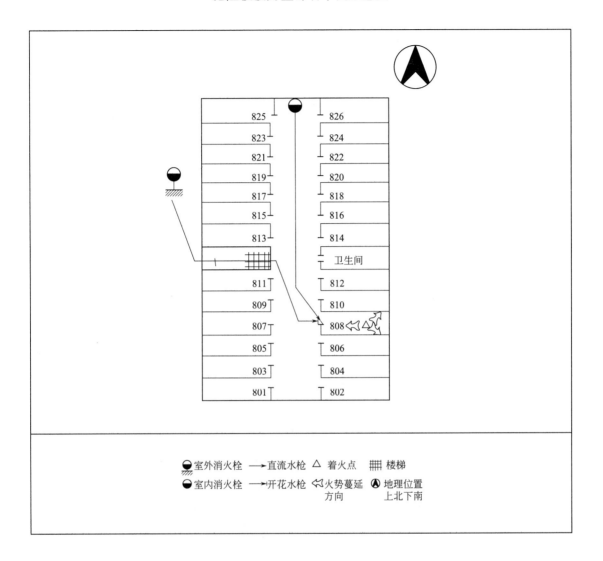

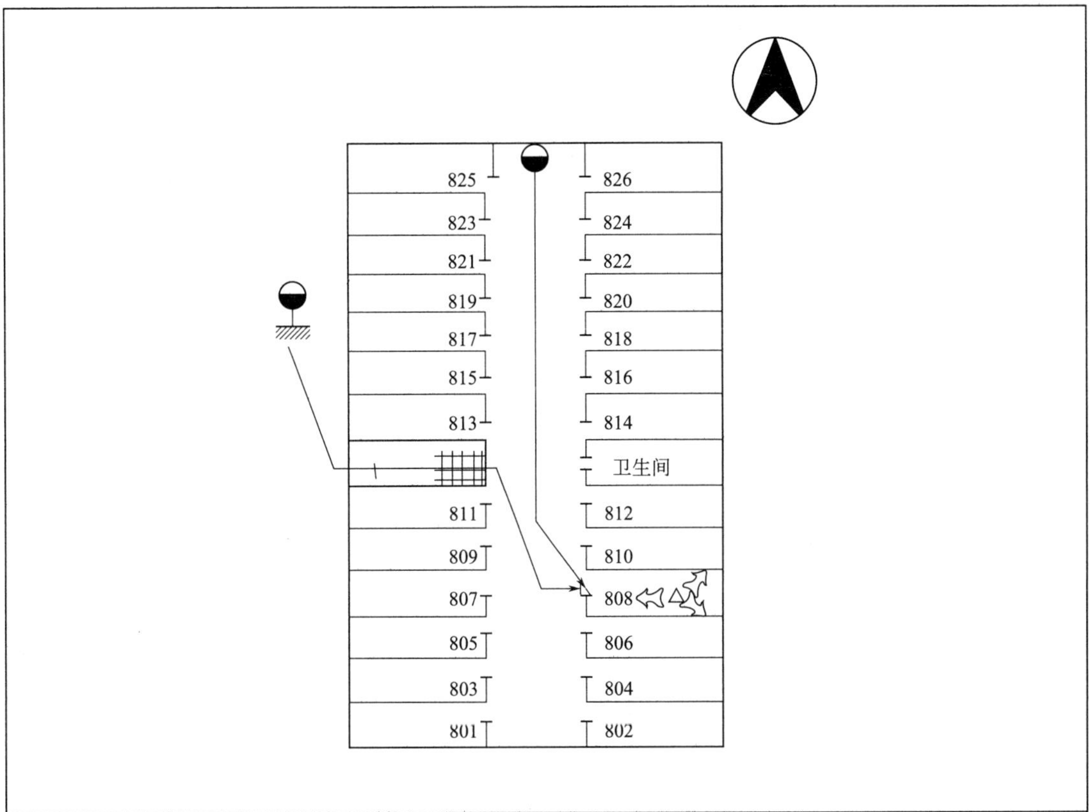

室外消火栓　直流水枪　着火点　楼梯

室内消火栓　开花水枪　火势蔓延方向　地理位置上北下南

抢救力量部署立面示意图

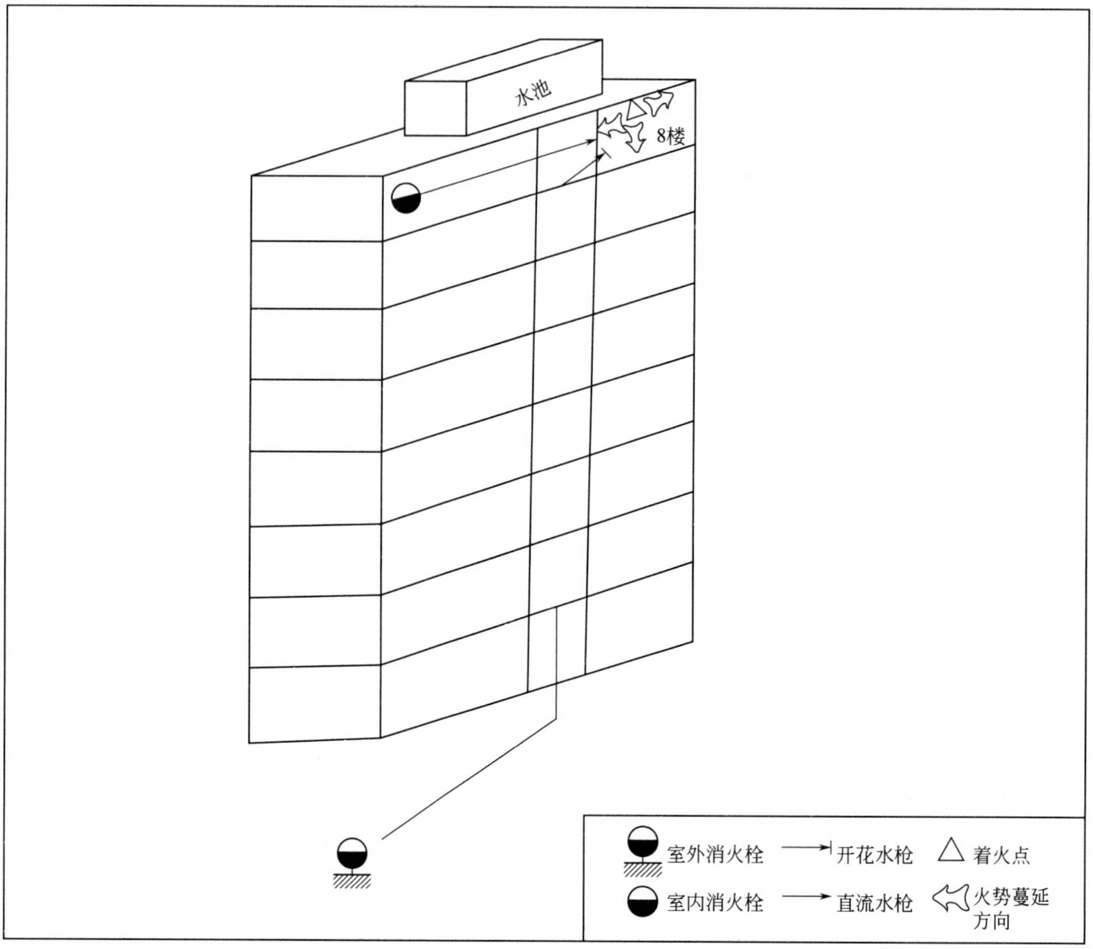

（封底）

（4）灭火演习细则　下面以某企业纸库火灾力量部署为例，分析灭火演习的细则。某单位纸库北 3-北 4 纸库火灾力量部署情况如图 7-1 所示。

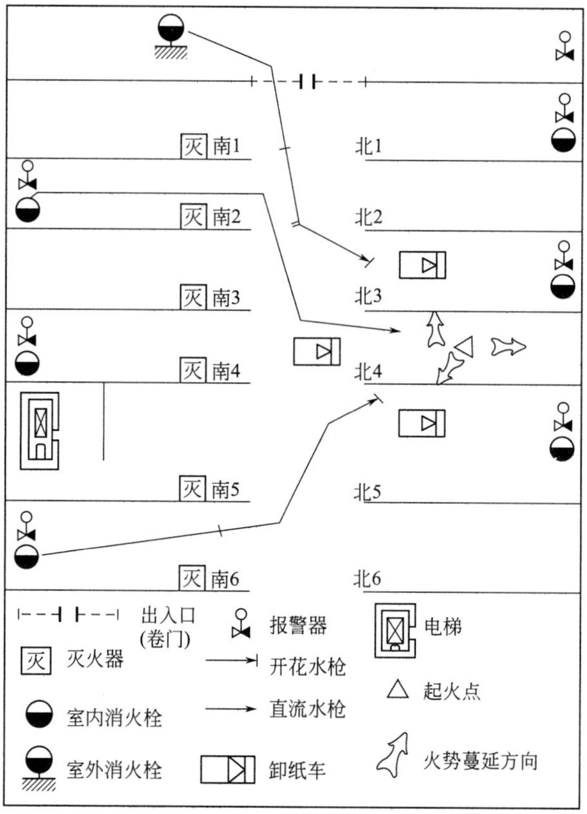

图 7-1　纸库抢险救援力量部署平面示意图

准备工作如下。

① 职责划分。通常消防安全演习主要涉及的组织人员包括指挥部、警戒组、灭火组、拆卸组、救护组、疏散组。

其职责及组织安排可由单位消防安全管理部门依据单位情况落实（报单位消防责任人确认合理性），然后将各组负责人召集会议，使各组明确自己在演习中的任务和职责。

② 单组预先练习。指的是单位消防安全组织可预先对演习内容进行练习（灭火组）。

③ 通告演习。可以文件形式通知，告知单位所有人员，单位消防安全组织将于某日某时对某部进行消防安全演习。通知通常可说明如下内容。

a. 参与部门和负责人员及其职责。

b. 演习的时间及地点。

c. 演习时单位员工应注意的事项。

d. 演习部位力量分布平面示意图。

e. 演习时各组织集合场地划分概况。

④ 演习时各组织集合场地划分。在演习进行时，可于预演前先划定各组织力量完成任务后集合的位置，以便于协调、调动。划分区域后各区域可用显示牌标示出来，以便于明确位置。如标示“灭火组集合地”“疏散人员集合地”等，如图 7-2 所示。

⑤ 演习程序。

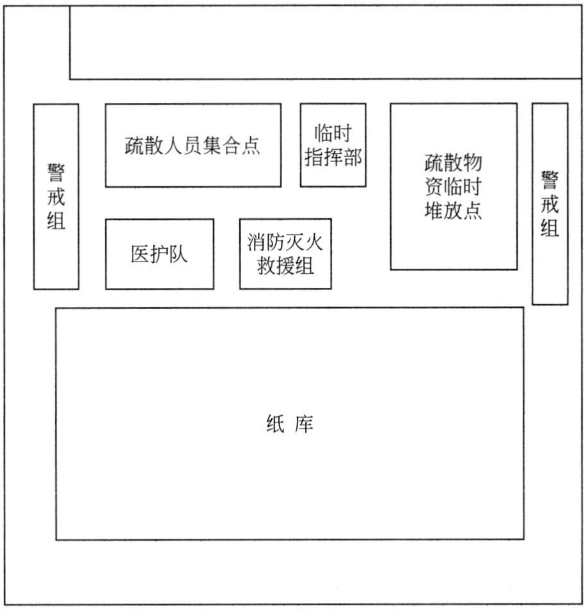

图 7-2 纸库抢险救援组织集合分布图

a. 演习的一般程序见表 7-2。

表 7-2 演习的一般程序

程序名称	具体内容
报警	因为演习一般已“知情”，所以可采用对讲报警或广播报警
出动力量	在进行演习时，现场总指挥（单位消防责任人，如单位经理）可在事先设置的“临时指挥部”就位，主要“观看”和“评估”灭火救援组织的“演习程序” 灭火救援组织包括单位消防安全组织（灭火组）、医护组、警戒组、疏散组等 在接到报警前，灭火救援各组织处于“正常”（即日常）工作状态，当接到或听到报警时，迅速按照各自任务（职责）到现场（集合）展开救援工作

b. 单位消防组织（一般负责灭火力量布置）演习的细则，包括以下内容。

(a) 当消防组织接到报警“单位纸库北 3-北 4 区发生火灾”时，由消防主管组织人员立即赶赴现场于“消防灭火救援组”集合点集合，并整理随身携带的必须灭火器材装备（待命）。

(b) 在准备（待命）的同时，消防主管命令勘察员（2 名）前往火灾现场勘查。勘查员根据现场勘查立即反馈信息。如（用对讲机讲）：“报告主管，现场勘查发现纸库北 3-北 4 区发生火灾，现火势猛烈，且火势呈向北 2、北 5 及南 3-南 4 方向蔓延趋势，勘查员某某某。”

(c) 消防主管接到勘查员反馈的火灾现场信息后，应立即展开部署。如：“根据现场反馈火灾信息，现命令如下：一班组织连接室外消火栓敷设并保护北 3-北 2 区范围及保护现场纸捆、疏散人员；二班组织南 1-南 2 处连接消火栓进行火点（区）攻击；三班在二班掩护下进入由北 6-北 7 区室内消火栓敷设一条水路至北 4-北 5 范围及保护纸捆、疏散人员。各班由班长带队立即展开行动。”

(d) 各班接到命令后，由班长带队立即展开行动。在按指示完成各自的（敷设）任务后，应向主管报告（用对讲机）。如：“报告主管，一班按指示到达火灾现场展开救援工作。现火势已被控制，请指示。”与此同时，助理主管带领通信员到现场视情况做出临时调动，以协调灭火救援工作。当各班陆续向主管报告已“完成任务”后，助理主管检查现场情况，并向主管报告：“现火灾现场已得到控制，火灾已扑灭，请指示。”

(e) 当确定“火灾已扑灭”后，主管可下达“收队”命令。各班立即由班长组织全队返回“灭火救援组”集合点集合，并向助理主管报告。如：“报告副指挥，一班按指示将火灾扑灭，现全班带归队，应到6人，实到6人，报告人班长×××，请指示。”助理主管随后下达“原地待命”指示。

(f) 当所有力量（包括消防组织的三个灭火班及疏散组、医护组、警戒组等）均向消防组织助理主管报告完毕后，助理主管向主管报告。如：“报告指挥官，现场火灾已得到控制（或现已消灭火灾），各组均完成任务，现已全部归队，请指示。”

(g) 在助理主管报告完毕后由主管对整个事件做讲评。讲评的内容包括：处理的情况，演习的连贯性，好的方面及存在的不足之处等。讲评完毕后，由消防主管（指挥官）向总指挥（单位消防负责人）报告。随后由总指挥总评演习过程。

(h) 完成后各组整理器材、装备，恢复正常工作。

(i) 整个过程（报告情况）以部队队列形式进行。

7.2 消防档案管理

7.2.1 消防档案的作用

消防档案是记述及反映消防安全管理过程及消防情况，具有保存价值，并按照一定的归档制度集中保管起来的文件材料。消防档案是消防安全管理部门全面考察、了解及正确进行消防管理的依据。

消防档案是消防安全管理部门有组织、有目的开展消防工作的结果，并且在其工作中不断地得到补充。只有这样，消防档案才能够客观地反映消防安全管理的全貌，有效地为消防安全管理提供服务。

① 消防档案是考察、了解单位消防安全管理的基本依据。消防档案不仅记录了消防安全管理历史活动的事实及经过，而且记录了单位消防安全管理活动的阶段和过程，为消防安全管理工作的探索性和准备性活动提供借鉴。由此可见，消防档案对人们查考以往情况、掌握相关历史资料、研究有关事物现象发展趋势，具有很广泛的参考作用。所以，加强消防档案管理，便于全面系统地掌握消防安全管理基本情况，以及深入、细致、具体地开展消防安全宣传教育、安全检查等各项专业服务。

② 消防档案是记载单位消防安全管理的内容翔实、时间准确的资料。归入消防档案的各种资料，均是经过消防安全管理人员审核，有些资料还要经过规定程序和手续获得的真实可靠的材料。所以，加强消防档案的管理工作，就可以为有关部门提供依据，便于确定和管理有关的历史活动情况。

③ 消防档案是单位消防安全的历史记录，在平时，可以利用它考查单位对消防工作的重视程度。发生火灾时，它可以为追查火灾原因、分清事故责任以及处理责任者提供佐证材料。

④ 消防档案是考核消防安全管理人员的工作情况、业务水平以及工作能力的一种凭证。一方面，通过查阅档案，可以很快地熟悉情况并开展工作；另一方面，通过查阅消防档案，可以了解和掌握消防安全管理人员的业务水平。

为了充分发挥消防档案的作用，开展和做好消防档案管理工作，应做好下列几项工作。

a. 培训消防安全管理人员，使他们熟悉消防档案的内容，学会建档方法，并明确建档要求。

b. 建立消防档案。深入实际，调查研究，按档案的内容和要求逐项填写，进行建档工作。

c. 领导组织检查验收。消防档案建好后，主管部门领导要对档案进行验收，以确保档案的质量。

7.2.2 消防档案的内容

对消防档案材料进行科学分类，能揭示它们之间的逻辑关系，有条理地反映消防安全管理的状况。根据《单位消防安全管理规定》及消防档案工作的实际需要，对消防档案材料按照其内容进行分类立卷，按材料形成时间顺序装订成册，才能更好地发挥消防档案的作用。

（1）消防档案分类要求　类，是一组具有共同性质及特征的事物组合。它所反映的每个对象，都必须具有共同的基本属性。类的形成应以事物属性的相同性及同等性为条件。分类就是按照事物本质特征性的异同，把事物区别为不同的类别。消防档案内容分类，是依据消防档案内容的不同属性将其区分为若干类，使其构成一个有机的整体，内容条理分明、排列有序，便于查找及利用。

（2）消防档案的分类内容

① 消防安全基本情况。按照相关规定，消防安全基本情况应当包括以下内容。

a. 单位基本概况和消防安全重点部位情况。

b. 建筑物或者场所施工、使用或者开业前的消防设计审核，消防验收以及消防安全检查的文件、资料。

c. 消防管理组织机构和各级消防安全责任人。

d. 消防安全制度。

e. 消防设施、灭火器材情况。

f. 专职消防队、义务消防队人员及其消防装备配备情况。

g. 与消防安全有关的重点工种人员情况。

h. 新增消防产品、防火材料的合格证明材料。

i. 灭火和应急疏散预案。

② 消防安全管理情况。根据规定，消防安全管理情况应当包括下列内容。

a. 消防救援机构填发的各种法律文本。

b. 消防设施定期检查记录、自动消防设施全面检查测试的报告以及维修保养的记录。

c. 火灾隐患及其整改情况记录。

d. 防火检查、巡查记录。

e. 有关燃气、电气设备检测（包括防雷、防静电）等记录资料。

f. 消防安全培训记录。

g. 灭火和应急疏散预案的演练记录。

h. 消防奖惩情况记录。

前款规定中的第 b、c、d、e 项记录，应当记明检查的人员、时间、部位、内容、发现的火灾隐患以及处理措施等；第 f 项记录，应当记明培训的时间、参加人员、内容等；第 g 项记录，应当记明演练的时间、地点、内容、参加部门以及人员等。

③ 消防档案的具体内容。

a. 基本情况。主要包括单位地址、单位性质、总平面图、建筑耐火等级，生产工艺流程、生产原材料，以及成品、商品的数量、性质等，见表 7-3。

表 7-3 基本情况

<table>
<tr><td colspan="2">单位名称</td><td colspan="4"></td></tr>
<tr><td colspan="2">地址</td><td colspan="4"></td></tr>
<tr><td colspan="2">上级主管部门</td><td colspan="4"></td></tr>
<tr><td colspan="2">行政负责人</td><td></td><td colspan="2"></td><td></td></tr>
<tr><td colspan="2">防火负责人</td><td></td><td colspan="2"></td><td></td></tr>
<tr><td colspan="2">保卫部门负责人</td><td></td><td colspan="2"></td><td></td></tr>
<tr><td colspan="2">安技部门负责人</td><td></td><td colspan="2"></td><td></td></tr>
<tr><td rowspan="4">专职消防队</td><td>负责人</td><td></td><td rowspan="4">义务消防队</td><td>队数/队</td><td></td></tr>
<tr><td>人数/人</td><td></td><td>人数/人</td><td></td></tr>
<tr><td>车辆数/辆</td><td></td><td>车辆数/辆</td><td></td></tr>
<tr><td>电话</td><td></td><td>电话</td><td></td></tr>
<tr><td colspan="2">职工总人数/人</td><td></td><td colspan="2">厂（库）面积/m^2</td><td></td></tr>
<tr><td colspan="2">建筑面积/m^2</td><td></td><td colspan="2">违章建筑面积/m^2</td><td></td></tr>
<tr><td colspan="2">车间数/个</td><td></td><td colspan="2">库房数/个</td><td></td></tr>
<tr><td colspan="2">重点部位数/个</td><td></td><td colspan="2">重点工种人数/人</td><td></td></tr>
</table>

b. 消防组织。主要包括单位防火负责人、防火委员会（小组）、保卫组织、专职和义务消防队以及专（兼）职消防队员名单等，见表 7-4～表 7-8。

表 7-4 防火安全委员会（或领导小组）成员名单

委员会内职务	姓名	部门	行政职务	备注

表 7-5 专职、兼职防火干部名单

姓名	性别	年龄	职务或职称	工作时间	备注

表 7-6 各级各部门防火负责人名单

部门	姓名	性别	年龄	职务或职称	备注

表 7-7 企业专职消防人员名单

姓名	性别	年龄	参加工作时间	职务	消防培训情况

表 7-8 义务消防组织情况

单位名称	人数	组织形式及消防培训情况	负责人

c. 各种消防安全制度和贯彻落实情况，见表 7-9。

表 7-9 消防安全管理制度情况

制度名称	建立、修改日期	执行情况

d. 各种登记表。主要包括重点工种人员、产品原料及性质、车间情况，重点部位固定火源、火险隐患登记表等，见表 7-10～表 7-12。

表 7-10 重点工种人员登记表

工种	姓名	性别	年龄	消防培训情况	技术级别	备注

表 7-11 产品原料及其火险性质

主要产品及其火险性质	
主要原料及其火险性质	

表 7-12 车间情况

名称	产品	人数/人	建筑耐火等级	面积/m^2	负责人
生产工艺 火灾危险性 预防措施					

e. 各种登记表。主要包括重点部位、固定火源、火险隐患登记等，见表 7-13～表 7-18。

表 7-13 重点部位情况

名称	建筑耐火等级	面积/m^2	职工人数/人	负责人
火灾危险性及预防措施				

表 7-14 仓库情况

名称	建筑耐火等级	贮存物资	库房面积/m^2	常储价值/万元	火灾危险性 预防措施	负责人

表 7-15　固定火源情况

名称	部位	用途	燃料种类	消防措施	负责人

表 7-16　消防器材设施情况

名称	规格	数量	设置位置及时间	运行维护情况

表 7-17　火灾隐患登记

部位	隐患类别和内容	发现时间	通知形式及整改意见	确定整改时间	已整改时间及复查意见

表 7-18　历次火灾登记

起火时间	起火部位	起火原因	直接财产损失/元	间接财产损失/元	死伤人数/人		处理情况
					死	伤	

f. 经常性消防安全活动情况。主要包括工作计划、情况报告、重大火险隐患通知书以及消防安全检查笔录等。

g. 火警火灾登记、火灾事故情况以及追查处理的有关文件资料。

h. 其他有关消防安全情况的文献资料。

（3）消防档案的立卷　各类消防信息资料通过分类后，各个类别内都有相当数量的文件及各种信息资料，还要进一步系统化。将若干文件资料组成案卷，叫做立卷。

案卷是有密切联系的若干文件及信息资料的组合体，它是消防档案的保管单位。立卷的具体方法，主要是将文件、资料综合在一起组成一个案卷。一些具有不同性质、特点以及联系不紧密的文件、资料，可以分别整理归类，纳入同一案卷，以适应不同检索途径及日常管理的需要。目前比较常见的立卷方法如下。

① 按问题立卷。是按照文件、资料内容记述以及反映的某方面的工作问题或涉及的人、事、物等组卷。同一问题的文件、资料可以组成案卷；不同问题的文件、资料分别整理，按照类别组成案卷的单位内容。将相同问题的文件资料组合在一起，可以保持档案内容方面的历史联系，反映出一个问题的处理全貌，便于使用者检索档案。消防档案是以单位消防安全管理为内容而立卷的，必须集中反映出消防安全管理的全部经历和表现。不能把不同的人、不同的事件等材料相互混杂，或分散在不同时期的材料里。要真实、全面地反映消防安全管理活动的全貌，发挥其应有的作用。

② 按时间立卷。是按照文件、资料形成的时间或者文件、资料内容针对的时间，将属于同一时期的文件、资料组合为案卷。按时间立卷，常适用于文件、资料内容针对的时间性比较强，针对的时间比较分明的文件、资料；同一类文件、资料数量较多，为了进一步组合

案卷，也可采用按时间立卷的方法。消防档案材料归档后，消防安全管理活动仍在继续，各种文件和资料不可能一次就终止，而是随着管理的变化和管理活动的不断进行而收集补充。所以，消防档案的内容不能有时间上的断层，以保证消防档案资料内容的完整。

③ 按文种立卷。是按照文件、资料的种类，把相同的文件、资料分类组合建档。文件、资料的种类反映了文件、资料的效能和作用。按照文种立卷，较好地反映了消防安全管理的工作情况，也可以适当地区分文件、资料的重要程度及保存价值，是一种不可缺少的立卷方法。

在立卷的实际工作中，只采用一种方法立卷的单一特征的案卷一般较少，多是几种特征结合使用。立卷时还应考虑文件、资料的重要程度、保存价值和文件、资料的数量。对记录和反映消防安全管理主要职能活动及有重要查考研究价值的文件、资料应单独组卷，以便于划定保管期限以及日后的保管、移交和鉴定工作。

7.2.3 消防档案管理

消防档案管理要运用科学的原则及方法，只有建立和完善管理过程的工作制度，才能使其最大限度地发挥服务作用。

（1）统一保管、备查　《单位消防安全管理规定》第四十一条的规定："单位应当对消防档案统一保管、备查。"单位的消防档案，应采用集中统一保管、备查的方法管理。这样管理，便于材料集中，维护消防档案的完整及安全，有利于保密，方便查阅，也有利于使消防档案更好地发挥作用。

在日常的管理中要做好下列几个方面的工作。

① 经常收集档案材料，并加以整理，保管档案。

② 建立消防档案登记簿或者档案索引。

③ 认真办理消防档案材料的收发、转递以及借阅登记工作。

④ 填写、排列和变动消防档案登记簿及卡片。

（2）材料收集制度　就是要求消防安全管理人员把通过日常的消防安全管理已经形成的分散的档案材料收集起来，汇集成为消防档案。

收集工作同消防档案工作的其他环节有着密切的关系。消防档案材料的整理、补充、保管以及利用等工作都必须在收集工作的基础上进行。若消防档案材料收集不齐全或者不完整，就会给整理、补充工作带来很大的困难，影响集中统一保管、备查工作的正常开展，需要的档案查阅不到，从而使消防档案工作失去了根本意义。

收集工作是一项艰苦细致的工作，不将消防档案材料收集的途径搞清，不将收集工作的方法问题解决，收集工作是难以做好的。

① 收集工作的途径。

a. 建立经常性档案材料的收集制度。建立制度，强化管理，对加强消防档案管理，确保收集工作的正常开展具有重要意义。

b. 建立专人负责的涉及消防安全管理的各种文件、资料的收发、转递以及借阅制度。

c. 定期做好布置、填写、整理、报送档案材料的工作，补充消防档案的内容，保证消防档案内容的完整。

d. 广辟档案材料来源。与本单位所有能够形成消防档案材料的有关部门建立起报送档案材料的关系，使所有的部门在日常的消防检查、巡查时形成的材料及时地报送至单位消防安全管理部门。

② 消防档案材料的收集方法。

a. 定向收集。所谓定向收集，就是向一定的单位、部门收集。具体说，就是依据形成消防档案材料的特点和搜集的途径，与本单位涉及办公、党务、行政、治安、消防、安全生产等重要部门联系，收集可能形成的档案材料。为了不遗漏，可以根据本单位的实际情况进行调查了解，列出有关单位部门的名单，逐一收集。

b. 按时收集。档案工作是一项经常性的工作。收集消防档案材料不是一次、两次突击便可了事的。按时收集，是对收集时间的总要求。它包括随时收集、定期收集以及不定期收集等多种形式。随时收集是根据形成消防档案材料的时间性特点及所掌握的信息，及时收集。定期收集是按照实际情况，确定一个固定时间，收集一定阶段形成的消防档案材料。不定期收集是依据实际工作需要而进行的不定时的收集，它有比较大的灵活性，但是时间不能相隔太久。

c. 追踪收集。追踪收集是依据形成消防档案材料相互联系的特点，沿着在清理、核对档案材料中或者从其他消防安全管理等方面发现的线索、踪迹进行收集的方法。

消防档案材料的收集方法多种多样，为了使各种方法行之有效，必须通过制度加以固定，使之制度化、经常化，保证消防档案材料的收集工作经常有效地开展。

③ 收集工作的要求。收集工作是细致烦琐的，消防安全管理人员必须有积极主动的态度及吃苦耐劳的精神，不能坐等有关单位或有关员工送材料上门，而是要做到手勤、腿勤、嘴勤、主动工作。如果没有这种态度和精神，收集工作就不能做好。

a. 准确。准确是指消防档案材料收集的范围、内容要准确。数量上，要严格按归档范围去收集材料；质量上，收集的材料内容必须真实可靠，不得收集无中生有、虚假不实或弄虚造假的材料。

b. 及时。及时是指消防档案材料的收集要有时间观念，及时收集归档，使消防档案的内容经常保持完整状态。若收集工作拖拖拉拉，就会使档案经常处于老化及短缺的状态，从而影响对消防安全管理的全面了解。

c. 细致。要细致，必须认真。不认真，就难以细致。认真细致是一种工作态度及工作作风，它要求消防安全管理人员在收集工作中要认真负责，一丝不苟，不允许粗枝大叶、马马虎虎，否则，就会造成消防档案的错漏和混杂，使收集工作不准确，从而影响整个消防档案管理工作。

(3) 材料鉴定制度　消防档案材料的鉴定，是对收集上来的档案材料进行归档之前的最后一次检查、判断，从而做出取舍的决定，或转递有关部门处理。

鉴别消防档案材料是决定材料取舍的关键。收集到的消防档案材料有些是零散而复杂的，有些是有保存使用价值的，有些无保存使用价值。对于这些材料，只有通过认真细致的审查及鉴别，才能了解每份材料的真伪、价值和内容，知道哪些材料应该归档，哪些材料应当销毁。同时，通过鉴别，使归档材料更加精练、真实，便于保管及利用。若忽视了这个环节，把所有文件、材料统统归档，不仅使消防档案内容庞杂，还会给保管及备查带来不便。为了确保消防档案精练、实用，认真细致地进行材料鉴别是十分重要的。

① 鉴别材料的原则。鉴别消防档案材料是一项复杂的、政策性很强的工作，应遵循下列原则。

a. 坚持实事求是的原则。在消防档案材料鉴别工作中，坚持这一原则，要求判定材料的价值，确定材料的取舍，要以消防管理的法律、法规以及各种规章制度为依据，充分体现出对消防安全管理高度负责的精神，确定材料的取舍，寻找充分的依据、理由，不得随心所欲，任意杜撰。

b. 坚持具体情况具体分析的原则。为了客观地评价及鉴别消防档案材料，消防安全管理人员要对收集到的文件资料做出符合实际的分析和评价，避免片面、形而上学。尤其是在不同时期、不同环境、不同人员的条件下记述和反映的情况会有很大的差别。所以，在材料的鉴别工作中，必须坚持具体情况具体分析的原则，客观地分析及评价材料的内容。

② 鉴别材料的方法。鉴别消防档案材料的方法如下。

a. 判断材料是否属于消防档案内容。在消防档案工作中，因为制度不健全和其他原因，收集到的消防档案的内容材料，有的属于消防档案材料，而有的则不属于消防档案材料。鉴别工作的任务之一，就是将二者加以区别，属于消防档案的材料及时归档；不属于消防档案的材料及时剔除，或者转有关部门处理。

b. 核对材料是否属于同一档案材料。消防档案要分类进行立卷归档，归档的每一份材料都必须是同类，必须是一个独立的个案。属于同类但时间不相同的档案材料都应分别立卷，不能并卷，尤其是涉及人员的材料，不能与人事档案相混淆。

c. 查明材料是否应归档。凡是归入档案的材料，应该是处理完毕的。涉及重大问题和其他正在工作中的文件材料以及待查材料，均应视为不应归档材料，应在工作完毕之后或转有关部门查清后再行归档。一些很难查清的问题，应从消防档案中撤出，并立待查问题专卷，以备查考。

d. 检查材料是否完整。归入档案的材料应该是完整的，否则会降低消防档案的使用价值。检查材料完整与否，是为了发现问题，及时补救，以维护消防档案的完整性。

在检查过程中，要注重材料之间的内在联系，不能割裂。若在鉴别中发现材料不全，应及时补齐，以确保档案材料的完整。对每一份单行文件材料，要注重其完整性，发现内容不全、缺页以及残页等情况，要及时处置。

e. 判定材料是否有保存价值。归入档案的材料一定要真实地反映本单位消防安全管理的基本情况及现实表现，对没有价值的材料以及不准确、不能说明问题、起不到证明作用的材料，应及时予以剔除，不予归档。

（4）材料整理制度　消防档案材料的整理，就是把收集到并经过鉴别的档案材料，按一定的规则、方法和程序，以独立的单位进行分类、排列、登记目录、技术加工以及装订，使之转化为消防档案。

① 档案材料整理的意义。

a. 它是使消防档案材料转化为消防档案的重要条件之一。没有经过整理的、零散的消防档案材料，只能是构成消防档案的因素，而不是科学意义的档案。

b. 收集到消防档案材料，经过鉴别加以整理，在利用、取放、查阅以及传递过程中，才不易混乱和丢失。

c. 经过整理立卷，才能为保管及利用档案创造方便的条件。

d. 经过整理，可以了解和检查收集工作有无遗漏和重复，鉴别工作准确与否，从而促进收集工作，提高鉴别工作的质量。

e. 经过整理，才能适应消防档案现代化科学管理的要求。消防档案不进行科学的分类及排列，就难以编制各种检索工具，也不利于计算机的存储及检索。

② 档案材料整理工作的程序。

a. 鉴别。是对收集上来的档案材料，进行归档之前的最后一次检查及判断，从而做出取舍决定。鉴别时，首先要看材料是否属于消防档案材料，是否对今后工作有参考使用价值。其次是判断是否完整及准确，符合归档条件。对于材料不完整，或者手续、证明凭据不齐全的都要重新进行收集，确保消防档案材料的完整及准确。

b. 分类。是将消防档案的全部材料有条理地划分成统一的若干类别，并且系统地组织起来，从而能够全面地反映消防安全管理的情况。类别划分后，还要把各类中的材料按一定的顺序排列起来，以便有条理、系统地反映各类内容。排列可以按照时间顺序，也就是以材料形成的时间先后顺序排列；也可以按问题结合的时间排列。在一个类中有几个问题的材料，按照不同的问题类别分别排列。

c. 登记目录和复核。登记目录及复核是归档前的最后一个程序。登记时，首先应填写类属号，也就是按这些目录属于哪一类内容，并按照档案材料顺序，编出序号。然后填写材料名称，在必要时，还可以选择材料标题，也可概括出材料的内容，文字要简练。最后要写上材料的形成时间、页数以及份数。

目录登记完后，还必须进行一次全面的复查及审核。复核时的主要检查项目包括：鉴别材料是否准确；有无各种佐证材料；归档材料是否符合有关立卷归档要求；材料分类、排列是否合理；目录登记等工作是否符合规范要求。

③ 档案整理工作的要求。整理工作的要求，总体来说就是使档案达到完整、真实、精练以及实用。

a. 完整。包括三层意思：一是要反映消防安全管理的基本情况，材料要完整无缺地归入消防档案；二是每项材料要求完整，不能缺项、漏项以及出现差错；三是所有档案材料要完好无损。

b. 真实。指的是消防档案材料的内容应符合消防安全管理工作的实际情况，不得弄虚作假。

c. 精练。是在完整真实的基础上剔除那些没有归档价值或者与消防安全管理工作无关的材料，力求内容精练、简洁、集中。

d. 实用。是指档案材料的分类、排列以及目录登记等应该科学、规范，方便使用，能够提高查准率和查找速度。

（5）档案的保管制度　消防档案保管是消防档案管理工作的重要任务之一。档案是物质的东西，任何物质的东西，都有产生、发展、变化以及消亡的过程。消防档案，随着时间的推移和各种不利因素的影响，也会不断地损毁，做好消防档案保管工作，可以防止及限制档案的损坏、丢失，最大限度地延长档案的寿命。

① 消防档案保管工作的内容。

a. 根据有关部门规定的范围及原则，进行消防档案保管，并编号、排列、存放以及建立底账。

b. 负责档案的收转和登记。

c. 经常或定期对消防档案进行检查，根据检查中发现的问题，及时进行整改，保证档案完整安全。

d. 根据消防档案的保护要求。将消防档案放置在一个安全可靠有保障的环境中，避免受到人为和自然因素的损害。

e. 严格执行保管、保密，制止、防止丢失、泄密，保证消防档案的机密安全。

f. 编制各种类检索工具，为及时有效地使用消防档案提供方便。

② 消防档案保管工作的要求。消防档案出现损毁的原因主要有人为因素与自然因素两个方面。人为因素指的是由于消防档案管理工作制度不健全，消防档案管理人员的疏忽以及有关使用者的不爱护等，造成消防档案材料丢失、玷污以及撕裂。对这种人为因素造成的损害要采取措施加以杜绝。

a. 要建立健全各项规章制度，明确消防档案管理人员的职责，凡保管的消防档案，均应在登记册上逐个进行登记。

b. 档案管理人员每半年要核对一次本单位所管辖的消防档案，发现损毁，及时修补；发现缺少，及时查找。

对于自然因素导致的损毁也应采取相应的措施，控制温度、湿度，经常检查防火、防晒、防潮的设施及安全措施。

（6）档案的使用制度　消防档案工作的宗旨，是开发消防档案的信息资源，提供档案信息为消防安全管理服务。

① 查阅。查阅就是使用者在消防档案管理机关或者指定的地点查阅所需要了解的消防档案内容。查阅前，要注意审核查阅者的身份情况，询问查阅的理由，从而确定该不该提供或提供消防档案的哪一部分内容。查阅后，要把使用完毕的消防档案收回、清点以及检查后送回原存放处。同时，做好查阅登记工作。

② 借用。遇到特殊情况时，消防管理部门或上级主管部门可借出消防档案查阅。凡属以下情况之一的，按规定办理借阅手续后，可借出使用。

a. 消防安全管理部门对于本单位消防安全管理的某些活动进行审核时需要借用消防档案的。

b. 应急管理部门对火灾事故查处过程中需要了解消防档案内容，借用消防档案的。

c. 上级主管部门或分管治安及消防工作的职能部门需要借用消防档案的。

d. 本单位的组织或者部门需要借用消防档案的。

e. 其他一些特殊情况需要借用消防档案的。

③ 消防档案的使用，是一项政策性很强的工作，在使用过程中要遵守以下要求。

a. 查阅或借阅消防档案的单位或个人应按单位查阅档案的办法及规定，办理借阅手续。

b. 查阅或借阅档案时，要严禁涂改、圈点以及撤换档案材料。

c. 查阅或借阅档案，要遵守查阅制度和保密制度，查阅人员不得向无关人员传播或者对外公布消防档案的内容。

d. 查阅者必须在消防档案室或者指定的地方查阅，确保档案材料不被损坏。

8

消防安全责任

8.1 消防刑事责任

消防刑事处罚是指国家有权机关对违反消防法规和管理规定，危害公共消防安全的行为人，依据国家刑事法律规范给予刑事惩戒与处罚。《中华人民共和国刑法》（以下简称《刑法》）及其修正案中涉及消防安全管理工作的罪名主要有以下几种。

（1）放火罪　放火罪是指行为人故意放火焚烧公私财物，危害公共安全的行为。

① 放火罪的主要特征

a. 本罪的主体是一般主体。年满 14 周岁、具有刑事责任能力的自然人都可成为本罪的主体。

b. 本罪的客体是公共安全。只要行为人实施了放火行为，足以危害公共安全，即使没有造成严重后果，也构成本罪。

c. 主观方面是故意的。从主观意愿来看，行为人是希望火灾发生的，或对火灾的发生持放任态度。

d. 客观方面表现为行为人直接实施了放火行为。放火罪是行为犯，不以产生严重后果为要件。

② 放火罪刑罚。根据《刑法》第 114 条、第 115 条第 1 款，对放火罪的处刑是，尚未造成严重后果的，处 3 年以上 10 年以下有期徒刑；致人重伤、死亡或者使公私财产遭受重大损失的，处 10 年以上有期徒刑、无期徒刑或者死刑。

（2）失火罪　失火罪是指行为人过失引起火灾，造成严重后果，危害公共安全的行为。

① 失火罪的主要特征

a. 本罪的主体是一般主体。年满 16 周岁、具有刑事责任能力的自然人均可成为本罪的主体。

b. 本罪的客体是公共安全。

c. 主观方面是过失。行为人应当预见自己的行为可能发生危害社会的结果，但由于疏忽大意没有预见，或已经预见而轻信能够避免，以致造成严重后果。从主观意愿来看，行为人是不希望火灾发生的，若对火灾的发生持放任态度，则属于间接故意的范畴，就构成了放火罪。

d. 客观方面表现为行为人的行为直接导致了火灾的发生，并且造成了严重后果。

② 失火罪刑罚。根据《刑法》第 115 条第 2 款规定，对失火的处刑是处 3 年以上 7 年以下有期徒刑；情节较轻的，处 3 年以下有期徒刑或者拘役。

（3）消防责任事故罪　消防责任事故罪指的是违反消防管理法规，经公安机关消防监督机构通知采取改正措施而拒绝执行，造成严重后果的行为。

① 消防责任事故罪的特征

a. 本罪的主体为一般主体。年满 16 周岁、具有刑事责任能力的自然人均可成为本罪的主体。

b. 本罪的客体为公共安全。

c. 主观方面为过失。行为人对火灾发生存在过失，由于疏忽大意没有预见，或已经预见而轻信能够避免，但对于违反消防管理法规，经消防监督机构通知采取改正措施而拒绝执行则是明知的。

d. 客观方面表现为违反消防管理法规，经公安机关消防监督机构通知采取改正措施而拒绝执行，造成严重后果。此处的“消防管理法规”包括法律、行政法规、地方性法规、国务院部门规章以及地方政府规章。“严重后果”指的是造成人员伤亡或者使公私财物遭受严重损失。

② 消防责任事故罪刑罚。根据《刑法》第 139 条规定，对消防责任事故罪的处刑是，造成严重后果的，对直接责任人员处 3 年以下有期徒刑或者拘役；后果特别严重的，处 3 年以上 7 年以下有期徒刑。

（4）相关犯罪及刑罚　除放火罪、失火罪以及消防责任事故罪以外，《刑法》中规定的下列几种犯罪也与消防管理有关。

① 重大责任事故罪

a. 概念。在生产、作业中违反有关安全管理的规定，因而发生重大伤亡事故或者造成其他严重后果的行为。

b. 刑罚。处 3 年以下有期徒刑或者拘役；情节特别恶劣的，处 3 年以上 7 年以下有期徒刑。

② 强令违章冒险作业罪

a. 概念。在生产、作业中因违反有关安全管理的规定，而发生重大伤亡事故或者造成其他严重后果的行为。

b. 刑罚。处 3 年以下有期徒刑或者拘役；情节特别恶劣的，处 3 年以上 7 年以下有期徒刑。

③ 重大劳动安全事故罪

a. 概念。安全生产设施或者安全生产条件不符合国家规定，因而发生重大伤亡事故或者造成其他严重后果的行为。

b. 刑罚。对直接负责的主管人员和其他直接责任人员，处 3 年以下有期徒刑或者拘役；情节特别恶劣的，处 3 年以上 7 年以下有期徒刑。

④ 大型群众性活动重大安全事故罪

a. 概念。举办大型群众性活动违反安全管理规定，因而发生重大伤亡事故或者造成其他严重后果的行为。

b. 刑罚。对直接负责的主管人员和其他直接责任人员，处 3 年以下有期徒刑或者拘役；情节特别恶劣的，处 3 年以上 7 年以下有期徒刑。

⑤ 危险物品肇事罪

a. 概念。违反爆炸性、易燃性、放射性、毒害性、腐蚀性物品的管理规定，在生产、储存、运输、使用中发生重大事故，造成严重后果的行为。

b. 刑罚。造成严重后果的，处 3 年以下有期徒刑或者拘役；后果特别严重的，处 3 年以上 7 年以下有期徒刑。

⑥ 不报、谎报安全事故罪

a. 概念。负有报告职责的人员在安全事故发生后，不报或者谎报事故情况，贻误事故抢救，情节严重的行为。

b. 刑罚。情节严重的，处 3 年以下有期徒刑或者拘役；情节特别严重的，处 3 年以上 7 年以下有期徒刑。

⑦ 生产、销售假冒伪劣产品罪

a. 概念。生产者、销售者在产品中掺杂、掺假，以假充真、以次充好或者以不合格产品冒充合格产品，销售金额较大的行为。

b. 刑罚。销售金额在 5 万元以上不满 20 万元的，处 2 年以下有期徒刑或者拘役，并处或者单处销售金额 50%以上 2 倍以下罚金；销售金额 20 万元以上不满 50 万元的，处 2 年以上 7 年以下有期徒刑，并处销售金额 50%以上 2 倍以下罚金；销售金额 50 万元以上不满 200 万元的，处 7 年以上有期徒刑，并处销售金额 50%以上 2 倍以下罚金；销售金额 200 万元以上的，处 15 年有期徒刑或者无期徒刑，并处销售金额 50%以上 2 倍以下罚金或者没收财产。

⑧ 生产销售不符合安全标准的产品罪

a. 概念。生产不符合保障人身、财产安全的国家标准、行业标准的电器、压力容器、易燃易爆产品或者其他不符合保障人身、财产安全的国家标准、行业标准的产品，或者销售明知是以上不符合保障人身、财产安全的国家标准、行业标准的产品，造成严重后果的行为。

b. 刑罚。造成严重后果的，处 5 年以下有期徒刑，并处销售金额 50%以上 2 倍以下罚金；后果特别严重的，处 5 年以上有期徒刑，并处销售金额 50%以上 2 倍以下罚金。

⑨ 妨碍公务罪

a. 概念。以暴力、威胁方法阻碍国家机关工作人员依法执行职务的行为。

b. 刑罚。处 3 年以下有期徒刑、拘役、管制或者罚金。

⑩ 滥用职权、玩忽职守罪

a. 概念。国家机关工作人员滥用职权或者玩忽职守，致使公共财产、国家和人民利益遭受重大损失的行为。

b. 刑罚。处 3 年以下有期徒刑或者拘役；情节特别严重的，处 3 年以上 7 年以下有期徒刑。

8.2 消防行政责任

消防行政处罚是消防救援机构依法对公民、法人或者其他组织违反消防法律法规的行为所给予的惩戒和制裁。

(1) 消防行政处罚种类 《消防法》中设定了警告、罚款、拘留、责令停产停业（停止施工、停止使用）、没收违法所得、责令停止执业（吊销相应资质、资格）6 类行政处罚。

(2) 消防行政处罚主体

①《消防法》规定的行政处罚，除应当由应急管理部门依照《中华人民共和国治安管理处罚法》中的有关规定决定以外，由住房和城乡建设主管部门、消防救援机构按照各自职权决定。

② 拘留处罚由县级以上应急管理部门依照《中华人民共和国治安管理处罚法》的有关规定决定。

③ 责令停产停业，对经济和社会生活影响较大的，由消防救援机构提出意见，并由应急管理部门报请当地人民政府依法决定。

④ 生产、销售不合格消防产品或者国家明令淘汰消防产品的，由产品质量监督部门或者工商行政管理部门依照《中华人民共和国产品质量法》中的规定从重处罚。

⑤ 消防技术服务机构出具虚假文件的，责令改正，处 5 万元以上 10 万元以下罚款，并对直接负责的主管人员和其他直接责任人员处 1 万元以上 5 万元以下罚款；有违法所得的，并处没收违法所得；给他人造成损失的，依法承担赔偿责任；情节严重的，由原许可机关依法责令停止执业或者吊销相应资质、资格。

(3) 消防行政处罚执行

① 一般规定。

a. 消防救援机构依法做出行政处罚决定时，应当告知当事人履行行政处罚决定的期限和方式，当事人应当在规定期限内予以履行。

b. 当事人逾期不履行行政处罚决定的，做出行政处罚决定的消防救援机构可以采取下列措施。

(a) 到期不缴纳罚款的，每日按罚款数额的 3%加处罚款。

(b) 根据法律规定，将查封、扣押的财物拍卖或者将冻结的存款划拨抵缴罚款。

(c) 申请人民法院强制执行。

② 罚款决定执行

a. 消防救援机构做出罚款决定，被处罚人应当自收到行政处罚决定书之日起 15 日内，到指定的银行缴纳罚款。

b. 当事人确有经济困难，需要延期或者分期缴纳罚款的，经当事人申请和行政机关批准后，可以暂缓或者分期缴纳。

c. 当场收缴罚款的法定情形。

(a) 对违法行为人当场处 20 元以下罚款的。

(b) 在边远、水上、交通不便的地区，被处罚人向指定银行缴纳罚款确有困难，经被处罚人提出的，此情形，办案人员应要求被处罚人签名确认。

(c) 被处罚人在当地没有固定住所，不当场收缴事后难以执行的。

③ 行政拘留执行

a. 对被决定行政拘留人，由做出决定的应急管理部门送达拘留所执行，对抗拒执行的，可以使用约束性警械。

b. 被处罚人不服行政拘留决定，申请行政复议、提起行政诉讼的，可以向应急管理部门提出暂缓执行行政拘留的申请。应急管理部门认为暂缓执行行政拘留不致发生社会危险的，由被处罚人或者其近亲属提出符合法定条件的担保人，或者按每日行政拘留 200 元的标准交纳保证金，行政拘留处罚决定可以依法暂缓执行。

(4) 违反消防法律法规的具体行为类型　当事人违反法律设定的消防义务或工作职责应当承担相应的法律后果，《消防法》专章规定了违反消防法律法规的具体行为及应受处罚的类型，主要有以下 9 类。

① 建设工程及公众聚集场所程序类

a. 未经消防设计审核或者审核不合格擅自施工。《消防法》第 11 条规定："国务院住房和城乡建设主管部门规定的特殊建设工程，建设单位应当将消防设计文件报送住房和城乡建设主管部门审查，住房和城乡建设主管部门依法对审查的结果负责。"对大型人员密集场所及一些特殊建设工程的消防设计进行审核，目的是在建筑设计中采取各种消防技术措施，保证此类建设工程的消防安全，严把消防设计源头关，消除先天性火灾隐患。此类建设工程未经依法审核或者经审核不合格，擅自施工的，根据《消防法》第 58 条第 1 款第 1 项，应当依法责令停止施工，并处 3 万元以上 30 万元以下罚款。

b. 未经消防验收或者消防验收不合格擅自投入使用。《消防法》第 13 条规定，对于国务院公安部门规定的大型人员密集场所及其他特殊建设工程竣工后，建设单位应当向消防救援机构申请消防验收，未经消防验收或者消防验收不合格的，禁止投入使用。消防验收是为了确保建设工程的消防设计得以落实，保证建设工程投入使用前符合消防安全条件。未经消防验收或者验收不合格擅自使用的，根据《消防法》第 58 条第 1 款第 2 项，应当责令停止使用，并处 3 万元以上 30 万元以下罚款。

c. 投入使用后抽查不合格不停止使用。对于报竣工验收备案的建设工程，消防救援机构抽查发现消防施工不合格的，应先通知建设单位停用，对拒不停止使用的，依据《消防法》第 58 条第 1 款第 3 项，依法责令停止使用，并处 3 万元以上 30 万元以下罚款。

d. 未经消防安全检查或者检查不合格擅自投入使用和营业。公众聚集场所面向社会公众开放，人员众多，一旦发生火灾，易导致重大人员伤亡或者财产损失，影响社会稳定，所以《消防法》规定，公众聚集场所在投入使用、营业前，建设单位或者使用单位应当向场所所在地的县级以上地方人民政府消防救援机构申请消防安全检查。未经消防安全检查或者经检查不符合消防安全要求的，不得投入使用、营业。违反本规定的，依据《消防法》第 58 条第 1 款第 4 项，责令停止使用或者停产停业，并处 3 万元以上 30 万元以下罚款。

② 建设工程质量类

a. 违法要求降低消防技术标准设计与施工。消防技术标准属于国家强制性标准，任何单位及人员都不得降低消防技术标准进行设计、施工。建设单位违法要求设计单位或施工企业降低消防技术标准设计、施工的，依据《消防法》第 59 条第 1 项，由住房和城乡建设主管部门责令改正或者停止施工，并处 1 万元以上 10 万元以下罚款。

b. 不按照消防技术标准强制性要求进行消防设计。建设工程的设计单位应对其设计质量负责，不能出于市场竞争的目的或为了经济利益，或按照建设单位的非法要求，不依照消防技术标准的强制性要求进行设计。有此违法行为者，依据《消防法》第 59 条第 2 项，由住房和城乡建设主管部门责令改正，处 1 万元以上 10 万元以下罚款。

c. 违法施工降低消防施工质量。建筑施工企业应当对建设工程施工质量负责。一些施工企业往往迫于建设单位压力，或出于获取更多经济利益的考虑，在施工过程中不按照设计文件或者消防技术标准施工，使用不合格材料，甚至偷工减料，给建设工程质量安全带来诸多隐患。对此违法行为，依据《消防法》第 59 条第 3 项，由住房和城乡建设主管部门责令改正或责令停止施工，并处 1 万元以上 10 万元以下罚款。

d. 违法监理降低消防施工质量。建设工程监理单位代表建设单位对施工质量进行监理，对施工质量承担监理责任，如果监理单位与建设单位、建筑施工企业串通，弄虚作假，建设工程施工质量就难以保证，会导致先天性隐患，依据《消防法》第 59 条第 4 项，由住房和城乡建设主管部门责令改正或者停止施工，并处 1 万元以上 10 万元以下罚款。

③ 消防设施、器材、标志类

a. 消防设施、器材及消防安全标志配置、设置不符合标准。消防设施、器材以及消防安全标志是单位预防火灾和扑救初起火灾的重要工具，必须符合国家标准、行业标准，才能保证消防设施、器材及消防安全标志发挥应有的作用。违反本规定的，依据《消防法》第 60 条第 1 款第 1 项，责令改正，并处以 5000 元以上 5 万元以下罚款。

b. 消防设施、器材及消防安全标志未保持完好有效；消防设施、器材以及消防安全标志按照国家标准、行业标准配置、设置后，单位还应当建立维护保养制度，确定专人负责，保证完好有效；未保持完好有效的，依据《消防法》第 60 条第 1 款第 1 项，责令改正，处 5000 元以上 5 万元以下罚款。

c. 损坏、挪用、擅自停用、拆除消防设施及器材。消防设施、器材在预防火灾，以及初起火灾扑救、控制火灾蔓延、保护人员疏散方面发挥着关键作用。消防设施与器材被人为损坏、挪用、擅自停用以及拆除现象目前还相当普遍，一旦发生火灾，就失去了应有的效用，影响到火灾扑救，导致火灾蔓延。对此，依据《消防法》第 60 条第 1 款第 2 项和第 2 款，单位违反本规定，应当责令改正，处 5000 元以上 5 万元以下罚款；个人违反本规定，应当责令改正，处警告或者 500 元以下罚款。

④ 通道、出口、消火栓、分区以及防火间距类。疏散通道、安全出口等疏散设施是火灾发生时人员疏散逃生的“生命之门”；消防车通道是供消防人员与消防装备到达建筑物的必要设施；防火间距是阻止建筑火灾蔓延扩大的重要保障；消火栓是扑救火灾时的重要供水装置，既包括室内消火栓，也包括室外消火栓。这些设施、装置如果被堵塞、占用、埋压、圈占、遮挡，或者人员密集场所的门窗设置了影响逃生、救援的铁栅栏、广告牌等障碍物，就必将会危及其原有功能，在火灾发生时极易造成重大人员伤亡和财产损失。《消防法》将此类行为列为社会单位及个人的基本消防义务，依据《消防法》第 60 条第 1 款第 3 项～第 6 项和第 2 款，单位违反本义务的，责令改正，处 5000 元以上 5 万元以下罚款；个人违反本规定的，处警告或者 500 元以下罚款。经责令改正拒不改正的，由消防救援机构组织强制执行，所需费用由违法行为人承担。此类行为主要包括下列几种。

a. 损坏、挪用或者擅自拆除、停用消防设施、器材的。

b. 占用、堵塞、封闭疏散通道、安全出口或有其他妨碍安全疏散行为的。

c. 埋压、圈占、遮挡消火栓或者占用防火间距的。

d. 占用、堵塞、封闭消防车通道，妨碍消防车通行的。

e. 人员密集场所在门窗上设置影响逃生和灭火救援的障碍物的。

⑤ 易燃易爆、三合一场所管理类。近年来，随着我国经济社会的快速发展，“三合一”场所也大量涌现。这类场所的消防安全条件同建筑使用性质不相适应，具有较高的火灾危险性，火灾事故易发、多发，导致了大量人员伤亡。为了有效预防“三合一”场所火灾发生，公安部制定了公共安全行业标准《住宿与生产储存经营合用场所消防安全技术要求》（GA 703—2007），易燃易爆危险品场所、其他场所与居住场所的设置必须符合消防技术标准的特定要求。违反相关规定的，依据《消防法》第 61 条规定，责令停产停业，并处 5000 元以上 5 万元以下罚款。此类行为主要有下列几种。

a. 生产、储存、经营易燃易爆危险品的场所与居住场所设置在同一建筑物内，或者未与居住场所保持安全距离的。

b. 生产、储存、经营其他物品的场所与居住场所设置在同一建筑物内，不符合消防技术标准的。

⑥ 违反社会管理类。此类规定是自然人违反相关消防安全管理规定，应当给予行政处罚的行为，有的属于《中华人民共和国治安管理处罚法》（以下简称《治安管理处罚法》）中已经涵盖了的一些消防安全管理违法行为，有的属于《消防法》规定的违法行为。依据《消防法》与《治安管理处罚法》的规定，对下列行为，应当给予警告、罚款或者拘留的处罚。

a. 违法生产、储存、运输、销售、使用以及销毁易燃易爆危险品。

b. 非法携带易燃易爆危险品。

c. 虚构事实扰乱公共秩序（谎报火警）。

d. 阻碍特种车辆通行（消防车及消防艇）。

e. 阻碍执行职务。

f. 违反规定进入生产、储存易燃易爆危险品场所。

g. 违反规定明火作业。

h. 指使、强令他人冒险作业。

i. 在具有火灾、爆炸危险的场所吸烟、使用明火。

j. 过失引起火灾。

k. 阻拦、不及时报告火警。

l. 拒不执行火灾现场指挥员指挥。

m. 扰乱火灾现场秩序。

n. 故意破坏、伪造火灾现场。

o. 擅自拆封、使用被查封场所、部位。

⑦ 消防产品、电气、燃气用具类

a. 人员密集场所使用不合格及国家明令淘汰的消防产品逾期未改。人员密集场所是消防工作的重点，关系到公共消防安全。人员密集场所使用的消防产品质量符合要求与否，在发生火灾时能否发挥应有的功效，对于有效扑救初起火灾、降低火灾危害以及保护人民群众生命财产安全至关重要。《消防法》将人员密集场所使用不合格消防产品或国家明令淘汰的消防产品，列为消防救援机构责令限期改正的内容，对于逾期不改正的，依据《消防法》第65条第2款，处5000元以上5万元以下罚款，并对其直接负责的主管人员和其他直接责任人员处500元以上2000元以下罚款；情节严重的，责令停产停业。

b. 电器产品、燃气用具的安装、使用及其线路、管路的设计、敷设、维护保养以及检测不符合规定。在生活中，由于电器产品、燃气用具引发的火灾占据火灾总数一定比例，且呈不断上升趋势，这些火灾的发生大多与电器产品、燃气用具的安装、使用及其线路、管路的设计、维护保养、敷设、检测不符合规定密切相关。近年来，国家有关部门制定发布了一系列有关电器产品、燃气用具的安装、使用及其线路、管路的设计、敷设、维护保养以及检测的消防技术标准和管理规定，不符合消防技术标准和管理规定的，消防救援机构应当责令违法单位或个人限期改正，逾期不改正的，依据《消防法》第66条，对该电器产品、燃气用具责令停止使用，可以并处1000元以上5000元以下罚款。

⑧ 制度和责任制类

a. 不及时消除火灾隐患。单位应对自身消防安全工作全面负责，做到“安全自查、隐患自除、责任自负”，定期组织防火检查巡查，及时发现并消除火灾隐患，做好自身消防安全管理工作。消防救援机构作为监督部门，在消防监督检查过程中发现火灾隐患，应通知有关单位立即采取措施消除，对不及时消除火灾隐患的，根据《消防法》第60条第1款第7项的规定，责令改正，处5000元以上5万元以下罚款。

b. 不履行消防安全职责逾期未改。《消防法》第16条、第17条、第18条分别规定了机关、团体、企事业单位、消防安全重点单位、共用建筑物单位以及住宅区的物业服务企业必须履行的消防安全职责，第21条第2款是关于单位特殊工种和自动消防系统操作人员必须持证上岗并且遵守消防安全操作规程的规定。单位是社会消防管理的基本单元，单位消防安全责任的落实，就是社会火灾形势稳定的关键。单位消防安全责任制的落实情况，同时也是消防救援机构监督检查的主要内容，对于不履行法定消防安全职责的单位，应责令限期改正，逾期不改正的，依据《消防法》第67条，对单位直接负责的主管人员和其他直接责任人员依法给予处分或者警告处罚。

c. 不履行组织、引导在场人员疏散义务。人员密集场所的现场工作人员对于场所内部结构、疏散通道、安全出口、消防设施以及器材的设置与管理状况十分熟悉，在火灾发生时，由现场工作人员指引在场人员疏散逃生，能有效地减少火灾中人员伤亡。近年来发生的几起重特大火灾事故，如吉林中百商厦火灾、广东深圳舞王俱乐部火灾导致大量人员伤亡，也与现场工作人员没有履行其组织、引导在场人员疏散的义务有着直接关系。所以，法律将此列为人员密集场所现场工作人员的法定义务。人员密集场所现场工作人员在火灾发生时未履行此义务，情节严重，尚不构成犯罪的，依据《消防法》第 68 条，处 5 日以上 10 日以下拘留；构成犯罪的，应依法追究刑事责任。

⑨ 中介管理类。修订后的《消防法》首次规定了消防技术服务机构的职责及地位，为消防中介组织健康、有序发展提供了法律保障。消防技术服务机构提供消防安全技术服务，并且应对此服务的质量负责。

a. 消防技术服务机构出具虚假文件。消防技术服务机构在消防安全技术服务过程中，应当本着科学、严谨以及客观的要求履行自己的职责，如果违反法律规定和执业规则，故意提供与事实不符的相关证明文件，依据《消防法》第 69 条第 1 款的规定，责令改正，处 5 万元以上 10 万元以下罚款，并对其直接负责的主管人员和其他直接责任人员处 1 万元以上 5 万元以下罚款；有违法所得的，并处没收违法所得；情节严重的，由原许可机关责令停止执业或者吊销相应资质、资格。

b. 消防技术服务机构出具失实文件。消防技术服务机构在消防安全技术服务过程中，如果严重不负责任，疏忽大意而出具了不符合实际情况的证明文件，则应承担相应的法律责任。依据《消防法》第 69 条第 2 款，给他人造成损失的，依法承担赔偿责任；造成重大损失的，由原许可机关责令停止执业或者吊销相应资质、资格。

8.3 消防行政复议、诉讼和赔偿

8.3.1 消防行政复议

（1）消防行政复议的概念　消防行政复议是指公民、法人或其他组织对有关国家行政机关做出的消防具体行政行为不服，在法定的期限内，向法定的复议机关申请复议，复议机关依法对原消防具体行政行为进行审查并做出裁决的活动。

（2）消防行政复议的特点

① 复议以消防具体行政行为引起的行政争议为处理对象。行政争议，指的是发生在行政机关与公民、法人或其他组织之间的，由于行政机关的行政行为而引起的争执或异议。一般情况下，消防行政争议就发生在消防救援机构及由其做出的具体行为的承受者即行政相对人（公民、法人或其他组织）之间，但根据消防法与行政诉讼法的规定，有时也会发生在公安机关或地方人民政府与公民、法人或其他组织之间。但依据《行政复议法》第 7 条、第 26 条和第 27 条的规定，有时行政复议也以抽象行政行为作为审查处理对象。

② 消防行政复议的复议机关是法定的。由于《消防法》《行政处罚法》以及公安部《消防监督检查规定》规定，消防救援、应急管理部门、公安派出所和地方各级人民政府都有权做出消防具体行政行为，但依据具体情况和有关规定，当以上所述机关做出消防具体行政行为时，其法定的复议机关也有不同，现分述如下。

a. 当消防救援机构或者当地公安派出所以消防救援机构的名义做出消防行政行为时，署名的消防救援机构的主管应急管理部门是法定的复议机关。

b. 当应急管理部门做出消防具体行政行为时，其上一级应急管理部门为法定复议机关。

c. 当公安部消防局做出消防具体行政行为时，公安部消防局为法定的复议机关。

d. 当地方人民政府做出消防具体行政行为时，其上一级人民政府为法定的复议机关。

e. 当县级以上地方人民政府的派出机关做出消防具体行政行为时，设立该派出机关的人民政府为法定的复议机关。

f. 当省、自治区人民政府依法设立的派出机关所属的县级地方人民政府做出消防具体行政行为时，该派出机关为法定的复议机关。

g. 当省、自治区以及直辖市人民政府做出消防具体行政行为时，该人民政府为法定复议机关。

h. 当两个或者两个以上行政机关以共同的名义做出消防具体行政行为时，其共同上一级行政机关为法定复议机关。

i. 当被撤销的行政机关在撤销之前做出消防具体行政行为时，继续行使其职权的行政机关的上一级行政机关为法定的复议机关。

③ 消防行政复议以书面复议为主要复议方式。消防行政复议原则上采取书面审查的方式，但是申请人提出要求或行政复议机关负责法制工作的机构认为有必要时，可向有关组织及人员了解情况，听取申请人、被申请人以及第三人的意见。

④ 消防行政复议与消防行政诉讼相衔接。除法律、行政法规另有规定外，当事人如果不服行政复议决定，可依法向人民法院提起行政诉讼。

（3）申请消防行政复议应具备的条件

① 申请人必须是认为消防具体行政行为侵害其合法权益的公民、法人或者其他组织，在理解申请人资格时，应注意以下问题。

a. 当事人要引起消防行政复议发生，必须明确表示不服某具体行政行为，并且提出申请。如当事人认为行政机关的消防具体行政行为错误或者不公正，侵犯其合法权益，但并未明确表示不服，也未提出复议申请，或者虽表示不服但未提出复议申请的，则消防行政复议不会发生。

b. 申请人与本案有直接利害关系，也就是自己的权利义务受到了某消防具体行为的直接影响或本人的合法权益受到侵害。具体分为两种情况：一是行政机关直接针对本人做出了消防具体行政行为，侵犯了本人的合法权益；二是行政机关虽未直接对本人实施行为，但是该行为的结果却损害了或者即将损害自己的合法权益。只有在这两种情况下，有关的公民、法人或者其他组织才能成为申请人。非影响本人权利义务的，不具备申请人资格。

c. 申请人申请消防行政复议并不以消防具体行政行为确已侵害其合法权益作为前提，只要申请人认为消防具体行政行为侵害了本人的合法权益，并且符合上述两个方面的条件，就可以提出复议申请。至于被申请的消防具体行为是否合法、是否适当、是否确实侵害了申请人的合法权益，只有在复议活动结束之后，才能够做出判断。

d. 有权申请消防行政复议的公民死亡的，其近亲属可申请行政复议，有权申请消防行政复议的公民为无民事行为能力人或者限制民事行为能力人的，其法定代理人可以代为申请行政复议。有权申请消防行政复议的法人或其他组织终止的，承受其权利的法人或者其他组织可以申请行政复议。

同申请行政复议的具体行政行为有利害关系的其他公民、法人或者其他组织，可以作为第三人参加行政复议。

申请人、第三人可以委托代理人代为参加行政复议。

② 有明确的被申请人。复议申请人提出复议申请，必须要提出明确的被申请人。一般而言，在消防行政复议中，被申请人就是做出消防具体行政行为的行政机关，但是当公安派出所以所属应急管理部门设立的消防机关名义做出消防具体行政行为时，由其所署名称所指的消防救援机构为被申请人。另外，在两个或者两个以上行政机关以共同名义做出消防具体行政行为时，共同署名的行政机关是共同被申请人。

③ 复议申请有具体的复议请求、理由及事实根据。行政复议解决的就是行政争议，若申请人不提出争议事实及解决该争议的请求或者办法，以及这些请求或办法所依据的事实、理由和依据，则复议机关对具体行政行为无从审查。因此，复议申请应有具体的复议请求、理由及事实根据。

④ 消防行政复议的范围。根据《行政复议法》第 6 条规定，有下列情形之一的，公民、法人或其他组织可依法申请行政复议。

a. 对行政机关做出的警告、罚款、没收违法所得、没收非法财物、责令停产停业、暂扣或者吊销许可证、暂扣或者吊销执照、行政拘留等行政处罚决定不服的。

b. 对行政机关做出的限制人身自由或者查封、扣押、冻结财产等行政强制措施决定不服的。

c. 对行政机关做出的有关许可证、执照、资质证、资格证等证书变更、中止、撤销的决定不服的。

d. 对行政机关做出的关于确认土地、矿藏、水流森林、山岭、草原、荒地、沙滩、海域等自然资源的所有权或者使用权的决定不服的。

e. 认为行政机关侵犯合法经营自主权的。

f. 认为行政机关变更或者废止农业承包合同，侵犯其合法权益的。

g. 认为行政机关违法集资、征收财物、摊派费用或者违法要求履行其他义务的。

h. 认为符合法定条件，申请行政机关颁发许可证、执照、资质证、资格证等证书，或者申请行政机关审批、登记有关事项，行政机关没有依法办理的。

i. 申请行政机关履行保护人身权利、财产权利、受教育权利的法定职责，行政机关没有依法履行的。

j. 申请行政机关依法发放抚恤金、社会保险金或者最低生活保障费，行政机关没有依法发放的。

k. 认为行政机关的其他具体行政行为侵犯其合法权益的。

根据公安部公通字（1994）7 号《关于对火灾原因鉴定或认定和火灾事故责任认定不服不属于申请复议范围的通知》中的规定，当事人对火灾原因鉴定或认定和火灾事故责任认定不服的，不得申请行政复议。当事人对火灾原因鉴定或认定和火灾事故责任认定不服的，可向当地主管应急管理部门或上一级消防救援机构申请重新鉴定或认定；当地主管应急管理部门或上一级消防救援机构的重新鉴定或认定为最终鉴定或认定。

⑤ 属于复议机关管辖。如上所述，消防行政复议的复议机关是法定的，同理，复议机关的管辖范围也是法定的，申请人不得向非法定复议机关申请行政复议，复议机关也不得受理不属于自己管辖范围的行政复议案件。

（4）消防行政复议的提出及复议期限　公民、法人或其他组织认为消防具体行政行为侵犯其合法权益的，可以自知道具体行政行为之日起 60 日内提出行政复议申请；但法律、法规规定的申请期限超过 60 日的除外。

申请人提出行政复议申请因不可抗力或者其他正当理由耽误法定申请期限的，申请期限自障碍消除之日起继续计算。

申请人申请行政复议，可以书面申请，也可以口头申请；口头申请的，行政复议机关应当场记录申请人的基本情况、行政复议请求、申请行政复议的主要事实、理由和时间。

公民、法人或其他组织向人民法院提起行政诉讼，人民法院已经依法受理的，不得申请行政复议。

行政复议机关应当自受理申请之日起 60 日内做出行政复议决定；但是法律、法规规定的期限少于 60 日的除外（如《治安管理处罚条例》第 39 条规定，公安机关复议治安管理处罚案件的复议期限为5日）。情况复杂，不能在规定期限内做出行政复议决定的，经复议机关的负责人批准，可适当延长，并告知申请人和被申请人；但延长期限最多不超过30日。

行政复议机关做出行政复议决定，应当制作行政复议决定书，并加盖公章。

行政复议决定书一经送达即发生法律效力。

（5）消防行政复议决定的法律效力　行政复议决定于行政复议决定书送达之时起发生法律效力。

行政复议决定生效后，被申请人应当履行行政复议决定。若行政复议机关责令被申请人重新做出具体行政行为，被申请人不得以同一的事实和理由作为与原具体行政行为相同或基本相同的具体行政行为。若被申请人不履行或者无正当理由拖延履行行政复议决定，行政复议机关或者上级行政机关应当责令限期履行。

公民、法人或者其他组织对行政复议决定不服的，可以根据行政诉讼法的规定向人民法院提起行政诉讼，但是法律、法规规定行政复议决定为最终裁决的除外。申请人逾期不起诉又不履行行政复议决定的，或者不履行最终裁决的行政复议决定的，按照以下规定分别处理。

① 维持具体行政行为的行政复议决定，由做出具体行政行为的行政机关依法强制执行，或者申请人民法院强制执行。

② 变更具体行政行为的行政复议决定，由复议机关依法强制执行，或者申请人民法院强制执行。

8.3.2 消防行政诉讼

（1）消防行政诉讼的概念　消防行政诉讼是指公民、法人或其他组织对消防具体行政行为不服，依法向人民法院起诉，人民法院按照法定程序在双方当事人或代理人和其他诉讼参与人的参与下，对消防行政争议案件进行审理并做出裁决的活动。

消防行政诉讼是行政诉讼的一种，它按《中华人民共和国行政诉讼法》（以下简称《行政诉讼法》）中的规定进行。

（2）消防行政诉讼的特点

① 消防行政诉讼的原告是法定的。原告只能是消防具体行政行为承受者或者与之有直接利害关系的公民、法人或其他组织。另外，依照行政诉讼法的规定，有权提起诉讼的公民死亡，其近亲属可以提起诉讼。

② 消防行政诉讼的被告是法定的。当公民、法人或者其他组织直接向人民法院提起诉讼时，做出消防具体行政行为的行政机关是被告；经过复议的案件，复议机关决定维持原具体行政行为的，做出原具体行政行为的行政机关是被告；复议机关改变原具体行政行为的，复议机关是被告；两个或两个以上行政机关做出同一具体行政行为的，共同做出具体行政行为的行政机关是被告；由法律、法规授权的组织做出具体行政行为的，该组织是被告；由行政机关委托的组织做出具体行政行为的，委托的行政机关是被告；做出具体行政行为的行政机关被撤销的，继续行使其职权的行政机关是被告。

③ 在消防行政诉讼中，当事人对给予行政拘留的行政处罚不服的，必须先复议，然后诉讼。一般的消防行政争议案件，公民、法人或者其他组织可以先向法定的复议机关申请复议，对行政复议决定不服的，还可以向人民法院提起诉讼，也可以不经复议直接向人民法院起诉，但根据《消防法》《行政处罚法》《治安管理处罚条例》，以及《行政诉讼法》的有关规定，当事人对给予行政拘留的行政处罚不服的，应先申请行政复议，对行政复议决定不服

时，再提起诉讼。未申请行政复议而直接起诉的，人民法院不予受理；逾期未申请复议的，在行政复议申请权消失的同时丧失行政起诉权。

④ 消防行政诉讼是一种司法活动。消防行政诉讼不同于消防行政复议。消防行政复议是以国家行政权为基础，以行政机关系统内部上级对下级的行政领导权及行政监督权为前提而建立起来的一种由行政机关解决行政争议的法律制度，应遵从《行政复议法》的规定。行政复议是国家行政机关系统内部解决行政争议、加强自我监督机制的有效方法及重要制度，其本身也是一种行政活动，一种具体的行政行为。而消防行政诉讼则不同，它是一种以国家审判权为基础确立的、以人民法院为指挥者和裁判者的司法活动，任何参与行政诉讼活动的人都必须在《行政诉讼法》规定的范围之内服从人民法院的指挥和裁判。

（3）提起行政诉讼应具备的条件　在我国，行政诉讼采取“不告不理原则”，也就是只有当事人主动行使行政诉讼起诉权，提起行政诉讼，人民法院受理之后行政诉讼活动才会开始，人民法院不主动启动行政诉讼程序。但是这并不意味着只要当事人起诉，人民法院就必须受理。当事人要提起消防行政诉讼，还应具备以下条件。

① 原告是符合《行政诉讼法》第二十五条规定的公民、法人或者其他组织。

② 有具体的诉讼请求和事实根据。

③ 有明确的被告。

④ 属于人民法院受理范围及受诉人民法院管辖。

只有当上述条件全部具备后，当事人的起诉方能为人民法院受理。另外，原告不能就同一事件、同一理由向几个人民法院起诉；原告的起诉不得超过诉讼时效。若当事人对消防产品生产许可证、维修许可证的颁发、注销有异议，应向发证部门申请复议，对复议决定仍不服的，由上级公安机关仲裁，公安部的仲裁为最终裁决，当事人不得起诉。

公民、法人或者其他组织直接向人民法院提起行政诉讼的，应当在知道做出具体行政行为之日起 6 个月内提出，法律另有规定的除外。申请人不服行政复议决定的，可以在收到行政复议决定书之日 15 日内向人民法院提起诉讼。复议机关逾期不做决定的，申请人可以在复议期满（60 天）之日起 15 天内向人民法院提起诉讼，法律另有规定的除外。

（4）人民法院判决　人民法院受理消防行政诉讼案件并经审理后，在立案之日起 3 个月内，根据不同情况，可分别做出如下判决。

① 具体行政行为证据确凿，适用法律、法规正确，符合法定程序的，判决维持，或者原告申请被告履行法定职责或者给付义务理由成立的，人民法院判决驳回原告的诉讼请求。

② 具体行政行为有下列情形之一的，判决撤销或部分撤销。

a. 主要证据不足的。

b. 适用法律、法规错误的。

c. 违反法定程序的。

d. 超越职权的。

e. 滥用职权的。

f. 明显不当的。

③ 被告不履行或者拖延履行法定职责的，判决在规定期限内履行。

④ 行政处罚显失公正的，可以判决变更。

人民法院判决被告重新做出具体行政行为的，被告不得以同一的事实和理由做出与原具体行政行为基本相同的具体行政行为。

当事人不服人民法院第一审判决的，有权在判决书送达之日起 15 日内向上一级人民法院提起上诉；当事人不服人民法院第一审裁定的，有权在裁定书送达之日起 10 日内向上一级人民法院提起上诉。逾期不提起上诉的，人民法院的第一审判决或裁定发生法律效力。

人民法院审理上诉案件，按照下列情形，分别处理。

① 原判决认定事实清楚，适用法律、法规正确的，判决驳回上诉，维持原判决裁定。

② 原判决认定事实清楚，但适用法律、法规错误的，依法改判、撤销或者变更。

③ 原判决认定事实不清，证据不足的，发回原审人民法院重审，或者查清事实后改判。

④ 原判决遗漏当事人或者违法缺席判决等严重违反法定程序的，裁定撤销原判决，发回原审人民法院重审。

当事人对已经发生法律效力的判决、裁定，认为确有错误的，可以向上一级人民法院提出申请再审，但判决、裁定不停止执行。

8.3.3 行政赔偿

（1）行政赔偿的概念　行政赔偿是行政侵权赔偿责任的简称，也称为行政赔偿责任，它指的是国家行政机关或者行政机关的工作人员在执行职务、行使国家行政管理职权的过程中，因违法给公民、法人或其他组织造成损害而承担的一种赔偿责任。

行政赔偿这一概念，具有下列特点。

① 行政赔偿是一种国家责任，承担赔偿责任的主体为国家。

② 行政赔偿因行政机关或其工作人员的具体侵权行为而发生，并且这一侵权行为发生在公务活动中并与行为者和行政职权或行政职务相联系。

③ 行政赔偿是行政侵权责任的一种，其责任形式在一般情况下为金钱赔偿及恢复原状。行政侵权责任除赔偿责任外还有赔礼道歉、恢复名誉以及消除影响等责任形式。

④ 行政侵权主体与责任主体相分离。在民事赔偿责任中，侵权主体和责任主体在通常情况下是合一的，而在行政赔偿中，实施侵权行为的主体是行政机关或者其工作人员，而承担赔偿责任的主体则是行政机关。行政机关只有在履行了赔偿责任之后，才能责令对侵权行为的发生有故意或者重大过失的工作人员承担赔偿金额的一部分或全部。

（2）行政赔偿与行政补偿　行政赔偿与行政补偿不同。行政补偿是国家行政机关及其工作人员为了公共利益的需要，依法行使公共权力而造成相对人人身或者财产损失，为此依法对受害人实施财产上的弥补的法律责任。

二者的区别在于以下几方面。

① 行政补偿基于国家行政机关和其工作人员的合法行为而发生，而行政赔偿则由行政主体及其工作人员的违法行为引起。

② 行政补偿只补偿受害人的财产损失，不补偿精神损失；行政赔偿则在一定条件下包括精神损害赔偿。

③ 行政补偿不属于国家责任，而是国家机关基于“积极义务而实施的补偿性行为”；行政赔偿则是国家责任的一种形式。

（3）行政赔偿的构成要件　任何主体承担任何一种法律责任，首先必须具备一定的法定条件。行政赔偿是否成立，关键要看构成行政赔偿的以下法定要件是否成立并齐备。

① 相对人合法权益受到损害的事实已发生或者必然会发生。行政赔偿因行政侵权行为而发生，但国家赔偿责任的承担需以损害的存在为前提。“无损害也就无赔偿”是国家承担赔偿责任的基本原则。这里的损害是指已经发生并客观存在的，或者未来一定时期内会发生的损害，而非假想的或者非现实的损害，对后者，国家不承担赔偿责任，相对人也不得请求赔偿。

② 损害事实必须是由具体行政行为造成的，包含以下含义。

a. 致害主体是行政机关或其工作人员（包括法律、法规授权或者受行政机关委托行使国家公共权力的组织及其工作人员）。在法律上，国家行政机关是具有双重法律身份的主体：当国家行政机关作为国家法、行政法上的权利及义务主体，从事国家管理活动，做出的行为是国家公职行为；而当行政机关及其工作人员作为民事主体，以机关法人或者自然人的身份出现，参与民事活动，做出的行为就是民事行为。公职行为与民事行为因其主体身份性质不同，导致其各自的法律后果也就不同。国家对行政侵权承担的是国家赔偿责任，而由民事行为引起的人身及财产损害，则只属于一般民事赔偿责任。

b. 致害行为必须是具体行政行为。按照《中华人民共和国国家赔偿法》（以下简称《国家赔偿法》）第3条的规定，行政机关及其工作人员在行使职权时有下列侵犯人身权情形之一的，受害人有取得赔偿的权利。

(a) 违法拘留或者违法采取强制公民人身自由的行政强制措施。

(b) 非法拘禁或者其他方法非法剥夺公民人身自由。

(c) 以殴打等暴力行为或者唆使他人以殴打等暴力行为造成公民身体伤害或者死亡。

(d) 违法使用武器、警械造成公民身体伤害或者死亡。

(e) 造成公民身体伤害或者死亡的其他违法行为。

根据《国家赔偿法》第4条的规定，行政机关及其工作人员在行使行政职权时有下列侵犯财产权情形之一的，受害者有取得赔偿的权利。

(a) 违法实施罚款，吊销许可证和执照、责令停产停业、没收财物等行政处罚。

(b) 违法对财产采取查封、扣押、冻结等行政强制措施。

(c) 违反国家规定征收财物、摊派费用。

(d) 造成财产损害的其他违法行为。

根据以上规定可知，并不是所有的行政行为引起的损害事实都能构成行政赔偿责任，而只能是由法律、法规规定的具体行政行为引起的公民、法人及其他组织的合法权益的损害事实才有可能引起行政赔偿责任的发生。

c. 损害事实必须与具体行政行为之间具有因果关系。也就是某种损害的发生，是由具体行政行为导致的，二者存在着不可分割的因果关系。如果无直接因果关系，就不能构成行政赔偿责任。

d. 侵权行为必须是发生在执行公务的过程中。行政侵权行为必须是在行政机关或者其工作人员在行使行政权力的过程中发生的，而且是因执行公务而导致的。若完全属于行政机关工作人员的私人行为，则即使是在其执行职务期间所发生的行为，其所造成的损失，也不能构成行政侵权责任，只能属于一般民事侵权行为。只有行政机关和其工作人员在执行职务期间，违法行使职务而发生的侵权行为，才能构成行政侵权赔偿责任。

③ 致害行为在性质上属于违法行为。只有行政行为违法的情况之下，该行为导致公民、法人或其他组织合法权益的损害，才能发生行政赔偿责任。这里所指的违法，不仅包括形式上、程序上的违法，也包括性质上、实体上的违法。

④ 致害行为必须是法律、法规规定应当由行政机关负责侵权赔偿的行为。通常情况下，只要是由行政侵权所造成的损害，国家即负赔偿责任，但是，《国家赔偿法》第5条规定，属于下列情形之一的，国家不承担赔偿责任。

a. 行政机关工作人员与行使职务无关的个人行为。

b. 因公民、法人和其他组织自己的行为致使损害发生。

c. 法律、法规规定的其他情形。如因不可抗力、正当防卫、紧急避险等所造成的损害，国家不承担赔偿责任。

上述四个条件是行政赔偿的必要条件。我国公民、法人或者其他组织只有完全具备了以上条件，才有权请求行政赔偿。同样，当以上条件具备后，对侵权行为负责的行政机关应积极履行赔偿义务。

（4）赔偿请求人 《国家赔偿法》第 6 条规定，受害的公民、法人或其他组织有权要求赔偿；受害的公民死亡，其继承人或其他有抚养关系的亲属有权要求赔偿；受害的法人或者其他组织终止，承受其权利的法人或者其他组织有权要求赔偿。

（5）赔偿义务机关 《国家赔偿法》第 7 条、第 8 条规定，行政机关及其工作人员行使行政职权侵犯公民、法人或其他组织的合法权益造成损害的，该行政机关为赔偿义务机关。两个或两个以上行政机关共同行使职权时侵犯公民、法人或其他组织的合法权益造成损害的，共同行使职权的行政机关为共同赔偿义务机关。法律、法规授权的组织在行使授予的行政职权时，侵犯公民、法人或其他组织的合法权益造成损害的，被授权的组织为赔偿义务机关。受行政机关委托的组织在行使委托的行政职权时，侵犯公民、法人或其他组织的合法权益造成损害的，委托的行政机关为赔偿义务机关。赔偿义务机关被撤销的，继续行使其职权的行政机关为赔偿义务机关；没有继续行使其职权的，撤销该赔偿义务机关的行政机关为赔偿义务机关。经复议机关复议的，最初造成侵权行为的行政机关为赔偿义务机关，但复议机关的复议决定加重损害的，复议机关对加重的部分履行赔偿义务。

（6）行政赔偿程序

① 行政机关及其工作人员的违法行为致使公民、法人或者其他组织遭受损害时，行政机关可以不经行政复议和行政诉讼，直接与受害人协商，主动进行赔偿。尤其是对数额不大、事实清楚、情节轻微的行政侵权行为，行政机关应自觉履行赔偿责任，以减少诉累，提高行政效率。

② 行政复议附带损害赔偿。公民、法人或者其他组织在针对行政机关的具体行政行为提出行政复议的同时，可以一并向复议机关提出损害赔偿的要求，复议机关在审查后认为符合《国家赔偿法》规定应予赔偿的，应责令被申请人按照有关法律和法规的规定负责赔偿。

③ 行政诉讼附带损害赔偿。当事人在向人民法院提起行政诉讼的同时或者在诉讼过程中，也可以附带提出损害赔偿的请求，由人民法院一并裁决。

④ 单独损害赔偿的提出。受害的公民、法人或者其他组织，也可不涉及具体行政行为是否合法的问题，单独就损害赔偿向行政机关提出请求。

⑤ 赔偿请求人根据受到的不同损害，可同时提出数项赔偿请求。赔偿请求人可向共同赔偿义务机关中的任何一个赔偿义务机关要求赔偿，该赔偿义务机关应当先予赔偿。

赔偿义务机关应当自收到申请之日起 2 个月内按规定给予赔偿，逾期不赔偿或者赔偿请求人对赔偿数额有异议的，赔偿请求可以自期满之日起 3 个月内向人民法院提起诉讼。

⑥ 赔偿义务机关赔偿损失后，应当责令对致害行为有故意或重大过失的工作人员或者受委托的组织或个人承担部分或者全部赔偿费用，对故意或者有重大过失的工作人员，有关机关应当依法给予行政处分；构成犯罪的，应当依法追究刑事责任。

⑦ 根据《国家赔偿法》第 29 条和《行政诉讼法》中的规定，行政赔偿费用，列入各级财政预算，从各级财政列支。

行政机关履行行政赔偿义务应遵从《国家赔偿费用管理办法》及《司法行政机关行政赔偿、刑事赔偿办法》中的规定执行。

附录

中华人民共和国消防法

（1998 年 4 月 29 日第九届全国人民代表大会常务委员会第二次会议通过　2008 年 10 月 28 日第十一届全国人民代表大会常务委员会第五次会议修订　根据 2019 年 4 月 23 日第十三届全国人民代表大会常务委员会第十次会议《关于修改〈中华人民共和国建筑法〉等八部法律的决定》修正）

第一章　总则

第一条　为了预防火灾和减少火灾危害，加强应急救援工作，保护人身、财产安全，维护公共安全，制定本法。

第二条　消防工作贯彻预防为主、防消结合的方针，按照政府统一领导、部门依法监管、单位全面负责、公民积极参与的原则，实行消防安全责任制，建立健全社会化的消防工作网络。

第三条　国务院领导全国的消防工作。地方各级人民政府负责本行政区域内的消防工作。

各级人民政府应当将消防工作纳入国民经济和社会发展计划，保障消防工作与经济社会发展相适应。

第四条　国务院应急管理部门对全国的消防工作实施监督管理。县级以上地方人民政府应急管理部门对本行政区域内的消防工作实施监督管理，并由本级人民政府消防救援机构负责实施。军事设施的消防工作，由其主管单位监督管理，消防救援机构协助；矿井地下部分、核电厂、海上石油天然气设施的消防工作，由其主管单位监督管理。

县级以上人民政府其他有关部门在各自的职责范围内，依照本法和其他相关法律、法规的规定做好消防工作。

法律、行政法规对森林、草原的消防工作另有规定的，从其规定。

第五条　任何单位和个人都有维护消防安全、保护消防设施、预防火灾、报告火警的义务。任何单位和成年人都有参加有组织的灭火工作的义务。

第六条　各级人民政府应当组织开展经常性的消防宣传教育，提高公民的消防安全意识。

机关、团体、企业、事业等单位，应当加强对本单位人员的消防宣传教育。

应急管理部门及消防救援机构应当加强消防法律、法规的宣传，并督促、指导、协助有关单位做好消防宣传教育工作。

教育、人力资源行政主管部门和学校、有关职业培训机构应当将消防知识纳入教育、教学、培训的内容。

新闻、广播、电视等有关单位，应当有针对性地面向社会进行消防宣传教育。

工会、共产主义青年团、妇女联合会等团体应当结合各自工作对象的特点，组织开展消防宣传教育。

村民委员会、居民委员会应当协助人民政府以及公安机关、应急管理等部门，加强消防宣传教育。

第七条　国家鼓励、支持消防科学研究和技术创新，推广使用先进的消防和应急救援技术、设备；鼓励、支持社会力量开展消防公益活动。

对在消防工作中有突出贡献的单位和个人，应当按照国家有关规定给予表彰和奖励。

第二章　火灾预防

第八条　地方各级人民政府应当将包括消防安全布局、消防站、消防供水、消防通信、消防车通道、消防装备等内容的消防规划纳入城乡规划，并负责组织实施。

城乡消防安全布局不符合消防安全要求的，应当调整、完善；公共消防设施、消防装备不足或者不适应实际需要的，应当增建、改建、配置或者进行技术改造。

第九条　建设工程的消防设计、施工必须符合国家工程建设消防技术标准。建设、设计、施工、工程监理等单位依法对建设工程的消防设计、施工质量负责。

第十条　对按照国家工程建设消防技术标准需要进行消防设计的建设工程，实行建设工程消防设计审查验收制度。

第十一条　国务院住房和城乡建设主管部门规定的特殊建设工程，建设单位应当将消防设计文件报送住房和城乡建设主管部门审查，住房和城乡建设主管部门依法对审查的结果负责。

前款规定以外的其他建设工程，建设单位申请领取施工许可证或者申请批准开工报告时应当提供满足施工需要的消防设计图纸及技术资料。

第十二条　特殊建设工程未经消防设计审查或者审查不合格的，建设单位、施工单位不得施工；其他建设工程，建设单位未提供满足施工需要的消防设计图纸及技术资料的，有关部门不得发放施工许可证或者批准开工报告。

第十三条　国务院住房和城乡建设主管部门规定应当申请消防验收的建设工程竣工，建设单位应当向住房和城乡建设主管部门申请消防验收。

前款规定以外的其他建设工程，建设单位在验收后应当报住房和城乡建设主管部门备案，住房和城乡建设主管部门应当进行抽查。

依法应当进行消防验收的建设工程，未经消防验收或者消防验收不合格的，禁止投入使用；其他建设工程经依法抽查不合格的，应当停止使用。

第十四条　建设工程消防设计审查、消防验收、备案和抽查的具体办法，由国务院住房和城乡建设主管部门规定。

第十五条　公众聚集场所在投入使用、营业前，建设单位或者使用单位应当向场所所在地的县级以上地方人民政府消防救援机构申请消防安全检查。

消防救援机构应当自受理申请之日起十个工作日内，根据消防技术标准和管理规定，对该场所进行消防安全检查。未经消防安全检查或者经检查不符合消防安全要求的，不得投入使用、营业。

第十六条　机关、团体、企业、事业等单位应当履行下列消防安全职责：

（一）落实消防安全责任制，制定本单位的消防安全制度、消防安全操作规程，制定灭火和应急疏散预案；

（二）按照国家标准、行业标准配置消防设施、器材，设置消防安全标志，并定期组织检验、维修，确保完好有效；

（三）对建筑消防设施每年至少进行一次全面检测，确保完好有效，检测记录应当完整准确，存档备查；

（四）保障疏散通道、安全出口、消防车通道畅通，保证防火防烟分区、防火间距符合消防技术标准；

（五）组织防火检查，及时消除火灾隐患；

（六）组织进行有针对性的消防演练；

（七）法律、法规规定的其他消防安全职责。

单位的主要负责人是本单位的消防安全责任人。

第十七条　县级以上地方人民政府消防救援机构应当将发生火灾可能性较大以及发生火灾可能造成重大的人身伤亡或者财产损失的单位，确定为本行政区域内的消防安全重点单位，并由应急管理部门报本级人民政府备案。

消防安全重点单位除应当履行本法第十六条规定的职责外，还应当履行下列消防安全职责：

（一）确定消防安全管理人，组织实施本单位的消防安全管理工作；

（二）建立消防档案，确定消防安全重点部位，设置防火标志，实行严格管理；

（三）实行每日防火巡查，并建立巡查记录；

（四）对职工进行岗前消防安全培训，定期组织消防安全培训和消防演练。

第十八条　同一建筑物由两个以上单位管理或者使用的，应当明确各方的消防安全责任，并确定责任人对共用的疏散通道、安全出口、建筑消防设施和消防车通道进行统一管理。

住宅区的物业服务企业应当对管理区域内的共用消防设施进行维护管理，提供消防安全防范服务。

第十九条　生产、储存、经营易燃易爆危险品的场所不得与居住场所设置在同一建筑物内，并应当与居住场所保持安全距离。

生产、储存、经营其他物品的场所与居住场所设置在同一建筑物内的，应当符合国家工程建设消防技术标准。

第二十条　举办大型群众性活动，承办人应当依法向公安机关申请安全许可，制定灭火和应急疏散预案并组织演练，明确消防安全责任分工，确定消防安全管理人员，保持消防设施和消防器材配置齐全、完好有效，保证疏散通道、安全出口、疏散指示标志、应急照明和消防车通道符合消防技术标准和管理规定。

第二十一条　禁止在具有火灾、爆炸危险的场所吸烟、使用明火。因施工等特殊情况需要使用明火作业的，应当按照规定事先办理审批手续，采取相应的消防安全措施；作业人员应当遵守消防安全规定。

进行电焊、气焊等具有火灾危险作业的人员和自动消防系统的操作人员，必须持证上岗，并遵守消防安全操作规程。

第二十二条　生产、储存、装卸易燃易爆危险品的工厂、仓库和专用车站、码头的设置，应当符合消防技术标准。易燃易爆气体和液体的充装站、供应站、调压站，应当设置在符合消防安全要求的位置，并符合防火防爆要求。

已经设置的生产、储存、装卸易燃易爆危险品的工厂、仓库和专用车站、码头，易燃易爆气体和液体的充装站、供应站、调压站，不再符合前款规定的，地方人民政府应当组织、协调有关部门、单位限期解决，消除安全隐患。

第二十三条　生产、储存、运输、销售、使用、销毁易燃易爆危险品，必须执行消防技术标准和管理规定。

进入生产、储存易燃易爆危险品的场所，必须执行消防安全规定。禁止非法携带易燃易爆危险品进入公共场所或者乘坐公共交通工具。

储存可燃物资仓库的管理，必须执行消防技术标准和管理规定。

第二十四条　消防产品必须符合国家标准；没有国家标准的，必须符合行业标准。禁止生产、销售或者使用不合格的消防产品以及国家明令淘汰的消防产品。

依法实行强制性产品认证的消防产品，由具有法定资质的认证机构按照国家标准、行业标准的强制性要求认证合格后，方可生产、销售、使用。实行强制性产品认证的消防产品目录，由国务院产品质量监督部门会同国务院应急管理部门制定并公布。

新研制的尚未制定国家标准、行业标准的消防产品，应当按照国务院产品质量监督部门会同国务院应急管理部门规定的办法，经技术鉴定符合消防安全要求的，方可生产、销售、使用。

依照本条规定经强制性产品认证合格或者技术鉴定合格的消防产品，国务院应急管理部门应当予以公布。

第二十五条　产品质量监督部门、工商行政管理部门、消防救援机构应当按照各自职责加强对消防产品质量的监督检查。

第二十六条　建筑构件、建筑材料和室内装修、装饰材料的防火性能必须符合国家标准；没有国家标准的，必须符合行业标准。

人员密集场所室内装修、装饰，应当按照消防技术标准的要求，使用不燃、难燃材料。

第二十七条　电器产品、燃气用具的产品标准，应当符合消防安全的要求。

电器产品、燃气用具的安装、使用及其线路、管路的设计、敷设、维护保养、检测，必须符合消防技术标准和管理规定。

第二十八条　任何单位、个人不得损坏、挪用或者擅自拆除、停用消防设施、器材，不得埋压、圈占、遮挡消火栓或者占用防火间距，不得占用、堵塞、封闭疏散通道、安全出口、消防车通道。人员密集场所的门窗不得设置影响逃生和灭火救援的障碍物。

第二十九条　负责公共消防设施维护管理的单位，应当保持消防供水、消防通信、消防车通道等公共消防设施的完好有效。在修建道路以及停电、停水、截断通信线路时有可能影响消防队灭火救援的，有关单位必须事先通知当地消防救援机构。

第三十条　地方各级人民政府应当加强对农村消防工作的领导，采取措施加强公共消防设施建设，组织建立和督促落实消防安全责任制。

第三十一条　在农业收获季节、森林和草原防火期间、重大节假日期间以及火灾多发季节，地方各级人民政府应当组织开展有针对性的消防宣传教育，采取防火措施，进行消防安全检查。

第三十二条　乡镇人民政府、城市街道办事处应当指导、支持和帮助村民委员会、居民委员会开展群众性的消防工作。村民委员会、居民委员会应当确定消防安全管理人，组织制定防火安全公约，进行防火安全检查。

第三十三条　国家鼓励、引导公众聚集场所和生产、储存、运输、销售易燃易爆危险品的企业投保火灾公众责任保险；鼓励保险公司承保火灾公众责任保险。

第三十四条　消防产品质量认证、消防设施检测、消防安全监测等消防技术服务机构和执业人员，应当依法获得相应的资质、资格；依照法律、行政法规、国家标准、行业标准和执业准则，接受委托提供消防技术服务，并对服务质量负责。

第三章　消防组织

第三十五条　各级人民政府应当加强消防组织建设，根据经济社会发展的需要，建立多种形式的消防组织，加强消防技术人才培养，增强火灾预防、扑救和应急救援的能力。

第三十六条　县级以上地方人民政府应当按照国家规定建立国家综合性消防救援队、专职消防队，并按照国家标准配备消防装备，承担火灾扑救工作。

乡镇人民政府应当根据当地经济发展和消防工作的需要，建立专职消防队、志愿消防队，承担火灾扑救工作。

第三十七条　国家综合性消防救援队、专职消防队按照国家规定承担重大灾害事故和其他以抢救人员生命为主的应急救援工作。

第三十八条　国家综合性消防救援队、专职消防队应当充分发挥火灾扑救和应急救援专业力量的骨干作用；按照国家规定，组织实施专业技能训练，配备并维护保养装备器材，提高火灾扑救和应急救援的能力。

第三十九条　下列单位应当建立单位专职消防队，承担本单位的火灾扑救工作：

（一）大型核设施单位、大型发电厂、民用机场、主要港口；

（二）生产、储存易燃易爆危险品的大型企业；

（三）储备可燃的重要物资的大型仓库、基地；

（四）第一项、第二项、第三项规定以外的火灾危险性较大、距离国家综合性消防救援队较远的其他大型企业；

（五）距离国家综合性消防救援队较远、被列为全国重点文物保护单位的古建筑群的管理单位。

第四十条　专职消防队的建立，应当符合国家有关规定，并报当地消防救援机构验收。

专职消防队的队员依法享受社会保险和福利待遇。

第四十一条　机关、团体、企业、事业等单位以及村民委员会、居民委员会根据需要，建立志愿消防队等多种形式的消防组织，开展群众性自防自救工作。

第四十二条　消防救援机构应当对专职消防队、志愿消防队等消防组织进行业务指导；根据扑救火灾的需要，可以调动指挥专职消防队参加火灾扑救工作。

第四章　灭火救援

第四十三条　县级以上地方人民政府应当组织有关部门针对本行政区域内的火灾特点制定应急预案，建立应急反应和处置机制，为火灾扑救和应急救援工作提供人员、装备等保障。

第四十四条　任何人发现火灾都应当立即报警。任何单位、个人都应当无偿为报警提供便利，不得阻拦报警。严禁谎报火警。

人员密集场所发生火灾，该场所的现场工作人员应当立即组织、引导在场人员疏散。

任何单位发生火灾，必须立即组织力量扑救。邻近单位应当给予支援。

消防队接到火警，必须立即赶赴火灾现场，救助遇险人员，排除险情，扑灭火灾。

第四十五条　消防救援机构统一组织和指挥火灾现场扑救，应当优先保障遇险人员的生命安全。

火灾现场总指挥根据扑救火灾的需要，有权决定下列事项：

（一）使用各种水源；

（二）截断电力、可燃气体和可燃液体的输送，限制用火用电；

（三）划定警戒区，实行局部交通管制；

（四）利用临近建筑物和有关设施；

（五）为了抢救人员和重要物资，防止火势蔓延，拆除或者破损毗邻火灾现场的建筑物、构筑物或者设施等；

（六）调动供水、供电、供气、通信、医疗救护、交通运输、环境保护等有关单位协助灭火救援。

根据扑救火灾的紧急需要，有关地方人民政府应当组织人员、调集所需物资支援灭火。

第四十六条　国家综合性消防救援队、专职消防队参加火灾以外的其他重大灾害事故的应急救援工作，由县级以上人民政府统一领导。

第四十七条　消防车、消防艇前往执行火灾扑救或者应急救援任务，在确保安全的前提下，不受行驶速度、行驶路线、行驶方向和指挥信号的限制，其他车辆、船舶以及行人应当让行，不得穿插超越；收费公路、桥梁免收车辆通行费。交通管理指挥人员应当保证消防车、消防艇迅速通行。

赶赴火灾现场或者应急救援现场的消防人员和调集的消防装备、物资，需要铁路、水路或者航空运输的，有关单位应当优先运输。

第四十八条　消防车、消防艇以及消防器材、装备和设施，不得用于与消防和应急救援工作无关的事项。

第四十九条　国家综合性消防救援队、专职消防队扑救火灾、应急救援，不得收取任何费用。

单位专职消防队、志愿消防队参加扑救外单位火灾所损耗的燃料、灭火剂和器材、装备等，由火灾发生地的人民政府给予补偿。

第五十条　对因参加扑救火灾或者应急救援受伤、致残或者死亡的人员，按照国家有关规定给予医疗、抚恤。

第五十一条　消防救援机构有权根据需要封闭火灾现场，负责调查火灾原因，统计火灾损失。

火灾扑灭后，发生火灾的单位和相关人员应当按照消防救援机构的要求保护现场，接受事故调查，如实提供与火灾有关的情况。

消防救援机构根据火灾现场勘验、调查情况和有关的检验、鉴定意见，及时制作火灾事故认定书，作为处理火灾事故的证据。

第五章　监督检查

第五十二条　地方各级人民政府应当落实消防工作责任制，对本级人民政府有关部门履行消防安全职责的情况进行监督检查。

县级以上地方人民政府有关部门应当根据本系统的特点，有针对性地开展消防安全检查，及时督促整改火灾隐患。

第五十三条　消防救援机构应当对机关、团体、企业、事业等单位遵守消防法律、法规的情况依法进行监督检查。公安派出所可以负责日常消防监督检查、开展消防宣传教育，具体办法由国务院公安部门规定。

消防救援机构、公安派出所的工作人员进行消防监督检查，应当出示证件。

第五十四条　消防救援机构在消防监督检查中发现火灾隐患的，应当通知有关单位或者个人立即采取措施消除隐患；不及时消除隐患可能严重威胁公共安全的，消防救援机构应当依照规定对危险部位或者场所采取临时查封措施。

第五十五条　消防救援机构在消防监督检查中发现城乡消防安全布局、公共消防设施不符合消防安全要求，或者发现本地区存在影响公共安全的重大火灾隐患的，应当由应急管理部门书面报告本级人民政府。

接到报告的人民政府应当及时核实情况，组织或者责成有关部门、单位采取措施，予以整改。

第五十六条　住房和城乡建设主管部门、消防救援机构及其工作人员应当按照法定的职权和程序进行消防设计审查、消防验收、备案抽查和消防安全检查，做到公正、严格、文明、高效。

住房和城乡建设主管部门、消防救援机构及其工作人员进行消防设计审查、消防验收、备案抽查和消防安全检查等，不得收取费用，不得利用职务谋取利益；不得利用职务为用户、建设单位指定或者变相指定消防产品的品牌、销售单位或者消防技术服务机构、消防设施施工单位。

第五十七条　住房和城乡建设主管部门、消防救援机构及其工作人员执行职务，应当自觉接受社会和公民的监督。

任何单位和个人都有权对住房和城乡建设主管部门、消防救援机构及其工作人员在执法中的违法行为进行检举、控告。收到检举、控告的机关，应当按照职责及时查处。

第六章　法律责任

第五十八条　违反本法规定，有下列行为之一的，由住房和城乡建设主管部门、消防救援机构按照各自职权责令停止施工、停止使用或者停产停业，并处三万元以上三十万元以下罚款：

（一）依法应当进行消防设计审查的建设工程，未经依法审查或者审查不合格，擅自施工的；

（二）依法应当进行消防验收的建设工程，未经消防验收或者消防验收不合格，擅自投入使用的；

（三）本法第十三条规定的其他建设工程验收后经依法抽查不合格，不停止使用的；

（四）公众聚集场所未经消防安全检查或者经检查不符合消防安全要求，擅自投入使用、营业的。

建设单位未依照本法规定在验收后报住房和城乡建设主管部门备案的，由住房和城乡建设主管部门责令改正，处五千元以下罚款。

第五十九条　违反本法规定，有下列行为之一的，由住房和城乡建设主管部门责令改正或者停止施工，并处一万元以上十万元以下罚款：

（一）建设单位要求建筑设计单位或者建筑施工企业降低消防技术标准设计、施工的；

（二）建筑设计单位不按照消防技术标准强制性要求进行消防设计的；

（三）建筑施工企业不按照消防设计文件和消防技术标准施工，降低消防施工质量的；

（四）工程监理单位与建设单位或者建筑施工企业串通，弄虚作假，降低消防施工质量的。

第六十条　单位违反本法规定，有下列行为之一的，责令改正，处五千元以上五万元以下罚款：

（一）消防设施、器材或者消防安全标志的配置、设置不符合国家标准、行业标准，或者未保持完好有效的；

（二）损坏、挪用或者擅自拆除、停用消防设施、器材的；

（三）占用、堵塞、封闭疏散通道、安全出口或者有其他妨碍安全疏散行为的；

（四）埋压、圈占、遮挡消火栓或者占用防火间距的；

（五）占用、堵塞、封闭消防车通道，妨碍消防车通行的；

（六）人员密集场所在门窗上设置影响逃生和灭火救援的障碍物的；

（七）对火灾隐患经消防救援机构通知后不及时采取措施消除的。

个人有前款第二项、第三项、第四项、第五项行为之一的，处警告或者五百元以下罚款。

有本条第一款第三项、第四项、第五项、第六项行为，经责令改正拒不改正的，强制执行，所需费用由违法行为人承担。

第六十一条　生产、储存、经营易燃易爆危险品的场所与居住场所设置在同一建筑物内，或者未与居住场所保持安全距离的，责令停产停业，并处五千元以上五万元以下罚款。

生产、储存、经营其他物品的场所与居住场所设置在同一建筑物内，不符合消防技术标准的，依照前款规定处罚。

第六十二条　有下列行为之一的，依照《中华人民共和国治安管理处罚法》的规定处罚：

（一）违反有关消防技术标准和管理规定生产、储存、运输、销售、使用、销毁易燃易爆危险品的；

（二）非法携带易燃易爆危险品进入公共场所或者乘坐公共交通工具的；

（三）谎报火警的；

（四）阻碍消防车、消防艇执行任务的；

（五）阻碍消防救援机构的工作人员依法执行职务的。

第六十三条　违反本法规定，有下列行为之一的，处警告或者五百元以下罚款；情节严重的，处五日以下拘留：

（一）违反消防安全规定进入生产、储存易燃易爆危险品场所的；

（二）违反规定使用明火作业或者在具有火灾、爆炸危险的场所吸烟、使用明火的。

第六十四条　违反本法规定，有下列行为之一，尚不构成犯罪的，处十日以上十五日以下拘留，可以并处五百元以下罚款；情节较轻的，处警告或者五百元以下罚款：

（一）指使或者强令他人违反消防安全规定，冒险作业的；

（二）过失引起火灾的；

（三）在火灾发生后阻拦报警，或者负有报告职责的人员不及时报警的；

（四）扰乱火灾现场秩序，或者拒不执行火灾现场指挥员指挥，影响灭火救援的；

（五）故意破坏或者伪造火灾现场的；

（六）擅自拆封或者使用被消防救援机构查封的场所、部位的。

第六十五条　违反本法规定，生产、销售不合格的消防产品或者国家明令淘汰的消防产品的，由产品质量监督部门或者工商行政管理部门依照《中华人民共和国产品质量法》的规定从重处罚。

人员密集场所使用不合格的消防产品或者国家明令淘汰的消防产品的，责令限期改正；逾期不改正的，处五千元以上五万元以下罚款，并对其直接负责的主管人员和其他直接责任人员处五百元以上二千元以下罚款；情节严重的，责令停产停业。

消防救援机构对于本条第二款规定的情形，除依法对使用者予以处罚外，应当将发现不合格的消防产品和国家明令淘汰的消防产品的情况通报产品质量监督部门、工商行政管理部门。产品质量监督部门、工商行政管理部门应当对生产者、销售者依法及时查处。

第六十六条　电器产品、燃气用具的安装、使用及其线路、管路的设计、敷设、维护保养、检测不符合消防技术标准和管理规定的，责令限期改正；逾期不改正的，责令停止使用，可以并处一千元以上五千元以下罚款。

第六十七条　机关、团体、企业、事业等单位违反本法第十六条、第十七条、第十八条、第二十一条第二款规定的，责令限期改正；逾期不改正的，对其直接负责的主管人员和其他直接责任人员依法给予处分或者给予警告处罚。

第六十八条　人员密集场所发生火灾，该场所的现场工作人员不履行组织、引导在场人员疏散的义务，情节严重，尚不构成犯罪的，处五日以上十日以下拘留。

第六十九条　消防产品质量认证、消防设施检测等消防技术服务机构出具虚假文件的，责令改正，处五万元以上十万元以下罚款，并对直接负责的主管人员和其他直接责任人员处一万元以上五万元以下罚款；有违法所得的，并处没收违法所得；给他人造成损失的，依法承担赔偿责任；情节严重的，由原许可机关依法责令停止执业或者吊销相应资质、资格。

前款规定的机构出具失实文件，给他人造成损失的，依法承担赔偿责任；造成重大损失的，由原许可机关依法责令停止执业或者吊销相应资质、资格。

第七十条　本法规定的行政处罚，除应当由公安机关依照《中华人民共和国治安管理处罚法》的有关规定决定的外，由住房和城乡建设主管部门、消防救援机构按照各自职权决定。

被责令停止施工、停止使用、停产停业的，应当在整改后向作出决定的部门或者机构报告，经检查合格，方可恢复施工、使用、生产、经营。

当事人逾期不执行停产停业、停止使用、停止施工决定的，由作出决定的部门或者机构强制执行。

责令停产停业，对经济和社会生活影响较大的，由住房和城乡建设主管部门或者应急管理部门报请本级人民政府依法决定。

第七十一条　住房和城乡建设主管部门、消防救援机构的工作人员滥用职权、玩忽职守、徇私舞弊，有下列行为之一，尚不构成犯罪的，依法给予处分：

（一）对不符合消防安全要求的消防设计文件、建设工程、场所准予审查合格、消防验收合格、消防安全检查合格的；

（二）无故拖延消防设计审查、消防验收、消防安全检查，不在法定期限内履行职责的；

（三）发现火灾隐患不及时通知有关单位或者个人整改的；

（四）利用职务为用户、建设单位指定或者变相指定消防产品的品牌、销售单位或者消防技术服务机构、消防设施施工单位的；

（五）将消防车、消防艇以及消防器材、装备和设施用于与消防和应急救援无关的事项的；

（六）其他滥用职权、玩忽职守、徇私舞弊的行为。

产品质量监督、工商行政管理等其他有关行政主管部门的工作人员在消防工作中滥用职权、玩忽职守、徇私舞弊，尚不构成犯罪的，依法给予处分。

第七十二条　违反本法规定，构成犯罪的，依法追究刑事责任。

第七章　附则

第七十三条　本法下列用语的含义：

（一）消防设施，是指火灾自动报警系统、自动灭火系统、消火栓系统、防烟排烟系统以及应急广播和应急照明、安全疏散设施等。

（二）消防产品，是指专门用于火灾预防、灭火救援和火灾防护、避难、逃生的产品。

（三）公众聚集场所，是指宾馆、饭店、商场、集贸市场、客运车站候车室、客运码头候船厅、民用机场航站楼、体育场馆、会堂以及公共娱乐场所等。

（四）人员密集场所，是指公众聚集场所，医院的门诊楼、病房楼，学校的教学楼、图书馆、食堂和集体宿舍，养老院，福利院，托儿所，幼儿园，公共图书馆的阅览室，公共展览馆、博物馆的展示厅，劳动密集型企业的生产加工车间和员工集体宿舍，旅游、宗教活动场所等。

第七十四条　本法自 2009 年 5 月 1 日起施行。

森林防火条例

（2008年11月19日国务院第36次常务会议修订通过，2008年12月1日中华人民共和国国务院令第541号公布，自2009年1月1日起施行）

第一章　总　　则

第一条　为了有效预防和扑救森林火灾，保障人民生命财产安全，保护森林资源，维护生态安全，根据《中华人民共和国森林法》，制定本条例。

第二条　本条例适用于中华人民共和国境内森林火灾的预防和扑救。但是，城市市区的除外。

第三条　森林防火工作实行预防为主、积极消灭的方针。

第四条　国家森林防火指挥机构负责组织、协调和指导全国的森林防火工作。

国务院林业主管部门负责全国森林防火的监督和管理工作，承担国家森林防火指挥机构的日常工作。

国务院其他有关部门按照职责分工，负责有关的森林防火工作。

第五条　森林防火工作实行地方各级人民政府行政首长负责制。

县级以上地方人民政府根据实际需要设立的森林防火指挥机构，负责组织、协调和指导本行政区域的森林防火工作。

县级以上地方人民政府林业主管部门负责本行政区域森林防火的监督和管理工作，承担本级人民政府森林防火指挥机构的日常工作。

县级以上地方人民政府其他有关部门按照职责分工，负责有关的森林防火工作。

第六条　森林、林木、林地的经营单位和个人，在其经营范围内承担森林防火责任。

第七条　森林防火工作涉及两个以上行政区域的，有关地方人民政府应当建立森林防火联防机制，确定联防区域，建立联防制度，实行信息共享，并加强监督检查。

第八条　县级以上人民政府应当将森林防火基础设施建设纳入国民经济和社会发展规划，将森林防火经费纳入本级财政预算。

第九条　国家支持森林防火科学研究，推广和应用先进的科学技术，提高森林防火科技水平。

第十条　各级人民政府、有关部门应当组织经常性的森林防火宣传活动，普及森林防火知识，做好森林火灾预防工作。

第十一条　国家鼓励通过保险形式转移森林火灾风险，提高林业防灾减灾能力和灾后自我救助能力。

第十二条　对在森林防火工作中作出突出成绩的单位和个人，按照国家有关规定，给予表彰和奖励。

对在扑救重大、特别重大森林火灾中表现突出的单位和个人，可以由森林防火指挥机构当场给予表彰和奖励。

第二章　森林火灾的预防

第十三条　省、自治区、直辖市人民政府林业主管部门应当按照国务院林业主管部门制定的森林火险区划等级标准，以县为单位确定本行政区域的森林火险区划等级，向社会公布，并报国务院林业主管部门备案。

第十四条　国务院林业主管部门应当根据全国森林火险区划等级和实际工作需要，编制全国森林防火规划，报国务院或者国务院授权的部门批准后组织实施。

县级以上地方人民政府林业主管部门根据全国森林防火规划，结合本地实际，编制本行政区域的森林防火规划，报本级人民政府批准后组织实施。

第十五条　国务院有关部门和县级以上地方人民政府应当按照森林防火规划，加强森林防火基础设施建设，储备必要的森林防火物资，根据实际需要整合、完善森林防火指挥信息系统。

国务院和省、自治区、直辖市人民政府根据森林防火实际需要，充分利用卫星遥感技术和现有军用、民用航空基础设施，建立相关单位参与的航空护林协作机制，完善航空护林基础设施，并保障航空护林所需经费。

第十六条　国务院林业主管部门应当按照有关规定编制国家重大、特别重大森林火灾应急预案，报国务院批准。

县级以上地方人民政府林业主管部门应当按照有关规定编制森林火灾应急预案，报本级人民政府批准，并报上一级人民政府林业主管部门备案。

县级人民政府应当组织乡（镇）人民政府根据森林火灾应急预案制定森林火灾应急处置办法；村民委员会应当按照森林火灾应急预案和森林火灾应急处置办法的规定，协助做好森林火灾应急处置工作。

县级以上人民政府及其有关部门应当组织开展必要的森林火灾应急预案的演练。

第十七条　森林火灾应急预案应当包括下列内容：

（一）森林火灾应急组织指挥机构及其职责；

（二）森林火灾的预警、监测、信息报告和处理；

（三）森林火灾的应急响应机制和措施；

（四）资金、物资和技术等保障措施；

（五）灾后处置。

第十八条　在林区依法开办工矿企业、设立旅游区或者新建开发区的，其森林防火设施应当与该建设项目同步规划、同步设计、同步施工、同步验收；在林区成片造林的，应当同时配套建设森林防火设施。

第十九条　铁路的经营单位应当负责本单位所属林地的防火工作，并配合县级以上地方人民政府做好铁路沿线森林火灾危险地段的防火工作。

电力、电信线路和石油天然气管道的森林防火责任单位，应当在森林火灾危险地段开设防火隔离带，并组织人员进行巡护。

第二十条　森林、林木、林地的经营单位和个人应当按照林业主管部门的规定，建立森林防火责任制，划定森林防火责任区，确定森林防火责任人，并配备森林防火设施和设备。

第二十一条　地方各级人民政府和国有林业企业、事业单位应当根据实际需要，成立森林火灾专业扑救队伍；县级以上地方人民政府应当指导森林经营单位和林区的居民委员会、村民委员会、企业、事业单位建立森林火灾群众扑救队伍。专业的和群众的火灾扑救队伍应当定期进行培训和演练。

第二十二条　森林、林木、林地的经营单位配备的兼职或者专职护林员负责巡护森林，管理野外用火，及时报告火情，协助有关机关调查森林火灾案件。

第二十三条　县级以上地方人民政府应当根据本行政区域内森林资源分布状况和森林火灾发生规律，划定森林防火区，规定森林防火期，并向社会公布。

森林防火期内，各级人民政府森林防火指挥机构和森林、林木、林地的经营单位和个人，应当根据森林火险预报，采取相应的预防和应急准备措施。

第二十四条　县级以上人民政府森林防火指挥机构，应当组织有关部门对森林防火区内有关单位的森林防火组织建设、森林防火责任制落实、森林防火设施建设等情况进行检查；对检查中发现的森林火灾隐患，县级以上地方人民政府林业主管部门应当及时向有关单位下达森林火灾隐患整改通知书，责令限期整改，消除隐患。被检查单位应当积极配合，不得阻挠、妨碍检查活动。

第二十五条　森林防火期内，禁止在森林防火区野外用火。因防治病虫鼠害、冻害等特殊情况确需野外用火的，应当经县级人民政府批准，并按照要求采取防火措施，严防失火；需要进入森林防火区进行实弹演习、爆破等活动的，应当经省、自治区、直辖市人民政府林业主管部门批准，并采取必要的防火措施；中国人民解放军和中国人民武装警察部队因处置突发事件和执行其他紧急任务需要进入森林防火区的，应当经其上级主管部门批准，并采取必要的防火措施。

第二十六条　森林防火期内，森林、林木、林地的经营单位应当设置森林防火警示宣传标志，并对进入其经营范围的人员进行森林防火安全宣传。

森林防火期内，进入森林防火区的各种机动车辆应当按照规定安装防火装置，配备灭火器材。

第二十七条　森林防火期内，经省、自治区、直辖市人民政府批准，林业主管部门、国务院确定的重点国有林区的管理机构可以设立临时性的森林防火检查站，对进入森林防火区的车辆和人员进行森林防火检查。

第二十八条　森林防火期内，预报有高温、干旱、大风等高火险天气的，县级以上地方人民政府应当划定森林高火险区，规定森林高火险期。必要时，县级以上地方人民政府可以根据需要发布命令，严禁一切野外用火；对可能引起森林火灾的居民生活用火应当严格管理。

第二十九条　森林高火险期内，进入森林高火险区的，应当经县级以上地方人民政府批准，严格按照批准的时间、地点、范围活动，并接受县级以上地方人民政府林业主管部门的监督管理。

第三十条　县级以上人民政府林业主管部门和气象主管机构应当根据森林防火需要，建设森林火险监测和预报台站，建立联合会商机制，及时制作发布森林火险预警预报信息。

气象主管机构应当无偿提供森林火险天气预报服务。广播、电视、报纸、互联网等媒体应当及时播发或者刊登森林火险天气预报。

第三章　森林火灾的扑救

第三十一条　县级以上地方人民政府应当公布森林火警电话，建立森林防火值班制度。

任何单位和个人发现森林火灾，应当立即报告。接到报告的当地人民政府或者森林防火指挥机构应当立即派人赶赴现场，调查核实，采取相应的扑救措施，并按照有关规定逐级报上级人民政府和森林防火指挥机构。

第三十二条　发生下列森林火灾，省、自治区、直辖市人民政府森林防火指挥机构应当立即报告国家森林防火指挥机构，由国家森林防火指挥机构按照规定报告国务院，并及时通报国务院有关部门：

（一）国界附近的森林火灾；

（二）重大、特别重大森林火灾；

（三）造成3人以上死亡或者10人以上重伤的森林火灾；

（四）威胁居民区或者重要设施的森林火灾；

（五）24小时尚未扑灭明火的森林火灾；

（六）未开发原始林区的森林火灾；

（七）省、自治区、直辖市交界地区危险性大的森林火灾；

（八）需要国家支援扑救的森林火灾。

本条第一款所称“以上”包括本数。

第三十三条　发生森林火灾，县级以上地方人民政府森林防火指挥机构应当按照规定立即启动森林火灾应急预案；发生重大、特别重大森林火灾，国家森林防火指挥机构应当立即启动重大、特别重大森林火灾应急预案。

森林火灾应急预案启动后，有关森林防火指挥机构应当在核实火灾准确位置、范围以及风力、风向、火势的基础上，根据火灾现场天气、地理条件，合理确定扑救方案，划分扑救地段，确定扑救责任人，并指定负责人及时到达森林火灾现场具体指挥森林火灾的扑救。

第三十四条　森林防火指挥机构应当按照森林火灾应急预案，统一组织和指挥森林火灾的扑救。

扑救森林火灾，应当坚持以人为本、科学扑救，及时疏散、撤离受火灾威胁的群众，并做好火灾扑救人员的安全防护，尽最大可能避免人员伤亡。

第三十五条　扑救森林火灾应当以专业火灾扑救队伍为主要力量；组织群众扑救队伍扑救森林火灾的，不得动员残疾人、孕妇和未成年人以及其他不适宜参加森林火灾扑救的人员参加。

第三十六条　武装警察森林部队负责执行国家赋予的森林防火任务。武装警察森林部队执行森林火灾扑救任务，应当接受火灾发生地县级以上地方人民政府森林防火指挥机构的统一指挥；执行跨省、自治区、直辖市森林火灾扑救任务的，应当接受国家森林防火指挥机构的统一指挥。

中国人民解放军执行森林火灾扑救任务的，依照《军队参加抢险救灾条例》的有关规定执行。

第三十七条　发生森林火灾，有关部门应当按照森林火灾应急预案和森林防火指挥机构的统一指挥，做好扑救森林火灾的有关工作。

气象主管机构应当及时提供火灾地区天气预报和相关信息，并根据天气条件适时开展人工增雨作业。

交通运输主管部门应当优先组织运送森林火灾扑救人员和扑救物资。

通信主管部门应当组织提供应急通信保障。

民政部门应当及时设置避难场所和救灾物资供应点，紧急转移并妥善安置灾民，开展受灾群众救助工作。

公安机关应当维护治安秩序，加强治安管理。

商务、卫生等主管部门应当做好物资供应、医疗救护和卫生防疫等工作。

第三十八条　因扑救森林火灾的需要，县级以上人民政府森林防火指挥机构可以决定采取开设防火隔离带、清除障碍物、应急取水、局部交通管制等应急措施。

因扑救森林火灾需要征用物资、设备、交通运输工具的，由县级以上人民政府决定。扑火工作结束后，应当及时返还被征用的物资、设备和交通工具，并依照有关法律规定给予补偿。

第三十九条　森林火灾扑灭后，火灾扑救队伍应当对火灾现场进行全面检查，清理余火，并留有足够人员看守火场，经当地人民政府森林防火指挥机构检查验收合格，方可撤出看守人员。

第四章　灾后处置

第四十条　按照受害森林面积和伤亡人数，森林火灾分为一般森林火灾、较大森林火灾、重大森林火灾和特别重大森林火灾：

（一）一般森林火灾：受害森林面积在1公顷以下或者其他林地起火的，或者死亡1人以上3人以下的，或者重伤1人以上10人以下的；

（二）较大森林火灾：受害森林面积在1公顷以上100公顷以下的，或者死亡3人以上10人以下的，或者重伤10人以上50人以下的；

（三）重大森林火灾：受害森林面积在100公顷以上1000公顷以下的，或者死亡10人以上30人以下的，或者重伤50人以上100人以下的；

（四）特别重大森林火灾：受害森林面积在1000公顷以上的，或者死亡30人以上的，或者重伤100人以上的。

本条第一款所称“以上”包括本数，“以下”不包括本数。

第四十一条　县级以上人民政府林业主管部门应当会同有关部门及时对森林火灾发生原因、肇事者、受害森林面积和蓄积、人员伤亡、其他经济损失等情况进行调查和评估，向当地人民政府提出调查报告；当地人民政府应当根据调查报告，确定森林火灾责任单位和责任人，并依法处理。

森林火灾损失评估标准，由国务院林业主管部门会同有关部门制定。

第四十二条　县级以上地方人民政府林业主管部门应当按照有关要求对森林火灾情况进行统计，报上级人民政府林业主管部门和本级人民政府统计机构，并及时通报本级人民政府有关部门。

森林火灾统计报告表由国务院林业主管部门制定，报国家统计局备案。

第四十三条　森林火灾信息由县级以上人民政府森林防火指挥机构或者林业主管部门向社会发布。重大、特别重大森林火灾信息由国务院林业主管部门发布。

第四十四条　对因扑救森林火灾负伤、致残或者死亡的人员，按照国家有关规定给予医疗、抚恤。

第四十五条　参加森林火灾扑救的人员的误工补贴和生活补助以及扑救森林火灾所发生的其他费用，按照省、自治区、直辖市人民政府规定的标准，由火灾肇事单位或者个人支付；起火原因不清的，由起火单位支付；火灾肇事单位、个人或者起火单位确实无力支付的部分，由当地人民政府支付。误工补贴和生活补助以及扑救森林火灾所发生的其他费用，可以由当地人民政府先行支付。

第四十六条　森林火灾发生后，森林、林木、林地的经营单位和个人应当及时采取更新造林措施，恢复火烧迹地森林植被。

第五章　法律责任

第四十七条　违反本条例规定，县级以上地方人民政府及其森林防火指挥机构、县级以上人民政府林业主管部门或者其他有关部门及其工作人员，有下列行为之一的，由其上级行政机关或者监察机关责令改正；情节严重的，对直接负责的主管人员和其他直接责任人员依法给予处分；构成犯罪的，依法追究刑事责任：

（一）未按照有关规定编制森林火灾应急预案的；

（二）发现森林火灾隐患未及时下达森林火灾隐患整改通知书的；

（三）对不符合森林防火要求的野外用火或者实弹演习、爆破等活动予以批准的；

（四）瞒报、谎报或者故意拖延报告森林火灾的；

（五）未及时采取森林火灾扑救措施的；

（六）不依法履行职责的其他行为。

第四十八条　违反本条例规定，森林、林木、林地的经营单位或者个人未履行森林防火责任的，由县级以上地方人民政府林业主管部门责令改正，对个人处 500 元以上 5000 元以下罚款，对单位处 1 万元以上 5 万元以下罚款。

第四十九条　违反本条例规定，森林防火区内的有关单位或者个人拒绝接受森林防火检查或者接到森林火灾隐患整改通知书逾期不消除火灾隐患的，由县级以上地方人民政府林业主管部门责令改正，给予警告，对个人并处 200 元以上 2000 元以下罚款，对单位并处 5000 元以上 1 万元以下罚款。

第五十条　违反本条例规定，森林防火期内未经批准擅自在森林防火区内野外用火的，由县级以上地方人民政府林业主管部门责令停止违法行为，给予警告，对个人并处 200 元以上 3000 元以下罚款，对单位并处 1 万元以上 5 万元以下罚款。

第五十一条　违反本条例规定，森林防火期内未经批准在森林防火区内进行实弹演习、爆破等活动的，由县级以上地方人民政府林业主管部门责令停止违法行为，给予警告，并处 5 万元以上 10 万元以下罚款。

第五十二条　违反本条例规定，有下列行为之一的，由县级以上地方人民政府林业主管部门责令改正，给予警告，对个人并处 200 元以上 2000 元以下罚款，对单位并处 2000 元以上 5000 元以下罚款：

（一）森林防火期内，森林、林木、林地的经营单位未设置森林防火警示宣传标志的；

（二）森林防火期内，进入森林防火区的机动车辆未安装森林防火装置的；

（三）森林高火险期内，未经批准擅自进入森林高火险区活动的。

第五十三条　违反本条例规定，造成森林火灾，构成犯罪的，依法追究刑事责任；尚不构成犯罪的，除依照本条例第四十八条、第四十九条、第五十条、第五十一条、第五十二条的规定追究法律责任外，县级以上地方人民政府林业主管部门可以责令责任人补种树木。

第六章　附　　则

第五十四条　森林消防专用车辆应当按照规定喷涂标志图案，安装警报器、标志灯具。

第五十五条　在中华人民共和国边境地区发生的森林火灾，按照中华人民共和国政府与有关国家政府签订的有关协定开展扑救工作；没有协定的，由中华人民共和国政府和有关国家政府协商办理。

第五十六条　本条例自 2009 年 1 月 1 日起施行。

草原防火条例

（2008 年 11 月 19 日国务院第 36 次常务会议修订通过，2008 年 11 月 29 日中华人民共和国国务院令第 542 号公布，自 2009 年 1 月 1 日起施行）

第一章　总　　则

第一条　为了加强草原防火工作，积极预防和扑救草原火灾，保护草原，保障人民生命和财产安全，根据《中华人民共和国草原法》，制定本条例。

第二条　本条例适用于中华人民共和国境内草原火灾的预防和扑救。但是，林区和城市市区的除外。

第三条　草原防火工作实行预防为主、防消结合的方针。

第四条　县级以上人民政府应当加强草原防火工作的组织领导，将草原防火所需经费纳入本级财政预算，保障草原火灾预防和扑救工作的开展。

草原防火工作实行地方各级人民政府行政首长负责制和部门、单位领导负责制。

第五条　国务院草原行政主管部门主管全国草原防火工作。

县级以上地方人民政府确定的草原防火主管部门主管本行政区域内的草原防火工作。

县级以上人民政府其他有关部门在各自的职责范围内做好草原防火工作。

第六条　草原的经营使用单位和个人，在其经营使用范围内承担草原防火责任。

第七条　草原防火工作涉及两个以上行政区域或者涉及森林防火、城市消防的，有关地方人民政府及有关部门应当建立联防制度，确定联防区域，制定联防措施，加强信息沟通和监督检查。

第八条　各级人民政府或者有关部门应当加强草原防火宣传教育活动，提高公民的草原防火意识。

第九条　国家鼓励和支持草原火灾预防和扑救的科学技术研究，推广先进的草原火灾预防和扑救技术。

第十条　对在草原火灾预防和扑救工作中有突出贡献或者成绩显著的单位、个人，按照国家有关规定给予表彰和奖励。

第二章　草原火灾的预防

第十一条　国务院草原行政主管部门根据草原火灾发生的危险程度和影响范围等，将全国草原划分为极高、高、中、低四个等级的草原火险区。

第十二条　国务院草原行政主管部门根据草原火险区划和草原防火工作的实际需要，编制全国草原防火规划，报国务院或者国务院授权的部门批准后组织实施。

县级以上地方人民政府草原防火主管部门根据全国草原防火规划，结合本地实际，编制本行政区域的草原防火规划，报本级人民政府批准后组织实施。

第十三条　草原防火规划应当主要包括下列内容：

（一）草原防火规划制定的依据；

（二）草原防火组织体系建设；

（三）草原防火基础设施和装备建设；

（四）草原防火物资储备；

（五）保障措施。

第十四条　县级以上人民政府应当组织有关部门和单位，按照草原防火规划，加强草原火情瞭望和监测设施，防火隔离带、防火道路、防火物资储备库（站）等基础设施建设，配备草原防火交通工具、灭火器械、观察和通信器材等装备，储存必要的防火物资，建立和完善草原防火指挥信息系统。

第十五条　国务院草原行政主管部门负责制定全国草原火灾应急预案，报国务院批准后组织实施。

县级以上地方人民政府草原防火主管部门负责制定本行政区域的草原火灾应急预案，报本级人民政府批准后组织实施。

第十六条　草原火灾应急预案应当主要包括下列内容：

（一）草原火灾应急组织机构及其职责；

（二）草原火灾预警与预防机制；

（三）草原火灾报告程序；

（四）不同等级草原火灾的应急处置措施；

（五）扑救草原火灾所需物资、资金和队伍的应急保障；

（六）人员财产撤离、医疗救治、疾病控制等应急方案。

草原火灾根据受害草原面积、伤亡人数、受灾牲畜数量以及对城乡居民点、重要设施、名胜古迹、自然保护区的威胁程度等，分为特别重大、重大、较大、一般四个等级。具体划分标准由国务院草原行政主管部门制定。

第十七条　县级以上地方人民政府应当根据草原火灾发生规律，确定本行政区域的草原防火期，并向社会公布。

第十八条　在草原防火期内，因生产活动需要在草原上野外用火的，应当经县级人民政府草原防火主管部门批准。用火单位或者个人应当采取防火措施，防止失火。

在草原防火期内，因生活需要在草原上用火的，应当选择安全地点，采取防火措施，用火后彻底熄灭余火。

除本条第一款、第二款规定的情形外，在草原防火期内，禁止在草原上野外用火。

第十九条　在草原防火期内，禁止在草原上使用枪械狩猎。

在草原防火期内，在草原上进行爆破、勘察和施工等活动的，应当经县级以上地方人民政府草原防火主管部门批准，并采取防火措施，防止失火。

在草原防火期内，部队在草原上进行实弹演习、处置突发性事件和执行其他任务，应当采取必要的防火措施。

第二十条　在草原防火期内，在草原上作业或者行驶的机动车辆，应当安装防火装置，严防漏火、喷火和闸瓦脱落引起火灾。在草原上行驶的公共交通工具上的司机和乘务人员，应当对旅客进行草原防火宣传。司机、乘务人员和旅客不得丢弃火种。

在草原防火期内，对草原上从事野外作业的机械设备，应当采取防火措施；作业人员应当遵守防火安全操作规程，防止失火。

第二十一条　在草原防火期内，经本级人民政府批准，草原防火主管部门应当对进入草原、存在火灾隐患的车辆以及可能引发草原火灾的野外作业活动进行草原防火安全检查。发现存在火灾隐患的，应当告知有关责任人员采取措施消除火灾隐患；拒不采取措施消除火灾隐患的，禁止进入草原或者在草原上从事野外作业活动。

第二十二条　在草原防火期内，出现高温、干旱、大风等高火险天气时，县级以上地方人民政府应当将极高草原火险区、高草原火险区以及一旦发生草原火灾可能造成人身重大伤亡或者财产重大损失的区域划为草原防火管制区，规定管制期限，及时向社会公布，并报上一级人民政府备案。

在草原防火管制区内，禁止一切野外用火。对可能引起草原火灾的非野外用火，县级以上地方人民政府或者草原防火主管部门应当按照管制要求，严格管理。

进入草原防火管制区的车辆，应当取得县级以上地方人民政府草原防火主管部门颁发的草原防火通行证，并服从防火管制。

第二十三条　草原上的农（牧）场、工矿企业和其他生产经营单位，以及驻军单位、自然保护区管理单位和农村集体经济组织等，应当在县级以上地方人民政府的领导和草原防火主管部门的指导下，落实草原防火责任制，加强火源管理，消除火灾隐患，做好本单位的草原防火工作。

铁路、公路、电力和电信线路以及石油天然气管道等的经营单位，应当在其草原防火责任区内，落实防火措施，防止发生草原火灾。

承包经营草原的个人对其承包经营的草原，应当加强火源管理，消除火灾隐患，履行草原防火义务。

第二十四条　省、自治区、直辖市人民政府可以根据本地的实际情况划定重点草原防火区，报国务院草原行政主管部门备案。

重点草原防火区的县级以上地方人民政府和自然保护区管理单位，应当根据需要建立专业扑火队；有关乡（镇）、村应当建立群众扑火队。扑火队应当进行专业培训，并接受县级以上地方人民政府的指挥、调动。

第二十五条　县级以上人民政府草原防火主管部门和气象主管机构，应当联合建立草原火险预报预警制度。气象主管机构应当根据草原防火的实际需要，做好草原火险气象等级预报和发布工作；新闻媒体应当及时播报草原火险气象等级预报。

第三章　草原火灾的扑救

第二十六条　从事草原火情监测以及在草原上从事生产经营活动的单位和个人，发现草原火情的，应当采取必要措施，并及时向当地人民政府或者草原防火主管部门报告。其他发现草原火情的单位和个人，也应当及时向当地人民政府或者草原防火主管部门报告。

当地人民政府或者草原防火主管部门接到报告后，应当立即组织人员赶赴现场，核实火情，采取控制和扑救措施，防止草原火灾扩大。

第二十七条　当地人民政府或者草原防火主管部门应当及时将草原火灾发生时间、地点、估测过火面积、火情发展趋势等情况报上级人民政府及其草原防火主管部门；境外草原火灾威胁到我国草原安全的，还应当报告境外草原火灾距我国边境距离、沿边境蔓延长度以及对我国草原的威胁程度等情况。

禁止瞒报、谎报或者授意他人瞒报、谎报草原火灾。

第二十八条　县级以上地方人民政府应当根据草原火灾发生情况确定火灾等级，并及时启动草原火灾应急预案。特别重大、重大草原火灾以及境外草原火灾威胁到我国草原安全的，国务院草原行政主管部门应当及时启动草原火灾应急预案。

第二十九条　草原火灾应急预案启动后，有关地方人民政府应当按照草原火灾应急预案的要求，立即组织、指挥草原火灾的扑救工作。

扑救草原火灾应当首先保障人民群众的生命安全，有关地方人民政府应当及时动员受到草原火灾威胁的居民以及其他人员转移到安全地带，并予以妥善安置；情况紧急时，可以强行组织避灾疏散。

第三十条　县级以上人民政府有关部门应当按照草原火灾应急预案的分工，做好相应的草原火灾应急工作。

气象主管机构应当做好气象监测和预报工作，及时向当地人民政府提供气象信息，并根据天气条件适时实施人工增雨。

民政部门应当及时设置避难场所和救济物资供应点，开展受灾群众救助工作。

卫生主管部门应当做好医疗救护、卫生防疫工作。

铁路、交通、航空等部门应当优先运送救灾物资、设备、药物、食品。

通信主管部门应当组织提供应急通信保障。

公安部门应当及时查处草原火灾案件，做好社会治安维护工作。

第三十一条　扑救草原火灾应当组织和动员专业扑火队和受过专业培训的群众扑火队；接到扑救命令的单位和个人，必须迅速赶赴指定地点，投入扑救工作。

扑救草原火灾，不得动员残疾人、孕妇、未成年人和老年人参加。

需要中国人民解放军和中国人民武装警察部队参加草原火灾扑救的，依照《军队参加抢险救灾条例》的有关规定执行。

第三十二条　根据扑救草原火灾的需要，有关地方人民政府可以紧急征用物资、交通工具和相关的设施、设备；必要时，可以采取清除障碍物、建设隔离带、应急取水、局部交通管制等应急管理措施。

因救灾需要，紧急征用单位和个人的物资、交通工具、设施、设备或者占用其房屋、土地的，事后应当及时返还，并依照有关法律规定给予补偿。

第三十三条　发生特别重大、重大草原火灾的，国务院草原行政主管部门应当立即派员赶赴火灾现场，组织、协调、督导火灾扑救，并做好跨省、自治区、直辖市草原防火物资的调用工作。

发生威胁林区安全的草原火灾的，有关草原防火主管部门应当及时通知有关林业主管部门。

境外草原火灾威胁到我国草原安全的，国务院草原行政主管部门应当立即派员赶赴有关现场，组织、协调、督导火灾预防，并及时将有关情况通知外交部。

第三十四条　国家实行草原火灾信息统一发布制度。特别重大、重大草原火灾以及威胁到我国草原安全的境外草原火灾信息，由国务院草原行政主管部门发布；其他草原火灾信息，由省、自治区、直辖市人民政府草原防火主管部门发布。

第三十五条　重点草原防火区的县级以上地方人民政府可以根据草原火灾应急预案的规定，成立草原防火指挥部，行使本章规定的本级人民政府在草原火灾扑救中的职责。

第四章　灾后处置

第三十六条　草原火灾扑灭后，有关地方人民政府草原防火主管部门或者其指定的单位应当对火灾现场进行全面检查，清除余火，并留有足够的人员看守火场。经草原防火主管部门检查验收合格，看守人员方可撤出。

第三十七条　草原火灾扑灭后，有关地方人民政府应当组织有关部门及时做好灾民安置和救助工作，保障灾民的基本生活条件，做好卫生防疫工作，防止传染病的发生和传播。

第三十八条　草原火灾扑灭后，有关地方人民政府应当组织有关部门及时制订草原恢复计划，组织实施补播草籽和人工种草等技术措施，恢复草场植被，并做好畜禽检疫工作，防止动物疫病的发生。

第三十九条　草原火灾扑灭后，有关地方人民政府草原防火主管部门应当及时会同公安等有关部门，对火灾发生时间、地点、原因以及肇事人等进行调查并提出处理意见。

草原防火主管部门应当对受灾草原面积、受灾畜禽种类和数量、受灾珍稀野生动植物种类和数量、人员伤亡以及物资消耗和其他经济损失等情况进行统计，对草原火灾给城乡居民生活、工农业生产、生态环境造成的影响进行评估，并按照国务院草原行政主管部门的规定上报。

第四十条　有关地方人民政府草原防火主管部门应当严格按照草原火灾统计报表的要求，进行草原火灾统计，向上一级人民政府草原防火主管部门报告，并抄送同级公安部门、统计机构。草原火灾统计报表由国务院草原行政主管部门会同国务院公安部门制定，报国家统计部门备案。

第四十一条　对因参加草原火灾扑救受伤、致残或者死亡的人员，按照国家有关规定给予医疗、抚恤。

第五章　法律责任

第四十二条　违反本条例规定，县级以上人民政府草原防火主管部门或者其他有关部门及其工作人员，有下列行为之一的，由其上级行政机关或者监察机关责令改正；情节严重的，对直接负责的主管人员和其他直接责任人员依法给予处分；构成犯罪的，依法追究刑事责任：

（一）未按照规定制定草原火灾应急预案的；

（二）对不符合草原防火要求的野外用火或者爆破、勘察和施工等活动予以批准的；

（三）对不符合条件的车辆发放草原防火通行证的；

（四）瞒报、谎报或者授意他人瞒报、谎报草原火灾的；

（五）未及时采取草原火灾扑救措施的；

（六）不依法履行职责的其他行为。

第四十三条　截留、挪用草原防火资金或者侵占、挪用草原防火物资的，依照有关财政违法行为处罚处分的法律、法规进行处理；构成犯罪的，依法追究刑事责任。

第四十四条　违反本条例规定，有下列行为之一的，由县级以上地方人民政府草原防火主管部门责令停止违法行为，采取防火措施，并限期补办有关手续，对有关责任人员处2000元以上5000元以下罚款，对有关责任单位处5000元以上2万元以下罚款：

（一）未经批准在草原上野外用火或者进行爆破、勘察和施工等活动的；

（二）未取得草原防火通行证进入草原防火管制区的。

第四十五条　违反本条例规定，有下列行为之一的，由县级以上地方人民政府草原防火主管部门责令停止违法行为，采取防火措施，消除火灾隐患，并对有关责任人员处200元以上2000元以下罚款，对有关责任单位处2000元以上2万元以下罚款；拒不采取防火措施、消除火灾隐患的，由县级以上地方人民政府草原防火主管部门代为采取防火措施、消除火灾隐患，所需费用由违法单位或者个人承担：

（一）在草原防火期内，经批准的野外用火未采取防火措施的；

（二）在草原上作业和行驶的机动车辆未安装防火装置或者存在火灾隐患的；

（三）在草原上行驶的公共交通工具上的司机、乘务人员或者旅客丢弃火种的；

（四）在草原上从事野外作业的机械设备作业人员不遵守防火安全操作规程或者对野外作业的机械设备未采取防火措施的；

（五）在草原防火管制区内未按照规定用火的。

第四十六条　违反本条例规定，草原上的生产经营等单位未建立或者未落实草原防火责任制的，由县级以上地方人民政府草原防火主管部门责令改正，对有关责任单位处5000元以上2万元以下罚款。

第四十七条　违反本条例规定，故意或者过失引发草原火灾，构成犯罪的，依法追究刑事责任。

第六章　附　　则

第四十八条　草原消防车辆应当按照规定喷涂标志图案，安装警报器、标志灯具。

第四十九条　本条例自2009年1月1日起施行。

《单位消防安全四个能力建设规程》(DB 50/T 396—2011)

前言

本标准按照GB/T 1.1—2009给出的规则负责起草。

本标准由重庆市公安局消防局提出。

本标准由重庆市公安局消防局归口并负责解释。

本标准起草单位：重庆市公安局消防局。

本标准主要起草人：傅纪成、周崇敏、李伟民、张绍彬、刘芸、邹俊、魏蔚、肖璐。

1　范围

本标准规定了单位消防安全四个能力建设规程的术语和定义、建设要求和自我评定。

本标准适用于重庆市行政区域内的单位。

2　规范性引用文件

下列文件对于本文件的应用是必不可少的。凡是注日期的引用文件，仅所注日期的版本适用于本文件。凡是不注日期的引用文件，其最新版本（包括所有的修改单）适用于本文件。

GB/T 5907 消防基本术语第一部分

GB 25201 建筑消防设施的维护管理

GA 654 人员密集场所消防安全管理

GA 767 消防控制室通用技术要求

中华人民共和国公安部令 机关、团体、企业、事业单位消防安全管理规定

中华人民共和国公安部令 社会消防安全教育培训规定

3 术语和定义

下列术语和定义适用于本文件。

3.1 单位 social unit

有固定活动场所且依法注册名称或其他合法名称的组织，包括机关、团体、企业、事业单位、个体工商户及其他组织。

3.2 消防安全四个能力 four capacities of fire safety

包括检查消除火灾隐患能力、组织扑救初起火灾能力、组织人员疏散逃生能力和消防宣传教育培训能力。

3.3 第一灭火力量 the first power of putting out the fire

失火现场单位员工在1分钟内形成的灭火救援力量。

3.4 第二灭火力量 the second power of putting out the fire

火灾确认后，单位按照灭火和应急疏散预案，组织员工3分钟内形成的灭火救援力量。

3.5 疏散引导员 guide for evacuation

发生火灾时，负责组织引导现场人员疏散的单位工作人员。

4 一般建设要求

4.1 检查消除火灾隐患能力

4.1.1 单位日常消防安全管理中，应重点加强对用火用电、燃油燃气、安全疏散、消防设施器材和消防控制室等的消防安全管理，重点管理内容见附录A。

4.1.2 单位应定期组织防火检查，并填写《防火检查记录》，见附录B。

4.1.2.1 机关、团体、事业单位每季度至少组织一次，其他单位每月至少组织一次。

4.1.2.2 防火检查应包括下列主要内容：

a）火灾隐患的整改情况以及防范措施的落实情况；

b）安全疏散通道、疏散指示标志，应急照明和安全出口情况；

c）消防车通道、消防水源情况；

d）灭火器材配置及有效情况；

e）用火、用电有无违章情况；

f）重点工种人员以及其他员工消防知识的掌握情况；

g）消防安全重点部位的管理情况；

h）易燃易爆危险物品和场所防火防爆措施的落实情况以及其他重要物资的防火安全情况；

i）消防（控制室）值班情况和设施运行、记录情况；

j）防火巡查情况；

k）消防安全标志的设置情况和完好、有效情况；

l）其他需要检查的内容。

4.1.3 单位应定期组织防火巡查，并填写《防火巡查记录》，见附录C。

4.1.3.1 消防安全重点单位应每日进行防火巡查，其他单位对消防安全重点部位应每日进行防火巡查。公众聚集场所在营业期间应至少每两小时进行一次防火巡查，填写《两小

时防火巡查记录》，见附录D，并应在营业结束时对营业现场进行检查，避免遗留火种。医院、养老院、寄宿制的学校（托儿所、幼儿园）应加强夜间防火巡查，其他消防安全重点单位可以结合实际组织夜间防火巡查，填写《夜间防火巡查记录》，见附录E。

4.1.3.2 防火巡查包括下列内容：

a）用火、用电有无违章情况；

b）安全出口、疏散通道是否畅通，安全疏散指示标志、应急照明是否完好；

c）消防设施、器材和消防安全标志是否在位、完整；

d）常闭式防火门是否处于关闭状态，防火卷帘下是否堆放物品影响使用；

e）消防安全重点部位的人员在岗情况；

f）其他消防安全情况。

4.1.3.3 员工应每日进行岗位防火自查，检查包括下列内容：

a）用火用电、燃油燃气的使用有无违章；

b）安全出口、疏散通道是否畅通；

c）消防器材、消防安全标志是否完好；

d）场所有无遗留火种；

e）其他消防安全情况。

4.1.4 消防控制室值班人员每班不应少于2人；应对消防控制室的设备运行情况进行每日检查，并填写《消防控制室值班记录》，见附录F。

4.1.5 公众聚集场所营业期间严禁动用明火。因工作需要确需动火时，单位消防安全管理部门应指定专人到场监护，并进行下列内容的防火检查：

a）应办理动火审批手续，动火操作人员应具备动火资格，动火监护人应在动火现场；

b）动火地点与周围建筑、设施等防火间距应符合要求，动火地点附近四周严禁设置影响消防安全的物品；

c）电焊电源、接地点应符合防火要求；

d）焊具应合格，燃气、氧气瓶应符合安全要求，放置地点应符合规定；

e）动火期间应落实灭火应急措施和器材。

4.1.6 消防安全责任人应督促落实火灾隐患整改，消防安全管理人及消防工作归口管理职能部门应组织实施火灾隐患整改。火灾隐患整改应按如下程序进行：

a）火灾隐患能当场整改的，应立即改正；不能当场整改的，发现人应立即向消防工作归口管理职能部门或消防安全管理人报告，消防工作归口管理职能部门或消防安全管理人应及时研究制定整改方案，确定整改措施、时限、资金、部门和责任人，并报消防安全责任人或消防安全管理人审批；

b）整改期间应采取临时防范措施，确保消防安全；

c）火灾隐患整改完毕后，消防安全管理人或消防工作归口管理职能部门应组织验收，将验收结果报告消防安全责任人。

4.2 组织扑救初起火灾能力

4.2.1 单位消防安全责任人、消防安全管理人应组织制定灭火和应急疏散预案，消防安全重点单位至少每半年组织一次演练，其他单位至少每年组织一次演练。

4.2.2 发现火灾时，起火部位现场附近员工应在1分钟内形成第一灭火力量，采取如下措施：

a）立即呼救并拨打“119”电话报警；

b）其余员工应利用附近的火灾报警按钮或电话通知消防控制室或值班人员；

c）消防设施、器材附近的员工使用现场消火栓、灭火器等设施器材灭火；

d）疏散通道或安全出口附近的员工引导人员疏散。

4.2.3　火灾确认后，单位消防控制室或单位值班人员应立即启动灭火和应急疏散预案，在3分钟内形成第二灭火力量，采取如下措施：

a）通讯联络组按照灭火和应急疏散预案要求通知员工赶赴火场，与国家综合性消防救援队保持联络，向火场指挥员报告火灾情况，将火场指挥员的指令下达至有关员工；

b）灭火行动组根据火灾情况使用本单位的消防设施、器材扑救初起火灾；

c）疏散引导组按分工组织引导现场人员疏散；

d）安全救护组协助抢救、护送受伤人员；

e）现场警戒组阻止无关人员进入火场，维持现场秩序。

4.3　组织人员疏散逃生能力

4.3.1　员工应熟悉本单位疏散通道、安全出口，掌握疏散程序、逃生技能。

4.3.2　单位应配置火场逃生及疏散引导器材。

4.3.2.1　人员密集场所应配置应急疏散器材箱：消防安全重点单位每1000m^2至少配置1个器材箱，总数不少于2个；非消防安全重点单位1000m^2以下至少配置1个器材箱，1000m^2以上至少配置2个器材箱。每个器材箱内应配备不少于1根疏散荧光棒、1个电源型移动疏散指示标志、4个口哨、1个手持扩音器、2件反光背心、2个手电筒、2具防烟面具、20条毛巾、10瓶瓶装矿泉水等器材；应急疏散器材箱应均匀分布在场所显眼位置，便于取用，并不得影响疏散。

4.3.2.2　其他单位应配备一定量口哨、手电筒、毛巾、瓶装矿泉水等应急疏散器材。

4.3.3　单位应明确疏散引导员，负责在楼层、疏散通道、安全出口组织引导在场人员安全疏散。

4.3.4　火灾发生时，疏散引导员应通过喊话、广播等方式，按照灭火和应急疏散预案要求通知、引导火场人员正确逃生。

4.3.5　火灾无法控制时，单位火场负责人应及时通知所有参加灭火救援人员撤离。

4.4　消防宣传教育培训能力

4.4.1　单位应根据本单位的特点，建立健全消防安全教育培训制度，明确机构和人员，保障教育培训工作经费，按照下列规定对职工进行消防安全教育培训：

a）定期开展形式多样的消防安全宣传教育；

b）对新上岗和进入新岗位的职工进行上岗前消防安全培训；

c）消防安全重点单位每半年至少组织一次、其他单位每年至少组织一次灭火和应急疏散演练；

d）公众聚集场所至少每半年组织一次、其他单位每年至少组织一次对在岗职工的消防安全教育培训。

4.4.2　单位消防安全责任人、消防安全管理人应熟知以下内容：

a）消防法律法规和消防安全职责；

b）本单位火灾危险性和防火措施；

c）灭火和应急疏散预案；

d）依法应承担的消防安全行政和刑事责任。

4.4.3　员工应熟知以下内容：

a）掌握消防常识；

b）掌握消防安全职责、制度、操作规程、灭火和应急疏散预案；

c）掌握本单位、本岗位火灾危险性和防火措施；

d）掌握有关消防设施、器材操作使用方法；

e）会报警、会扑救初起火灾、会疏散逃生自救。

4.4.4　消防控制室操作人员应熟知以下内容：

a）岗位职责制度；

b）本单位的消防设施；

c）控制室设备操作规程；

d）灭火和应急疏散预案。

4.4.5　消防控制室值班操作人员、电焊气焊操作人员应经培训合格，持证上岗。

4.4.6　单位应通过消防刊物、视频、网络、举办消防文化活动、在明显部位悬挂或张贴消防宣传标志、图画、动漫宣传物等多种形式，对公众宣传防火、灭火和应急逃生等常识。通过举办培训讲座、组织参观消防教育基地、组织消防知识竞赛、开展火灾案例分析讲评、出版宣传板报、开展广播宣传等活动，对员工开展经常性的消防安全宣传与培训。对员工的消防安全宣传与培训应做好记录。

4.4.7　单位根据相关国家标准规定，结合自身特点设置以下消防标识：

a）消防设施标志。应在消防设施、器材附近适当位置，用文字或图例标明名称和使用操作方法；在消防控制室应设置符合附录G、附录H的标牌；

b）提示性标志。应在显著位置设置单位总平面图，楼层、房间设置疏散指示图；疏散通道、安全出口应按规定设置疏散指示标志；

c）警示性标志。应在危险场所或重点部位设置禁止性标志。

5　特殊建设要求

5.1　宾馆（饭店）

5.1.1　客房内应设置醒目的“请勿卧床吸烟”“请勿乱扔烟头”“离开房间请切断电源”提示牌和楼层安全疏散示意图；在客房服务指南上提示消防安全。

5.1.2　客房内应配备应急手电筒、按床位数配备防烟面具等逃生器材及使用说明。

5.1.3　客房内闭路电视宜在开机时播放音视频，提示逃生技能及路线、消防设施、器材位置及使用方法等。

5.1.4　客房楼层宜按照有关建筑火灾逃生器材及配备标准设置辅助疏散、逃生设备，并设置明显标志。

5.1.5　厨房的灶台、油烟罩和烟道应至少每季度清洗一次。

5.1.6　应在主要出入口处设置“消防安全告知书”。

5.2　商场（市场）

5.2.1　营业厅内柜台、货架、商品不得占用、堵塞疏散通道，不得遮挡、圈占消防设施。

5.2.2　疏散走道与营业区之间应在地面上设置明显的界线标识。

5.2.3　防火卷帘门两侧各0.5m范围内不得堆放物品，并应用黄色标识线划定范围。

5.2.4　营业结束时中庭、自动扶梯等部位四周的竖向分隔防火卷帘应下降至地面。

5.2.5　熟食加工区宜采用电能加热设施，严禁使用瓶装液化石油气作燃料。

5.2.6　熟食加工区的灶台、油烟罩和烟道应至少每季度清洗一次。

5.2.7　应在主要出入口处设置“消防安全告知书”。

5.3　公共娱乐场所

5.3.1　歌舞娱乐场所点歌系统应在开机时播放提示逃生常识及路线、消防设施、器材位置及使用方法等的音视频。

5.3.2　休息厅、录像放映室、卡拉OK室内应设置声音或视像警报，保证在火灾发生初期，将其画面、音响切换到应急广播和应急疏散指示状态。

5.3.3　严禁使用液化石油气。

5.3.4　严禁燃放烟花、使用明火演出、照明。

5.3.5　应在主要出入口处设置“消防安全告知书”。

5.4　学校（高等学校、中小学校、托儿所、幼儿园）

5.4.1　学生宿舍内严禁使用蜡烛、电炉、大功率加热电器等。

5.4.2　每间学生宿舍均应设置用电超载保护装置。

5.4.3　学校实验室应将储存的易燃易爆危险品的分类、性质、火灾危险性、安全及灭火措施等报送学校消防工作的归口管理职能部门。

5.4.4　厨房灶台、油烟罩和烟道至少每季度清洗一次。

5.4.5　学校实验室应将储存的易燃易爆危险品的分类、性质、火灾危险性、安全及灭火措施等报送学校消防工作的归口管理职能部门。

5.4.6　厨房灶台、油烟罩和烟道至少每季度清洗一次。

5.4.7　各级各类学校应当开展下列消防安全教育工作：

a）将消防安全知识纳入教学内容；

b）在开学初、放寒（暑）假前、学生军训期间，对学生普遍开展专题消防安全教育；

c）结合不同课程实验课的特点和要求，对学生进行有针对性的消防安全教育；

d）组织学生到当地消防站参观体验；

e）每学年至少组织学生开展一次应急疏散演练；

f）对寄宿学生开展经常性的安全用火用电教育和应急疏散演练。

5.4.8　中小学校和幼儿园、托儿所应当针对不同年龄阶段学生的认知特点，采取保证课时或者学科渗透、专题教育的方式，每学年对学生开展消防安全教育。小学阶段应当重点开展火灾危险及危害性、消防安全标志标识、日常生活防火、火灾报警、火场自救逃生常识等方面的教育；初中和高中阶段应当重点开展消防法律法规、防火灭火基本知识和灭火器材使用等方面的教育；幼儿园、托儿所应当采取游戏、儿歌等寓教于乐的方式，对幼儿开展消防安全常识教育。

5.4.9　高等学校应当每学年至少举办一次消防安全专题讲座，在校园网络、广播、校内报刊等开设消防安全教育栏目，对学生进行消防法律法规、防火灭火知识、火灾自救他救知识和火灾案例教育，对每届新生进行的消防安全教育和培训不低于4学时。

5.4.10　各级各类学校应当至少确定一名熟悉消防安全知识的教师担任消防安全课教员，并选聘消防专业人员担任学校的兼职消防辅导员。

5.5　医院（养老院、福利院）

5.5.1　医院、养老院、福利院宜根据人员行动能力、病情轻重等情况分类进行疏散，明确每类人员的专门疏散引导人员。

5.5.2　病房楼醒目的位置宜设置消防安全知识资料取阅点供住院患者及其家属取阅。

5.5.3　严禁在疏散通道设置影响疏散的床位等障碍物。

5.5.4　病房楼内严禁使用瓶装液化石油气。

5.5.5　病房内禁止使用非医疗电热器具。

5.5.6　严禁在病房和走道存放氧气瓶。

5.5.7　厨房灶台、油烟罩和烟道应至少每季度清洗一次。

5.5.8　应在主要出入口处设置“消防安全告知书”。

5.6　物业服务企业

5.6.1　应对服务区域执行第4条的规定。

5.6.2　应确保物业服务区域的消防车通道、公共通道、安全出口畅通，公共消防设施、器材完好有效。

5.6.3　应在办公室、保安室配置一定数量的疏散引导、灭火、破拆器材。

5.6.4　应每年至少组织物业服务区域的业主、使用人、单位消防安全责任人、消防安全管理人、专兼职消防管理人员进行一次消防安全教育和培训。

5.6.5　应组织制定符合物业服务区域实际的灭火和应急疏散预案，并按照预案，至少每半年组织本单位员工、业主和使用人进行一次演练。

6　单位自评

6.1　单位的消防安全责任人或消防安全管理人应每年按照本标准组织实施消防安全四个能力建设自我评定工作。

6.2　自评采取现场检查、模拟演练、情景预设、随机提问、查阅档案、组织考核等方法进行。

6.3　自评结果如实填写入《单位消防安全四个能力建设自评表》(见附录I)，并存档备查。

6.4　自评中发现的问题，应由消防安全责任人或消防安全管理人负责督促整改。

附录 A
(规范性附录)

A.1　用火管理应符合下列要求。

a) 焊接等动火作业应办理动火许可证，动火审批人应前往现场检查并确认防火措施落实后，方可签批动火许可证；动火操作人员应持有有效的岗位工种作业证；现场应有动火监护人到场监护。

b) 焊接、切割、烘烤或加热等动火作业，应检查清理作业现场的可燃物；对于作业现场附近无法移动的可燃物，应采用不燃材料覆盖、隔离等防护措施。

c) 焊接、切割、烘烤或加热等动火作业，应采取应急灭火措施，配备相应的灭火器材。

d) 具有火灾、爆炸危险的场所严禁明火。进入易燃易爆危险场所和丙类可燃物品库房的车辆、设备应装有防止火花溅出的安全装置；生产、运营中可能产生静电的操作，应采取防静电措施。

e) 采用炉火等明火设施取暖时，炉火与可燃物之间应采取防火隔热措施。人员密集的公共建筑不应采用明火取暖或照明。

f) 炉灶等使用完毕后，应将炉火熄灭。厨房操作间的排油烟机及管道应定期清理油垢。

A.2　用电管理应符合下列要求。

a) 电气设备及其线路、开关等应按规定负荷装设，电气线路的选材应与用电负荷相适应。

b) 电气设备不应超负荷运行或带故障使用，尽量避免同时使用大功率电器。

c) 电气设备的保险丝禁止加粗或者以其他金属代替。

d) 禁止私自改装照明线路及随意更换与原设计不符的照明装置，严禁照明回路擅自连接其他电气设备。

e) 电气线路应具有足够的绝缘强度、机械强度并应定期检查。禁止使用绝缘老化或失去绝缘性能的电气线路。

f) 不得擅自架设临时线路，确需架设时，应符合有关规定。

g) 电气设备应与周围可燃物保持一定的安全距离，电气设备附近不应堆放易燃、易爆和腐蚀性物品，禁止在架空线上放置或悬挂物品。

A.3　燃油燃气的管理应符合下列要求。

a) 燃油燃气生产、储存等区域严禁明火、严禁违章作业并应设置相应标识，电气设备应采用防爆型设备；燃油燃气储存装置应设有防静电接地装置。

b）不得擅自安装、改装、拆除固定的燃气设施和燃气器具，不得遮挡、包裹、改动燃气设施及管道。

c）燃油燃气设备及管道的开关、阀门等应启闭正常，无泄漏。

d）燃气设施及管道严禁故障作业。

e）不得加热、摔砸、倒置、曝晒燃气钢瓶；不得倾倒残液，不得在钢瓶之间倒气。

f）液化石油气不得在地下、半地下室使用。

g）室内出现气体异味，应立即关闭阀门，打开门窗，严禁开关电气设备及使用固定和移动电话。

h）进行泄漏检查时，可采用肥皂水涂抹等方法，严禁采用明火测试。

A.4　安全出口、疏散通道及消防车通道应符合下列要求。

a）安全出口及疏散通道应保持畅通，禁止堵塞、占用、锁闭及分隔，安全出口及疏散走道不应安装栅栏、卷帘门。

b）常闭式防火门的闭门器、顺序器应完好有效，并应保持常闭状态；常开式防火门应能在接到火灾动作信号之后自行关闭。

c）平时需要控制人员出入或设有门禁系统的疏散门，应有保证火灾时人员疏散畅通的可靠措施。

d）人员密集的公共建筑不宜在窗口、阳台等部位设置栅栏，当必须设置时，应设置易于从内部开启的装置。窗口、阳台等部位宜设置辅助疏散逃生设施。

e）举办会议、考试、表演等大型活动，应事先根据场所的疏散能力核定容纳人数。活动期间应对人数进行控制，采取防止超员的措施。

f）安全出口、疏散通道的疏散指示标志应指示正确、位置醒目、不应遮挡；火灾事故应急照明设施应完好有效。

g）消防车通道应保持畅通。消防车通道和消防车作业场地不得堵塞、占用、设置影响消防车通行的障碍物，上空不得有影响消防车操作的障碍物。

A.5　消防设施器材应符合下列要求。

a）室外消火栓及水泵接合器无埋压圈占、标志明显，管道、阀门及栓口无破损、泄漏、锈蚀，压力及水量满足设计要求。

b）室内消火栓无遮挡、标志明显，水枪、水带等配件齐全，箱门、栓口启闭正常，消火栓启泵按钮应正常启动消火栓泵，压力及水量满足设计要求。

c）灭火器配置选型正确、数量充足、位置合理、取用方便。

d）自动消防设施外观完好、运行正常。

A.6　消防控制室应符合下列要求。

a）实行每日24小时专人值班制度，每班不应少于2人。

b）保证火灾自动报警系统和灭火系统处于正常的工作状态。

c）保证高位水箱、消防水池、气压水罐等消防储水设施水量充足，保证消防泵出水管阀门、自动喷水灭火系统管道上的阀门常开，保证消防水泵、防排烟风机、防火卷帘等消防设施的配电柜开关处于自动状态。

d）接到火灾报警后，消防控制室必须立即以最快方式确认。

e）火灾确认后，消防控制室必须立即将火灾报警联动控制开关转入自动状态，并拨打“119”火警电话报警。

f）火灾确认后，消防控制室必须立即启动单位内部灭火和应急疏散预案，并报告单位负责人。

附录B
（资料性附录）

防火检查记录

年　月　日

检测项目	检测内容	实测记录
1. 火灾隐患的整改情况以及防范措施的落实情况		
2. 重点工种人员以及其他员工消防知识的掌握情况		
3. 易燃易爆危险物品和场所防火防爆措施的落实情况以及其他重要物资的防火安全情况		
4. 人员密集场所的门窗是否设置影响逃生和灭火救援的障碍物		
5. 防火间距是否被占用，防火分区是否改变，人员密集场所室内装修、装饰是否违章使用易燃可燃材料，防火墙、楼板上的孔洞及电缆井、管道井与房间、走道等相通的孔洞防火封堵情况		

检测项目		检测内容	实测记录
6. 消防供电配电	消防配电	试验主、备电源切换功能	
	自备发电机组	试验启动发电机组	
	储油设施	核对储油量	
7. 火灾报警系统	火灾报警探测器	试验报警功能	
	手动报警按钮	试验报警功能	
	警报装置	声光报警功能测试	
		应急广播功能测试	
	报警控制器	试验报警功能、故障报警功能、火警优先功能、打印机打印功能、火灾显示盘和CRT显示器的显示功能	
	消防联动控制器	试验联动控制和显示功能	
		远程操作水泵、风机、卷帘等	
8. 应急照明		检查完好有效情况，试验切断正常供电	
9. 疏散指示标志		检查完好有效情况，试验切断正常供电	
10. 消防专用电话		试验通话质量	
11. 消防供水设施	消防水池	核对储水量	
	消防水箱	核对储水量	
	稳（增）压泵及气压水罐	试验启泵、停泵时的压力工况	
	消防水泵	试验启泵和主、备泵切换功能	
	管道阀门	试验管道阀门启闭功能	
12. 消火栓、消防水炮灭火系统	室内消火栓	试验屋顶消火栓出水及静压	
	室外消火栓	试验室外消火栓出水及静压	
	消防水炮	测试消防水炮的功能	
	启泵按钮	试验启泵按钮控制启泵功能	

续表

检测项目		检测内容	实测记录
13. 自动喷水系统	报警阀组、末端试水装置、水流指示器	随机选择末端放水，试验系统联动功能及水压、流量情况，并核对控制室反馈信号	
	系统联动		
14. 泡沫灭火系统	泡沫液储罐	核对泡沫液有效期和储存量	
	泡沫栓	试验泡沫栓出水或出泡沫	
15. 气体灭火系统	瓶组与储罐	核对灭火剂储存量	
	气体灭火控制设备	模拟自动启动查看相关联动设备动作是否正常	
16. 机械加压送风系统	风机	试验手动启动风机	
	系统联动	试验系统联动功能	
17. 机械排烟系统	风机	试验手动启动风机	
	系统联动	试验系统联动功能	
18. 防火分隔	防火门	试验启闭功能	
	防火卷帘	试验手动、机械应急和自动控制功能	
	电动防火阀	试验联动关闭功能	
19. 消防电梯		试验按钮迫降和联动控制功能	
20. 灭火器		核对选型、压力和有效期	
21. 其他设施			
被检查部门相关人员：		被检查部门主管：	
检查人：		检查部门主管：	

附录 C
（资料性附录）

防火巡查记录

年　月　日　时

巡查内容		巡查情况	处置情况
用火、用电有无违章情况			
工作结束有无遗留火种，是否切断非必要电源			
安全出口是否锁闭			
疏散通道上是否堆放杂物			
安全出口、疏散通道是否堵塞			
安全疏散指示标志、应急照明是否完好有效			
消防供配电设施	消防电源、自备发电设备是否处于待工作状态		
	消防配电房、发电机房环境		
火灾自动报警系统	火灾报警探测器、手动报警按钮组件是否完好、标识是否明确		
应急广播系统	扬声器组件是否完好，扩音机是否处于待工作状态		
消防专用电话	消防电话组件是否完好、标识是否明确		

巡查内容		巡查情况	处置情况
消防供水设施	消防水池、消防水箱水位是否位于标示线以上		
	消防水泵及控制柜是否处于自动状态		
	稳压泵、增压泵、气压水罐是否处于工作状态		
	水泵接合器组件是否完好、标识是否明确		
	管网控制阀门是否处于开启状态		
	泵房工作环境		
消火栓灭火系统	室内消火栓、室外消火栓、启泵按钮组件是否完好、标识是否明确		
	屋顶试验栓的压力值情况（标注具体值）		
自动喷水灭火系统	喷头、报警阀组组件是否完好、标识是否明确		
	各报警阀组控制最不利点末端试水装置压力值是否正常（不应小于 0.05MPa）		
气体灭火系统	气体瓶组或储罐外观、选择阀、驱动装置等组件是否完好、标识是否明确		
	紧急启、停按钮、放气指示灯及警报器、喷嘴等组件是否完好、标识是否明确，防护区状况		
	储瓶间环境		
泡沫灭火系统	泡沫喷头、泡沫消火栓、泡沫炮、泡沫产生器等组件是否完好、标识是否明确		
	泡沫液贮罐间环境		
	泡沫液贮罐、比例混合器等组件是否完好、标识是否明确		
	泡沫泵是否处于待工作状态		
防烟排烟系统	挡烟垂壁、送风阀、排烟防火阀、电动排烟窗、自然排烟窗等组件是否完好、标识是否明确		
	送风机、排烟机是否处于待工作状态		
	送风机、排烟机房环境		
防火分隔设施	防火门等组件是否完好、标识是否明确和启闭状况		
	防火卷帘等组件是否完好、标识是否明确、是否处于待工作状态		
	卷帘下是否堆放物品影响使用		

续表

巡查内容		巡查情况	处置情况
消防电梯	紧急按钮、轿厢内电话等组建是否完好、标识是否明确、消防电梯是否处于工作状态		
灭火器	灭火器设置位置、压力值是否正常（指针是否处于绿色区域）		
消防安全重点部位的人员在岗情况			
其他消防安全情况			
被检查部门 相关人员		被检查部门 负责人	
巡查人		巡查部门负责人	
对不能当场改正的火灾隐患采取的解决方案、措施等情况	巡查部门负责人： 年　月　日 消防安全责任人或消防安全管理人（签名）： 年　月　日		

附录 D
（资料性附录）

两小时防火巡查记录

年　　月　　日

巡查时间		巡查部位	巡查情况	处置情况	巡查人姓名
1	：　至　：				
2	：　至　：				
3	：　至　：				
4	：　至　：				
5	：　至　：				
6	：　至　：				
7	：　至　：				
8	：　至　：				
9	：　至　：				
10	：　至　：				
11	：　至　：				
12	：　至　：				
巡查内容	1. 用火、用电有无违章情况；2. 安全出口、疏散通道是否畅通，有无锁闭；3. 安全疏散指示标志、应急照明是否完好；4. 消防设施、器材和消防安全标志是否在位、完整；5. 常闭式防火门是否处于关闭状态，防火卷帘下是否堆放物品影响使用；6. 消防安全重点部位的人员在岗情况；7. 其他消防安全情况				

续表

<table>
<tr><td colspan="2">巡查时间</td><td>巡查部位</td><td>巡查情况</td><td>处置情况</td><td>巡查人姓名</td></tr>
<tr><td rowspan="2">对不能当场改正的火灾隐患</td><td>采取的整改方案、期限、负责整改的部门、人员、防范措施</td><td colspan="4">消防安全责任人或消防安全管理人（签名）：　年　月　日</td></tr>
<tr><td>整改情况</td><td colspan="4">消防安全责任人或消防安全管理人（签名）：　年　月　日</td></tr>
<tr><td colspan="2">说明</td><td colspan="4">1. 宾馆（饭店）、商场（市场）、公共娱乐场所在营业期间应至少每两小时巡查一次
2. 表格填写完毕后及时归档，按月份装订成册</td></tr>
</table>

附录 E
（资料性附录）

夜间防火巡查记录

年　月　日

<table>
<tr><td colspan="3">巡查时间</td><td>巡查部位</td><td>巡查情况</td><td>处置情况</td><td>巡查人姓名</td></tr>
<tr><td>1</td><td colspan="2">：　至　：</td><td></td><td></td><td></td><td></td></tr>
<tr><td>2</td><td colspan="2">：　至　：</td><td></td><td></td><td></td><td></td></tr>
<tr><td>3</td><td colspan="2">：　至　：</td><td></td><td></td><td></td><td></td></tr>
<tr><td colspan="2">巡查内容</td><td colspan="5">1. 用火、用电有无违章情况；2. 安全出口、疏散通道是否畅通，有无锁闭；3. 安全疏散指示标志、应急照明是否完好；4. 消防设施、器材和消防安全标志是否在位、完整；5. 常闭式防火门是否处于关闭状态，防火卷帘下是否堆放物品影响使用；6. 消防安全重点部位的人员在岗情况；7. 其他消防安全情况</td></tr>
<tr><td rowspan="2">对不能当场改正的火灾隐患</td><td>采取的整改方案、期限、负责整改的部门、人员、防范措施</td><td colspan="5">消防安全责任人或消防安全管理人（签名）：　年　月　日</td></tr>
<tr><td>整改情况</td><td colspan="5">消防安全责任人或消防安全管理人（签名）：　年　月　日</td></tr>
<tr><td colspan="2">说明</td><td colspan="5">1. 医院、养老院、寄宿制的学校（托儿所、幼儿园）应当组织每日夜间防火巡查，且不少于2次
2. 表格填写完毕后及时归档，按月份装订成册</td></tr>
</table>

附录 F
（资料性附录）

消防控制室值班记录

年　月　日

<table>
<tr><td rowspan="5">交接班检查情况记录</td><td>时间</td><td>自检</td><td>消音</td><td>复位</td><td>主电源</td><td>备用电源</td><td>交班人</td><td>接班人</td><td>故障及处理情况</td></tr>
<tr><td></td><td></td><td></td><td></td><td></td><td></td><td></td><td></td><td></td></tr>
<tr><td></td><td></td><td></td><td></td><td></td><td></td><td></td><td></td><td></td></tr>
<tr><td></td><td></td><td></td><td></td><td></td><td></td><td></td><td></td><td></td></tr>
<tr><td></td><td></td><td></td><td></td><td></td><td></td><td></td><td></td><td></td></tr>
</table>

续表

	时间	火灾报警控制器运行		报警性质			消防联动控制器运行			报警、故障部位、原因及处理情况	值班人签名
		正常	故障	火警	误报	故障报警	正常		故障		
							自动	手动			
每日运行情况记录											
不能当场处理的故障采取的解决方案、措施等情况	部门负责人（签名）：										年　月　日
	消防安全责任人或消防安全管理人（签名）：										年　月　日

附录 G
（资料性附录）

消防控制室上墙制度

G.1　消防控制室日常管理制度

G.1.1　消防控制室值班人员，必须实行每日 24 小时专人值班制度，每班不少于 2 人，并应经过消防职业技能鉴定培训合格后，持证上岗，严禁无证上岗；值班过程中不得脱岗、睡岗、打游戏等，确保及时发现并准确处置火灾和误报火警。

G.1.2　消防控制室值班人员严禁室内吸烟或动用明火，随时保持室内卫生；严禁无关人员进入消防控制室，随意触动设备。

G.1.3　在消防控制室的入口处应设置明显的标志，并配备相应的灭火器材和通讯联络工具。

G.1.4　消防控制室内严禁存放易燃易爆危险物品和堆放与设备运行无关的物品或杂物，严禁与消防控制室无关的电气线路和管道穿过。

G.1.5　消防控制室值班人员每天交接班时，应当检查火灾报警控制器的自检、消音、复位功能以及主备电源切换功能，并认真填写交接班记录。

G.1.6　消防控制室应确保火灾自动报警系统和灭火系统处于正常工作状态。

G.1.7　消防控制室值班人员应每日收集相关部门对建筑消防设施的巡查情况，重点是高位水箱、消防水池、气压水罐等消防储水设施水量是否充足；消防泵出水管阀门、自动喷水灭火系统管道上的阀门是否常开；消防水泵、防排烟风机、防火卷帘等消防用电设备的配电柜开关是否处于自动（接通）位置，确保完好有效。

G.2　消防控制室火灾事故应急处置程序

G.2.1　受警：消防控制室值班人员在接到火灾报警后，应首先在建筑消防设施平面布置图中核实火灾报警点所对应的部位，利用对讲机、消防电话等通信工具迅速通知就近安保人员迅速到现场核查。

G.2.2　核查：安保人员应持通信工具和灭火器，迅速赶到报警部位核实情况，并将现场情况及时反馈回消防控制室，同时，通知楼层相关人员组织疏散和扑救初起火灾。

G.2.3　处置

G.2.3.1　消防控制室火灾事故应急处置程序：

a）火灾确认后，值班人员应立即将火灾报警联动系统控制开关转入自动状态，启动火灾应急广播系统（二层及以上的楼层发生火灾，应先接通着火层及其相邻的上、下层；首层发生火灾，应先接通本层、二层及地下各层；地下室发生火灾，应先接通地下各层及首层），同时，迅速拨打“119”报警，说明发生火灾的单位名称、地点、起火部位、燃烧物质、联系电话等基本情况。

b）值班人员应立即启动单位内部应急灭火、疏散预案，通知有关人员到场组织疏散和灭火，并同时报告本单位负责人。

c）值班人员要随时监视各系统的运行状态，如设备运行无反馈信息，应手动启动相关设施，保证火灾情况下建筑自动消防设施的正常运行。

G.2.3.2　消防控制室火警误报处置程序：

现场核实为误报警时，应立即查明原因，若设备损坏或故障，要立即报告相关部门，并及时维修。

G.2.4　复位：处置完毕后，应将各系统消音复位，恢复到正常状态，做好记录。

G.2.5　建档：将报警记录、消防设施运行记录、火灾基本情况记录、火灾处理情况记录等相关资料建档。

附录 H
（资料性附录）

消防控制室火灾事故应急处置程序图示

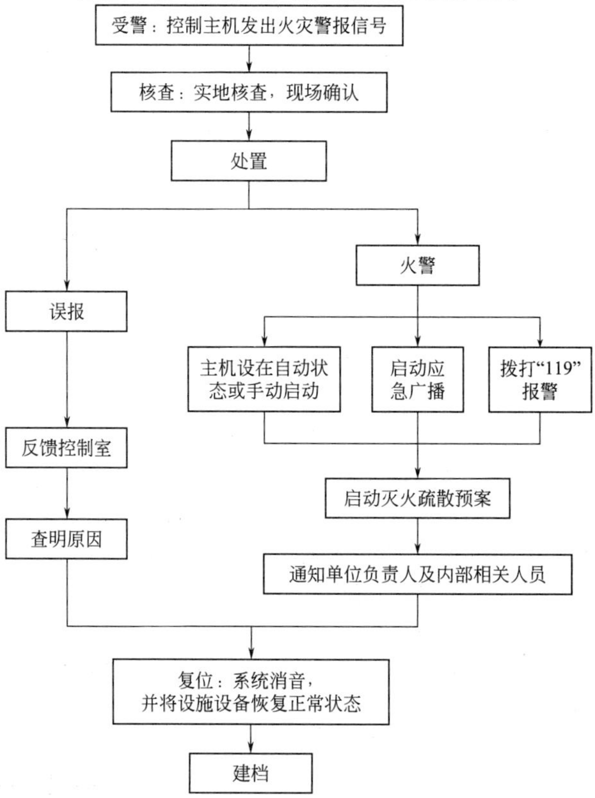

附录 I
（资料性附录）

单位消防安全四个能力建设自评表

表 I-1　一般建设要求

项目	内　　容	分值	标　　准	方法	得分
消防安全管理基础工作（50）	1. 明确单位的消防安全责任人、消防安全管理人、消防安全专兼职人员，上述人员应熟知相应消防安全职责（见表后说明）	20	① 未明确单位的消防安全责任人、消防安全管理人及消防安全专兼职人员的，缺 1 项扣 10 分，扣完为止 ② 相关人员不清楚自身消防安全职责的，1 人次扣 10 分，扣完为止	查看资料 随机提问	
	2. 建立健全各项消防安全制度及特殊岗位员工操作规程（见表后说明）	10	未建立健全各项消防安全制度及特殊岗位员工操作规程的，缺 1 项扣 5 分；相关岗位人员不清楚制度内容及操作流程的，1 人次扣 5 分，扣完为止	查看资料 随机提问	
	3. 建立健全各项消防档案（见表后说明）	20	未按有关规定建立健全各项消防档案，缺 1 项扣 5 分，扣完为止	查看资料	
检查消除火灾隐患能力（200）	4. 应按照相关消防技术标准要求配置消防设施、器材，并保持完好有效	40	① 未按照相关消防技术标准要求配置消防设施、器材的，发现 1 处扣 20 分，扣完为止 ② 消防设施、器材未保持完好有效的，发现 1 处扣 15 分，扣完为止 ③ 消防水泵房供水阀门未保持常开状态或电源控制柜的控制开关未处于自动状态的，扣 40 分 ④ 消防设施未委托有资质的单位进行维保或维保单位未定期进行检测的，扣 40 分 ⑤ 检测记录未用数据体现的，扣 30 分	现场测试 检查	
	5. 疏散通道、安全出口、消防车通道保持畅通	30	疏散通道、安全出口、消防车通道未保持畅通的，发现 1 处扣 30 分	现场检查	
	6. 单位应按要求的检查内容、频次、部位和人员组织开展防火巡查、检查，并填写相应的《防火巡查、检查记录》	30	① 未按要求的检查内容、部位和频次组织防火巡查、检查并完整记录，任 1 项不符合要求的，扣 30 分 ② 单位未启用新版《防火巡查、检查记录本》的，扣 20 分	查看资料	
	7. 消防控制室管理制度、应急程序及流程图的标牌应上墙；值班人员每班不少于 2 人；对消防控制室的设备运行情况是否进行每日检查，并认真填写《消防控制室值班记录》；值班操作人员是否熟知消防控制室管理及应急程序和设施设备操作方法	50	① 消防控制室管理制度、应急程序及流程图的标牌未上墙的，缺 1 项扣 50 分 ② 值班人员每班少于 2 人的，扣 30 分 ③ 每日未对消防控制室设备的运行情况进行检查或未如实填写检查记录的，扣 20 分 ④ 未启用新版《消防控制室值班记录本》的扣 30 分 ⑤ 值班操作人员不熟悉应急处置程序和消防设施操作方法的，1 人扣 30 分	查看资料 现场提问	
	8. 电、气焊等明火作业应办理相关审批手续，确定现场消防安全监护人，并落实防护措施	10	① 电、气焊等明火作业未办理相关审批手续的，扣 10 分 ② 施工现场未确定现场消防安全监护人或未落实防护措施的，扣 10 分	查看资料 现场检查	

续表

项目	内容		分值	标准	方法	得分
检查消除火灾隐患能力（200）	9. 整改消除火灾隐患（40）	对发现能够立即消除的火灾隐患应立即整改并做好记录	5	未立即整改的，发现1处扣5分	查看资料 现场检查	
		对不能立即消除的火灾隐患，消防安全责任人或消防安全管理人应当制订整改计划，确定整改的措施、期限及负责整改的部门、人员，落实整改资金	20	① 对不能立即消除的火灾隐患未制订整改计划，未确定整改措施、期限、人员、资金的，缺1环节扣10分 ② 现场检查发现还存在火灾隐患的，1处扣20分	查看资料 现场检查	
		在火灾隐患未消除前，应落实防范措施	10	未落实防范措施的，扣10分	查看资料 现场检查	
		火灾隐患整改完毕，消防安全管理人应当组织验收，并将整改情况记录报送消防安全责任人签字确认后存档备查	5	未组织火灾隐患整改情况验收的，扣5分	查看资料	
组织扑救初起火灾能力（200）	10. 建立志愿消防队伍，并明确职责分工		10	① 未建立的，扣10分 ② 无名册的，扣10分 ③ 未明确职责分工的，扣10分	查看资料 现场检查	
	11. 结合本单位特点，制定灭火和应急疏散预案，并根据制定的预案程序，定期组织灭火和应急疏散演练		40	① 未制定预案的，扣40分 ② 未结合本单位实际制定预案的，扣30分 ③ 未按规定定期开展消防演练并做好记录的，扣40分	查看资料（演练记录应提供图片）	
	12. 根据单位实际情况分级部署扑救力量 ① 发生火灾时，起火部位现场员工即为初起火灾扑救第一灭火力量，应立即呼救并拨打“119”报警，按下手动火灾报警按钮或通知消防（控制室）值班人员，使用现场消火栓、灭火器等设施设备和器材扑救 ② 消防控制室确认火灾后应立即拨打“119”报警，同时将消防主机打到联动位置，启动自动消防设备，开启应急广播，并启动灭火疏散预案，调度志愿消防队扑救火灾 ③ 志愿消防队应佩戴好防护装备、携带灭火器材、破拆工具，在3分钟内到达现场展开灭火行动		150	① 未分级部署扑救力量的，扣30分 ② 现场员工未立即呼救并拨打“119”报警的，扣30分；未立即按下手动火灾报警按钮或通知消防（控制室）值班人员的，扣30分；未使用现场消火栓、灭火器等设施设备和器材扑救的，扣30分 ③ 消防控制室确认火灾后未立即将消防主机打到联动位置的，扣30分；自动消防设施，应急广播等系统未启动的，1项扣20分；未启动灭火疏散预案，调度志愿消防队扑救火灾的，扣20分；动作不熟练、迟缓的，扣20分 ④ 志愿消防队未在3分钟内到达现场的，扣30分；未佩戴好防护装备、携带灭火器材、破拆工具的，1项扣20分 ⑤ 不清楚最近的消火栓、灭火器位置，不熟悉消火栓、灭火器具的使用或灭火动作不熟练的，扣30分	现场检查（随机设置火情，查看处置情况） 现场提问	
组织人员疏散逃生能力（200）	13. 应在建筑物的每个楼层、疏散通道、安全出口明确火场疏散引导员		20	未明文确定疏散引导员或引导员确定不合理的，扣20分	查看资料 现场提问	

续表

项目	内容		分值	标准	方法	得分
组织人员疏散逃生能力（200）	14. 人员密集场所消防安全重点单位应按规定配置应急疏散器材箱 ① 一个单位（场所）配置不少于 2 个器材箱，平均每 1000m^2 至少设 1 个器材箱 ② 每个器材箱内应配备不少于 1 根疏散荧光棒、1 个移动疏散指示标志、4 个口哨、1 个手持扩音器、2 件反光背心、2 个手电筒、2 具防烟面具、20 条毛巾、10 瓶瓶装矿泉水等器材 ③ 应急疏散器材箱应均匀分布在场所显眼位置，便于取用，不得影响疏散		80	① 未按规定数量配置应急疏散器材箱的，发现 1 处扣 80 分 ② 箱内器材配置品种、数量不足的，发现 1 处扣 30 分，扣完为止 ③ 应急疏散器材箱设置位置不合理的，1 处扣 20 分	现场检查	
	15. 员工应掌握逃生自救基本技能，熟悉逃生路线和引导人员疏散方法		20	① 未掌握逃生自救基本技能，不熟悉逃生路线和引导人员疏散方法的，有 1 人即扣 20 分 ② 员工不清楚本楼层有几个安全出口、疏散楼梯或不清楚最近的安全出口位置的，扣 20 分	现场提问（不少于 2 人）	
	16. 应按照下列程序实施人员疏散引导 ① 使用扩音器、口哨等工具，通知人员疏散；使用移动疏散指示标志、荧光棒等引导疏散器材，组织人员携带毛巾、面罩等防护工具向最近的疏散通道、安全出口疏散 ② 通过喊话、广播等方式，引导人员采取正确方法疏散逃生 ③ 搜索责任区域，组织未撤离人员疏散		80	① 未使用扩音器、口哨等工具，通知人员疏散的，扣 30 分 ② 未使用移动疏散指示标志、荧光棒等引导疏散器材，组织人员携带毛巾、面罩等防护工具最近的疏散通道、安全出口疏散的，扣 40 分 ③ 未通过喊话、广播等方式，引导人员采取正确方法疏散逃生的，扣 20 分 ④ 未搜索责任区域，未通知人员立即疏散的，扣 20 分	现场检查（随机设置火情，查看处置情况） 现场提问	
消防宣传教育培训能力（200）	17. 人员培训（120）	消防控制室值班操作人员和电焊、气焊操作人员应经培训合格，持证上岗	50	① 消防控制室值班操作人员未经培训合格持证上岗的，发现 1 人扣 50 分 ② 电焊、气焊操作人员未经培训合格持证上岗的，发现 1 人扣 50 分	查看资料	
		消防安全责任人、消防安全管理人及消防安全专兼职管理人员应接受消防安全专门培训	20	未接受消防安全专门培训的，发现 1 人扣 20 分	查看资料	
		每年组织员工至少进行一次消防安全教育培训，公众聚集场所至少每半年进行一次消防安全教育培训；新上岗和进入新岗位的员工应进行岗前消防安全教育培训，所有员工达到“三懂三会”要求	50	① 单位未按期进行教育培训的，扣 50 分 ② 未对新上岗和进入新岗位的员工进行岗前教育培训的，扣 30 分 ③ 员工达不到“三懂三会”要求的，每发现 1 人扣 30 分，扣完为止	查看资料 现场提问（不少于 2 人）	
	18. 消防标识、标志（80）	通过广播、视频、张贴图画等方式宣传“四个能力”及防火、灭火、疏散逃生等常识	20	未通过广播、视频、张贴图画等方式宣传“四个能力”及防火、灭火、疏散逃生等常识的，扣 20 分	现场检查	
		具有火灾、爆炸危险性的部位应设置警示标志、标识、提示；安全出口、疏散通道设置提醒的标志、标识、提示；消防设施、器材安放处设置使用方法的标志、标识、提示；重点部位应设置醒目标志、标识、提示	60	具有火灾、爆炸危险性的部位未设置警示标志、标识、提示的，发现 1 处扣 20 分 安全出口、疏散通道未设置提醒的标志、标识、提示的，发现 1 处扣 20 分；消防设施、器材未设置使用方法的标志、标识、提示，发现 1 处扣 20 分 消防安全重点部位未设置醒目标志、标识、提示的，扣 10 分；消防水泵房未设置设备管理铭牌，显示阀门开闭状态标识、标牌的，扣 60 分	现场检查	
合计			850			

考评说明：

1. 单位的消防安全责任人消防安全职责

① 贯彻执行消防法规，保证单位消防安全符合规定，掌握本单位的消防安全情况；

② 将消防工作与本单位的生产、科研、经营、管理等活动统筹安排，批准实施年度消防工作计划；

③ 为本单位的消防安全提供必要的经费和组织保障；

④ 确定逐级消防安全责任，批准实施消防安全制度和保障消防安全的操作规程；

⑤ 组织防火检查，督促落实火灾隐患整改，及时处理涉及消防安全的重大问题；

⑥ 根据消防法规的规定建立专职消防队、志愿消防队；

⑦ 组织制定符合本单位实际的灭火和应急疏散预案，并实施演练。

2. 单位的消防安全管理人消防安全职责

① 拟订年度消防工作计划，组织实施日常消防安全管理工作；

② 组织制定消防安全制度和保障消防安全的操作规程并检查督促其落实；

③ 拟订消防安全工作的资金投入和组织保障方案；

④ 组织实施防火检查和火灾隐患整改工作；

⑤ 组织实施对本单位消防设施、灭火器材和消防安全标志的维护保养，确保其完好有效，确保疏散通道和安全出口畅通；

⑥ 组织管理专职、志愿消防队；

⑦ 在员工中组织开展消防知识、技能的宣传教育和培训，组织灭火和应急疏散预案的实施和演练；

⑧ 定期向消防安全责任人报告消防安全情况，及时报告涉及消防安全的重大问题；

⑨ 单位消防安全责任人委托的其他消防安全管理工作。

3. 专兼职消防管理人员消防安全职责

① 根据年度消防工作计划，实施日常消防安全管理工作；

② 制定消防安全制度和消防安全操作规程，并督促落实；实施防火检查，督促火灾隐患整改；

③ 督促对消防设施、器材和消防安全标志的完好有效情况进行定期检查和维修保养；

④ 管理专职消防队、志愿消防队；

⑤ 开展消防知识、技能的宣传教育和培训，制定灭火和应急疏散预案并组织消防演练；

⑥ 及时向消防安全管理人报告消防安全情况；

⑦ 单位消防安全责任人和消防安全管理人安排的其他消防安全管理工作。

4. 各项消防安全制度

① 消防安全宣传教育培训及灭火和应急疏散预案演练制度；

② 防火巡查、检查及火灾隐患整改制度；

③ 安全疏散设施管理和消防设施、器材维护管理制度；

④ 用火、用电安全管理、易燃易爆危险品和场所防火防爆、燃气和电气设备维护管理（包括防雷、防静电）制度；

⑤ 消防（控制室）值班制度；

⑥ 专职消防队、志愿消防队组织管理制度；

⑦ 其他必要的消防安全制度。

5. 各项消防档案

① 消防管理组织机构和各级消防安全责任人、消防安全管理人、专兼职消防管理人员情况；

② 消防安全制度；

③ 消防安全宣传教育培训、灭火和应急疏散预案及消防演练记录；

④ 防火检查、巡查及火灾隐患整改记录；

⑤ 消防设施定期检查和全面检测及维修保养记录，燃气和电气设备检测及维修保养（包括防雷、防静电）记录；

⑥ 与消防安全有关的重点工种人员情况；

⑦ 专职消防队、志愿消防队人员及消防装备配备情况。

6. “三懂三会”

懂本场所火灾危险性，懂火灾扑救方法，懂火灾预防措施；会报警，会使用灭火器材，会逃生自救。

7. 特殊岗位

① 消防控制室；

② 消防水泵房；

③ 发电机房；

④ 配电房。

表 I-2　特殊建设要求（公共娱乐场所）

项目	内容	分值	标准	方法	得分
安全疏散（40）	1. 在各楼层的明显位置应设置安全疏散指示图（楼层平面布置示意图），图上应标明疏散路线、安全出口、人员所在位置和必要的文字说明	15	① 未在各楼层的明显位置设置安全疏散指示图（楼层平面布置示意图）的，发现 1 处扣 15 分 ② 安全出口、疏散通道不畅通或不符合规定的，发现 1 处扣 15 分	现场检查	
	2. 门窗严禁设置影响排烟、逃生和灭火救援的障碍物	20	门窗设置影响排烟、逃生和灭火救援的障碍物的，发现 1 处扣 20 分	现场检查	
	3. 营业时场所内禁止超过额定人数	5	营业时场所内超过额定人数的，扣 5 分	现场检查	
消防安全管理（80）	4. 营业期间应至少每 2 小时进行 1 次防火巡查并做好记录	20	未开展 2 小时防火巡查的，扣 20 分	查看资料	
	5. 严禁使用聚氨酯等易燃可燃材料装修	10	使用聚氨酯等易燃可燃材料装修的，发现 1 处扣 10 分	现场检查	
	6. 营业结束后，岗位员工应消除遗留火种，切断营业场所的非必要电源	5	营业结束后，未消除遗留火种，切断营业场所的非必要电源的，扣 5 分	现场检查	
	7. 营业时间禁止进行设备维修、电气焊、油漆粉刷等施工、维修作业	5	营业时间进行设备维修、电气焊、油漆粉刷等施工、维修作业的，扣 5 分	现场提问	
	8. 严禁燃放烟花、使用明火演出、照明	10	燃放烟花、使用明火演出、照明的，扣 10 分	现场检查	
	9. 各种灯具距离周围窗帘、幕布、布景等可燃物不应小于 0.5m	10	各种灯具距离周围窗帘、幕布、布景等可燃物小于 0.5m 的，扣 10 分	现场检查	
	10. 禁止存放易燃易爆危险品，设置在地下建筑内的公共娱乐场所严禁使用液化石油气	10	① 存放易燃易爆危险品的，扣 10 分 ② 在地下建筑内的公共娱乐场所使用液化石油气的，扣 10 分	现场检查	
	11. 主要出入口处应设置“消防安全告知书”	10	未设置的，扣 10 分	现场检查	

续表

项目	内容	分值	标准	方法	得分
消防设备配置及安全提醒（30）	12. 包房内应设置声音或视像警报，保证在火灾发生初期，将其画面、音响切换到应急广播和应急疏散指示状态	15	未设置的或不能自动切换的，扣15分	现场检查	
	13. 歌舞娱乐场所各卡拉OK厅、包房点歌系统应在开机时播放音视频，提示逃生常识及路线、消防设施、器材位置及使用方法等	15	未设置的或设置不具备考核内容之一的，扣15分	现场检查	
总计		150			

表I-3 特殊建设要求（宾馆饭店）

项目	内　容	分值	标　准	方法	得分
安全疏散（50）	1. 在各楼层的明显位置应设置安全疏散指示图（楼层平面布置示意图），图上应标明疏散路线、安全出口、人员所在位置和必要的文字说明	20	① 未在各楼层的明显位置设置安全疏散指示图（楼层平面布置示意图）的，发现1处扣20分 ② 安全出口、疏散通道不畅通或不符合规定的，发现1处扣20分	现场检查	
	2. 客房疏散指示：旅馆的客房内应设置安全疏散指示图	10	客房内未设置安全疏散指示图的，扣10分	现场检查	
	3. 门窗严禁设置影响排烟、逃生和灭火救援的障碍物	20	门窗设置影响排烟、逃生和灭火救援的障碍物的，扣20分	现场检查	
消防安全管理（40）	4. 营业期间应至少每2小时进行1次防火巡查并做好记录	5	未开展2小时防火巡查的，扣5分	查看资料	
	5. 厨房、餐厅的燃油、燃气管道阀门无破损、泄漏；灶台、油烟罩和烟道至少每季度由专业清洗公司清洗一次	30	① 燃油、燃气管道阀门破损、泄漏的，发现1处扣10分 ② 灶台、油烟罩和烟道每季度未由专业清洗公司清洗一次的，扣30分	查看资料 现场检查	
	6. 餐厅营业结束时，应切断非必要电源，关闭燃油、燃气阀门，遗留火源应有值班人员管理	5	餐厅营业结束时，未切断非必要电源，关闭燃油、燃气阀门，遗留火源无值班人员管理的，扣5分	现场检查	
消防设备配置及安全提醒（60）	7. 客房内应配备应急手电筒、防烟面具等逃生器材	15	客房内未配备应急手电筒、防烟面具等逃生器材的，缺一项扣15分	现场检查	
	8. 客房内应设置醒目的“请勿卧床吸烟”“请勿乱扔烟头”“离开房间请切断电源”等消防安全提示牌	5	客房内未设置消防安全提示牌的，扣5分	现场检查	
	9. 应在客房服务指南上提示消防安全	5	客房服务指南上无消防安全提示的，扣5分	现场检查	
	10. 客房内闭路电视应在开机时播放音视频，提示逃生技能及路线、消防设施、器材位置及使用方法等	20	未设置的，扣20分	现场检查	
	11. 电缆井、管道井禁止堆放物品	5	电缆井、管道井堆放物品的，扣5分	现场检查	
	12. 主要出入口处应设置“消防安全告知书”	10	未设置的，扣10分	现场检查	
总计		150		现场检查	

表 I-4 特殊建设要求（商场市场）

项目	内容	分值	标准	方法	得分
安全疏散（55）	1. 在各楼层的明显位置应设置安全疏散指示图（楼层平面布置示意图），图上应标明疏散路线、安全出口、人员所在位置和必要的文字说明	10	① 未在各楼层的明显位置设置安全疏散指示图（楼层平面布置示意图）的，发现1处扣10分 ② 安全出口、疏散通道不畅通或不符合规定的，发现1处扣10分	现场检查	
	2. 营业厅内柜台、货架布置不应影响疏散逃生，主疏散走道净宽度不小于3m，其他疏散走道的宽度不低于2m；当一层营业厅建筑面积小于500m^{2}时，主要疏散走道的净宽度不小于2m，其他疏散走道净宽度不小于1.5m	15	营业厅内柜台、货架布置影响疏散逃生或疏散通道宽度不足的，扣15分	现场检查	
	3. 疏散走道的地面上应设置视觉连续的蓄光型辅助疏散指示标志	10	疏散走道的地面上未设置视觉连续的蓄光型辅助疏散指示标志或设置不合理的，扣10分	现场检查	
	4. 门窗严禁设置影响排烟、逃生和灭火救援的障碍物	20	门窗设置影响排烟、逃生和灭火救援的障碍物的，扣20分	现场检查	
消防安全管理（110）	5. 营业期间应至少每2小时进行1次防火巡查并做好记录	5	未开展2小时防火巡查的，扣5分	查看资料	
	6. 营业结束时，应消除遗留火种，切断营业场所的非必要电源	5	营业结束时，未消除遗留火种，切断营业场所的非必要电源的，扣5分	查看资料	
	7. 防火卷帘下两侧各0.5m范围内禁止堆放物品	20	防火卷帘下两侧各0.5m范围内堆放物品的，扣20分	现场检查	
	8. 营业结束时中庭等部位防火卷帘应下降至地面	20	营业结束时中庭等部位防火卷帘未下降至地面的，扣20分	查看资料	
	9. 禁止在营业时间进行动火施工	10	在营业时间进行动火施工的，扣10分	现场检查	
	10. 建筑物间不应违章设置连接顶棚及占用防火间距的物品	10	建筑物间违章设置连接顶棚或占用防火间距物品的，扣10分	现场检查	
	11. 熟食加工区宜采用电加热设施，严禁使用瓶装液化石油气作燃料	15	使用瓶装液化石油气作燃料的，扣15分	现场检查	
	12. 熟食加工区的灶台、油烟罩和烟道应至少每季度清洗一次	15	未定期清洗的，扣15分	查看资料	
	13. 主要出入口处应设置“消防安全告知书”	10	未设置的，扣10分	现场检查	
总计		165		现场检查	

表 I-5 特殊建设要求（医院、养老院、福利院）

项目	内容	分值	标准	方法	得分
安全疏散（60）	1. 在各楼层的明显位置应设置安全疏散指示图（楼层平面布置示意图），图上应标明疏散路线、安全出口、人员所在位置和必要的文字说明	10	① 未在各楼层的明显位置设置安全疏散指示图（楼层平面布置示意图）的，发现1处扣10分 ② 安全出口、疏散通道不畅通或不符合规定的，发现1处扣10分	现场检查	
	2. 应急疏散预案中宜根据人员行动能力、病情轻重等情况分类进行疏散，明确每类人员的专门疏散引导人员	15	未明确的，扣15分	查看资料	
	3. 门窗严禁设置影响排烟、逃生和灭火救援的障碍物	15	门窗设置影响排烟、逃生和灭火救援的障碍物的，扣15分	现场检查	
	4. 严禁在疏散通道设置影响疏散的床位等障碍物	20	在疏散通道设置影响疏散的床位等障碍物的，发现1处扣20分	现场检查	

续表

项目	内　容	分值	标　准	方法	得分
消防安全管理（90）	5. 应当加强夜间防火巡查，每夜不少于2次	10	① 未开展夜间防火巡查的，扣10分 ② 每夜防火巡查不足2次的，扣5分	查看资料	
	6. 病房楼内严禁使用液化石油气瓶	10	病房楼内使用液化石油气瓶的，扣10分	现场检查	
	7. 病房内禁止使用非医疗电热器具	10	病房内使用非医疗电热器具的，扣10分	现场检查	
	8. 禁止在病房和走道存放氧气瓶	10	在病房和走道存放氧气瓶的，扣10分	现场检查	
	9. 应在病房楼醒目的位置设置消防安全知识资料取阅点供住院患者及其家属取阅	10	未设置消防安全知识资料取阅点的，扣10分	现场检查	
	10. 厨房、餐厅的燃油、燃气管道阀门无破损、泄漏；灶台、油烟罩和烟道应由专业清洗公司至少每季度清洗一次	30	① 燃油、燃气管道阀门破损、泄漏的，发现1处扣10分 ② 灶台、油烟罩和烟道每季度未由专业清洗公司清洗一次的，扣30分	查看资料	
	11. 主要出入口处应设置"消防安全告知书"	10	未设置的，扣10分	现场检查	
总计		150			

表 I-6　特殊建设要求（高等学校）

项目	内　容	分值	标　准	方法	得分
安全疏散（40）	1. 在各楼层的明显位置应设置安全疏散指示图（楼层平面布置示意图），图上应标明疏散路线、安全出口、人员所在位置和必要的文字说明	10	① 未在各楼层的明显位置设置安全疏散指示图（楼层平面布置示意图）的，发现1处扣10分 ② 安全出口、疏散通道不畅通或不符合规定的，发现1处扣10分	现场检查	
	2. 教学楼、学生宿舍等应分别明确疏散引导员	10	教学楼、学生宿舍等未分别明确疏散引导员的，扣10分	查看资料	
	3. 门窗严禁设置影响排烟、逃生和灭火救援的障碍物	20	门窗设置影响排烟、逃生和灭火救援的障碍物的，扣20分	现场检查	
消防安全管理（80）	4. 应当加强夜间防火巡查，每夜不少于2次	10	① 未开展夜间防火巡查的，扣10分 ② 每夜防火巡查不足2次的，扣5分	查看资料	
	5. 宿舍严禁使用蜡烛、电炉、大功率加热电器等	20	宿舍使用蜡烛、电炉、大功率加热电器的，扣20分	现场检查	
	6. 宿舍均应设置用电超载保护装置	10	宿舍未设置用电超载保护装置的，扣10分	现场检查	
	7. 学校实验室应将储存的易燃易爆危险品的分类、性质、火灾危险性、安全及灭火措施等报送学校消防工作的归口管理职能部门	10	未报送的，扣10分	查看资料	
	8. 厨房、餐厅的燃油、燃气管道阀门无破损、泄漏；灶台、油烟罩和烟道至少每季度清洗一次	30	① 燃油、燃气管道阀门破损、泄漏的，发现1处扣10分 ② 灶台、油烟罩和烟道每季度未由专业清洗公司清洗一次的，扣30分	查看资料	

续表

项目	内　　容	分值	标　　准	方法	得分
消防教育培训（50）	9. 应将消防安全知识纳入教学和培训内容	15	未将消防安全知识纳入教学和培训内容的，扣15分	现场检查	
	10. 在开学初、放寒（暑）假前、学生军训期间，应对学生普遍开展专题消防安全教育	10	在开学初、放寒（暑）假前、学生军训期间，未对学生普遍开展专题消防安全教育的，扣10分	查看资料	
	11. 对每届新生进行不低于4学时的消防安全教育和培训	5	未对每届新生进行不低于4学时的消防安全教育和培训的，扣5分	查看资料	
	12. 每学年至少举办一次消防安全专题讲座	10	未每学年至少举办一次消防安全专题讲座的，扣10分	查看资料	
	13. 应当至少确定一名熟悉消防安全知识的教师担任消防安全课教员，并选聘消防专业人员担任学校的兼职消防辅导员	10	未确定的，扣10分	查看资料	
总计		170			

表 I-7　特殊建设要求（中小学校、托儿所、幼儿园）

项目	内　　容	分值	标　　准	方法	得分
安全疏散（45）	1. 在各楼层的明显位置应设置安全疏散指示图（楼层平面布置示意图），图上应标明疏散路线、安全出口、人员所在位置和必要的文字说明	10	① 未在各楼层的明显位置设置安全疏散指示图（楼层平面布置示意图）的，发现1处扣10分 ② 安全出口疏散通道不畅通或不符合规定的，发现1处扣10分	现场检查	
	2. 教学楼、学生宿舍等应分别明确疏散引导员	15	教学楼、学生宿舍等未分别明确疏散引导员的，扣15分	查看资料	
	3. 门窗严禁设置影响排烟、逃生和灭火救援的障碍物	20	门窗设置影响排烟、逃生和灭火救援的障碍物的，扣20分	现场检查	
消防安全管理（65）	4. 应当加强夜间防火巡查，每夜不少于2次	10	① 未开展夜间防火巡查的，扣10分 ② 夜间防火巡查每夜不足2次的，扣5分	查看资料	
	5. 宿舍严禁使用蜡烛、电炉、大功率加热电器等	20	宿舍使用蜡烛、电炉、大功率电器的，扣20分	现场检查	
	6. 实验室应将储存的易燃易爆危险品的分类、性质、火灾危险性、安全及灭火措施等报送学校消防工作的归口管理部门	5	未报送的，扣5分	查看资料	
	7. 厨房、餐厅的燃油、燃气管道阀门无破损、泄漏；灶台、油烟罩和烟道至少每季度清洗一次	30	① 燃油、燃气管道阀门破损、泄漏的，发现1处扣10分 ② 灶台、油烟罩和烟道每季度未由专业清洗公司清洗一次的，扣30分	查看资料 现场检查	
消防教育培训（40）	8. 应将消防安全知识纳入教学内容	10	未将消防安全知识纳入教学内容的，扣10分	查看资料	
	9. 在开学初、放寒（暑）假前、学生军训期间，应对学生普遍开展专题消防安全教育	10	在开学初、放寒（暑）假前、学生军训期间，未对学生普遍开展专题消防安全教育的，扣10分	查看资料	

续表

项目	内　　容	分值	标　　准	方法	得分
消防教育培训（40）	10. 应组织学生到当地消防站参观体验	5	未按期组织学生参观体验的，扣5分	查看资料	
	11. 应至少确定一名熟悉消防安全知识的教师担任消防安全课教员，并选聘消防专业人员担任学校的兼职消防辅导员	10	未至少确定一名熟悉消防安全知识的教师担任消防安全课教员，并选聘消防专业人员担任学校的兼职消防辅导员的，扣10分	查看资料 现场提问	
	12. 应教育学生一旦发生火灾时应当选择的疏散逃生路线	5	无法回答的，扣5分	现场提问（不少于2名学生）	
总计		150			

表 I-8　特殊建设要求（物业服务企业）

项目	内　　容	分值	标　　准	方法	得分
安全疏散（20）	1. 确保物业服务区域的消防车道、公共通道、安全出口畅通，公共消防设施完好有效	20	未保持物业服务区域的消防车道、公共通道、安全出口畅通，公共消防设施完好有效，发现1处扣20分	现场检查	
消防安全管理（30）	2. 物业服务企业应在办公室、保安室配置一定数量的疏散引导、灭火、破拆器材	30	未配置疏散引导、灭火、破拆器材的，缺1项扣10分	查看资料 现场检查	
消防宣传培训（90）	3. 应在安全出口、疏散通道设置提醒的标志、标识、提示应在消防设施、器材安放处设置使用方法的标志、标识、提示	35	① 未设置消防安全标志、标识、提示的，缺1项扣10分，扣完为止 ② 消防水泵房的设备未设置管理铭牌、明确阀门开闭状态的，扣35分	现场检查	
	4. 物业服务企业应至少每年组织物业服务区域的业主、使用人、单位消防安全责任人、消防安全管理人、专兼职消防管理人员进行一次消防安全教育和培训	15	每年未组织物业服务区域的业主、使用人、单位消防安全责任人、消防安全管理人、专兼职消防管理人员进行一次消防安全教育和培训，缺1项扣15分	查看资料	
	5. 应组织制定符合物业服务区域实际的灭火和应急疏散预案，并按照预案，至少每半年组织本单位员工、业主和使用人进行一次演练	40	① 未制定灭火和应急疏散预案的，扣20分 ② 未每半年组织本单位员工、业主和使用人演练的，扣20分	查看资料	
合计		140			

表 I-9　人员密集场所一般单位四个能力建设自评表

项目	内　　容	分值	标　　准	方法	得分
检查消除火灾隐患能力（250）	1. 单位或场所的法定代表人或主要负责人及员工应明确消防安全职责，掌握本场所火灾危险性	50	单位或场所的法定代表人或主要负责人及员工不清楚场所火灾危险性及自身消防安全职责的，每发现1人扣25分，扣完为止	抽问主要负责人和2名员工	

续表

项目	内　　容	分值	标　　准	方法	得分
检查消除火灾隐患能力（250）	2. 单位员工每日班前、班后开展岗位消防安全检查；公众聚集场所营业期间每两小时开展防火巡查；对消防设施设备开展经常性检查，确保完好有效	50	①每日班前、班后未开展检查的，扣50分 ②未按要求开展检查巡查的，扣50分 ③消防设施设备未保持完好有效的，每发现1处扣25分，扣完为止	查看员工工作记录（无记录的现场提问），在班前、班后应该注意哪些消防安全事项以及检查情况	
	3. 通过检查巡查及时发现火灾隐患，并及时确定整改措施、落实资金、防范措施并整改到位	150	①营业期间疏散通道、安全出口不畅通的，扣150分；实地检查发现其他火灾隐患的，发现1处扣50分，扣完为止 ②发现火灾隐患未确定整改措施、未及时落实资金、防范措施的，发现1处扣50分，扣完为止	现场检查查看资料	
组织扑救初起火灾能力（250）	4. 员工应熟悉室内消火栓、灭火器位置，并掌握室内消火栓、灭火器等消防设施器材使用方法，懂得初起火灾扑救方法	250	①不清楚其最近的消火栓、灭火器位置的，每发现1人扣100分，扣完为止 ②不懂操作室内消火栓、灭火器的，发现1人扣150分，扣完为止	现场随机抽问不少于2名员工，并实地演示	
组织人员疏散逃生能力（250）	5. 员工掌握火场逃生基本技能，熟悉逃生路线和引导人员疏散程序	100	①不熟悉本场所的安全出口数量或最近安全出口位置的，每发现1人扣100分，扣完为止 ②不熟悉逃生技巧、路线的，每发现1人扣100分，扣完为止 ③不懂如何引导人员疏散的，每发现1人扣100分，扣完为止	现场随机抽问不少于2名员工	
	6. 场所应按规定配备应急疏散器材	150	①未按规定数量配备应急疏散器材的，扣100分 ②应急疏散器材中未按规定配备应急疏散器材的，少1项扣50分，扣完为止	现场检查应急疏散器材箱及箱内器材	
消防宣传教育培训能力（250）	7. 单位或场所根据自身特点设置提示性和警示性标语、标识	150	未按要求设置的，每发现一处扣50分，扣完为止	现场检查	
	8. 员工熟练掌握向国家综合性消防救援队报告火警的基本方法、内容和要求	100	不懂报告火警的基本方法、内容和要求的，发现1人扣100分，扣完为止	现场随机抽问不少于2名员工	
总计		1000			

注：属于公共娱乐场所、宾馆（饭店）、商场（市场）、医院（福利院、养老院）、高等学校、中小学校（托儿所、幼儿园）及物业服务企业的消防安全重点单位，验收成绩＝一般建设要求验收得分＋特殊建设要求验收得分。其他消防安全重点单位不涉及的验收项目，以缺项处理，在得分栏中填写“不涉及”，验收得分＝实际得分×1000/（1000－缺项分之和）。属人员密集场所的一般单位按《人员密集场所一般单位四个能力建设自评表》打分。四个能力建设考核验收评定分A、B、C、D四个等级，900分以上为A级单位，700～899分为B级单位，600～699分为C级单位，599分以下为D级单位。A、B、C级为达标单位，D级为不达标单位。

危险货物包装标志

爆炸品标志

爆炸品标志

爆炸品标志

易燃气体标志

不燃气体标志

有毒气体标志

易燃液体标志

易燃固体标志

自燃物品标志

遇湿易燃物品标志

氧化剂标志

有机过氧化物标志

剧毒品标志

有毒品标志

有害品标志

感染性物品标志

一级放射性物品标志

二级放射性物品标志

三级放射性物品标志

腐蚀品标志

杂类标志

参考文献

［1］中华人民共和国公安部．建筑灭火器配置设计规范：GB 50140—2005［S］．北京：中国计划出版社，2005.
［2］中国中元国际工程公司．建筑防雷设计规范：GB 50057—2010［S］．北京：中国计划出版社，2011.
［3］中华人民共和国公安部．建筑设计防火规范（2018年版）：GB 50016—2014［S］．北京：中国计划出版社，2018.
［4］《社会消防安全教育培训系列教材》编委会．消防安全管理［M］．北京：中国环境科学出版社，2014.
［5］张寅．消防安全与自救［M］．西安：西安电子科技大学出版社，2014.
［6］侯其锋．企业消防安全管理应用全案（图文版）［M］．北京：中国工人出版社，2014.
［7］刘玉伟．灭火救援安全技术［M］．北京：中国石化出版社，2010.
［8］石敬炜．建筑工程施工现场安全问答丛书：施工现场消防安全300问［M］．北京：中国电力出版社，2013.